# Untersuchung und Nachweis organischer Farbstoffe auf spektroskopischem Wege.

Von

**Jaroslav Formánek**

Tit. Professor an der k. k. böhmischen technischen Hochschule,
Inspektor an der k. k. allgemeinen Lebensmitteluntersuchungsanstalt der böhmischen Universität in Prag,

unter Mitwirkung von

Dr. **Eugen Grandmougin**

Professor am eidgenössischen Polytechnikum in Zürich.

Zweite, vollständig umgearbeitete und vermehrte Auflage.

**Erster Teil.**

Mit 19 Textfiguren und 2 lithogr. Tafeln.

Springer-Verlag Berlin Heidelberg GmbH

1908.

ISBN 978-3-642-50507-2 ISBN 978-3-642-50817-2 (eBook)
DOI 10.1007/978-3-642-50817-2

Softcover reprint of the hardcover 2nd edition 1908

# Vorwort.

Seit dem Erscheinen der ersten Auflage des Buches „Spektralanalytischer Nachweis künstlicher organischer Farbstoffe“ im Jahre 1900 hat sich die spektroskopische Methode der Untersuchung der Farbstoffe zahlreiche Freunde erworben und wurde auch Gegenstand einiger Abhandlungen[1]).

Mein damaliges Buch war eigentlich der erste Versuch, der Spektralanalyse Eingang zu verschaffen in die Praxis der Farbenchemie und war als solcher Versuch nicht fehlerfrei. Nichtdestoweniger war ich fest überzeugt, daß die Vorzüge der spektroskopischen Untersuchung der Farbstoffe vor der chemischen Methode so bedeutende sind, daß die spektroskopische Methode früher oder später sich in die Farbenchemie einbürgern würde und ich arbeitete, trotz der Zweifel einzelner theoretischer Forscher und mancher Praktiker, an der Vervollkommnung der Methode weiter.

Zugestehen muß ich, daß meine Erfahrungen in der Farbenchemie, namentlich was die Anwendung der Farbstoffe betrifft, damals recht lückenhaft waren. Einerseits ist das Gebiet der Farbstoffe äußerst umfangreich und andererseits hatte ich, als Beamter einer staatlichen Untersuchungsanstalt für Lebensmittel, eigentlich nur ab und zu Gelegenheit, mich mit den Farbstoffen nur insoweit zu befassen, als solche auf diesem Gebiete Verwendung finden. Da ich jedoch schon vor zwanzig Jahren Gelegenheit hatte, mich mit der Spektralanalyse zu beschäftigen, schien es mir vorteilhaft, diese auch zur Ergänzung der oben erwähnten analytischen Arbeiten heranzuziehen und ich schrieb in der „Zeitschrift für Untersuchung der Nahrungs- und Genußmittel“ 1899 einen Artikel darüber.

Als ich aber durch fortgesetzte Studien den Wert der Spektralanalyse für die Farbstoffchemie überhaupt näher erkannte und ferner aus zahlreichen Privatmitteilungen und außerdem aus dem allmählich wachsenden Absatze meines im Jahre 1900 herausgegebenen Buches ersah, daß die spektroskopische Untersuchung der Farbstoffe mehr

[1]) Z. B. Jos. Pokorný, L'analyse spectroscopique, Nouvelle méthode d'analyse qualitative des matières colorantes artificielles, Bulletin de la Société industrielle de Mulhouse, 1902, S. 245, Revue générale des Matières colorantes 1902, 6, S. 247, The Journal of the Society of Dyers and Colourists 1903, S. 4; ferner Prof. Eug. Grandmougin, Méthode d'analyse spectroscopique des Matières colorantes, Moniteur scientifique 1904, XVIII, S. 194 und P. Heermann, Koloristische und textilchemische Untersuchungen, Berlin 1903, S. 68 u. 308.

und mehr Interesse erweckte, widmete ich alle meine freie Zeit der spektroskopischen Untersuchung der Farbstoffe und zwar sowohl dem praktischen Nachweise der Farbstoffe, als auch dem Studium der Beziehungen zwischen Absorptionsspektrum und Konstitution der Farbstoffe. Auf diesem, unbegreiflicherweise trotz seines hohen Wertes vollständig vernachlässigten Gebiete, glaube ich ein neues, wichtiges Feld zum dankbaren Studium eröffnet zu haben. Die ersten diesbezüglichen Arbeiten zwischen Absorption und Konstitution der Farbstoffverbindungen habe ich in der „Zeitschrift für Farben- und Textilchemie" in den Jahren 1902—1906 veröffentlicht.

Allerdings waren und sind diese Arbeiten für mich keine leichte Aufgabe, denn es standen und stehen mir weder ein ausgerüstetes Laboratorium noch Hilfskräfte zur Verfügung und ich konnte mir daher die nötigen Präparate oft nur mit großen Schwierigkeiten oder überhaupt nicht darstellen oder beschaffen.

Da auch heute noch die Spektroskopie der Farbstoffe eigentlich immer nur eine Nebenbeschäftigung in meiner freien Zeit für mich sein kann, muß ich die Fachkreise ersuchen, mich auf etwa vorkommende Mängel und Fehler dieser Auflage aufmerksam zu machen.

Durch eine mehr als zehnjährige Beschäftigung in der Spektralanalyse der Farbstoffe kam ich zur festen Überzeugung, daß die spektroskopische Untersuchung der Farbstoffe, vom theoretischen als auch vom praktischen Standpunkte, neben der chemischen Untersuchung kaum mehr zu entbehren ist, wozu ich in diesem Buche eine Fülle von Belegen anführe.

In jedem organischen Laboratorium dürfte der Spektralapparat unentbehrlich werden und die spektroskopische Methode dürfte bald auch auf diesem Gebiete eine hervorragende Stelle einnehmen.

Eine Bestätigung meiner hier ausgesprochenen Ansichten über die enorme Bedeutung des Spektroskopes für die Farbenchemie enthalten die Worte, die ich einer Privatmitteilung des auf dem Gebiete der Anthrachinonfarbstoffe so erfolgreichen Forschers Dr. Robert E. Schmidt, Direktor der Farbenfabriken vorm. Fr. Bayer & Co. in Elberfeld, entnehme:

„Ich habe in der Tat seit annähernd zwanzig Jahren das Spektroskop in meinem Laboratorium eingeführt und es ist für uns eines der wichtigsten Hilfsmittel bei unseren Arbeiten geworden. Viele Erfindungen wären ohne dieses kleine Instrument überhaupt nicht gemacht worden und die Fabrikation mancher Produkte wäre ohne dasselbe ganz unmöglich".

Wie leicht einzusehen ist, war es mir trotz aller Mühe doch nicht möglich, die ganze Materie der Farbstoffe zu bewältigen, die Legionen von Farbstoffverbindungen, die seit so vielen Jahren dargestellt wurden, durchzustudieren und ihre Absorptionsspektra festzustellen; dazu würde heutzutage ein Menschenalter nicht genügen. Ich mußte mich begnügen, die wichtigsten Farbstoffverbindungen durchzustudieren und auf Grund der gewonnenen Resultate die allgemein gültigen Grundzüge für die Farbstoffuntersuchungen auszuarbeiten. Ich habe vor allem meine besondere Aufmerksamkeit den

Triphenylmethanfarbstoffen, den Chinonimidfarbstoffen und den Anthrachinonfarbstoffen zugewendet und diese möglichst vollständig behandelt. Was die übrigen Farbstoffe und namentlich die so wichtigen und zahlreichen Azofarbstoffe betrifft, so muß ich diese dem Studium anderer überlassen.

Ich habe mein Werk in zwei Teile geteilt; der erste, theoretische Teil behandelt vor allem die allgemeinen Grundzüge der spektroskopischen Untersuchung der Farbstoffverbindungen, die zu den Farbstoffuntersuchungen geeigneten Spektralapparate und ihre Anwendung, ferner die Gesetze, nach welchen sich die Absorptionsspektra richten und schließlich die Beziehungen zwischen Farbe, Fluoreszenz, Absorption und Konstitution der Farbstoffverbindungen im allgemeinen und dann der einzelnen Farbstoffklassen im speziellen.

Diese Arbeiten sind nicht als abgeschlossen zu betrachten; sie dienen eher als Grundlage zu weiteren sehr wichtigen Arbeiten auf diesem neuen, durch mich erschlossenen Gebiete und bilden einen Grundstein, auf welchem weiter gebaut werden muß. Es liegt hier eine ganze Reihe von Fragen vor, die nur von einer Anzahl von Forschern beantwortet werden können.

Der zweite, praktische Teil, der dem ersten tunlichst bald nachkommen wird und die Fortsetzung des ersten Teiles bildet, beschreibt das spektroskopische Verfahren zum Nachweise der wichtigsten, im Handel vorkommenden Farbstoffe, als auch deren Gemische und enthält ihre Absorptionsspektra in den zu diesem Zwecke systematisch zusammengestellten Tabellen und Tafeln.

Welche bedeutende Vorzüge die spektroskopische Methode vor der bloßen chemischen Untersuchung der Farbstoffe bietet und auf welchen Prinzipien dieselbe ausgearbeitet wurde, erörtere ich in der „Einleitung" ausführlicher.

Daß zur spektroskopischen Untersuchung der Farbstoffe eine gewisse Vorübung und auch Erfahrung gehört, ist selbstverständlich. Dem Analytiker, der einen Körper auf seine chemischen Bestandteile prüfen soll, müssen ja nebst den Grundzügen der analytischen Chemie auch die anzuwendenden Methoden bekannt sein, auch er muß außerdem über ziemliche Erfahrungen verfügen können. Das beste Mikroskop hat in der Hand eines Unerfahrenen keinen Wert; ohne eine gewisse Erfahrung ist auch da kein Erfolg möglich.

Es darf sich aber der Anfänger durch die ersten Mißerfolge nicht gleich abschrecken lassen; bei einem systematischen Studium gelangt man binnen kurzem zu genügender Übung und lernt oft auf den ersten Blick ins Spektroskop das Nötige sehen.

Die Feststellung und Charakterisierung eines Absorptionsspektrums auf Grund der Wellenlängen ist unbedingt nötig, um die Angaben verschiedener Autoren direkt vergleichen zu können, und sie bietet heute keine Schwierigkeiten, da die Einrichtung des neuen, teils nach meinen Angaben und von mir erprobten Gitterspektroskopes, welches die Firma Carl Zeiß in Jena soeben in den Handel bringt, so getroffen ist, daß man die Wellenlänge eines Absorptionsspektrums direkt ohne jede Umrechnung bis auf 0,1 $m\mu$ genau feststellen kann.

Wem daher die Herstellung der Dispersionskurve zur Berechnung der Wellenlängen für ein Prismenspektroskop Schwierigkeiten machen sollte, der erhält ein Instrument, bei dem die ziemlich mühsame Konstruktion der genannten Kurve wegfällt.

Zum ganz besonderen Danke bin ich der Industriellen Gesellschaft in Mülhausen i. E. verpflichtet, welche in richtiger Beurteilung des großen Wertes der spektroskopischen Untersuchung für das wichtige und schwierige Gebiet der Anwendung der Farben zum Färben und Bedrucken der Fasern, mir mit einer Subvention zur Ausgabe dieses Werkes behilflich war.

Auch sage ich hier meinen innigsten Dank folgenden Herren: Direktor Emilio Noelting, Fabrikbesitzer Alb. Scheurer, Prof. G. Kabrhel, Chemiker-Koloristen Jos. Pokorný, Geh. Regierungsrat Prof. A. Miethe, Direktor Dr. Robert E. Schmidt, Prof. H. Kauffmann, Prof. Nietzki, Prof. Möhlau, Prof. Biehringer, Prof. Reitzenstein, Prof. Döbner, Chef-Chemiker Dr. Ed. Ulrich (Höchst), Prof. F. Kehrmann, Prof. Em. Votoček, Inspektor Jos. Frimmer und ferner Herrn Assistenten Dr. A. Stenger, Adolf Ernest, Dr. J. Just und Dr. Freimann, die mich bei meinen Arbeiten teils durch Rat, teils durch Herstellung oder Überlassung verschiedener Präparate und auf immer welche Weise ausgiebig unterstützt haben.

In sehr ausgiebiger Weise haben mich auch viele Farbenfabriken unterstützt, indem sie mir kostenlos nicht nur die gewünschten Erzeugnisse zur Verfügung gestellt, sondern auch manche schwierigeren Präparate hergestellt haben und ich fühle mich verpflichtet, an dieser Stelle namentlich zu danken den Fabriksleitungen der Fabriken: Farbwerke vorm. Meister, Lucius & Brüning in Höchst a. Main, Farbenfabriken vorm. Fr. Bayer & Co. in Elberfeld, Farbwerk Mühlheim vorm. A. Leonhardt & Co. in Mühlheim, Anilinfarbenfabriken vorm. J. R. Geigy & Co. in Basel, Gesellschaft f. chemische Industrie in Basel, Aktiengesellschaft für Anilinfabrikation in Berlin und Leopold Cassella & Co. in Frankfurt a. M.

Weiter danke ich den Fabriken: Basler chemische Fabrik in Basel, Farbenfabrik Dahl & Co. in Barmen, L. Durand, Huguenin & Co. in Basel, Kalle & Co. in Biebrich a. Rh., Société chim. des usines du Rhône, anc. Gilliard, P. Monnet & Cartier in St. Fons, K. Öhler, Anilinfarbenfabrik in Offenbach a. M., Chem. Fabriken vorm. Weiler-ter-Meer in Uerdingen a. Rh., Chem. Fabrik vorm. Sandoz & Co. in Basel, Theodor Peters in Chemnitz, Read. Holliday & Sons, Lim. in Huddersfield, welche mir in entgegenkommendster Weise ihre Handelsartikel kostenfrei zugestellt haben.

Prag, k. k. Allgemeine Lebensmittel-Untersuchungsanstalt der böhmischen Universität, im Oktober 1908.

**Der Verfasser.**

# Inhaltsverzeichnis.

## Abkürzungen in den Firmenbezeichnungen:

1. [A] bedeutet: Aktiengesellschaft für Anilinfabrikation in Berlin SO.
2. [B] „ Badische Anilin- und Sodafabrik, Ludwigshafen.
3. [BCF] „ Basler chemische Fabrik in Basel.
4. [By] „ Farbenfabriken vorm. Friedr. Bayer & Co. in Elberfeld.
5. [C] „ Leopold Cassella & Co. in Frankfurt a. M.
6. [D] „ Farbenfabrik Dahl & Co. in Barmen.
7. [DH] „ L. Durand, Huguenin & Co. in Basel.
8. [G] „ Anilinfarben- und Extrakt-Fabriken vormals Joh. Rud. Geigy & Co. in Basel.
9. [H] „ Read Holliday & Sons, Limited in Huddersfield.
10. [J] „ Gesellschaft für chemische Industrie in Basel.
11. [K] „ Kalle & Co., Biebrich a. Rh.
12. [L] „ Farbwerk Mühlheim vorm. A. Leonhardt & Co. in Mühlheim bei Frankfurt a. M.
13. [M] „ Farbwerke vorm. Meister Lucius & Brüning in Höchst a. M.
14. [Mo] „ Société chimique des usines du Rhône, anciennement Gilliard, P. Monnet & Cartier in St. Fons (Rhône) bei Lyon.
15. [O] „ K. Öhler, Anilin und Anilinfarbenfabrik in Offenbach a. M.
16. [PC] „ Theodor Peters in Chemnitz.
17. [t. M.] „ Chemische Fabriken vorm. Weiler ter-Meer in Uerdingen a. Rh.
18. [S] „ Chemische Fabrik vorm. Sandoz & Co. in Basel.

# Einleitung.

## Die spektroskopische Methode, ihre Vorzüge und Anwendung auf die wissenschaftliche und praktische Untersuchung der Farbstoffe und der farbigen Verbindungen.

Unter den analytischen Methoden, welche zur Untersuchung und zum Nachweise organischer Farbstoffe dienen, nimmt die spektroskopische Methode eine hervorragende Stelle ein. Diese Methode hat vor jeder anderen den Vorzug der Empfindlichkeit, Genauigkeit, Bequemlichkeit und leichten Ausführung; man gelangt mit ihr oft zum Ziele, wo die chemische Methode allein nicht ausreicht. Auch in vielen Fällen, in denen uns die chemisch-analytische Methode erst auf langwierigem Wege zum Ziele führen würde, löst das Spektroskop die gestellte Aufgabe in kurzer Zeit nicht nur bei der Untersuchung einzelner Farbstoffe, sondern auch bei der Untersuchung der Farbstoffgemische, sei es in Substanz, auf der Faser oder auf verschiedenen Gegenständen; man hat nur nötig, den Farbstoff in Lösung zu bringen und weiter spektroskopisch zu untersuchen.

Aus den eben angeführten Gründen ist die spektroskopische Methode zur Untersuchung der Farbstoffe besonders für Farben- und Textilchemiker von großer Bedeutung.

So kann man z. B. durch die spektroskopische Untersuchung nachweisen, daß Neumethylenblau NX[C] aus Methylenblau und Methylviolett besteht, daß Marineblau BN und RN[B] ein Gemisch aus Methylenblau und Methylviolett in verschiedenen Verhältnissen ist[1]), daß Formylviolett 6B[C] und Formylviolett 10B ein Gemisch aus Formylviolett S4B und Thiokarmin R in verschiedenen Verhältnissen bestehend ist, daß Formylblau B[C] aus Formylviolett und Brillantwalkgrün B besteht, daß Naphtalinblau B[M] aus Naphtalingrün und Azosäureblau B zusammengesetzt ist usf.

Die spektroskopische Untersuchung des Alizarinviridins DG Teig [By] ergibt, daß der Farbstoff nichts anderes ist als Ali-

1) Marineblau BN enthält mehr Methylenblau als Methylviolett, Marineblau RN enthält mehr Methylviolett als Methylenblau.

zarinviridin FF, vermischt mit kleinen Mengen von Hexaoxyanthrachinon. Ebenfalls können wir spektroskopisch leicht nachweisen, daß das Alizarinzyanin [By] auch kleine Mengen von Hexaoxyanthrachinon enthält usf.

Die spektroskopische Untersuchung des Gentianins [G] ergibt, daß der Farbstoff kein asymmetrisches Dimethyldiaminophenazthioniumchlorid ist, wie man früher vorausgesetzt hat, sondern nur ein Gemisch aus Methylenblau und Lauthschem Violett darstellt, daß also durch gemeinsame Oxydation von p-Phenylendiamin und p-Aminodimethylanilin in saurer schwefelwasserstoffhaltiger Lösung kein einheitlicher Farbstoff entsteht.

Mittelst Spektroskop kann man ferner in den Kondensationsprodukten die eventuell sich bildenden Nebenprodukte leicht finden. So erkennt man z. B. mit dem Spektroskop auf den ersten Blick, daß bei der Kondensation des Dimethylmetaaminophenols und des Nitrosodimethylmetaaminophenols neben dem Tetramethyldiaminooxazoniumchlorid immer noch gewisse Mengen von einem roten Farbstoffe entstehen, während bei der Kondensation des Diäthylmetaaminophenols und des Nitrosodiäthylmetaaminophenols ein fast reiner Farbstoff entsteht. Der erwähnte rote Farbstoff läßt sich erst durch oftmaliges Umkristallisieren des Hauptproduktes beseitigen und wiederum gibt uns das Spektroskop die Auskunft, ob der Farbstoff schon vollkommen gereinigt ist.

Es ist bekannt, daß die Kondensation verschiedener Stoffe in Schwefel- und Salzsäure einmal gleichartig, das zweite Mal verschiedenartig erfolgen kann; in welcher Richtung sie verläuft, kann man sich mit dem Spektroskop bedeutend leichter überzeugen als durch die chemische Analyse. Man ist daher imstande, mit dem Spektroskop leicht zu kontrollieren, ob sich die Reaktion bei der Kondensation ohne Nebenprodukte vollzogen hat, oder ob sie in der vorausgesetzten bezw. der gewünschten Richtung vor sich gegangen ist.

So kann man z. B. mit dem Spektroskop ohne chemische Analyse leicht konstatieren, daß die Kondensation des Tetramethyldiaminobenzhydrols mit Dimethylmetatoluidin sowohl in Salzsäure wie in Schwefelsäure in gleicher Richtung verläuft und sich stets eine und dieselbe Verbindung bildet.

Es ist also das Spektroskop in dieser Beziehung ein wichtiges Instrument nicht nur für den mit den Farbstoffsynthesen beschäftigten, sondern auch für den im Großbetriebe stehenden Chemiker zur scharfen Überwachung seiner Operationen und zum Nachweis von eventuell vorkommenden Nebenprodukten.

Aber nicht bloß der Farbenchemiker hat im Spektroskop ein wertvolles Instrument zur Kontrolle der erhaltenen Produkte, auch bei der Verwendung dieser Farbstoffe ist man mit Hilfe des Spektroskopes in den Stand gesetzt, die verwendeten Farben auf ihre Einheitlichkeit zu prüfen. Unter den im Handel befindlichen Marken, die zwar einheitliche Körper vorstellen, jedoch größere oder geringere

Mengen eines anderen Farbstoffes zum Zwecke der Nuancierung enthalten, sind viele technisch sehr wichtige Farbstoffe vertreten.

Eine Methode, eine solche Beimischung zu finden und diese feststellen zu können, wird gewiß auch den Praktikern willkommen sein. Keine der bis jetzt zu diesem Zwecke in Vorschlag gebrachten und praktisch angewendeten Methoden kann darauf Anspruch erheben, in kurzer Zeit so genaue Resultate zu geben, wie die spektroskopische Methode.

Nicht minder wertvoll für jeden Farbenkonsumenten erweist sich die spektroskopische Methode in den häufigen Fällen, wo derselbe chemisch identische Farbstoff von verschiedenen Farbenfabriken unter verschiedenen Namen in den Handel gebracht wird. Die Kontrolle solcher Produkte mit dem Spektroskop ist bedeutend bequemer und leichter als die chemische Analyse.

So kann man durch spektroskopische Untersuchung nachweisen, daß z. B. Nachtgrün 2B[t.M], Erioviridin B[G], Benzylgrün B[J] und Walkgrün BW[L], ferner daß Brillantsäuregrün 6B[By], Brillantwalkgrün B[C] und Nachtgrün A(t.M] identische Farbstoffe sind, daß Setozyanin O[G] und Brillantfirnblau [J], daß Neuviktoriablau B[By] und Viktoriablau R[B], daß Viktoriascharlach [A] und Wollscharlach 3R[B] gleiche Farbstoffe sind usf.

Ein äußerst wichtiges Gebiet für die spektroskopische Untersuchungen bieten diejenigen Industrien, die sich mit dem Färben oder Bedrucken der verschiedensten Textilmaterialien befassen. Auf diesen Gebieten sind die Ansprüche, welche an die in ihnen beschäftigten Chemiker gestellt werden, mannigfaltig; es bedarf einer bedeutenden Fachkenntnis, um nicht nur allen Launen der Mode in der kürzesten Zeit gerecht werden zu können, sondern auch um Konkurrenzprodukten rasch ebenbürtige Fabrikate zur Seite stellen zu können. Auch hier kann das Spektroskop dem Praktiker die größten Dienste leisten, da es möglich ist, in vielen Fällen durch Abziehen resp. in Lösungbringen der zum Färben oder Drucken der Textilmaterialien verwendeten Farben oder Farbengemische und nachheriges Spektroskopieren, dieselben nachzuweisen und falls diese besondere praktische Vorteile vor anderen Kombinationen bieten, auch zur Anwendung zu bringen.

Dabei ist es gleichgültig, ob die Faser Baumwolle oder Wolle oder Seide oder ein Gemisch dieser oder auch anderer Gespinstfasern ist, und es können dabei basische, saure oder direkt ziehende Farbstoffe und Beizenfarben in Frage kommen.

Es handelt sich nur darum, den Farbstoff oder die Farbstoffe von der Faser in Lösung zu bringen. Als Lösungsmittel für die oben angeführten Farbstoffklassen und Gewebe eignen sich in vortrefflicher Weise konzentrierte (90%) Essigsäure oder Äthylalkohol für basische Farbstoffe, und falls Essigsäure oder reiner Äthylalkohol versagen sollten, verdünnter Äthylalkohol (gleiche Teile von Wasser und Äthylalkohol) bezw. die Sodalösung für saure Farbstoffe. In den Fällen, wo weder Äthylalkokol noch 90-proz. Essigsäure ausreicht, verwendet man mit Vorteil ein Gemisch von gleichen Teilen Anilin und 90proz. Essigsäure[1]).

Man hat nur nötig, den Farbstoff von dem Gewebe abzuziehen und diese Lösung dann nach bestimmten Regeln zu behandeln. Beispiele solcher Analysen der im Handel befindlichen Gemische von Farbstoffen als auch auf Stoffe gedruckte oder gefärbte Farbstoffe und Farbstoffgemische werden im zweiten Teile des Buches ausführlich behandelt werden.

Nicht unerwähnt soll bleiben, daß die spektroskopische Methode auch in Patentfragen vorzügliche Dienste zu leisten vermag, denn keine Methode kann solche Ansprüche auf so exaktes Arbeiten machen wie die spektroskopische Methode.

Bei der Bestimmung der Konstitution der Farbstoffe spielt das Spektroskop ebenfalls eine sehr wichtige Rolle; die Bestimmung der Konstitution eines Farbstoffes wird durch gleichzeitige spektroskopische Untersuchung wesentlich erleichtert, indem man das Absorptionsspektrum eines Farbstoffes unbekannter Konstitution mit dem Absorptionsspektrum eines Farbstoffes von bekannter Konstitution vergleicht.

Es bietet keine Schwierigkeit, mit dem Spektroskop rasch nachzuweisen, ob der untersuchte unbekannte Farbstoff ein Triphenylmethanfarbstoff, ein Thiazin-, ein Oxazin- oder ein Azinfarbstoff, ein Anthrachinonfarbstoff oder ein Azofarbstoff usf. ist. Ebenfalls läßt sich ein Monoaminoderivat von einem Diaminoderivate und von einem Triaminoderivate, ein Hydroxylderivat von einem Aminoderivate, ein Diphenylnaphtylmethanfarbstoff von einem Triphenylmethanfarbstoffe, eine Phenazthioniumverbindung von einer Tolazthioniumverbindung, eine Phenazoxoniumverbindung von einer Naphtazoxoniumverbindung usf. in den meisten Fällen spektroskopisch direkt unterscheiden.

Die spektroskopische Methode zur Untersuchung der Farbstoffe haben schon Brewster, Stockes, Kopp, H. V. Vogel, Krüss und andere empfohlen, doch hat diese Methode aus verschiedenen Gründen keine so allgemeine Anwendung gefunden, wie sie es verdient; teils war daran Schuld die Unvollkommenheit der Methode, teils die für die Absorptionsspektralanalyse ungeeignete Einrichtung der Spektroskope, teils eine ungenügende Vorübung in der Spektralanalyse.

Es wurden nämlich die Absorptionsspektra von nur einer verhältnismäßig geringen Anzahl von technisch wichtigen Farbstoffen bekannt gegeben, ausserdem wurde auch die Lage der Absorptionsspektren nicht auf Grund der Wellenlängen, sondern nur annähernd angegeben, entweder auf Grund einer willkürlichen Skala oder nur auf Grund der Fraunhoferschen Hauptlinien, was allerdings für

---

1) Über die Anwendung dieser und auch anderer Lösungsmitteln (Azetin, Azeton, Schwefelsäure) wird im zweiten Teile des Buches ausführlich gesprochen.

die Beurteilung zahlreicher Farbstoffe einer und derselben Farbstoffklasse keineswegs genügt.

Als Beispiel derartiger älteren spektroskopischen Untersuchungen führe ich hier die Abbildungen der Absorptionsspektra von Methylviolett und Safranin nach Vogel[1]) und von Methylenblau nach

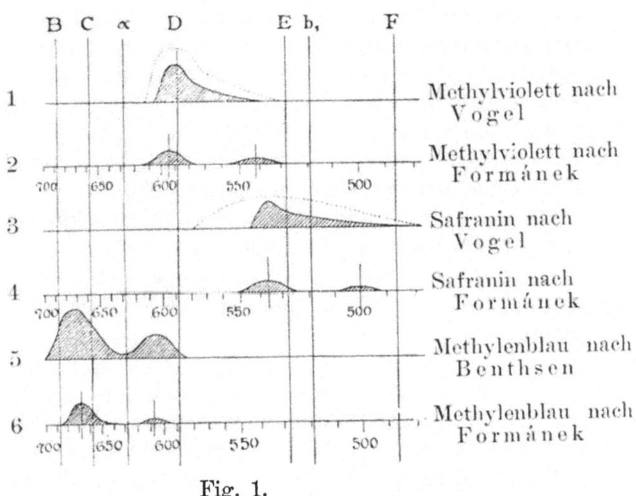


Fig. 1.

Bernthsen[2]) an, im Vergleiche mit meinen Abbildungen derselben Farbstoffspektra (Fig. 1). Bernthsen gibt zwar die Lage der Absorptionsstreifen auch schon in Wellenlängen an, diese Angaben sind jedoch, wie er selbst in seiner Publikation bemerkt, ungenau.

Somit haben alle ähnlichen Angaben über die Farbstoffe, deren Absorptionsspektren nicht möglichst genau wiedergegeben sind und deren Lage im Spektrum nicht auf Grund der Wellenlängen festgestellt worden sind, nur einen geringen oder keinen Wert.

Der Grund der geringen Anwendung des Spektroskopes zu dem eben genannten Zwecke liegt wohl auch darin, daß manche Chemiker ohne die nötigen Kenntnisse und ohne die geringste Vorübung in der Spektralanalyse sofort an eine spektroskopische Untersuchung gehen und glauben, daß sie auf den ersten Blick den fraglichen Farbstoff erkennen müssen; den Mißerfolg schreiben sie dann der Methode zu und verwerfen diese mit Unrecht.

Wer jedoch bei der spektroskopischen Untersuchung der Farbstoffe einen Erfolg erzielen will, dem müssen nicht nur die Grundzüge der Spektralanalyse vollständig bekannt sein, sondern der muß in der Spektralanalyse eine gewisse Vorübung und Erfahrung sich aneignen, gerade so, wie ein Analytiker, der einen Körper auf seine

---

1) H. V. Vogel, Praktische Spektralanalyse irdischer Stoffe 1889, S. 359 u. 360.

2) Bernthsen, Lieb. Ann. 1885, **230**, S. 210 u. 211 und Tafel II.

chemischen Bestandteile prüft. Ich kann daher jedem, der sich mit der Spektralanalyse der Farbstoffe beschäftigten will, nicht warm genug das Studium der Grundzüge der Spektralanalyse empfehlen[1]).

Wie schon erwähnt, trägt die Schuld des Mißerfolges bei der spektroskopischen Untersuchung mitunter auch eine unzweckmäßige Einrichtung der Spektroskope, denn ein Spektralapparat, der für die Emissionsspektralanalyse gut geeignet ist, kann dennoch für die Absorptionsspektralanalyse unbrauchbar sein. So geben Spektroskope, welche sonst scharfe Linienspektren liefern, mitunter oft unscharfe und verwaschene Absorptionsspektren. Der Grund liegt hauptsächlich in der allzugroßen Dispersion des Instrumentes. Um daher zur Analyse verwendbare Absorptionsspektra zu erzielen, muß ein bestimmtes Verhältnis zwischen der Dispersion des Prismas und der Vergrößerung des Fernrohrokulares eingehalten werden, worüber bei der Beschreibung des Spektroskopes die Rede sein wird.

Wohl lag auch die Ursache einer selteneren Benützung des Spektroskopes in der Verschiedenheit der Dispersion und der Skalen der Instrumente, so daß man die Angaben des einen Instrumentes auf die Angaben eines anderen Instrumentes umrechnen mußte. Heute werden jedoch selbst kleinere Spektroskope, welche für die Praxis meistens genügen, mit Wellenlängenskalen versehen, bei größeren Spektroskopen macht die Konstruktion einer Dispersionskurve keine großen Schwierigkeiten. Übrigens fällt auch dieser Nachteil (Herstellung der Dispersionskurve) der Prismenspektroskope, wie wir später sehen werden, durch die Anwendung eines von der Firma Zeiß in Jena neu konstruierten Gitterspektroskopes, bei dem die Wellenlängen an einer Skala direkt abgelesen werden können, weg, wodurch die direkte Feststellung der Wellenlänge eines Absorptionsstreifens sehr erleichtert wird.

Ein anderer bedeutender Mangel der spektroskopischen Methode war auch, daß derselben ein einheitliches System fehlte, wie solches bei der qualitativen chemischen Untersuchung der anorganischen Körper besteht, wodurch natürlich von einer regelrechten Untersuchung keine Rede sein konnte.

Zwar haben Girard und Pabst in ihrem l'Agenda du Chimiste 1886 und H. V. Vogel in seiner „Spektralanalyse irdischer Stoffe 1889“ die Absorptionsspektra verschiedener Farbstoffe beschrieben, jedoch ohne genaue Bezeichnung ihrer Lage im Spektrum und ohne jedes System. Ferner war die Anzahl der angegebenen Farbstoffe gegen die in dem Handel befindlichen verschwindend gering. So kam es, daß diese Mängel so manchen von der vorzüglichen und exakten spektroskopischen Analyse der Farbstoffe abgeschreckt haben.

Ich habe mir nun zur Aufgabe gemacht, die Absorptionsspektra von möglichst vielen organischen Farbstoffen in verschiedenen Lösungsmitteln, bei verschiedener Konzentration und ferner auch ihr

---

[1]) J. Formánek, Qualitative Spektralanalyse anorganischer und organischer Körper, 2. Auflage. R. Mückenberger in Berlin 1905.

Verhalten gegen Säure und Alkali durchzuforschen, um zu sehen, inwieweit sich die spektroskopische Methode bei der Farbstoffuntersuchung verwenden läßt.

Dabei habe ich gefunden, daß sich die Absorptionsstreifen mancher Farbstoffe derselben Farbstoffklasse in wässerigen Lösungen fast decken, bezw. so nahe aneinander liegen, daß ihre Unterscheidung sehr erschwert wäre. Um solche Farbstoffe voneinander sicher unterscheiden zu können, griff ich daher auch zu anderen Lösungsmitteln. Hierfür erwiesen sich als sehr gut geeignet Äthylalkohol und Amylalkohol.

Es befinden sich z. B. die Absorptionsstreifen des Guineaechtgrüns B [A] in wässeriger Lösung bei $\lambda$ 633,7 und des Benzylgrüns B [J] in wässeriger Lösung bei $\lambda$ 634,0, sie sind also so nahe beieinander, daß man die Farbstoffe nur nach ihrem Absorptionsspektrum in wässeriger Lösung, namentlich mit einem Spektroskope von geringer Dispersion nicht sicher unterscheiden könnte. Löst man aber die genannten Farbstoffe in Äthyl- und Amylalkohol, so findet man in Äthylalkohol den Absorptionsstreifen des Guineaechtgrüns B bei $\lambda$ 627,1, den Absorptionsstreifen des Benzylgrüns B bei $\lambda$ 639,7, in Amylalkohol den Absorptionsstreifen des Guineaechtgrüns B bei $\lambda$ 623,9, den Absorptionsstreifen des Benzylgrüns B bei $\lambda$ 642,8, was wohl für die Charakteristik beider Farbstoffe vollständig genügt.

Da einige Farbstoffe in neutralen Lösungsmitteln keine zu ihrer Charakteristik brauchbaren Absorptionsspektra geben, benützte ich, um sie nachweisen zu können, verschiedene Reagenzien und zwar verdünnte Säure oder Alkalilösungen. Unter dem Einfluß dieser Reagenzien zeigen viele, sonst nicht spektroskopisch nachweisbare Farbstoffe, neue Absorptionsspektra, nach denen man sie dann feststellen kann.

So färbt sich z. B. die wässerige Lösung des Metanilgelbs, welche nur eine einseitige Absorption im Blau zeigt, nach Zusatz von verdünnter Säure karminrot und gibt einen Absorptionsstreifen im grünen Bezirke des Spektrums.

Ähnlich zeigt die gelbe alkoholische Lösung des Alizarins nur eine nicht charakteristische einseitige Absorption im Violett; setzt man aber zur Lösung einige Tropfen verdünnter alkoholischer Kalilauge hinzu, so wird die Lösung violett und gibt ein charakteristisches Absorptionsspektrum, welches aus drei Streifen besteht.

Auf Grund von zahlreichen und befriedigenden Beobachtungen habe ich eine allgemeine spektroskopisch-chemische Methode ausgearbeitet, nach welcher organische Farbstoffe zu untersuchen und nachzuweisen sind. Das Prinzip dieser Methode beruht auf folgenden Grundsätzen:

1. Die Absorptionsspektra einheitlicher Farbstoffe sind nicht willkürlich gestaltet, sondern sie zeichnen sich durch bestimmte Formen aus, deren Anzahl begrenzt ist und welche jeder Farbstoffklasse eigen sind.

2. Jeder einheitliche Farbstoff in Lösung liefert einen oder mehrere Absorptionsstreifen, deren Beschaffenheit und Lage im Spektrum sich hauptsächlich nach der Konstitution des Farbstoffes richtet, in zweiter Linie von dem verwendeten Lösungsmittel und bezw. von der Konzentration der Lösung gesetzmäßig abhängt.

3. Die Absorptionsspektra der Farbstofflösungen werden durch die Wirkung der verdünnten Säure oder des Alkalis oft charakteristisch verändert.

Zum Zwecke eines systematischen Vorganges bei der spektroskopischen Untersuchung habe ich die Farbstoffe der Farbe und der Form ihrer Absorptionsspektra nach in einzelne Gruppen und Untergruppen geteilt. Als Grundlage zur Einteilung der Farbstoffe in einzelne Gruppen wählte ich die Unterschiede in den Formen der Absorptionsspektra einzelner Farbstoffklassen; die Unterschiede in den Lagen der Absorptionsstreifen der Farbstoffe im Spektrum sowie ihr Verhalten gegen Säure oder Alkali dienen zur näheren Charakteristik einzelner Farbstoffe.

Um nun einen unbekannten Farbstoff zu bestimmen, löst man denselben in Wasser, Äthyl- oder eventuell in Amylalkohol, wenn nötig unter Zusatz von Säure (bezw. Alkali) und beobachtet die Lösungen bei verschiedener Konzentration in gewöhnlichen Eprouvetten mit einem Spektroskop von geeigneter Dispersion, welches mit einer Wellenlängenskala versehen oder auf Wellenlängen tariert ist.

Man bestimmt dadurch die Form des Absorptionsspektrums und somit die Gruppe, in welche der gesuchte Farbstoff gehört. Ist die Gruppe des fraglichen Farbstoffes festgestellt, so bestimmt man mittelst einer zweckmäßigen, am Spektroskop angebrachten Meßvorrichtung die Lage des Absorptionsstreifens bezw. der Absorptionsstreifen, wenn deren mehrere im Spektrum vorkommen. Zu dem Zwecke wird die Lösung des Farbstoffes stark verdünnt, bis die Streifen möglichst schmal, aber doch noch deutlich hervortreten.

Nachdem die Lage der Absorptionsstreifen bestimmt wurde, teilt man die Lösung in drei Teile und fügt zu dem ersten Teile einige Tropfen verdünnter Mineralsäure (Salz-, Salpeter- oder Schwefelsäure), zu dem zweiten verdünntes Ammoniak und zu dem dritten verdünnte Kalilauge hinzu und beobachtet die Veränderung der Farbe der Lösung, sowie die Veränderung des Absorptionsspektrums. Auf Grund dieser Beobachtungen sucht man den unbekannten Farbstoff mit Hilfe der zu diesem Zwecke zusammengestellten Tabellen und Tafeln aus, worüber im zweiten Teile des Buches ausführlich gesprochen wird.

Auf diese Art lassen sich alle Farbstoffe nachweisen, welche geeignete Absorptionsspektra liefern, oder aber auch solche, welche, wenn sie direkt keine charakteristischen Absorptionsspektra zeigen, sich doch mit Reagenzien ändern und für die spektroskopische Untersuchung geeignete Absorptionsspektra liefern.

Nun gibt es aber manche, namentlich gelbe, braune und schwarze Farbstoffe, welche keine charakteristische, ausgeprägte Absorptionsspektra auch unter Anwendung der Reagenzien liefern; solche Farbstoffe können also bisher auf diese Weise nicht bestimmt werden und sind daher in den Tabellen nicht angeführt. Auch viele Azofarbstoffe findet man in den Tabellen nicht, wie ich es schon im Vorwort begründet habe. Von den so wichtig gewordenen Schwefelfarbstoffen wurden nur solche angeführt, welche brauchbare Absorptionsspektra liefern, ferner wurden solche Farbstoffe nicht berücksichtigt, welche entweder keine charakteristischen Absorptionsspektra geben, oder in Wasser, Äthyl- und Amylalkohol und Essigsäure unlöslich sind[1]). Dagegen habe ich die Absorptionsspektra der Farbstoffe von übrigen Klassen, namentlich von Triphenylmethan-, Chinonimid- und Anthrachinonfarbstoffen möglichst vollständig angegeben.

Was die Fähigkeit der spektroskopischen Analyse, die Farbstoffe in Mischungen nachzuweisen, anbelangt, so lassen sich viele Gemische vorzüglich bestimmen, besonders solche von Triphenylmethanfarbstoffen, Chinonimidfarbstoffen und Akridinfarbstoffen, weil die Lösungen der Farbstoffe dieser Klassen meistens scharfe, schmale Absorptionsstreifen geben. Auch bei Mischungen dieser Farbstoffe mit Azofarbstoffen leistet das Spektroskop mitunter vorzügliche Dienste. Was die Mischungen von Azofarbstoffen selbst anbelangt, so ist ihr spektroskopischer Nachweis schwierig, manchmal unmöglich, weil viele Azofarbstoffe in Wasser, Äthyl- oder Amylalkohol nur breitere, oft verschwommene Absorptionsstreifen geben, wodurch bei den Gemischen Mischspektra von unbestimmtem Charakter entstehen.

Viele Azofarbstoffe und Anthrachinonfarbstoffe, in konzentrierter Schwefelsäure gelöst, geben schärfere und mitunter bedeutend mehr charakteristische Absorptionsspektra, als in den hier von mir aus praktischen Gründen empfohlenen Lösungsmitteln. Aus diesem Grunde werden die Absorptionsspektra der wichtigsten Anthrachinon- und Azofarbstoffe auch in Schwefelsäurelösung angeführt.

## Über die Absorptionsspektra der farbigen Lösungen und ihre optischen Eigenschaften.

Gehen die Lichtstrahlen eines weißglühenden Körpers, z. B. die Lichtstrahlen einer leuchtenden Lampe, durch eine farbige Lösung, so verschlingt die Lösung einen größeren oder geringeren Teil der Lichtstrahlen, indem sie sich nach ihrer optischen Eigenschaft bestimmte Gattungen der Lichtstrahlen auswählt.

Beobachten wir nun durch eine solche farbige Lösung ein weißes Licht mittelst eines Spektroskopes, so nehmen wir wahr, daß das im

---

[1]) Ein Verzeichnis solcher Farbstoffe wird später angeführt.

Spektroskop erzeugte Spektrum durch dunkle Zwischenräume unterbrochen ist; diese dunklen Zwischenräume sind dadurch entstanden, daß die Flüssigkeit gewisse Gattungen der Lichtstrahlen absorbiert hat. Man nennt ein solches Spektrum ein Absorptionsspektrum.

Die Absorption des Lichtes durch eine farbige Lösung ist nach der chemischen und physikalischen Beschaffenheit des in der Lösung vorhandenen Körpers bezw. des absorbierenden Mediums verschieden, sie kann eine allgemeine sein, das ist, sie setzt sich ohne Unterbrechung von einem Teile des Spektrums zum anderen Teile fort, oder aber die Absorption ist eine selektive, das ist, sie beginnt an einer bestimmten Stelle des Spektrums, nimmt allmählich zu, um nach Erlangung eines bestimmten Maximums wieder abzunehmen, welche Erscheinung sich im Spektrum wiederholen kann. Es entstehen somit im Spektrum einzelne, dunkle, durch Licht getrennte Stellen, welche wir Absorptionsstreifen nennen und nach deren Beschaffenheit und der Lage im Spektrum auf den in der Lösung vorhandenen Körper geschlossen werden kann.

So zeigt die wässerige Lösung des Auramins im sichtbaren blauen und violetten Teile des Spektrums eine allgemeine einseitige Absorption, während die wässerige Lösung des Malachitgrüns durch eine selektive Absorption, nämlich durch einen Absorptionsstreifen im roten Teile des Spektrums ausgezeichnet ist.

Die Absorptionsstreifen sind nicht so scharf begrenzt, wie die sehr schmalen Linien der Emissionsspektra, sondern sie sind verschieden breit und verschieden dunkel, je nach dem Absorptionsvermögen und der Konzentration der farbigen Lösung. Die Dunkelheit der Absorptionsstreifen nimmt von einer Seite allmählich bis zu einem Punkte zu und dann zur anderen Seite wieder ab und so haben die Absorptionsstreifen im Querschnitt die Gestalt einer Kurve und werden auch in Form bergförmiger Kurven graphisch dargestellt (siehe Fig. 2).

Diese Kurven bedeuten die Funktion der Wellenlänge und ferner geben sie an, wie in dem beobachteten Absorptionsstreifen die Schwächung des Lichtes von dem roten zum violetten Ende fortschreitend zunimmt und abnimmt und bei welcher Wellenlänge das Maximum der Abschwächung des Lichtes resp. die größte Verdunkelung des Absorptionsstreifens liegt.

In der qualitativen spektroskopischen Analyse genügt es, die Stärke der Absorption mit dem Auge zu schätzen. Handelt es sich jedoch um eine genauere Darstellung einer Absorptionskurve, so bedient man sich der von Hartley angegebenen photographischen Methode[1]) bezw. einer spektrophotometrischen Methode.

Die dunkelste Stelle eines Absorptionsstreifens, das ist, den höchsten Punkt der Absorptionskurve, den ein solcher Streifen bildet, nennt man das Dunkelheitsmaximum eines Absorptionsstreifens.

---

[1]) H. Kayser, Handbuch der Spektroskopie, III. Bd., S. 63 u. 171.

Befindet sich dieses Dunkelheitsmaximum in der Mitte des Absorptionsstreifens, d. i. wenn die Absorption nach beiden Seiten des Dunkelheitsmaximums hin gleichmäßig abnimmt, so nennen wir einen solchen Absorptionsstreifen einen symmetrischen Streifen (siehe

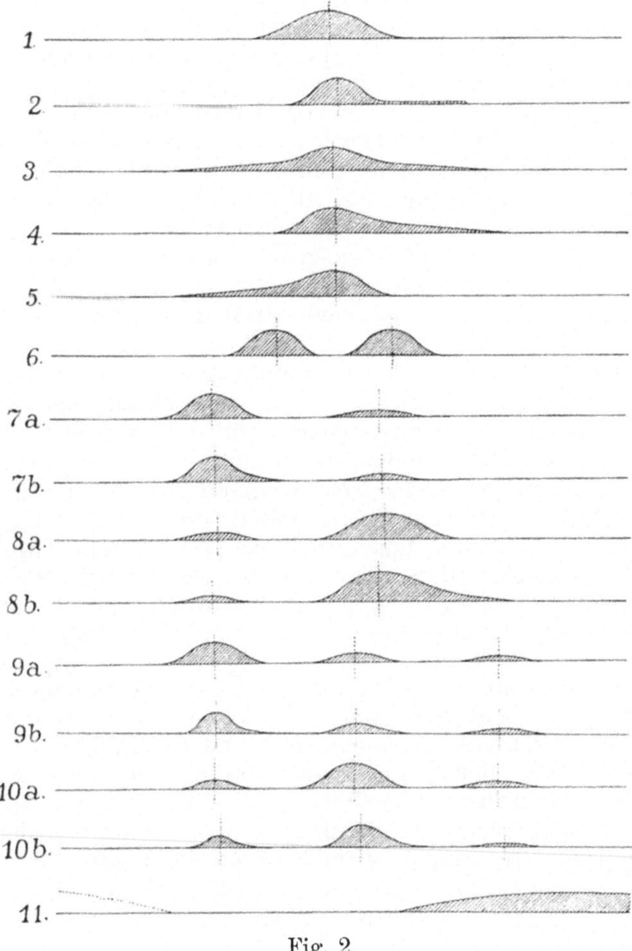


Fig. 2.

Fig. 2, Zeile 1); befindet sich aber das Dunkelheitsmaximum eines Absorptionsstreifens nicht in der Mitte, wenn also die Absorption von dem Dunkelheitsmaximum auf eine Seite rasch, auf die andere Seite allmählich abfällt, so bezeichnet man einen solchen Absorptionsstreifen als unsymmetrischen Streifen (siehe Fig. 2, Zeile 4).

So gibt z. B. die wässerige, stark verdünnte Lösung des Malachitgrüns (etwa 1 : 80,000 in einer 1 cm dicken Schicht) einen symmetrischen Absorptionsstreifen, bei welchem das Dunkelheitsmaximum in der Mitte des Streifens sich befindet, wogegen die wässerige, stark verdünnte Lösung des Methylenblaus (etwa 1 : 80,000 in einer 1 cm dicken Schicht) oder die alkoholische, stark verdünnte Lösung des Rose bengale unsymmetrische Absorptionsstreifen liefert, deren Dunkelheitsmaximum mehr nach links (nach den längeren Wellen) zu liegen kommt.

Dieser Umstand ist für die Beurteilung der Form und für die Bestimmung der Lage der Absorptionsstreifen sehr wichtig, da nur das Dunkelheitsmaximum eines Absorptionsstreifens seine konstante Lage bei verschiedener Konzentration der Lösung behält. Außerdem wird durch dieses Dunkelheitsmaximum, dessen Lage im Spektrum allgemein in Wellenlängen ($\lambda$) angegeben wird, jeder Farbstoff charakterisiert. Ich komme auf diese Eigenschaften nochmals in einem der nächsten Kapitel ausführlich zurück.

Kommen im Absorptionsspektrum mehrere Streifen vor, so nennt man den stärksten (dunkelsten) Streifen den Hauptstreifen, die übrigen schwächeren (helleren) Streifen Nebenstreifen; die letzteren verschwinden bei der allmählichen Verdünnung der Lösung aus dem Spektrum früher als der Hauptstreifen.

Die Absorptionsstreifen sind entweder schmal und scharf mit scharfem Dunkelheitsmaximum oder breit und verschwommen mit weniger deutlichem oder undeutlichem Dunkelheitsmaximum.

In der Regel geben Triphenylmethanfarbstoffe und ihnen verwandte Farbstoffe, ferner Chinonimidfarbstoffe und Anthrachinonfarbstoffe in den üblichen Lösungsmitteln (Wasser und Äthylalkohol) scharfe Absorptionsstreifen, Akridinfarbstoffe weniger scharfe Absorptionsspektra, wogegen viele Azofarbstoffe breite und verschwommene Absorptionsstreifen mit undeutlichem Dunkelheitsmaximum geben.

Beobachtet man die Absorptionsspektra der verdünnten Lösungen von gefärbten Verbindungen und Farbstoffen, so findet man unter denselben eine gewisse Regelmäßigkeit und es ergibt sich, daß die Anzahl der Formen der Absorptionsspektra begrenzt ist. Es kommen bei den einheitlichen künstlichen, als auch bei den natürlichen Farbstoffen im ganzen elf Grundtypen vor, welche in der Fig. 2 dargestellt sind. Es sind in verdünnten Lösungen:

1. Ein breiterer, symmetrischer Streifen, wie z. B. bei Methylalkaliblau [G] in Wasser, Lichtblau spritl. [M] in Äthylalkohol, Diphenblau B [A] in Äthylalkohol, Violamin B [M] in Wasser;

2. ein schmaler, symmetrischer Streifen mit einem gleichmäßigen schwachen Schatten rechts, der bei starker Verdünnung der Lösung nicht sichtbar ist, wie bei den Farbstoffen der Malachitgrünreihe;

3. ein symmetrischer Streifen mit einem schwachen, allmählich nach rechts und links verzogenen Schatten, wie z. B. bei Azofuchsin B [By] und Bordeaux G [By] in Wasser;

4. ein Streifen allmählich nach rechts verzogen, wie z. B. bei Helvetiablau [G] in Wasser, Methylblau wasserl. [G] in Äthylalkohol;

5. ein Streifen allmählich nach links verzogen, wie z. B. bei Naphtindon BB [C] in Wasser, Diphenblau B [A] in Wasser oder Xylidinorange [t. M] in Wasser;

6. zwei nahe aneinander liegende gleiche oder fast gleiche Streifen, wie z. B. bei Brillantsulfonrot B [S] in Äthylalkohol, Chromotrop 2R [M] in Äthylalkohol und Naphtolblau G [C] in Äthylalkohol;

7. ein starker Streifen (Hauptstreifen) und ein schwacher Streifen (Nebenstreifen) rechts und zwar

a) symmetrische Streifen, wie z. B. bei Kristallviolett [M], Fuchsin in Wasser oder Rhodamin B [B] in Wasser, oder

b) unsymmetrische Streifen, wie z. B. bei Methylenblau oder Kapriblau in Wasser, Pyronin B [L] in Wasser, Rose bengale in Äthylalkohol oder Xylenrot B [S] in Wasser;

8. ein starker Streifen und ein schwacher Streifen links und zwar

a) symmetrische Streifen, wie z. B. bei Säureviolett 6B [J] oder Guineaviolett 4B [A] in Wasser, Azoeosin [By] in Wasser und Alkohol, Ponceau 3R [M] in Wasser,

b) unsymmetrische Streifen, wie z. B. bei Neumethylenblau N [C] oder Nilblau BB [B] in Wasser;

9. neben einem starken Streifen zwei schwächere Streifen rechts und zwar

a) symmetrische Streifen, wie z. B. bei Prune pure [S] in Wasser, Alizarinzyaningrün G [By] in Alkohol, α-Aminoalizarin in Alkohol mit alkoholischer Kalilauge versetzt;

b) unsymmetrische Streifen, wie z. B. bei Rose Magdala in Alkohol, 1 : 4-Diaminoanthrachinon in Alkohol, Purpurin in Alkohol mit alkoholischer Kalilauge versetzt;

10. zwei schwache Streifen zu beiden Seiten eines starken Streifens und zwar

a) symmetrische Streifen, wie z. B. bei Neublau R in Wasser, α-Aminoalizarin in Alkohol, Alizaringrün S [M] in Wasser und Alkohol, Rosindulin 2G [K] in Alkohol, Azokarmin G [B] in Alkohol, Aporhodaminchlorhydrat in Alkohol;

b) unsymmetrische Streifen, wie z. B. bei Alizarin in Alkohol, versetzt mit alkoholischer Kalilauge;

11. einseitige Absorption im Blau und Violett, wie z. B. bei Naphtolgelb [M] oder Auramin in Wasser oder einseitige Absorption im Rot, wie z. B. Bindschädlers Grün in Wasser; schließlich eine einseitige Absorption im Rot und Violett, wie bei Naphtolgrün [C].

Bei einigen Farbstoffen habe ich auch die verkehrte Form des Typus 9a beobachtet, wie z. B. bei der wässerigen Lösung des Janusblaus G [M]; aber es scheint, daß trotzdem solche Absorptionsspektra liefernde Farbstoffe durch Zerstäubung auf befeuchtetem Filtrierpapier sich als einheitlich erwiesen haben, dieselben doch nicht einheitlich sein müssen, und aus dem Grunde habe ich vorläufig diesen Typus in der Figur 2 nicht angeführt.

Andere Typen der Absorptionsspektra von einheitlichen Farbstoffen, welche sich oft wiederholen würden, sind mir bei den bisherigen Untersuchungen von weit mehr als tausend Farbstoffen und farbigen Verbindungen in wässeriger, äthyl- und amylalkoholischen Lösungen nicht bekannt geworden.

Nur sehr selten kommen Absorptionsspektra vor, welche aus mehr als drei Absorptionsstreifen bestehen. So zeigen einige Oxyanthrachinonderivate, wie Pentaoxyanthrachinon (Alizarinzyanin [By]), Hexaoxyanthrachinon (Anthrazenblau WR und WG neu [B]), Alizarindunkelgrün W [B], ferner Fluorindin und schließlich Alkanna, in Äthyl- oder Amylalkohol, bezw. in konzentrierter Schwefelsäure gelöst, kompliziertere Absorptionsspektra, welche aus mehreren starken und schwachen Absorptionsstreifen bestehen; so gibt z. B. die alkoholische Lösung des salzsauren Fluorindins fünf Absorptionsstreifen und die alkoholische Lösung des Pentaoxyanthrachinons sogar neun Absorptionsstreifen. Wir werden aber später sehen, daß das Vorkommen einiger Absorptionsstreifen bei den genannten Farbstoffen teils durch die Anwesenheit fremder Substanzen bedingt ist (siehe „Oxyanthrachinonfarbstoffe") und wenn wir die den fremden Substanzen gehörigen Absorptionsstreifen eliminieren, das Absorptionsspektrum bedeutend vereinfacht erscheint; teils bringt es die komplizierte Konstitution eines solchen Farbstoffes mit, daß mehr als drei Absorptionsstreifen entstehen, wie beim Fluorindin, welches als doppeltes Diaminophenazin oder bei Hexaoxyanthrachinon, welches als Dipurpurin aufgefaßt werden kann und bei denen infolgedessen gegenseitige optische Wirkungen stattfinden.

Wenn wir die Absorptionsspektra solcher Farbstoffe näher betrachten, so sehen wir, daß sie sich immer auf eine der in Figur 2 angeführten Formen zurückbringen lassen und als eine Wiederholung eines bestimmten Typus betrachtet werden können.

Auch amylalkoholische verdünnte Lösungen des Resorufinkaliums, des Resazurinnatriums und die amylalkoholische, mit alkoholischer Kalilauge versetzte Lösung des Thionols geben ein Absorptionsspektrum, welches aus vier bezw. beim Resazurinnatrium aus fünf schmalen Streifen besteht; es scheint aber, daß diese überzähligen Streifen, wie wir später sehen werden, durch den Einfluß des Lösungsmittels hervorgerufen werden bezw. auch einem Nebenprodukte angehören können (siehe „Oxyazoxoniumverbindungen" und „Oxyazthioniumverbindungen").

Ebenfalls gibt z. B. das Thiodiphenylamin oder das Anthrarufin, in konzentrierter Schwefelsäure gelöst, ein komplizierteres Absorptionsspektrum, doch kommen ähnliche Absorptionsspektra selten vor und müssen auf die chemische Einwirkung des Lösungsmittels, durch welches gleichzeitig mehrere Produkte entstehen können, oder auf fremde Beimengungen zurückgeführt werden (vergl. auch „Oxyanthrachinonderivate" in Schwefelsäure).

Würde daher im Absorptionsspektrum einer farbigen Lösung eine andere Zusammenstellung der Absorptionsstreifen vorkommen, als oben angegeben worden ist, wenn z. B. nacheinander ein starker, dann ein schwacher Streifen vorkommt, dem wieder ein starker Streifen folgt, wie wir es bei der wässerigen Lösung von Formylblau B [C] (S. 1) sehen, so kann man auf ein Gemisch von Farbstoffen schließen.

Ebenfalls zeigt die wässerige Lösung des Domingochromgrüns W [L] den verkehrten Typus des Absorptionsspektrums, welcher in der Figur 2, Zeile 9 a dargestellt ist und somit ist es kein einheitlicher Farbstoff, sondern ein Gemisch aus drei Farbstoffen, wie man sich auch durch Zerstäubung des Farbstoffes auf befeuchtetem Filtrierpapier überzeugen kann.

Hiermit will ich aber nicht behaupten, daß sämtliche Farbstoffe, deren Lösungen die in der Figur 2, Zeile 6—10 dargestellten Formen der Absorptionsspektra geben, einheitliche Farbstoffe sein müssen. Es können die neben einem stärkeren Streifen links oder rechts befindlichen Streifen einem anderen Farbstoffe angehören als der starke Streifen, wie es z. B. der Fall bei dem Marineblau RN [B] ist; die wässerige Lösung des genannten Farbstoffes zeigt die Form des Absorptionsspektrums, Fig. 2, Zeile 10 a, und doch ist es ein Gemisch aus Methylenblau und Methylviolett. Ebenfalls zeigt die wässerige Lösung des Marineblaus BN [B] die Form des Absorptionsspektrums, Fig. 2, Zeile 9 a, und doch ist es auch ein Gemisch von Methylenblau und Methylviolett, wohl in einem anderen Verhältnisse als bei dem Marineblau RN (s. S. 1).

Mitunter können auch zwei Farbstoffe, welche in Lösung sonst nur einen Absorptionsstreifen zeigen (z. B. Fig. 2, Zeile 1), im Gemische auch nur einen Absorptionsstreifen geben, falls ihre Absorptionsstreifen zu nahe aneinanderliegen (vergl. „Gegenseitiger Einfluß mehrerer Farbstoffe in Lösung aufeinander").

Wir werden später kennen lernen, wie man solche zusammengesetzte Absorptionsspektra der Farbstoffe in Lösung von ähnlichen Absorptionsspektren einheitlicher Farbstoffe unterscheiden kann.

Bei den einzelnen Farbstoffen finden wir geringe Abweichungen von den in der Fig. 2 angeführten Typen der Absorptionsspektren, die man aber stets in die allgemein aufgestellten Typen einreihen kann, worüber in der Besprechung einzelner Farbstoffklassen später die Rede sein wird.

Betrachtet man näher die Farbe der Farbstofflösung und die spektrale Farbe jenes Farbenbezirkes des Spektrums, welche die Farbstofflösung absorbiert, so findet man, daß sich beide Farben, die der Lösung und die absorbierte zu einer weißen Farbe ergänzen, d. i. die Farbstofflösung absorbiert die komplementäre Farbe des Spektrums, wobei wohl berücksichtigt werden muß, daß schon zwei einzelne Farben des Spektrums gemischt, Weiß geben; so ergibt *spektrales Blau* mit *spektralem Gelb* gemischt, *Weiß*.

Es befinden sich daher im allgemeinen die Absorptionsstreifen grüner Farbstofflösungen im roten Bezirke, die Absorptionsstreifen blauer Lösungen im orangegelben Bezirke, die Absorptionsstreifen roter Lösungen im grünen Bezirke und die Absorptionsstreifen gelber Lösungen im violetten Bezirke des Spektrums.

*Die gegenseitige Beziehung zwischen Farbe der Farbstofflösung und Absorption* kann durch einen Kreis (Fig. 3) veranschaulicht werden, wobei man auf einem Halbkreise die Farben der Reihe nach ordnet, wie sie im kontinuierlichen Spektrum von Rot nach Violett vorkommen, und auf dem entgegengesetzten Halbkreise die Farbstofflösungen, wie ihre Absorptionsspektra von rechts nach links im Spektrum folgen, einzeichnet. Aus der Farbe der Farbstofflösung findet man mittelst dieses Kreises jene Farbe des Spektrums, welche die Farbstofflösung absorbiert.

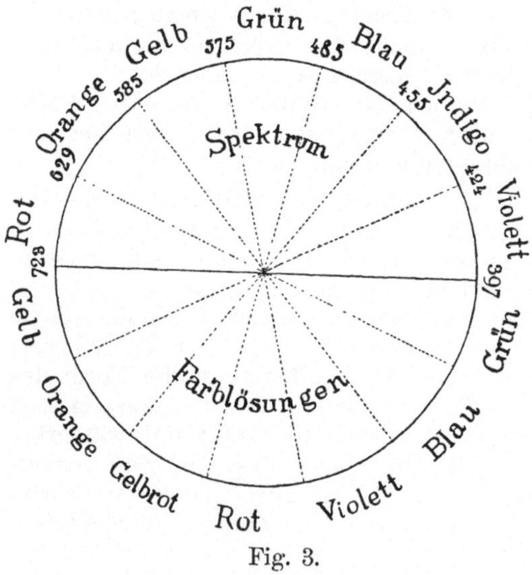

Fig. 3.

Dementsprechend verschiebt sich also das Absorptionsspektrum einer wässerigen Lösung des Farbstoffes bei Verwendung eines anderen Lösungsmittels oder durch die Einwirkung von Säuren oder Alkalien in jene Farbe des Spektrums, welche durch die nun entstandene Farbe der Farbstofflösung ergänzt wird.

So ist die wässerige Lösung des *Zyanolgrüns* 6G [C] *grün*, die *äthylalkoholische* Lösung *bläulichgrün* und die *amylalkoholische* Lösung *blaugrün*. Nach der eben ausgesprochenen

Regel muß sich daher der Absorptionsstreifen der wässerigen Lösung des Zyanolgrüns, wenn es in Äthylalkohol gelöst wird, von links nach rechts (nach den kürzeren Wellen hin) verschieben, da der Farbton der Farbstofflösung statt grün nun bläulichgrün ist. Dieselbe Erscheinung trifft bei Amylalkohol als Lösungsmittel ein; da die Farbe der amylalkoholischen Lösung blaugrün ist, muß sich der Absorptionsstreifen noch mehr nach rechts verschieben, als es bei der äthylalkoholischen Lösung im Vergleich zur wässerigen Lösung der Fall ist. Mißt man die Lage des Absorptionsstreifens des Zyanolgrüns, so findet man in Wasser λ 641,8, in Äthylalkohol λ 635,4, in Amylalkohol λ 632,4.

Die wässerige Lösung des Brillantfirnblaus [J] ist blau, die alkoholische Lösung grünblau, folglich muß nach der Regel die Verschiebung des Absorptionsspektrums in Äthylalkohol im Vergleiche zur Lage des Absorptionsspektrums der wässerigen Lösung nach links (nach den längeren Wellen hin) stattfinden und man findet wirklich den Absorptionsstreifen im Wasser bei λ 611,4, in Äthylalkohol bei λ 619,5.

Das Methylviolett löst sich in Wasser mit blauvioletter Farbe und gibt ein Absorptionsspektrum in Orangegelb und zwar den Hauptstreifen bei λ 589,6; setzt man der Lösung verdünnte Säure hinzu, so wird die Lösung grün und man findet einen Absorptionsstreifen im roten Spektralbezirke bei λ 629,0.

Die wässerige Lösung des Wollgrüns S [B] ist bläulichgrün und gibt einen Absorptionsstreifen bei λ 633,4; fügt man der Lösung verdünntes Ammoniak hinzu, so wird die Lösung blau und der Absorptionsstreifen verschiebt sich nach rechts, also nach den kürzeren Wellen auf λ 616,2.

In gleicher Weise verhalten sich alle übrigen Farbstoffe. Wenn man die Farbe der wässerigen Lösung eines Farbstoffes und die Lage des Absorptionsspektrums dieser Lösung als Grundlage nimmt, so kann man nach der Veränderung der Farbe der Farbstofflösung, die durch Anwendung verschiedener Lösungsmittel oder bei demselben Lösungsmittel durch Anwendung der Reagenzien verursacht wird, voraus bestimmen, nach welcher Seite des Spektrums die Verschiebung des Absorptionsspektrums stattfinden wird, vorausgesetzt, daß durch den Einfluß eines Reagens nicht mehrere, verschieden gefärbte Produkte entstehen, deren Lösungen dann eine Mischfarbe geben.

Dies will ich an folgenden Beispielen erläutern. Setzt man z. B. zur verdünnten rotvioletten und schwach fluoreszierenden amylalkoholischen Lösung des Coeruleïns B [M], welche zwei verwaschene Absorptionsstreifen bei λ 584,0 und 541,5 zeigt, einige Tropfen verdünnten Ammoniaks zu und mischt vorsichtig, so wird die Lösung blau und fluoresziert stark grün. Die blaue Lösung sollte daher nach dem schon vorher Gesagten im Orangegelb absorbieren.

Dies ist aber nicht der Fall, sondern man sieht im Spektrum der Flüssigkeit im roten Teile einen Absorptionsstreifen bei λ 688,8, im orangegelben Teile einen schwachen Streifen bei λ 622,3 und ferner im grünen Teile des Spektrums einen intensiven Absorptionsstreifen bei λ 527,8 und einen schwachen Absorptionsstreifen bei λ 490,.5 Da nach dem früher erörterten Absorptionsgesetze die Absorption einer blauen Lösung im Grün ausgeschlossen ist, so ist klar, daß in der Lösung zwei Produkte anwesend sind, ein grünes, welches im Rot absorbiert und ein gelbrotes grün fluoreszierendes Produkt, welches im Grün absorbiert. Ähnlich verhält sich auch die äthylalkoholische Lösung des Coeruleïns B nach Zusatz von Spuren Ammoniaks oder alkoholischer Kalilauge [1]).

Eine solche Erscheinung findet statt, wenn wir z. B. Zyanolechtgrün G [C] und Eosin BB [J] mischen. Setzt man zur verdünnten, wässerigen grünen Lösung des Zyanolgrüns G, welche im Rot einen Absorptionsstreifen gibt, die verdünnte wässerige gelbrote und gelbgrün fluoreszierende Lösung des Eosins BB, welche im Grün des Spektrums absorbiert, hinzu, so wird die Lösung blau und fluoresziert grün; sie absorbiert aber nicht im Orangegelb, wie man nach der Farbe der Lösung annehmen würde, sondern die ursprüngliche Absorption im Rot und Grün bleibt unverändert.

Ähnlich wie Coeruleïn verhält sich auch das Lackmoid. Setzt man zur wässerigen violetten und schwach grün fluoreszierenden Lösung des Lackmoids, welches einen intensiven Absorptionsstreifen im Gelb bei λ 595,0 und einen ganz schwachen Absorptionsstreifen ungefähr bei λ 488,5 im Grün zeigt, einen Tropfen verdünnten Ammoniaks zu, so wird die Lösung blau und fluoresziert stark grün. Man beobachtet dann im Spektrum zwei Absorptionsstreifen, einen intensiven im Orangegelb bei λ 596,0 und einen schwächeren im Grün bei λ 489,0. Nachdem eine blaue Lösung nicht im Grün absorbieren kann, so ist es klar, daß das schon in Spuren im Lackmoid anwesende rote Produkt (schwacher Streifen bei λ 488,5) durch den Zusatz von Ammoniak in grösseren Mengen gebildet wird und die stärkere Absorption im Grünblau verursacht.

Löst man das Dinaphtazin in konzentrierter Schwefelsäure, so erhält man eine violette Lösung, welche der Farbe nach im Gelb (vergl. Fig. 3) absorbieren sollte. Die Lösung absorbiert aber am stärksten bei λ 631,5 (Rotorange) und bei λ 522,0 (Grün). Sie enthält daher zwei Körper, einen grünblauen, der im Rotorange absorbiert und einen roten, der im Grün absorbiert. Auch die Form des Absorptionsspektrums selbst, wo ein starker und ein schwacher Streifen nacheinander wiederholt folgen, zeigt ein Gemisch an.

Es ist also der Vergleich der Farbe der Lösung mit ihrer Absorption auch ein wichtiges Merkmal zur Beurteilung, ob ein Farbstoffgemisch vorliegt oder nicht.

Zur annähernden Bestimmung der Farbe der in der Lösung vorhandenen Farbstoffe nach der Lage der Absorptionsstreifen kann die folgende Tabelle (vergl. auch Fig. 3) dienen, welche die Ein-

---

[1]) Die Lösung enthält kein Galleïn, wie man vielleicht nach der Darstellungsweise des Coeruleïns vermuten würde, denn die orangegelbe äthyl- und amylalkoholische Lösung des Galleïns wird, mit verdünntem Ammoniak versetzt, intensiv rot, ohne Fluoreszenz, und gibt nur einen Absorptionsstreifen bei λ 550,5 in Äthylalkohol und bei λ 552,6 in Amylalkohol.

teilung des Spektrums nach den farbigen Feldern und denselben entsprechenden Farbstoffen zeigt:

| Farbiges Feld | Wellenlänge | entsprechende Farbstoffe |
|---|---|---|
| Rot . . . . . . . . . | 723–629 | grüne und blaugrüne |
| Orange . . . . . . . . | 629–585 | blaue und blauviolette |
| Gelb . . . . . . . . . | 585–575 | violette und rotviolette |
| Grün . . . . . . . . | 575–485 | violettrote, rote und gelbrote |
| Blau . . . . . . . . . | 485–455 | orangegelbe |
| Indigo . . . . . . . . | 455–424 | } gelbe |
| Violett . . . . . . . . | 424 ab | |

# Die Beständigkeit und Veränderlichkeit der Absorptionsspektra.

Einfluß des Lösungsmittels, Einfluß der Konzentration der Lösung und der Hydrolyse, Einfluß der Temperatur, Einfluß der Reagenzien, gegenseitiger Einfluß mehrerer Farbstoffe in Lösung aufeinander.

## 1. Einfluß des Lösungsmittels.

Die Natur des Lösungsmittels, in welchem der Farbstoff gelöst wird, übt regelmäßig einen gewissen Einfluß auf die Lage der Absorptionsstreifen, mitunter aber auch auf die Beschaffenheit des Absorptionsspektrums aus. In verschiedenen Lösungsmitteln gelöst, zeigen die Farbstoffe die Absorptionsstreifen regelmäßig auch in verschiedener Lage, aber auch das Absorptionsspektrum selbst kann durch verschiedene Lösungsmittel geändert werden.

So zeigt die wässerige Lösung des Cypergrüns B [A] des Guineavioletts S4B [A], des Ponceau G [M], des Xylidinorange [t. M] einen Absorptionsstreifen, die alkoholische Lösung jedoch zwei Absorptionsstreifen; umgekehrt zeigt die wässerige Lösung des Nilblaus A [B], des Neumethylenblaus GG [C] und des Wollblaus R [A] zwei Absorptionsstreifen, wogegen die alkoholische Lösung der genannten Farbstoffe nur einen Absorptionsstreifen gibt.

Die Form des Absorptionsstreifens des Malachitgrüns bleibt in allen Lösungsmitteln dieselbe, wohl aber ändert sich in verschiedenen Lösungsmitteln die Lage des Absorptionsstreifens und man findet denselben in wässeriger Lösung bei $\lambda$ 616,9, in alkoholischer Lösung bei $\lambda$ 621,0, in amylalkoholischer Lösung bei $\lambda$ 623,3 und in Essigsäure bei $\lambda$ 619,5.

Dagegen aber behält das Absorptionsspektrum von Echtgrün extra [By], Echtgrün CR [By], der Hauptabsorptionsstreifen des Methylvioletts 1B [By] fast dieselbe Lage, ob wir die Farbstoffe in Wasser, Äthyl- oder Amylalkohol lösen.

Nach Kundt[1]) rückt gewöhnlich das Absorptionsspektrum einer farbigen Lösung um so mehr nach Rot hin (nach den längeren Wellen), je stärker das Brechungs- bezw. das Dispersionsvermögen des angewendeten Lösungsmittels ist.

Bei dieser Regel kommen jedoch sehr oft Ausnahmen vor, und zur Erklärung derselben führt Stenger[2]) aus, daß die Kundtsche Regel in dem Falle gilt, wo sich in einer Lösung die in Betracht kommende Molekel mit der chemischen Molekel deckt, oder ein Multiplum davon ist.

Um die Richtigkeit der Kundtschen Regel zu prüfen, untersuchte ich eine große Anzahl von Farbstoffen, indem ich ihre Absorptionsspektra in wässeriger, äthylalkoholischer und amylalkoholischer Lösung verglichen habe und ich erhielt folgende Resultate.

Von 103 grünen Farbstoffen richteten sich nach der Kundtschen Regel nur 51 Farbstoffe, dagegen verhielten sich 49 Farbstoffe gerade umgekehrt und bei 3 Farbstoffen hatte das Lösungsmittel auf die Lage der Absorptionsstreifen keinen Einfluß.

Von 461 blauen Farbstoffen richteten sich 216 Farbstoffe nach der Kundtschen Regel, 232 Farbstoffe verhielten sich gerade umgekehrt, und bei 18 Farbstoffen hatte das Lösungsmittel auf die Lage der Absorptionsstreifen keinen Einfluß.

Von 316 roten Farbstoffen richteten sich 202 Farbstoffe nach der Kundtschen Regel, 100 Farbstoffe verhielten sich umgekehrt und bei 3 Farbstoffen hatte das Lösungsmittel auf die Lage der Absorptionsstreifen keinen Einfluß.

Von 30 gelben Farbstoffen entsprachen 16 Farbstoffe der Kundtschen Regel, 11 Farbstoffe verhielten sich gerade umgekehrt und bei 3 Farbstoffen hatte das Lösungsmittel auf die Lage der Absorptionsstreifen keinen Einfluß.

Es richten sich daher von 910 Farbstoffen nur 485 Farbstoffe, also rund 53 Prozent nach der Kundtschen Regel, die übrigen Farbstoffe verhalten sich entweder im verkehrten Sinne, das ist, die Absorptionsstreifen dieser Farbstoffe verschieben sich mit zunehmendem Brechungsvermögen des Lösungsmittels nach den kürzeren Wellen, also dem violetten Ende des Spektrums zu, oder das Lösungsmittel hat auf die Lage der Absorptionsstreifen keinen oder einen sehr geringen Einfluß.

Es gibt aber auch eine Reihe von Farbstoffen, bei denen sich die Absorptionsstreifen, in verschiedenen Lösungsmitteln gelöst, auch in verschiedenen Richtungen verschieben; wenn wir also den Absorptionsstreifen der wässerigen Lösung eines Farbstoffes als Grundlage nehmen, so kann die Verschiebung in Äthylalkohol nach rechts, in Amylalkohol wieder nach links stattfinden oder umgekehrt, wie es z. B. bei Zyanolechtgrün G [C], Zyanin B [M], Zyanol extra [C] usw. der Fall ist.

---

[1]) Kundt, Pogg. Annalen 1874, S. 615; Wied. Anualen **4**, 34 (1878).
[2]) Stenger, Wied. Annalen **33**, 577 (1888).

Demnach kann man die von Kundt aufgestellte Regel überhaupt nicht als eine Regel betrachten.

Derselbe Farbstoff kann sich in verschiedenen Lösungsmitteln mit verschiedener Farbe lösen, was zur Folge hat, daß sich auch sein Absorptionsspektrum verändert. So löst sich das Indulin R in Wasser mit blauer Farbe und gibt einen Absorptionsstreifen im gelben Teile des Spektrums; in Äthylalkohol löst es sich mit rotvioletter Farbe und zeigt einen Absorptionsstreifen im grünen Felde des Spektrums.

Das Diamantgrün SS [By] löst sich in Wasser mit grünlichblauer Farbe und gibt neben einem stärkeren Absorptionsstreifen einen schwachen Absorptionsstreifen links, in Äthylalkohol löst es sich mit blaugrüner Farbe und gibt neben einem stärkeren Absorptionsstreifen einen schwachen Absorptionsstreifen rechts.

Das verwendete Lösungsmittel kann aber mit dem Farbstoffe selbst reagieren und daher sein Absorptionsspektrum total verändern. So geben manche Anthrachinonfarbstoffe, in Äthylalkohol gelöst, gelbe Lösungen mit nur einseitiger Absorption im Blauviolett, in konzentrierter Schwefelsäure gelöst, rote Lösungen mit getrennten Absorptionsstreifen wie z. B. das Alizarin, Flavopurpurin, Anthrarufin.

Ebenfalls löst sich das Methylviolett in Wasser mit violetter Farbe und gibt zwei Absorptionsstreifen im Orange und Gelb, in Essigsäure löst es sich mit grüner Farbe und gibt nur einen Absorptionsstreifen im Rot.

Bei den Farbstofflösungen, welche zwei Absorptionsstreifen aufweisen, beobachten wir mitunter eine interessante Erscheinung, daß die Abstände zwischen dem Hauptstreifen und den Nebenstreifen bei Verwendung verschiedener Lösungsmittel auch verschieden sind.

Bei den Triaminoderivaten der Rosanilinfarbstoffe verringert sich der Abstand beider Streifen um so mehr, je größeres Brechungsvermögen das angewandte Lösungsmittel hat. So beträgt z. B. der Unterschied zwischen der Lage des Haupt- und Nebenstreifens bei Kristallviolett in Wasser 51,0 $m\mu$, in Äthylalkohol 46,6 $m\mu$ und in Amylalkohol 45,1 $m\mu$.

Bei den Phtaleinen bleibt dieser Unterschied einmal fast unverändert, ein anderesmal wird er im Gegensatze zu den Rosanilinfarbstoffen größer. So beträgt dieser Abstand bei dem Rhodamin 3B durchschnittlich in Wasser, Äthyl- und Amylalkohol 39,0 $m\mu$, dagegen aber beträgt dieser Unterschied beim Eosin in Wasser 33,0 $m\mu$, in Äthylalkohol 36,6 $m\mu$ und in Amylalkohol 38,4 $m\mu$. Über diese Erscheinung wird näher bei den einzelnen Farbstoffklassen gesprochen.

## 2. Einfluß der Konzentration der Lösung und der Hydrolyse.

Die Intensität der Absorption ist durch die Konzentration der Lösung, sowohl auch durch die Dicke der Schicht des absorbierenden Körpers gegeben; je größer die Konzentration der Lösung und je dicker die absorbierende Schicht ist, um so größer ist regelmäßig die Absorption und umgekehrt.

Man kann daher konzentriertere Lösungen in dünnen Schichten, verdünnte Lösungen in dickeren Schichten beobachten.

Die Absorptionsspektra selbst (Form und Anzahl der Streifen) sind aber auch von der Dicke der Schicht und der Konzentration der Lösung abhängig; an Stellen sehr schwacher Absorption kommt dieselbe erst in dicken Schichten oder in konzentrierteren Lösungen recht zum Vorschein und so können mit zunehmender Dicke der Schicht oder mit zunehmender Konzentration der Lösung neue Absorptionsstreifen auftreten oder die schon vorhandenen sich verstärken und breiter werden. Da die Ausdehnung der Streifen oft nach beiden Seiten ihres Dunkelheitsmaximums ungleichmäßig erfolgt, wenn man von geringer zur starken Konzentration bezw. von geringer zur großen Schichtendicke übergeht, so kann der Streifen sein Aussehen und seine Lage im Spektrum scheinbar verändern; der Grund dieser Erscheinung ist jedoch nur in der Optik unseres Auges zu suchen.

Andererseits wird an Stellen starker Absorption mit zunehmender Dicke bezw. mit zunehmender Konzentration die Absorption immer eine vollständigere sein, daher verschwinden kleine Unterschiede in der Stärke der Absorption und in der Form der Absorptionsstreifen. Wenn daher zwei Stellen starker Absorption durch eine Stelle schwächerer Absorption verbunden sind, so kann man bei dünner Schicht zwei getrennte Absorptionsstreifen sehen, die jedoch bei starker Schicht oder bei starker Konzentration der Lösung zusammenfließen.

Die Beobachtung von nur konzentrierten Lösungen der Farbstoffe würde uns aber keinen wahren Aufschluß über die Beschaffenheit des Absorptionsspektrums geben, solche Lösungen zeigen regelmäßig nur eine Auslöschung eines bestimmten Spektralbezirkes, aus welcher man auf eine bestimmte Form des Absorptionsspektrums nicht schließen kann.

Auch darf man bei der spektroskopischen Untersuchung die Farbstoffe nicht vielleicht nur in konzentrierteren Lösungen durch dünne Schichten beobachten, sondern man muß vielmehr unbekannte Lösungen bei verschiedener Konzentration und bei gleicher Schicht untersuchen, da man nicht voraus wissen kann, ob sich das Absorptionsspektrum des Farbstoffes durch die hydrolytische Wirkung des Wassers nicht ändern wird und ob vielleicht nur ein Streifen vorhanden ist, oder ob eventuell mehrere Absorptionsstreifen zu einem vereinigt sind.

Die Konzentration der Farbstofflösung übt aber nicht nur den Einfluß auf die Stärke der Absorption aus, sondern sie hat unter Umständen auch auf die Form des Absorptionsspektrums einen gewissen Einfluß, was für die Erkennung und Unterscheidung einiger Farbstoffklassen von großer Wichtigkeit ist.

Bei konzentrierteren Lösungen der Triphenylmethanfarbstoffe, Thiazin- und Oxazinfarbstoffe beobachten wir einen

Doppelstreifen, welcher durch starke Verdünnung der Lösung zu einem Streifen zusammenfließt. So gibt die wässerige Lösung des Malachitgrüns 1 : 40,000 mit dem Spektroskop in einer 1 cm dicken Schicht beobachtet, einen Doppelstreifen bei $\lambda$ 630,1 ($\alpha$) und $\lambda$ 603,5 ($\beta$) (Fig. 4, Zeile 1). Verdünnt man die Lösung allmählich, so nähern sich beide Absorptionsstreifen mehr und mehr, bis sie bei einer Verdünnung von ungefähr 1 : 80,000 zu einem symmetrischen schmäleren Streifen bei $\lambda$ 616,9 zusammenfließen, dessen Dunkelheitsmaximum sich in der Mitte der Dunkelheitsmaxima beider ursprünglicher Absorptionsstreifen befindet (Fig. 4, Zeile 2).

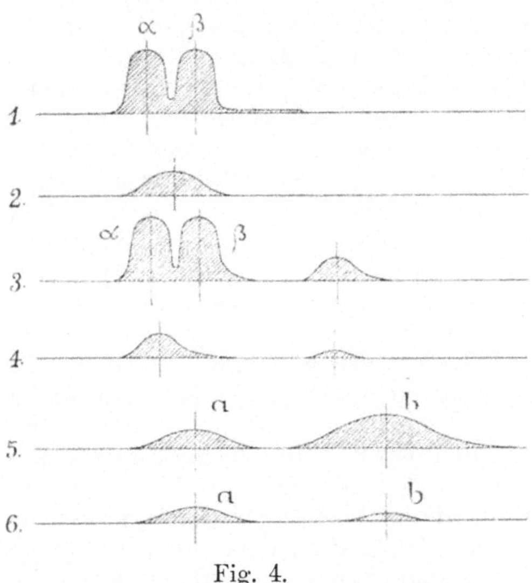

Fig. 4.

Ähnlich gibt die wässerige Lösung des Methylenblaus, mit dem Spektroskop beobachtet, bei einer Verdünnung von ungefähr 1 : 40,000 in einer 1 cm dicken Schicht zwei intensive, dicht aneinander liegende Absorptionsstreifen bei $\lambda$ 671,0 ($\alpha$) und bei $\lambda$ 650,7 ($\beta$), außerdem noch einen schwächeren Streifen bei $\lambda$ 608,4 (Fig. 4, Zeile 3). Verdünnt man die Lösung allmählich, so nähern sich beide Streifen $\alpha$ und $\beta$, bis sie endlich bei der Verdünnung von ungefähr 1 : 80,000 zu einem unsymmetrischen schmalen, nach rechts verzogenen Streifen bei $\lambda$ 667,5 zusammenfließen; der Streifen befindet sich nicht in der Mitte der Dunkelheitsmaxima der ursprünglichen Streifen $\alpha$ und $\beta$, sondern dem linken Streifen näher (Fig. 4, Zeile 4).

Konzentriertere Lösungen der Diaminotolazthioniumverbindungen und der Diaminonaphtazoxoniumverbindungen geben ein anderes Absorptionsspektrum als ihre verdünnten Lösungen. So gibt die wässerige Lösung des asymmetrischen Dimethyldiaminophenotolazthioniumchlorids

Cl
S
$(CH_3)_2N$ $NH_2$
$CH_3$
N

1 : 25,000 in einer 1 cm dicken Schicht ein Absorptionsspektrum, welches aus einem intensiven Absorptionsstreifen *b* und einem schwächeren Streifen *a* links besteht (Fig. 4, Zeile 5). Durch allmähliche Verdünnung der Lösung ändert sich auch die Intensität

der Absorptionsstreifen, bis bei der Verdünnung von ungefähr 1 : 50,000 der linke Absorptionsstreifen *a* intensiver erscheint als der rechte *b* (Fig. 4, Zeile 6).

Dieselbe Erscheinung, welche wir bei verschiedener Konzentration der wässerigen Lösungen des Malachitgrüns und des Methylenblaus beobachtet haben, sehen wir auch, wenn wir die Lösungen dieser Farbstoffe von gleicher Konzentration bei verschiedener Dicke der Schicht beobachten. Verdünnen wir die wässerige Lösung des Malachitgrüns oder des Methylenblaus so weit, daß der oben erwähnte Doppelstreifen bei einer 15 mm dicken Schicht deutlich auftritt (Fig. 4, Zeile 1 und 3) und beobachten wir die so verdünnte Lösung bei kleineren Schichtendicken, so sehen wir, daß der Doppelstreifen schließlich bei einer etwa 5—7 mm dicken Schicht auch als ein einfacher Streifen erscheint (Fig. 4, Zeile 2 und 4). Wenn wir nun die wässerigen Lösungen der genannten Farbstoffe so stark verdünnen, daß sie bei einer 10 mm dicken Schicht nur einen einfachen Absorptionsstreifen geben und beobachten wir dann die so verdünnten Lösungen bei einer 3—6 cm dicken Schicht, so sehen wir wieder merkwürdigerweise den ursprünglichen Doppelstreifen deutlich.

Es ist also gleichgültig, ob wir Lösungen dieser Farbstoffe bei verschiedener Konzentration und gleicher Schichtendicke oder eine und dieselbe Lösung bei verschiedener Schichtendicke beobachten; die hier auftretende Veränderung des Absorptionsspektrums, welche wir bei den Lösungen der Triphenylmethanfarbstoffe und der meisten Chinonimidfarbstoffe beobachten, ist daher rein optischer Natur.

Anders sind jedoch die Verhältnisse bei dem oben erwähnten Dimethyldiaminophenotolazthioniumchlorid. Verdünnen wir die wässerige Lösung dieses Farbstoffes so weit, daß sie bei einer 15 mm dicken Schicht die in der Fig. 4, Zeile 5, dargestellte Form des Absorptionsspektrums zeigt, nämlich neben einem intensiveren, nach rechts verzogenen Absorptionsstreifen einen schwächeren Absorptionsstreifen links und beobachten wir dann diese Lösung in kleineren Schichten, so sehen wir, daß die Form des Absorptionsspektrums auch bei einer 5 mm dicken und noch dünneren Schicht unverändert bleibt, der Absorptionsstreifen *b* erscheint immer intensiver als der Streifen *a*.

Verdünnen wir nun die Lösung des Dimethyldiaminotolazthioniumchlorids so stark, daß sie in einer 10 mm dicken Schicht beobachtet, die in der Fig. 4, Zeile 6, dargestellte Form des Absorptionsspektrums zeigt, nämlich neben einem intensiveren Absorptionsstreifen einen schwachen Absorptionsstreifen rechts, und beobachten wir nun die so verdünnte Lösung in 3, 4, 5 cm und noch dickeren Schichten, so sehen wir, daß die ursprüngliche Form des Absorptionsspektrums einer konzentrierten Lösung (Fig. 4, Zeile 5), nämlich neben einem intensiveren Absorptionsstreifen ein schwächerer Absorptionsstreifen links, nicht mehr zum Vorschein kommt, sondern daß das Absorptionsspektrum mit der zunehmenden Schichtendicke, ohne seine Form zu verändern, bloß an der Intensität zunimmt, daß also der Absorptionsstreifen *a* immer intensiver wird als der Absorptionsstreifen *b*, bis schließlich beide Streifen, bei einer dicken Schicht beobachtet, zusammenfließen.

Es findet daher bei einer starken Verdünnung der Lösung eine gewisse Dissoziation des Farbstoffes statt, welche wahrscheinlich der hydrolytischen Einwirkung des Wassers zuzuschreiben ist.

Dieselbe Eigenschaft trifft bei allen Tolazthionium- und Naphtazoxoniumverbindungen zu, wie z. B. bei Diäthyldiaminophenotolazthioniumchlorid, bei Nilblau A, Neumethylenblau GG usf.

Es ist also nicht immer gleichgültig, ob wir die Lösungen der Farbstoffe bei verschiedener Konzentration oder dieselben verdünnten Lösungen bei verschiedener Schichtendicke beobachten.

Die eben hier beschriebenen Erscheinungen dienen, wie wir später sehen werden, als wichtige Unterscheidungsmerkmale für einzelne Farbstoffklassen.

Ferner kann die wässerige frische Lösung eines Farbstoffes ein anderes Absorptionsspektrum bezüglich seiner Form und Lage zeigen, als wenn dieselbe Lösung eine Zeitlang stehen geblieben ist.

Solche Erscheinungen beobachten wir namentlich bei Alkaligrün [D], Direktgrün G [L], Diamingrün CL [C], Naphtamingrün AG [K], bei Rotviolett 5RS [B] und Rotviolett 4RS [B].

Beobachten wir die frische verdünnte wässerige Lösung der genannten Farbstoffe mit dem mit weißem Lichte beleuchteten Spektroskop, so sehen wir, daß die in einer gewissen Lage erschienenen Absorptionsstreifen sich regelmäßig allmählich von Rot nach Violett (nach den kürzeren Wellen) verschieben, bis sie nach einer gewissen Zeit ihre konstante Lage erreichen, welche sich dann weiter nicht mehr ändert.

Namentlich interessant geht die Veränderung des Absorptionsspektrums bei Direktgrün G vor sich. Verdünnt man eine konzentrierte wässerige Lösung des Direktgrüns G, so beobachtet man anfangs zwei Absorptionsstreifen, einen stärkeren bei $\lambda$ 708,1, einen schwächeren bei $\lambda$ 650,7; beide Streifen verschieben sich jedoch allmählich nach links (nach den längeren Wellen hin) und zwar der stärkere auf $\lambda$ 716,2, der schwächere auf $\lambda$ 660,0, dann verschwindet allmählich der Absorptionsstreifen bei $\lambda$ 716,2, der zweite Streifen bei $\lambda$ 660,0 wird stärker und verschiebt sich langsam weiter bis auf $\lambda$ 663,0 und gleichzeitig entsteht ein schwächerer Streifen bei $\lambda$ 611,7; das ganze Absorptionsspektrum bleibt dann weiter unverändert.

Die konzentrierte Lösung des Direktgrüns G, mag sie auch wochenlang stehen, zeigt beim Verdünnen immer dasselbe Phänomen.

Eine ähnliche Veränderung des Absorptionsspektrums wie bei dem Direktgrün G findet auch bei der wässerigen Lösung des Alkaligrüns [D] statt. Die frische wässerige Lösung des Alkaligrüns zeigt einen stärkeren Absorptionsstreifen ungefähr bei $\lambda$ 687,0, einen schwachen Absorptionsstreifen bei $\lambda$ 598,8; nach kurzem Stehen kehrt sich jedoch die Form des Absorptionsspektrums um, der schwache Absorptionsstreifen wird zum starken und verschiebt sich ungefähr auf λ 589,5, wogegen der stärkere Absorptionsstreifen geschwächt wird und sich ungefähr auf λ 654,5 verschiebt.

Dagegen findet bei den wässerigen Lösungen des Diamingrüns CL, des Naphtamingrüns AG und des Rotvioletts 5RS und des Rotvioletts 4RS nur einfache Verschiebung der Absorptionsstreifen von Rot nach Violett (nach den kürzeren Wellen hin) statt.

Bei dem Rotviolett 5RS und Rotviolett 4RS beobachten wir bei der Verdünnung der wässerigen Lösung nicht nur eine Verschiebung des Absorptionsspektrums nach den kürzeren Wellen hin (der Hauptabsorptionsstreifen des Rotvioletts 5RS verschiebt sich von λ 557,0 bis auf λ 551,5), sondern auch die interessante Erscheinung, daß die Absorption der Lösung mit zunehmender Verdünnung statt abzunehmen, beträchtlich bis zu einem gewissen Grade zunimmt.

Dieses interessante Phänomen kann man sich dadurch erklären, daß Rotviolett 5RS, das Natriumsalz der Äthylrosanilintrisulfosäure in stark verdünnten Lösungen dissoziiert wird. Durch diese Dissoziation wird aus dem Alkalisalz allmählich die Farbsäure frei, die aber stärker absorbiert als das Alkalisalz und wenn die Dissoziation durch genügende Verdünnung den höchsten Punkt erreicht hat, erreicht auch die Absorption ihr Maximum.

Auch bei der wässerigen Lösung der Rhodaminfarbstoffe habe ich nach kurzem Stehen der Lösung eine geringe Verschiebung der Absorptionsstreifen nach den kürzeren Wellen hin beobachtet.

Frische wässerige Lösung von Benzorhodulinrot B [By] gibt anfangs ein Absorptionsspektrum, welches aus einem stärkeren und schwachen Streifen besteht; dieses Absorptionsspektrum verwandelt sich jedoch rasch in einen breiteren verwaschenen Absorptionsstreifen.

Nur in seltenen Fällen hat die Konzentration der Lösung auf die vollständige Umwandlung der Farbe der Lösung und somit auf eine wesentliche Veränderung des Absorptionsspektrums einen bedeutenden Einfluß. Ich habe einen solchen Fall bisher nur bei der wässerigen Lösung des Alizaringrüns G und B [D] beobachtet. Löst man das Alizaringrün G in wenig Wasser, so erhält man eine grüne Lösung, verdünnt man die Lösung stark mit Wasser, so verwandelt sich die grüne Farbe in eine fleischrote, wodurch auch das Absorptionsspektrum vollständig geändert wird. Das Alizaringrün B löst sich in Wasser auch mit grüner Farbe, dieselbe wandelt sich jedoch rasch ins Rot um.

Die eben beschriebenen Phänomene können meistens auf Grund der hydrolytischen Einwirkung des Wassers auf die Farbstoffe selbst erklärt werden.

Die Verschiebung des Absorptionsspektrums kann aber auch in einer alkoholischen Lösung stattfinden. Diese nur selten vorkommende Erscheinung habe ich bisher bei einigen Phtaleinen, namentlich bei dem asymmetrischen Dimethyl- und Diäthylrhodaminchlorid, bei dem Tetramethyl- und Tetraäthylrhodaminchlorid und auch beim Tetrabromfluoreszeinkalium (Eosin) beobachtet.

Verdünnt man nämlich konzentriertere äthyl- oder amylalkoholische Lösungen der genannten Farbstoffe und beobachtet man sie sofort mit dem Spektroskop, so sieht man, daß sich das Absorptionsspektrum allmählich bis zu einer bestimmten Grenze nach den kürzeren Wellen (nach Violett) verschiebt und dann seine Lage unverändert behält:

| So gibt Absorptionsstreifen: | in Äthylalkohol | | in Amylalkohol | |
|---|---|---|---|---|
| | frische Lösung | nach einer Stunde | frische Lösung | nach einer Stunde |
| | λ | λ | λ | λ |
| asym. Dimethylrhodaminchlorid | 526,7 489,2 | 519,5 489,2 | 528,5 490,0 | 527,0 490,0 |
| asym. Diäthylrhodaminchlorid | 527,4 490,5 | 523,6 490,0 | 528,5 490,6 | 526,3 490,6 |
| Tetramethylrhodaminchlorid | 539,5 505,6 | 538,1 501,6 | — — | — — |
| Tetraäthylrhodaminchlorid | 545,5 509,6 | 543,5 505,6 | — — | — — |
| Tetrabromfluoreszeinkalium | 529,2 490,5 | 527,6 489,2 | — — | — — |

Es ist bemerkenswert, daß beim Dimethyl- und Diäthylrhodamin eine starke Verschiebung des Hauptstreifens stattfindet, wogegen der Nebenstreifen sich nur gering oder gar nicht verschiebt. Konzentriertere Lösungen, mögen sie auch zeitlang stehen, zeigen beim Verdünnen immer dasselbe Phänomen. Die Erklärung für diese Erscheinung finde ich zurzeit nicht, da in diesem Falle die hydrolytische Wirkung ausgeschlossen ist. Andere Phtaleïne zeigen keine deutliche Verschiebung des Absorptionsspektrums und wenn sie stattfindet, so geschieht es so schnell, daß man sie nicht wahrnimmt.

Die eventuell vorkommende Verschiebung der Absorptionsstreifen eines Absorptionsspektrums beeinträchtigt jedoch die richtige Messung der Lage der Absorptionsstreifen nicht, weil sie, wenn die Verschiebung einmal stattfindet, meistens so schnell vor sich geht, daß in kurzer Zeit die Absorptionsstreifen ihre endgültige Lage erreichen und sich dann nicht mehr ändern.

In konzentrierteren Lösungen pflegen die Farbstoffe einen etwas anderen Farbton zu zeigen als in verdünnten Lösungen; so ist z. B. die wässerige Lösung von Setopalin, Setoglauzin, Erioglauzin, Methylenblau usf. blau, während stark verdünnte Lösungen der genannten Farbstoffe grünblau erscheinen, welche Erscheinung jedoch physikalisch-optischer Natur ist und auf eine Veränderung des Absorptionsspektrums keinen Einfluß hat.

### 3. Einfluß der Temperatur.

Die Wärme übt sehr selten einen gewissen Einfluß auf die Absorption der Farbstofflösungen aus. Bei einigen Körpern nimmt die Absorption mit der steigenden Temperatur zu (bei den schwer löslichen Verbindungen), bei anderen Körpern nimmt sie wieder mit der steigenden Temperatur ab[1]); dabei kann sich aber mit der steigenden Temperatur auch das Absorptionsspektrum verschieben. Eine solche Erscheinung trifft namentlich z. B. beim Fluorindin zu. Das salzsaure Fluorindin ist in kaltem Wasser unlöslich. In heißem Wasser löst es sich mit blauer Farbe und gibt vier Absorptionsstreifen bei $\lambda$ 619,0, 572,0, 531,2 und 495,0; durch allmähliches Abkühlen der Lösung verschiebt sich das Absorptionsspektrum nach den kürzeren Wellen (nach Violett) hin und die lauwarme Lösung zeigt dann die Absorptionsstreifen bei 611,1 und 562,5. Die zwei letzten Absorptionsstreifen sind nicht mehr sichtbar, da sich ein Teil des Farbstoffes ausscheidet und die Lösung nur wenig Farbstoff enthält.

Ähnlich verhält sich die alkoholische Lösung des Triphendioxazins, welche zwei Absorptionsstreifen bei $\lambda$ 504,0 und bei $\lambda$ 470,5 zeigt; erwärmt man diese Lösung zum Sieden, so verschieben sich die Absorptionsstreifen nach den kürzeren Wellen beiläufig auf $\lambda$ 500,8 und $\lambda$ 465,7 und kehren nach der Abkühlung der Lösung wieder in ihre ursprüngliche Lage zurück.

Da wir aber die Farbstofflösungen fast immer bei gewöhnlicher Zimmertemperatur beobachten, so ist dieser Einfluß praktisch ohne Belang.

Es kommt aber der Umstand in Betracht, dass wir die Farbstoffe in der Wärme auflösen. Die Farbstoffe erleiden bei der Auflösung in warmem Wasser oder Äthylalkohol keine Veränderung. Dagegen aber kann in einzelnen Fällen eine Umänderung des Farbstoffes stattfinden, wenn wir denselben z. B. in Amylalkohol in der Wärme auflösen. Diese Änderung des Absorptionsspektrums tritt meistens nur dann auf, wenn sich durch die Wirkung der höheren Temperatur auch die chemische Zusammensetzung des betreffenden Farbstoffes geändert hat. So löst sich z. B. das Methylgrün [By] in kaltem Amylalkohol mit grüner Farbe und zeigt nur einen Absorptionsstreifen; erwärmt man jedoch die Lösung, so wird sie violett und zeigt zwei Absorptionsstreifen. Die Ursache liegt darin, daß sich das Methylgrün durch die Einwirkung der Temperatur zu Methylviolett umwandelt.

Ferner muß man den Umstand berücksichtigen, daß auch mitunter eine Veränderung eines Farbstoffes stattfinden kann, wenn man einen, in neutralem Lösungsmittel unlöslichen Farbstoff in angesäuertem Wasser, Äthylalkohol bezw. Amylalkohol durch Erwärmen lösen will.

Erwärmt man z. B. die äthylalkoholische, mit verdünnter Säure versetzte Lösung des Säurealizaringrüns G [M], so verschiebt sich sein Absorptionsspektrum nach den längeren Wellen und kehrt dann nach Abkühlen der Lösung in seine ursprüngliche Lage nicht mehr zurück. Es empfiehlt sich daher, das eventuell unter Zusatz von Säure nötige Auflösen eines Farbstoffes möglichst in der Kälte vorzunehmen.

---

[1]) Vergl. auch J. Bremmer, Einfluß der Temperatur gefärbter Lösungen auf die Absorptionsspektra derselben. Inaug.-Dissert. Erlangen, Neumann, 1890.

## 4. Einfluß der Reagenzien.

Die Beschaffenheit des Absorptionsspektrums kann auch durch die Einwirkung eines Reagens (Säure oder Alkali) auf die farbige Lösung beeinflußt werden, aber nur in dem Falle, wenn durch Zusatz der Säure oder des Alkalis die Zusammensetzung des Farbstoffes verändert wird (vergl. auch S. 21, „Einfluß des Lösungsmittels"). Findet keine Umwandlung des Farbstoffes statt, so wird auch die Form der Absorptionsstreifen nicht geändert, höchstens werden die Absorptionsstreifen verschoben oder ihre Intensität verstärkt bezw. geschwächt.

Setzt man z. B. zur wässerigen Lösung des Methylvioletts, welches zwei Absorptionsstreifen im Orange und Gelb gibt, verdünnte Mineralsäure hinzu, so wird die Lösung grün und gibt nur einen Absorptionsstreifen im Rot, weil sich der Farbstoff in seinem Wesen geändert hat.

Fügt man zur roten alkoholischen Lösung des Eosins, welche zwei Absorptionsstreifen gibt, verdünnte Mineralsäure hinzu, so wird die Farbsäure des Eosins frei, die Lösung wird gelb und gibt im Spektrum drei Absorptionsstreifen.

Setzt man zur alkoholischen blauen Lösung des Nilblaus A, welche einen schmäleren Absorptionsstreifen im Orange gibt, alkoholische Kalilauge hinzu, so wird sie rot und gibt einen breiten Absorptionsstreifen im Grün, da sich durch Zusatz der Kalilauge der Farbstoff in seinem Wesen geändert hat.

Setzt man zur alkoholischen gelben Lösung des Alizarins, welche im Blauviolett des Spektrums nur einseitig absorbiert, alkoholische Kalilauge hinzu, so wird die Lösung rotviolett und gibt drei getrennte Absorptionsstreifen, da sich durch Zusatz von Kalilauge Alizarinkalium gebildet hat.

Zu einer Rhodaminlösung verdünnte Mineralsäure zugesetzt, verändert die Form der Absorptionsstreifen nicht, weil der Farbstoff durch Säure nicht verändert wird, die Absorptionsstreifen verschieben sich jedoch etwas nach den längeren Wellen (gegen Rot) hin.

Zu einer alkoholischen Erythrosinlösung verdünnte Kalilauge zugesetzt, verändert die Beschaffenheit des Absorptionsspektrums nicht, die Absorptionsstreifen verschieben sich jedoch nach den kürzeren Wellen (gegen Violett) hin.

Es ist also von Bedeutung, bei der Untersuchung der Farbstofflösungen ihre neutrale, saure oder alkalische Reaktion stets im Auge zu behalten.

## 5. Gegenseitiger Einfluß mehrerer Farbstoffe in Lösung aufeinander.

Die Lage des Absorptionsspektrums einer gelösten farbigen Substanz kann durch die Anwesenheit einer anderen gefärbten Substanz in der Lösung beeinflußt werden. Wenn sich in einer Lösung zwei farbige Verbindungen bezw. Farbstoffe befinden, deren Absorptionsspektra nahe aneinander liegen, so kommt es mitunter vor, daß sich aus zwei Absorptionsstreifen ein neuer Streifen bildet, dessen Dunkelheitsmaximum in dem Zwischenraume der beiden ursprünglichen Streifen liegt und zwar regelmäßig demjenigen ursprünglichen Absorptionsstreifen näher, dessen Intensität eine größere ist. Ferner kann das Absorptionsspektrum einer Verbindung durch den Einfluß einer anderen Verbindung aus seiner normalen Lage verschoben werden und endlich kann es vorkommen, daß in einer Mischung der Farbstoffe nur derjenige Absorptionsstreifen erscheint, dessen Intensität größer ist.

So fließen z. B. in einer wässerigen Lösung des Malachitgrüns und des Brillantgrüns ihre ziemlich nahe aneinanderliegenden Absorptionsstreifen, der des Malachitgrüns bei $\lambda$ 616,9 und der des Brillantgrüns bei $\lambda$ 623,0 zusammen und es bildet sich ein neuer Absorptionsstreifen, welcher sich nun zwischen der Lage der beiden ursprünglichen Streifen befindet. Umgekehrt fließen in einer wässerigen Lösung des Brillantgrüns und des Methylvioletts die Absorptionsstreifen beider Farbstoffe nicht zusammen, obwohl sie nahe aneinanderliegen.

Setzt man zu einer wässerigen Lösung von Methylenblau, welches den Hauptabsorptionsstreifen bei $\lambda$ 667,5 und den Nebenstreifen bei $\lambda$ 608,4 zeigt, nur wenig Malachitgrünlösung hinzu, dessen wässerige Lösung einen Absorptionsstreifen bei $\lambda$ 616,9 gibt, so sieht man nicht alle drei Absorptionsstreifen nebeneinander, sondern der Nebenstreifen des Methylenblaus fließt mit dem Absorptionsstreifen des Malachitgrüns zusammen und man beobachtet im Spektrum nur den Hauptabsorptionsstreifen des Methylenblaus in seiner ursprünglichen Lage, während der Absorptionsstreifen des Malachitgrüns etwas nach links, also nach den längeren Wellen hin verschoben erscheint.

Setzt man zu derselben Lösung des Methylenblaus etwas mehr Malachitgrünlösung, so daß sich in der Lösung annähernd gleiche Teile beider Farbstoffe befinden, so rückt der Absorptionsstreifen des Malachitgrüns wieder in seine ursprüngliche Lage zurück und gleichzeitig verdeckt der intensive Absorptionsstreifen des Malachitgrüns den schwächeren Nebenstreifen des Methylenblaus.

Ähnliche Erscheinungen finden statt, wenn man die Lösungen von Methylenblau und Methylviolett, Neumethylenblau N und Methylviolett, Methylenblau und Nilblau usw. mischt und ihre Absorptionsspektra untersucht. Es findet stets eine größere oder geringere Verschiebung der Absorptionsstreifen des einen oder des anderen Farbstoffes statt, je nachdem, welcher Farbstoff in der Lösung obwaltet.

Mit dieser Erscheinung haben sich schon Melde[1]), Schuster[2]), Krüß[3]) und andere Forscher beschäftigt und sie wurde auf Grund eines gegenseitigen chemischen Prozesses bezw. durch eine Umlagerung der Molekel erklärt.

---

[1]) Melde, Pogg. Ann. **124**, 91; **126**, 264.
[2]) Schuster, Ber. chem. Ges. **11** (1878).
[3]) Krüß, Ber. chem. Ges. **15** (1882).

Da bei den hier angeführten Fällen jede chemische gegenseitige Wirkung ausgeschlossen ist, so erhellt daraus, daß diese Erscheinungen rein optischer Natur sind[1]), wovon man sich durch den folgenden Versuch überzeugen kann.

Mischt man eine verdünnte Lösung von Methylenblau und Methylviolett 6B und bestimmt die Lage der Hauptabsorptionsstreifen beider Farbstoffe, so findet man, daß der Absorptionsstreifen des Methylvioletts nicht in seiner ursprünglichen Lage bei $\lambda$ 593,5 erscheint, sondern durch den Einfluß des Absorptionsstreifens des Methylenblaus etwas nach links verschoben ist und ungefähr bei $\lambda$ 595,0 liegt. Je mehr Methylenblau und weniger Methylviolett die Lösung enthält, um so mehr rückt der Hauptstreifen des Methylvioletts aus seiner ursprünglichen Lage und umgekehrt; wohl hat diese Verschiebung ihre bestimmten Grenzen und zwar bei Methylviolett 6B erfolgt diese Verschiebung zwischen $\lambda$ 600,5 und $\lambda$ 590,7.

Dieselbe Erscheinung findet aber auch statt, wenn man die beiden Lösungen des Methylenblaus und des Methylvioletts hintereinander in zwei Cuvetten gesondert stellt und mit dem Spektroskop beobachtet.

Mit diesem Phänomen hat sich neuerlich auf Grund meiner Beobachtungen[2]) eingehender P. André[3]) beschäftigt und hat meine Befunde bestätigt, indem er nachgewiesen hat, daß, wenn chemische Wirkungen ausgeschlossen sind, stets rein additives, den Absorptionsgesetzen entsprechendes Verhalten vorliegt.

Eine gegenseitige Beeinflussung der Schwingungen zweier Stoffe findet daher bei ihrer Mischung nicht statt. Ich komme auf die hier besprochenen Erscheinungen im zweiten Teile des Buches im Kapitel „Die Untersuchung der Farbstoffgemische" ausführlich zurück.

---

1) Siehe auch J. Formánek, Zeitschr. f. anal. Chemie 1900, S. 424; 1901, S. 520 u. 521.

2) J. Formánek, Qualitative Spektralanalyse, II. Aufl., 1905, S. 213 usf.

3) P. André, Über das Meldesche Phänomen, Inaug.-Dissert. Bonn 1907.

# Das Spektroskop, seine Anwendung und Hilfsmittel zur Spektralanalyse.

Zur Beobachtung der Absorptionsspektra der Farbstoffe dient das Spektroskop; dasselbe muß zweckentsprechend eingerichtet sein und darf nicht zu große Dispersion haben; in einem Spektroskope mit größerer Dispersion erscheinen nämlich die Absorptionsstreifen zu ausgedehnt, wodurch eine genaue Messung ihres Dunkelheitsmaximums sehr erschwert, mitunter sogar unmöglich wird. Ein zweckmäßig eingerichtetes Spektroskop soll daher eine geringere Dispersion und eine stärkere Okularvergrößerung haben. Ferner muß der Apparat mit einem symmetrischen Spalte versehen und mit einer geeigneten Vorrichtung ausgerüstet sein, mittelst welcher feine Messungen (bis auf 0,1 $m\mu$) im Spektrum ausgeführt werden können. Diesen Bedingungen entsprechen in befriedigender Weise die zu Farbstoffuntersuchungen eingerichteten Spektroskope von A. Krüß in Hamburg, Schmidt & Haensch in Berlin, Gustav Meißner in Berlin.

Auch soll nicht unerwähnt bleiben, daß ein größeres Spektroskop so eingerichtet werden muß, daß man in demselben das ganze Spektrum leicht durchsuchen kann, ohne langwieriges Drehen der Mikrometerschraube. Dies wird durch eine Vorrichtung erzielt, welche gestattet, daß das Fernrohr durch Lösen einer Stellschraube frei wird und sich dann auf einen beliebigen Teil des Spektrums schnell einstellen läßt.

Das Prismenspektroskop hat aber den Nachteil, daß man sich zu jedem Spektroskop erst eine Dispersionskurve (Wellenlängentabelle) konstruieren und aus derselben die Wellenlänge berechnen muß [1]). Die Konstruktion einer genauen Dispersionskurve ist jedoch

---

[1]) Kleinere Prismenspektroskope (auch Handspektroskope) werden zwar mit einer Wellenlängenskale versehen, dieselbe gestattet jedoch die Wellenlänge bloß auf 1 $m\mu$ abzulesen bezw. abzuschätzen und eignen sich solche daher nur für annähernde Bestimmungen, die jedoch für manche Zwecke der Technik genügen dürften. Wer feinere Messungen im Spektrum durchführen will, der muß ein größeres Instrument haben und an ein solches läßt sich eine Wellenlängenskale, die noch 0,1 $m\mu$ angeben würde, nicht anbringen.

nicht nur ziemlich umständlich, sondern erfordert auch eine größere Erfahrung in der Spektralanalyse.

Um diesem Mangel abzuhelfen, hat die Firma C. Zeiß in Jena ein Gitterspektroskop konstruiert, dessen Skale die Wellenlängen unmittelbar anzeigt. Dieses Spektroskop ist nach meinen Angaben den Anforderungen der Spektralanalyse der Farbstoffe aufs engste angepaßt. Damit wird der Praxis ein Instrument übergeben, mit welchem direkt ohne jegliche Vorarbeiten gearbeitet werden kann.

Das Spektroskop (Fig. 5) ist mit einem durchsichtigen Beugungsgitter von mittlerer Dispersion und mit einer besonderen Mikrometereinrichtung ausgerüstet, die einer Eigenschaft des Gitterspektrums angepaßt ist. Bekanntlich ist im letzteren die Wellenlänge einer Spektrallinie proportional dem Sinus des Winkels, um den die Spektrallinie durch das Gitter *G* von der Einfallsrichtung, der Gitternormalen, abgelenkt ist. Die Mikrometerschraube ist nun so konstruiert, daß sie nicht, wie meistens, die Tangente, sondern den Sinus des Winkels mißt, um den sie das Beobachtungs-Fernrohr *F* aus der Anfangslage herausdreht, und ist so beziffert, daß sie unmittelbar die Wellenlänge anzeigt. Wie die schematische Figur erkennen läßt, liest man am Index $J_1$ der Skale *Sk* die ersten zwei Ziffern (60) und am Index $J_2$ der Trommel *T* die letzten zwei Ziffern (61) der vierstellig geschriebenen Wellenlänge 6061 ab; dabei bedeutet ein Intervall der Trommelteilung eine Ångström-Einheit oder 0,1 $m\mu$. Die Einstellung des Fernrohrs entspricht dieser hohen Genauigkeit der Ablesung.

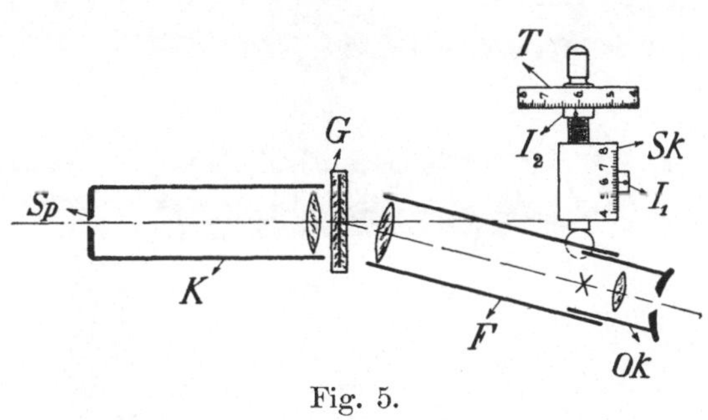

Fig. 5.

In Fig. 6 ist das Spektroskop in Ansicht dargestellt. Dasselbe besteht im wesentlichen aus einem Dreifuß, der auf einem schrägen Arm den festgelagerten Kollimator *C* trägt und auf einem wagerechten Arm die Mikrometereinrichtung *W* und das um die Achse *A* drehbare Fernrohr *T*. Der Kollimator *C* hat einen symmetrischen Spalt *Sp* mit einer Mikrometertrommel *M*, an der man die hundertstel Millimeter ablesen kann. Mittelst des Griffes *G* kann man das Objektiv des Kollimators parallel mit sich verschieben, um das Spektrum genau auf die Ebene des Fadenkreuzes im Fernrohr einzustellen. Auf das Objektivende des Kollimators ist der Gitterträger mit dem durchsichtigen Beugungsgitter *K* aufgeschoben. Damit man das Spektrum im Gesichtsfelde in die gewünschte Höhe bringen kann, ist das Fernrohr mittelst der Schraube *N* um eine horizontale Achse neigbar gemacht worden. Das Okular *Ok* ist verstellbar und fest klemmbar, zwei Schieber *Sch* dienen dazu, das Gesichtsfeld von rechts und links einzuengen, um die eventuell störende Nachbarschaft heller Spektralgebiete abzublenden. Die bereits in der Figur 5 schematisch dargestellte Mikrometereinrichtung zur Ablesung der Wellenlänge besteht aus der Wellenlängenschraube *W* mit Trommel, dem Umdrehungszähler *J* und dem Federgehäuse *F*. Eine Lupe *L* erleichtert die Ablesung.

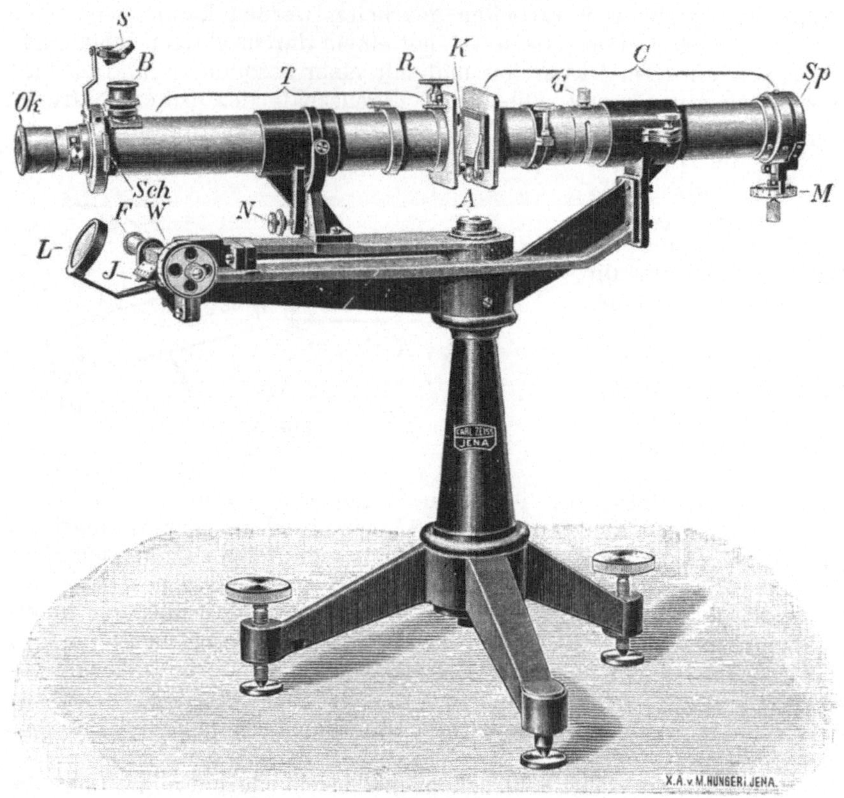


Fig. 6.

Die Prüfung der Justierung geschieht in bekannter Weise mit dem Lichte einer Natriumflamme. Die Trommel kann vermöge einer einfachen Stellvorrichtung, wie sie z. B. an Theodoliten gang und gäbe ist, bequem auf einen Bruchteil einer Ångström-Einheit genau auf den exakten Wert einer bekannten Wellenlänge (Natriumlinie) eingestellt werden.

Das Fadenkreuz im Fernrohre kann für besondere Zwecke beleuchtet werden. Diese Einrichtung[1]) ist hier mit dem Fernrohre vereinigt (in der schematischen Skizze ist sie nicht enthalten). Sie erzeugt mitten im Gesichtsfelde des Okulares einen horizontalen,

---

[1]) J. Formánek, Zeitschr. f. anal. Chemie 1901, S. 729.

schmalen weißen Streifen, der das Spektrum quer durchzieht, und auf dem der Schnittpunkt des Fadenkreuzes mit größter Leichtigkeit zu erkennen ist. Diesem Zwecke dienen gemeinsam der Spiegel *S*, der kleine Rohrstutzen *B* und der auf das Objektivende des Fernrohres aufgeschobene Spiegelträger *R*. Die Breite und Höhenlage des weißen Streifens kann man nach Belieben regeln. Der Spiegel *S* wirft nämlich das von einer Lampe kommende Licht nach unten, auf einen in der Figur nicht erkennbaren Schlitz in dem Rohrstutzen *B*. Von dem Schlitz gelangt das Licht durch ein kleines Reflexionsprisma im Innern des Fernrohres zum Fernrohrobjektiv, tritt aus diesem aus und fällt auf einen kleinen Spiegel außerhalb des Fernrohres, den man mittelst der Schraube *R* ein wenig neigen kann. Von dem Spiegel wird das Licht wieder durch das Objektiv hindurch in die Mitte des Gesichtsfeldes, d. h. auf den Schnittpunkt des Fadenkreuzes geworfen; es entsteht also in der Ebene des Fadenkreuzes ein reelles, weißes Bild des kleinen Schlitzes. Der Nutzen dieser Einrichtung ist ein doppelter. Erstens kann man den Schnittpunkt des Fadenkreuzes auch erkennen, wenn das Fadenkreuz auf die Mitte einer absolut dunklen Absorptionsbande eingestellt ist. Zweitens ist die Einrichtung von erheblichem Vorteil, wenn man in einem Emissionsspektrum eine schmale helle Linie auf absolut dunklem Grunde genau auf den Schnittpunkt des Fadenkreuzes einstellen will. Man läßt dann durch Drehen an der Wellenlängenschraube die Linie wandern, bis sie zwischen den Fäden des Fadenkreuzes steht, und bis die Verlängerung der oben und unten über dem weißen Streifen hinausragenden Linie anscheinend durch den Schnittpunkt des Fadenkreuzes geht. Alsdann schaltet man das weiße Licht aus, so daß nur die helle Linie und das Fadenkreuz im Gesichtsfelde sind Jetzt ist es leicht, die Linie auf dem Schnittpunkt, dem sie jedenfalls schon ganz nahe stand, mit aller Schärfe einzustellen.

Gegenüber einem Prismenspektroskope hat das Gitterspektroskop außer der erwähnten direkten Ablesung der Wellenlängen noch den Vorteil, den roten und gelben Teil des Spektrums im Verhältnis zum blauen und violetten in größerer und den violetten Teil in geringerer Ausdehnung zu zeigen, und den Nachteil der geringeren Lichtstärke. Letzterer dürfte indes wenig fühlbar sein, da die Objektive ein verhältnismäßig großes Öffnungsverhältnis (1 : 8) haben und da der Benutzung einer hellen Lichtquelle, z. B. einer starken Auerschen Gas- oder einer elektrischen Lampe mit Kondensor, nichts im Wege steht.

Für wissenschaftliche genaue Messungen ist dieses Gitterspektroskop unumgänglich notwendig, womit ich jedoch nicht gesagt haben will, daß derjenige, der schon ein gutes, zweckentsprechendes Prismenspektroskop besitzt und sich für dasselbe eine Dispersionskurve konstruiert hat, sich seines Spektralapparates nicht weiter bedienen dürfte.

Betreffs der Konstruktion der Spektroskope und ihrer Anwendung verweise ich den Leser auf mein Werk: „Qualitative Spektralanalyse anorganischer und organischer Körper, II. Auflage bei Mückenberger in Berlin, 1905“, wo die nötigen ausführlichen Angaben angeführt sind.

Zur Beleuchtung des Spektroskopes eignet sich am besten die Auersche Gasglühlichtlampe (Formánek, Qualitative Spektralanalyse, Seite 77) oder eine elektrische Fokallampe.

Die elektrische Lampe (Fig. 7) besteht aus einem Rohr (etwa 10 cm im Durchmesser), welches an einer Seite mit einem Spiegel *s* (r = 50 mm) abgeschlossen und auf der anderen Seite mit einem Kondensor *k* (F = 80 mm) versehen ist. In der doppelten Entfernung des Fokus des Spiegels (2F) befindet sich eine elektrische Lampe *(l)* von etwa 32 Kerzen mit parallelen, dicht aneinander stehenden Kohlenfäden. Das Licht der Lampe wird durch den Kondensor gesammelt und auf den Spalt des Spektroskopes geworfen.

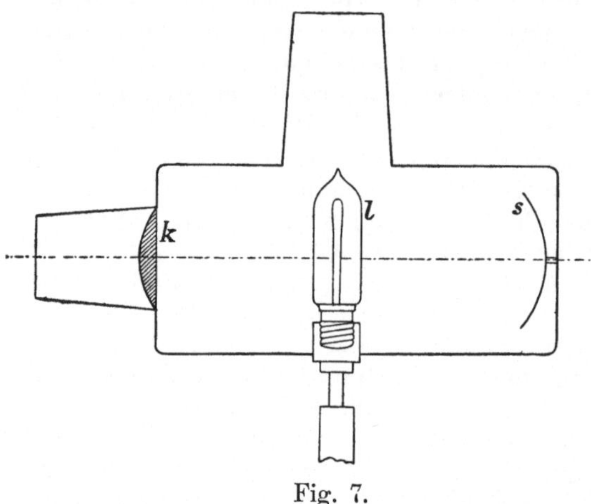


Fig. 7.

Die Lampe wird in Verlängerung der Achse des Instrumentes in einer solchen Entfernung vom Spalt gestellt, daß das Bild der glühenden Fäden der Lampe mit dem Spalte des Spektroskopes genau zusammenfällt (in unserem Falle in der Entfernung von ca. 160 mm). Durch eine solche Konzentration des Lichtes erzielt man eine sehr intensive Beleuchtung des Spektroskopes.

Statt der eben beschriebenen Lampe kann man auch eine andere elektrische Lampe, z. B. die Nernstlampe mit Kondensor verwenden.

Ein intensives Licht erfordert besonders die Beobachtung der Absorptionsspektra im blauen und violetten Teile des Spektrums. Mitunter ist es auch nötig, konzentriertere Lösungen oder stärkere Schichten zu beobachten und solche werden nur von einem intensiven Lichte durchdrungen. Ferner kann man bei Benutzung eines intensiven Lichtes bei engerer Öffnung des Spaltes arbeiten, wodurch die Absorptionsstreifen auch schärfer auftreten.

Die Beobachtung der Absorptionsspektren darf nur im halbverdunkelten Zimmer geschehen, weil sonst das Tageslicht das Auge blendet; ohne diese Vorsicht könnte man die im Spektrum eventuell vorhandenen schwachen Absorptionsstreifen leicht übersehen und ein falsches Bild über die Beschaffenheit des Absorptionsspektrums erhalten.

In Fabrikslaboratorien, wo eine Verdunkelung des ganzen Zimmers aus verschiedenen Gründen oft nicht möglich ist, kann man sich auf die Weise behelfen, daß man die Tischplatte, auf welche das Spektroskop zu stehen kommt, von drei Seiten mit geschwärzten, etwa 1 Meter hohen Wänden umgibt, wodurch das Auge vor dem direkten Lichte geschützt wird.

Um richtige Resultate zu erzielen, muß jedes Spektroskop genau justiert werden und man muß sich von der richtigen Stellung der Meßvorrichtung vor jeder Untersuchung überzeugen.

Die Einstellung der Meßvorrichtung des Spektroskopes geschieht am besten mit der Natriumflamme, welche durch Einführung des an einem Platindrahte angebrachten kohlensauren Natriums in die Flamme eines Bunsenbrenners hergestellt wird.

Man stellt zuerst das Okular des Fernrohres scharf auf das beleuchtete Fadenkreuz (was durch die Beleuchtung des Spaltes mit einer Lampe erleichtert wird), dann beleuchtet man den Spalt des Spektroskopes mit der Natriumflamme und verschiebt das Fernrohr soweit, bis das Bild des fast geschlossenen Spaltes scharf erscheint, und bestimmt dann die Wellenlänge der Natriumlinie.

Bei der Einstellung der Meßvorrichtung bezw. der Skale auf $\lambda$ 689,5 muß der Kreuzpunkt des Fadenkreuzes mit der Mitte der Natriumlinie genau zusammenfallen. Ist es nicht der Fall, so muß die Trommelteilung richtig gestellt werden.

Ausführliche Vorsichtsmaßregeln, welche bei Justierung des Spektroskopes und bei der Untersuchung der Farbstoffe eingehalten werden müssen, befinden sich in meiner „Qualitativen Spektralanalyse“, S. 80 usf.

Es bleibt mir noch übrig, außer den in meiner „Qualitativen Spektralanalyse“ angeführten Vorsichtsmaßregeln noch einige Bemerkungen über die Messung der Absorptionsstreifen beizufügen.

Die Lage der Absorptionsstreifen wird dadurch bestimmt, daß man mittelst der Mikrometerschraube das Fadenkreuz des Fernrohres auf die dunkelste Stelle des Absorptionsstreifens einstellt und dann auf der Skale und Trommelteilung abliest („Qualitat. Spektralanalyse“, S. 90 usf.).

Sind mehrere Absorptionsstreifen vorhanden, so wird zuerst der schwächste Streifen gemessen, dann nach weiterer, passender Verdünnung der zweite Streifen usf. Es erhellt daraus, daß, wenn die Lage des Nebenstreifens bestimmt wurde, die Lösung noch weiter verdünnt werden muß, um das Dunkelheitsmaximum des Hauptstreifens richtig bestimmen zu können. Mitunter lassen sich aber mehrere etwa vorhandene Absorptionsstreifen gleichzeitig messen, ohne die Lösung sukzessiv verdünnen zu müssen; man kann nämlich, aber nur in geringen Grenzen, den Spalt des Spektroskopes mehr öffnen oder schließen, wodurch die Absorptionsstreifen heller bezw. dunkler erscheinen.

Um die Lage des Dunkelheitsmaximums eines Absorptionsstreifens richtig beurteilen und messen zu können, muß man die Lösung der Farbstoffe so weit verdünnen, und bezw. abwarten, bis die eventuell vor sich gehende Umänderung (Seite 22) oder eventuelle Verschiebung des Absorptionsspektrums (Seite 25) vollendet ist und die im Spektrum auftretenden Absorptionsstreifen möglichst schmal, doch aber noch genügend deutlich erscheinen. Die starke Verdünnung der Lösung geschieht aus dem Grunde, da das Dunkelheitsmaximum mancher Streifen, wie schon erörtert wurde (S. 10), nicht in der Mitte des Streifens, sondern mehr seitlich gelegen ist. In einer konzentrierteren Lösung zeigt sich aber ein solcher, intensiv auftretender Streifen scheinbar symmetrisch und erst nach dem Verdünnen der Lösung sieht man seine richtige Lage. Man könnte daher ohne Verdünnen der Lösung zu falschen Resultaten gelangen. Übrigens ist es eine Übungssache, die sich aber durch kurzes Einüben an zu treffenden Beispielen erlangen läßt, alle diese Vorgänge auch wirklich sehen zu können.

Bei der Untersuchung der Absorptionsspektren müssen wir auch eines nicht unwesentlichen Umstandes gedenken, daß es von Wichtigkeit ist, zu unterscheiden, ob man Absorptionsspektra bloß beobachten oder ihre Lage messen will.

Bei der bloßen Beobachtung muß das Absorptionsspektrum bei verschiedener Konzentration in gleicher Schichtendicke beobachtet werden, weil dadurch Farbstoffe verschiedener chemischer Klassen nachgewiesen oder unterschieden werden können.

Bei der Messung der Lage der Absorptionsstreifen müssen wir jedoch die Lösung so weit verdünnen, daß die Absorptionsstreifen eben noch gut sichtbar sind und nach weiterer Verdünnung aus dem Spektrum zu verschwinden anfangen würden, da nur bei dieser Verdünnung, welche wir als Grenzverdünnung bezeichnen wollen, die Lage der Absorptionsstreifen bei sämtlichen Farbstoffen konstant bleibt.

Diese Grenzverdünnung, welche für jeden Farbstoff je nach seinem größeren oder geringeren Absorptionsvermögen verschieden ist, muß bei der qualitativen Untersuchung der Farbstoffe nicht genau eingehalten werden und wird leicht durch eine kurze Übung gefunden, es ist also nicht nötig, die Lage des Dunkelheitsmaximums eines Absorptionsstreifens bei einer ganz bestimmten Konzentration und Schichtendicke zu messen.

Bei der qualitativen spektroskopischen Untersuchung der Farbstoffe verwendet man gewöhnliche Eprouvetten von farblosem Glase etwa 10—15 mm im Durchmesser, und nur zur Untersuchung sehr stark verdünnter Lösungen eventuell breitere Eprouvetten („Qualit. Spektralanalyse“, S. 78).

Die Lösungsmittel müssen rein und vollkommen klar sein; das verwendete Lösungsmittel: Wasser, Äthyl- und Amylalkohol muß neutral sein, da sich manche Farbstoffe schon mit Spuren von Säure oder Alkali verändern; überhaupt muß bei der ganzen Arbeit die peinlichste Reinlichkeit eingehalten werden. Auch die Farbstofflösungen selbst müssen vollständig klar sein, trübe Lösungen stören die Beobachtung erheblich.

Der Amylalkohol ist ein wichtiges Lösungsmittel bei der Untersuchung der Farbstoffe, weil in demselben die Absorptionsstreifen bedeutend schmäler und schärfer erscheinen als in den anderen Lösungsmitteln (Wasser, Äthylalkohol), so daß man ihre Lage ganz genau messen kann. Manche Farbstoffe lösen sich in Amylalkohol leicht, andere schwierig oder gar nicht, bezw. erst in durch verdünnte Säure angesäuertem Amylalkohol. Diese Eigenschaft des

Amylalkohols kann daher mit Vorzug zur Trennung einiger Farbstoffgemische benützt werden, wovon im zweiten Teile des Buches ausführlich die Rede sein wird.

Der gewöhnliche Amylalkohol färbt sich nach Zusatz von alkoholischer Kalilauge entweder sofort oder nach einer Weile gelb und zeigt dann eine intensive Absorption im Blau und Violett im Spektrum, was natürlich nicht nur die Beobachtung der Absorptionsspektra der gelben Farbstoffe stört, sondern auch die Farbenreaktionen beeinflußt. Man verwende daher nur einen solchen Amylalkohol, der wasserhell ist und nach Zusatz von alkoholischer Kalilauge unverändert bleibt[1]). Der Amylalkohol muß auch im Dunkeln aufbewahrt werden.

Als Reagenzien werden benutzt: Salzsäure 1 : 5, Ammoniak 1 : 5, Kalihydrat in Wasser 1 : 10 für wässerige Lösungen und Kalihydrat in Äthylalkohol 1 : 10 für alkoholische Lösungen. Die Lösung des Kalihydrats in Äthylalkohol wird mit der Zeit orangegelb; sobald die Farbe dunkel geworden ist, muß das Reagens erneuert werden.

Die Reagenzien dürfen zu den Proben nur tropfenweise zugesetzt werden. Obzwar die Menge des zugesetzten Reagens (auf etwa 10 ccm verdünnter Farbstofflösung 2—3 Tropfen) mit wenigen Ausnahmen, welche später angeführt werden, gleichgültig ist, empfiehlt sich doch ein stets gleichmäßiger Zusatz derselben zu den Farbstofflösungen. Man verwende daher zu diesem Zwecke geeignete Tropffläschchen (Qualit. Spektralanalyse“, S. 78).

---

1) Diesen Bedingungen entspricht der Amylalkohol von Kahlbaum in Berlin.

# Allgemeine Beziehungen zwischen Farbe, Absorption, Fluoreszenz und Konstitution farbiger Verbindungen und Farbstoffe.

## Einleitung.

Die Erkenntnis der Konstitution organischer Körper, namentlich die der Farbstoffe hat, wie bekannt, für die Chemie eine bedeutende Wichtigkeit, sowohl vom theoretischen als auch vom praktischen Standpunkte aus. Man ist daher bestrebt, auf Grund analytischer Vorgänge durch theoretische Erwägungen sich ein klares Bild von der Struktur der Körper zu verschaffen.

Die Bestimmung der Struktur oder der Konstitution organischer Körper durch chemische Analyse ist jedoch oft schwierig und langwierig, nicht selten gelangen wir nur durch mühsame Untersuchungen zum Ziele und mitunter gelingt es nicht, die unbekannte Konstitution eines Körpers zu erforschen, denn es gibt eine ganze Reihe von Verbindungen, deren chemische Konstitution bisher nicht erkannt wurde, oder es sind die bisherigen Resultate der chemischen Untersuchungen noch fraglich.

Natürlich suchten daher einzelne Forscher nach Hilfsmethoden, durch welche die Bestimmung der chemischen Konstitution der Körper erleichtert, bezw. durch welche eventuell diese Fragen auch selbstständig gelöst werden könnten und von der richtigen Voraussetzung ausgehend, daß physikalische und optische Eigenschaften organischer Körper von ihrer molekularen Zusammensetzung abhängig sind, richteten sie ihr Augenmerk namentlich der spektralanalytischen Methode zu.

Es ist bekannt, daß organische sowohl farblose als auch farbige Verbindungen verschiedene Absorptionsspektra teils in dem sichtbaren, teils in dem unsichtbaren ultravioletten oder infraroten Teile des Spektrums geben. Durch vergleichende Untersuchungen der Absorptionsspektra verschiedener organischer Verbindungen von bekannter Konstitution wurde gefunden, daß zwischen Absorption und chemischer

Zusammensetzung ein gewisser Zusammenhang besteht, aus welchem man auf die Struktur des diesbezüglichen Körpers schließen kann.

Die ersten Beobachtungen in dieser Richtung verdanken wir Stokes[1]), welcher fand, daß die Lösungen der Alkaloide und Glykoside im ultravioletten Teile des Spektrums charakteristische Absorptionsspektra geben. Nach ihm beschäftigten sich auch noch andere Forscher mit dem Studium der Beziehungen zwischen der Konstitution und den Absorptionsspektren verschiedener organischer Körper, namentlich hat sich Hartley in diesem Fache große Verdienste erworben durch seine zahlreichen Arbeiten, welche zur Erkenntnis der Absorptionsspektra organischer Körper der Benzolreihe im ultravioletten Teile des Spektrums beigetragen haben.

Was das Studium der Absorptionsspektra der organischen Farbstoffe im sichtbaren Teile des Spektrums anbelangt, so gibt es seit 1870 verschiedene zahlreichere Arbeiten, in denen man jedoch meistens bloß eine Beschreibung bezw. Darstellung der Absorptionsspektra einzelner Farbstoffe oder farbiger Verbindungen von bekannter Konstitution findet, ohne daß aus der Natur der untersuchten Spektra besondere Schlüsse, welche zur näheren Erkenntnis der chemischen Konstitution der Farbstoffe wesentlich beitragen würden, gemacht worden wären.

Arbeiten, welche vom wissenschaftlichen Standpunkte aus die gegenseitigen Beziehungen zwischen der Konstitution und den Absorptionsspektren der Farbstoffe im sichtbaren Teile des Spektrums näher beleuchten, gibt es in der spektroskopischen Literatur im Verhältnis zu der Wichtigkeit des Gegenstandes ziemlich wenige. Die wichtigsten Arbeiten in dieser Beziehung sind die von Hartley[2]), H. W. Vogel[3]), E. Vogel[4]), Krüß[5]), Kock[6]), Liebermann[7]), Gräbe[8]), Bernthsen[9]), C. Camichel und P. Bayrac[10]) und andere.

Aber auch in diesen Arbeiten finden wir nicht selten unvollständige Angaben über einzelne Farbstoffgruppen oder bloß über

---

1) G. Stokes, Journ. chem. Soc. **17**, 304 (1864).

2) W. N. Hartley, Proc. of the Roy. Inst. **31**, 1 (1880); Journ. of chem. Soc. **37**, 676 (1880); **39**, 153 (1881); **41**, 45 (1882); **47**, 685 (1885); **50**, 581 (1887); **51**, 152 (1887); **53**, 641 (1888). W. N. Hartley and J. Dobbie, Journ. of chem. Soc. **73**, 598 (1898); **75**, 640 (1899); **77**, 498, 839 (1900) usf.

3) H. W. Vogel, Sitzb. d. Akad. zu Berlin **34**, 715 (1887); Ber. d. deutsch. chem. Ges. **21c**, 776; **11**, 622, 1363, 1371.

4) E. Vogel, Wied. Ann. **43**, 449 (1891).

5) Krüß, Ber. d. deutsch. chem. Ges. **18**, 1426; **21**, 393 (1885); Zeitschr. phys. Chem. **2**, 312 (1888); **8**, 559 (1895). Krüß u. Oekonomides, Ber. d. deutsch. chem. Ges. **16**, 2051 (1883); **18**, 1426 (1885). Krüß u. M. Althause, Ber. d. deutsch. chem. Ges. **22**, 2065 (1889).

6) Kock, Wied. Ann. **32**, 167 (1887).

7) Liebermann u. Kostanecki, Ber. d. deutsch. chem. Ges. **19**, 2327 (1886); Lieb. Ann. **240**, 245 (1887).

8) Gräbe, Zeitschr. f. phys. Chem. **10**, 673 (1892); Ber. d. deutsch. chem. Ges. **26c**, 130 (1893).

9) A. Bernthsen, Studien in der Methylenblaugruppe, Lieb. Ann. **230**, S. 211, Tafel II (1885).

10) C. R. **132**, 485 (1901).

einzelne Farbstoffe, die Absorptionskurven sind unvollkommen dargestellt, auch wurden selten genaue Messungen der Absorptionsspektra vorgenommen.

Das Resultat dieser Studien ergibt nur einen mangelhaften Überblick über den Einfluß der Substitution von verschiedenen Alkyl- und salzbildenden Gruppen, Nitrogruppen und Halogenen auf das Absorptionsspektrum einzelner farbiger Verbindungen und Farbstoffe, nur hie und da finden wir einzelne Versuche, die chemische Konstitution organischer Farbstoffe durch Spektralanalyse zu bestimmen.

Die Lösung der Frage, welchen allgemeinen Gesetzen die Absorptionsspektra der Farbstoffe unterliegen, welche spektrale Grundeigenschaften jeder Farbstoffklasse zukommen, welche charakteristische Absorptionsspektra einzelne Farbstoffe derselben Farbstoffklasse geben, daß aus ihrem Charakter und ihrer Lage im Spektrum auf die chemische Konstitution des Farbstoffes geschlossen werden könnte, wurde durch diese Arbeiten noch lange nicht erreicht.

Die Lösung dieses Problems erfordert vor allem umfangreiche Vorstudien der Absorptionsspektra sämtlicher uns bekannter farbiger Verbindungen und Farbstoffe. Hier ist es nötig, vor allem systematische Untersuchungen mit einfachen Verbindungen vorzunehmen, die Grundform ihrer Absorptionsspektra festzustellen, um dann erst nach und nach auf kompliziertere Körper zu übergehen und endlich auf Grund der vergleichenden Untersuchungen einer ganzer Reihe der Farbstoffspektra bezüglich ihrer Form und Lage die spektrale Charakteristik jeder einzelnen Farbstoffklasse besonders festzustellen.

Bei dem eingehenden Studium der Absorptionsspektra einer Unzahl von farbigen Verbindungen und Farbstoffe hat sich gezeigt, daß die spektroskopische Methode nicht nur bei der Untersuchung der Farbstoffe als solche selbst, sondern auch bei der Erforschung ihrer chemischen Konstitution eine weit größere Bedeutung hat, als man bisher angenommen hatte und daß durch die Spektroskopie chemische Untersuchungen nicht nur erleichtert werden, sondern daß auch manche bisher ungelöste Fragen nur auf spektroskopischem Wege entschieden werden können.

Ein stichhaltiger Beleg über den bedeutenden Wert und Vorzug der spektroskopischen Methode ist z. B. die Erkenntnis der richtigen chemischen Zusammensetzung des Gentianins auf Grund der spektroskopischen Beobachtungen und Messungen.

Der Farbstoff Gentianin, welcher, wie bekannt, durch gemeinsame Oxydation von p-Phenylendiamin und p-Aminodimethylanilin in saurer schwefelwasserstoffhaltiger Lösung mit Eisenchlorid dargestellt wird, wurde für das einheitliche asymmetrische Dimethyldiaminophenazthioniumchlorid gehalten und als solcher in der Literatur angeführt[1]).

Durch spektroskopische Untersuchungen und vergleichende Messungen habe ich jedoch nachgewiesen, daß das Gentianin kein asym-

---

[1]) G. Schultz u. P. Julius, Tab. Übersicht der künstl. organ. Farbstoffe 1902, S. 232.

metrisches Dimethyldiaminophenazthioniumchlorid, sondern ohne jeden Zweifel ein bloßes Gemisch von Methylenblau und Lauthschem Violett ist und daß bei der üblichen Darstellung des Gentianins die Reaktion nicht in der Weise durchläuft, wie man bisher dafür gehalten hat, sondern daß das p-Phenylendiamin, wie auch das p-Aminodimethylanilin selbständig reagieren, indem sich aus der ersten Verbindung Lauthsches Violett, aus der zweiten Verbindung Methylenblau bildet[1]). Einen ähnlichen Fall finden wir bei der spektroskopischen Untersuchung des Neublaus B und G[2]).

Nachdem ich ferner auf Grund der spektroskopischen Studien und vergleichenden Messungen gefunden hatte, daß die Angaben über die chemische Konstitution verschiedener Farbstoffe in der Fachliteratur mitunter unrichtig sind, unternahm ich es, die Beziehungen zwischen Absorptionsspektrum und chemischer Konstitution der organischen Farbstoffe und farbiger Verbindungen eingehender zu studieren, als es bisher geschehen ist und versuchte auch auf Grund der gewonnenen Beobachtungen bestimmte Grundregeln aufzustellen, nach welchen es möglich wäre, die unbekannte Konstitution organischer Farbstoffe durch spektroskopische Beobachtungen teils selbständig, teils in Verbindung mit chemischen Untersuchungen möglichst festzustellen und will nun im nachfolgenden die bisher gemachten Erfahrungen besprechen.

## 1. Einfluß der Konstitution auf die Farbe und das Absorptionsspektrum der Verbindungen im allgemeinen.

Wie bereits erwähnt, sind die Beziehungen zwischen Farbe und Konstitution organischer Verbindungen vielfach Gegenstand eingehender Untersuchungen gewesen. Diesen Gegenstand dürften am ausführlichsten die unlängst erschienenen Arbeiten von H. Kauffmann[3]) behandeln. Ferner gehören hierher namentlich die Arbeiten von N. O. Witt[4]), M. Schütze[5]), St. v. Kostanecki[6]), Kehrmann

---

1) J. Formánek, Über die Zusammensetzung des Gentianins. Zeitschr. f. Farben- und Textilchemie 1904, Heft 21.

2) J. Formánek, Über die Zusammensetzung des Neublaus B und G, Zeitschr. f. Farbenindustrie 1907, Heft 1.

3) K. Kauffmann, Über den Zusammenhang zwischen Farbe und Konstitution bei chemischen Verbindungen, Sammlung chem. und chem.-techn. Vorträge, Bd. IX, Stuttgart, Verlag von F. Encke, 1904, und „Die Auxochrome", daselbst 1907. Siehe auch H. Kauffmann, Farbe und chem. Konstitution, Zeitschr. f. Farbenindustrie V (1906), Heft 22.

4) N. O. Witt, Ber. d. deutsch. chem. Ges. **9**, 522 (1876); **21**, 325 (1888).

5) M. Schütze, Über den Zusammenhang zwischen Farbe und Konstitution der Verbindungen, Zeitschr. f. phys. Chem. **9**, 109 (1892).

6) St. v. Kostanecki, Ber. d. deutsch. Ges. **26**, 71 (1893); **29**, 233 (1896); **30**, 2138 (1897); **31**, 715 (1898); **32**, 1291 (1899) usf.

und Nuesch[1]), Liebermann[2]), A. Bayer[3]), A. Hantzsch[4]) und Reitzenstein[5]) u. a.[6]).

Aus diesen Arbeiten ist ersichtlich, in welcher Weise die Färbung organischer Kohlenstoffverbindungen von deren chemischer Struktur abhängig ist und ich muß auf diese Arbeiten nur hinweisen.

Die Farbe der Verbindungen ist mit der Absorption derselben eng verknüpft. Die Lösungen solcher deutlich gefärbten Verbindungen sind regelmäßig mit einer selektiven Absorption ausgezeichnet, d. i. ihre Lösungen geben Absorptionsspektra, welche aus einem oder mehreren getrennten Absorptionsstreifen bestehen und wir werden bei der Besprechung der Absorptionserscheinungen gefärbter Verbindungen Gelegenheit finden, auch auf die Farbe der Verbindungen selbst zurückzukommen.

Wie schon erörtert wurde (Seite 10), absorbieren sämtliche organische Verbindungen, sowohl farbige als auch farblose, je nach ihrer Beschaffenheit verschiedene Mengen der Lichtstrahlen einer bestimmten Gattung und geben somit, wenn wir sie zwischen ein weißes Licht und den Spalt eines Spektroskopes stellen und beobachten, verschiedene Absorptionsspektra.

Nach der Natur und der Zusammensetzung der beobachteten Körper liegen ihre Absorptionsspektra in verschiedenen Bezirken des Spektrums und zwar im sichtbaren oder in dem unserem Auge unsichtbaren, ultravioletten oder infraroten Teile.

Gefärbte Verbindungen, z. B. eine Fuchsin- oder Malachitgrünlösung und unter bestimmten Umständen auch die Lösungen scheinbar farbloser Körper, wenn wir sie in stärkeren Schichten beobachten, geben Absorptionsspektra im sichtbaren Teile des Spektrums.

Farblose Verbindungen, z. B. Alkaloide, geben dagegen die Absorptionsspektra nur im unsichtbaren Teile des Spektrums.

Schließlich kann sich das Absorptionsspektrum einer organischen Verbindung im sichtbaren als auch im unsichtbaren Teile des Spektrums befinden, gleichgültig ob diese Körper farblos (Benzol), scheinbar farblos (Anthrazen) oder gefärbt (Azobenzol) sind.

Beobachten wir mit dem Spektroskop ein weißes Licht durch eine stärkere Schicht von Benzol, so bemerken wir ein Absorptionsspektrum im sichtbaren orangegelben Bezirke des Spektrums, dagegen gibt die Lösung des Benzols in Äthylalkohol ein Absorptionsspektrum im unsichtbaren ultravioletten Teile des Spektrums.

Wie schon auf S. 10 erörtert wurde, unterscheidet man eine allgemeine (teilweise) oder eine selektive Absorption. Die Ab-

---

1) Kehrmann u. Nuesch, Ber. d. deutsch. chem. Ges. **34**, 3099 (1901).

2) Liebermann, Ber. d. deutsch. chem. Ges. **34**, 1040 (1901).

3) A. Bayer u. Williger, Ber. d. deutsch. chem. Ges. **35**, 1189, 3013 (1902). A. Bayer, Über Anilinfarben, Zeitschr. f. angew. Chemie, 1906, S. 1287.

4) A. Hantzsch, Ber. d. deutsch. chem. Ges. **39**, 1073, 1084 (1906).

5) F. Reitzenstein, Journ. f. prakt. Chemie, Neue Folge, Bd. 71 (1905); Bd. 73 (1906); Bd. 75 (1907).

6) Vergl. auch R. Nietzki, Chemie der organ. Farbstoffe 1906, Einleitung; G. Georgiewicz, Lehrbuch der Farbenchemie 1907, Einleitung.

sorptionsspektra der ersten Art, das ist die teilweise ununterbrochene Auslöschung eines Spektralbezirkes, finden wir bei den aliphatischen Verbindungen mit offenen Ketten der Kohlenstoffatome (Paraffine, Oleffine usf.) und bei den homo- als auch heterozyklischen Verbindungen (Furfuran, Pyrrol, Tiophen usw.), wogegen die Derivate der aromatischen Reihe, welche vom Benzol, Naphtalin, Anthrazen, Pyridin usf, abgeleitet sind, unter bestimmten Bedingungen durch selektive Absorption ausgezeichnet sind.

Soll eine sichtbar gefärbte Verbindung entstehen, welche im sichtbaren Teile des Spektrums eine selektive Absorption, d. i. ein aus einem oder mehreren getrennten Streifen zusammengesetztes Absorptionsspektrum liefern soll, muß die Anordnung der einzelnen Elemente eine bestimmte sein, d. h. eine solche Verbindung muß eine bestimmte Struktur haben.

Vergleicht man die Farbe und das Absorptionsspektrum einerseits beim Benzol, Anilin, Phenol und Triphenylkarbinolchlorid, andererseits beim Chlorhydrat des Monoamino-, Diamino- und Triaminotriphenylkarbinols und des Trioxytriphenylkarbinolanhydrids (p-Rosolsäure), so finden wir, daß Benzol, Anilin, Phenol und Triphenylkarbinolchlorid farblos sind und ihre alkoholische Lösungen aus Streifen bestehende Absorptionsspektra liefern, die sich im ultravioletten, unserem Auge zwar nicht sichtbaren, jedoch für photographische Platten empfindlichen Teile des Spektrums befinden.

Ferner nehmen wir wahr, daß die Absorptionsspektra dieser Verbindungen sich mit wachsendem Molekulargewichte gegen den sichtbaren Teil des Spektrums verschieben und daß gleichzeitig das Absorptionsvermögen mit wachsendem molekularen Gewichte der Verbindungen zunimmt. Es liegt somit das Absorptionsspektrum des Triphenylkarbinols dem sichtbaren Spektrum am nächsten und auch sein Absorptionsvermögen ist unter den genannten Verbindungen das größte.

Dagegen sind die Lösungen der Salze von Mono-, Di- und Triaminotriphenylkarbinol und die Lösung der p-Rosolsäure deutlich gefärbt; sie geben die aus Streifen bestehenden Absorptionsspektra im sichtbaren Teile des Spektrums.

Die wässerige Lösung des p-Aminotriphenylkarbinolchlorids

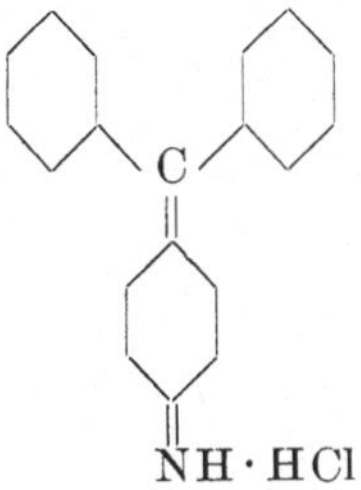

C

NH · HCl

ist orangegelb und absorbiert im blauen und violetten Teile des Spektrums; die wässerige verdünnte Lösung des salzsauren p-Diaminotriphenylkarbinols

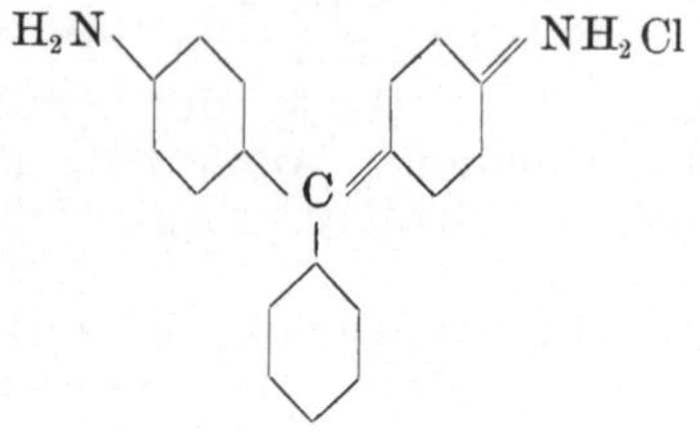

ist rotviolett und gibt einen Absorptionsstreifen im gelbgrünen Teile des Spektrums; die wässerige verdünnte Lösung des salzsauren p-Triaminotriphenylkarbinols

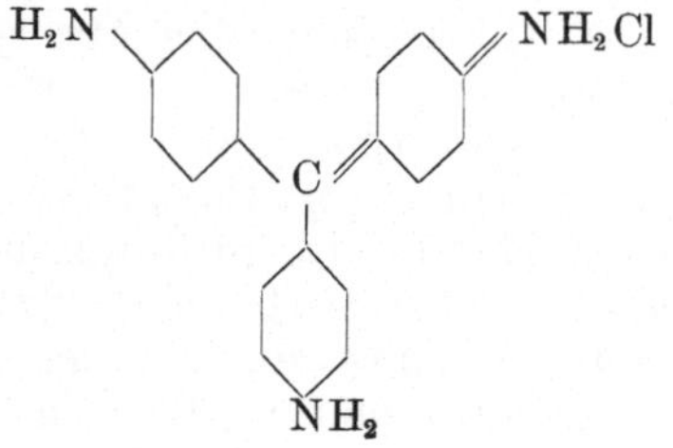

ist rotviolett und gibt zwei Absorptionsstreifen im grünen Teile des Spektrums; schließlich ist die alkoholische Lösung des Natriumsalzes der p-Rosolsäure

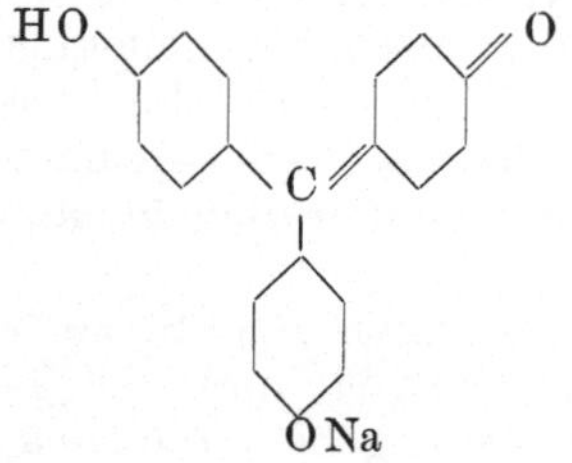

rot und gibt im grünen Teile des Spektrums ein Absorptionsspektrum desselben Typus wie das p-Rosanilinchlorid.

Alkoholische Lösungen von

Diphenylamin und Thiodiphenylamin

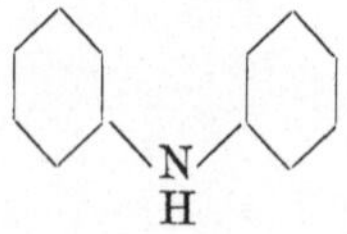

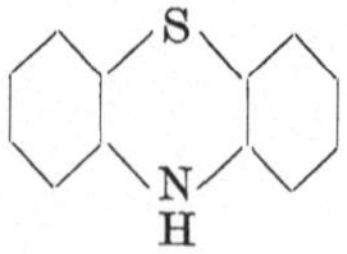

sind farblos und haben ihre Absorptionsspektra im ultravioletten Bezirke des Spektrums; die wässerige Lösung des Aminophenazthioniumchlorids[1])

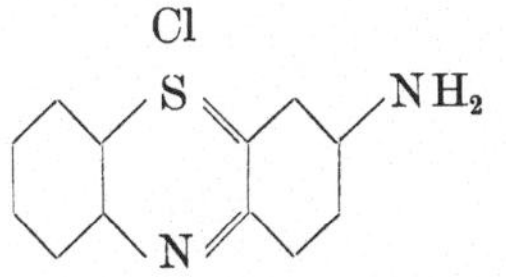

Cl
S $NH_2$
N

hat eine violettrote Farbe und gibt im grünen Bezirke des Spektrums drei Absorptionsstreifen; die wässerige Lösung des Diaminophenazthioniumchlorids (Lauthsches Violett)

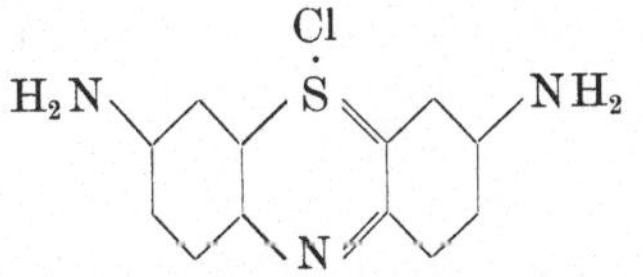

Cl
$H_2N$ S $NH_2$
N

ist violett und gibt im gelben und grünen Bezirke des Spektrums zwei Absorptionsstreifen; die wässerige Lösung des Tetramethyldiaminophenazthioniumchlorids (Methylenblau)

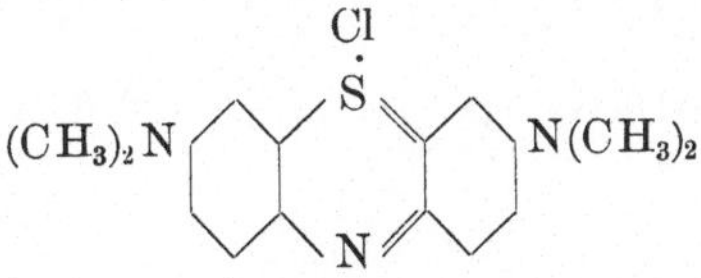

Cl
S
$(CH_3)_2N$ $N(CH_3)_2$
N

ist grünblau und gibt ein ähnliches Absorptionsspektrum wie Lauthsches Violett, jedoch im roten Teile des Spektrums.

Ähnlich wie die Phenazthioniumverbindungen verhalten sich auch die Lösungen der analogen Phenazoxoniumverbindungen.

Die alkoholische Lösung des Anthrachinons

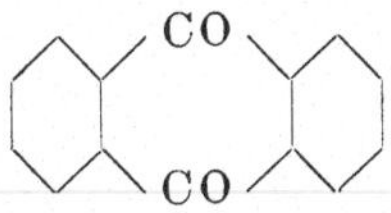

CO
CO

ist farblos und absorbiert im violetten Teile des Spektrums; die alkoholische Lösung des Chinizarins

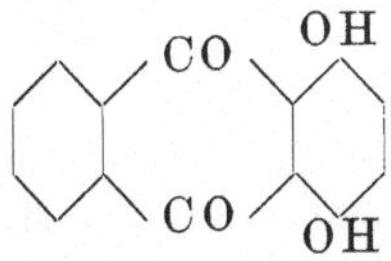

CO OH
CO OH

[1]) Nachdem für die Azinverbindungen die orthochinoïde Formulierung als allgemein gültig angenommen wird, so werden der Einheitlichkeit wegen auch bei den Aminophenazthionium- und Aminophenazoxoniumverbindungen orthochinoïde Formeln angewandt, da bisher die Frage noch nicht entschieden ist, ob die Formeln der Phenazthionium- und Phenazoxoniumverbindungen orthochinoïd nach F. Kehrmann oder parachinoïd nach Nietzki zu schreiben sind.

ist gelb und gibt mehrere Absorptionsstreifen im grünblauen Teile des Spektrums; die alkoholische Lösung des 1:4-Diaminoanthrachinons

CO $NH_2$

CO $NH_2$

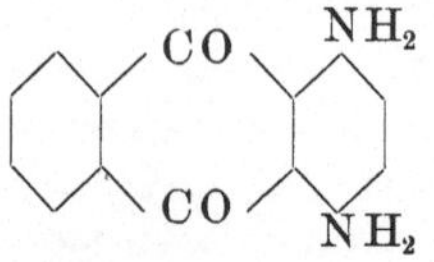

ist rotviolett und gibt ein aus drei Streifen bestehendes Absorptionsspektrum im gelbgrünen Teile des Spektrums.

Befinden sich die auxochromen Gruppen einer Verbindung in einer anderen Stellung als in der Parastellung (zum Fundamentalelemente bezw. zueinander), so ist ihre Wirkung auf die Färbung und Bildung getrennter Absorptionsstreifen schwächer, mitunter aber auch ganz ohne Belang.

So ist die alkoholische Lösung des Paraaminotriphenylkarbinolchlorids orangegelb, die alkoholische Lösung des Orthoaminotriphenylkarbinolchlorids jedoch farblos.

Die wässerige Lösung des Tetramethyl-p-rosanilinchlorids ist violettrot und gibt zwei Absorptionsstreifen, aber die Lösungen des salzsauren Tetramethylparadiaminometaaminotriphenylkarbinols

$(CH_3)_2N$ $N(CH_3)_2Cl$

C

$NH_2$

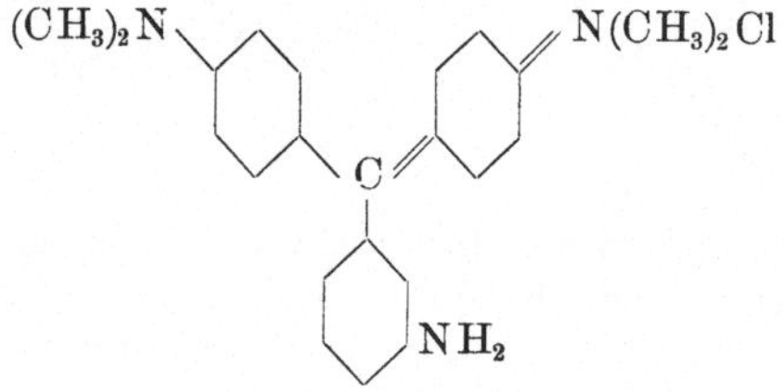

und des salzsauren Tetramethylparadiamino-orthoaminotriphenylkarbinols

$(CH_3)_2N$ $N(CH_3)_2Cl$

C

$NH_2$

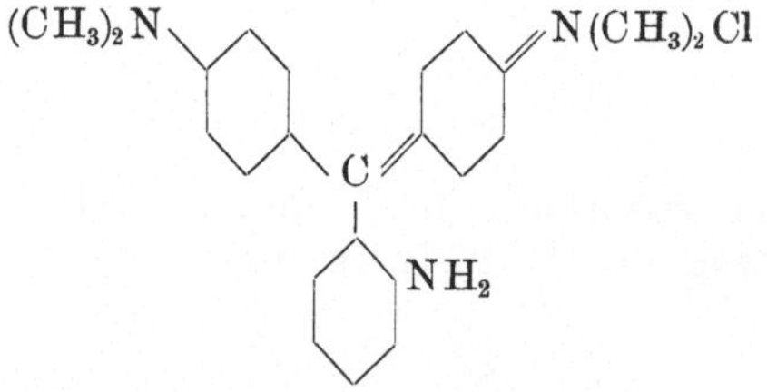

haben fast denselben grünen Ton und geben ein Absorptionsspektrum desselben Typus wie die Lösungen des Malachitgrüns.

Ähnlich ist die alkoholische Lösung des 1—5-Diaminoanthra chinons

CO $NH_2$

$NH_2$ CO

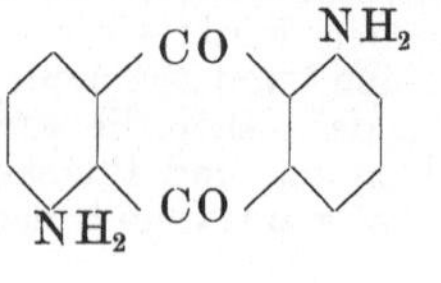

orangegelb und absorbiert teilweise den blaugrünen Teil des Spektrums, die alkoholische Lösung des 1 : 4-Diaminoanthrachinons

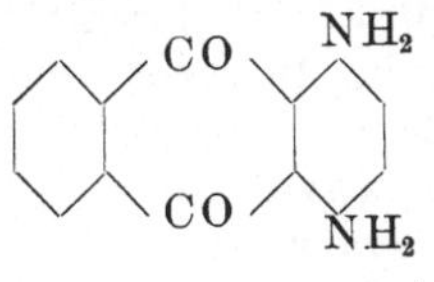

$NH_2$ CO CO $NH_2$

ist dagegen violett und gibt drei scharfe Absorptionsstreifen im Orangegelb.

Der auxochrome Charakter der Hydroxylgruppe macht sich manchmal erst in den Salzen geltend, oder aber die schon bestehende Farbe wird durch die Salzbildung verstärkt und dadurch ein ausgeprägtes Absorptionsspektrum hervorgerufen.

So gibt die alkoholische farblose Lösung des Phenolphtaleïns kein Absorptionsspektrum, dagegen gibt aber die rote alkoholische Lösung des Phenolphtaleïnnatriums im Grün einen Absorptionsstreifen.

Ähnlich gibt die alkoholische orangegelbe Lösung der p-Rosolsäure nur schwache Absorptionsstreifen im Grünblau, dagegen gibt die rote Lösung des Natriumsalzes der p-Rosolsäure schärfere Absorptionsstreifen im Grün. Desgleichen verhält sich die gelbe alkoholische Lösung des Benzaurins und die rote alkoholische Lösung seines Natriumsalzes.

Die gelbe alkoholische Lösung des Alizarins absorbiert nur einseitig im Blau und Violett, die rotviolette Lösung des Alizarinnatriums gibt dagegen im Grün drei Absorptionsstreifen.

Das Hervortreten der Absorptionsstreifen muß jedoch nicht immer im sichtbaren Teile des Spektrums stattfinden. So gibt z. B. die gelbe wässerige Lösung des Auramins

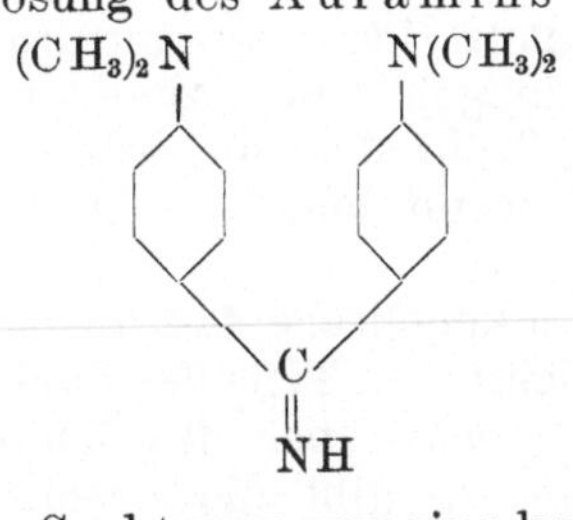

$(CH_3)_2N$ $N(CH_3)_2$
C
NH

im sichtbaren Teile des Spektrums nur eine kontinuierliche Absorption im Blau und Violett. Wenn man aber das Absorptionsspektrum einer verdünnten wässerigen Lösung des Auramins auf einer photographischen Platte aufnimmt, so findet man, daß das Auramin im Ultraviolett einen Absorptionsstreifen gibt.

Auch die grüne wässerige Lösung des salzsauren Tetramethylindamins (Bindschedlers Grün)

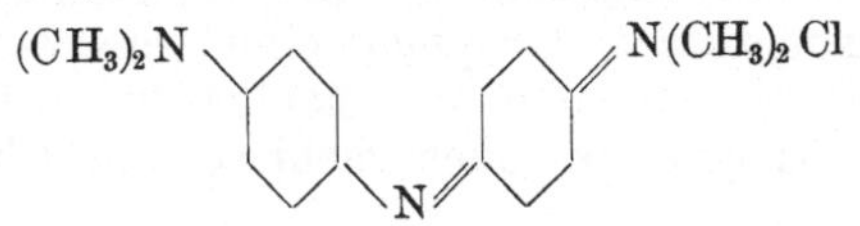

$(CH_3)_2N$ $N(CH_3)_2Cl$
N

gibt nur eine kontinuierliche Absorption im Rot, obzwar es auf Grund der angeführten Beispiele seiner chinoïden Bindung nach eine selektive Absorption zeigen sollte. Wahrscheinlich gibt diese Verbindung eine selektive Absorption im Infrarot, wie ich es auf Grund des folgenden Beispieles vermute.

Die stark verdünnte wässerige Lösung des salzsauren Tetramethyldiaminobenzhydrols

$(CH_3)_2N$ — $N(CH_3)_2Cl$
C
H

gibt einen Absorptionsstreifen bei λ 603,3, die wässerige Lösung des Thiopyronins

Cl
$(CH_3)_2N$ — S — $N(CH_3)_2$
C
H

den Hauptstreifen bei λ 564,5; es findet also durch die weitere Verkettung der Benzolringe mit Schwefel eine starke Verschiebung des Absorptionsspektrums nach den kürzeren Wellen von Orangegelb ins Grün statt.

Ähnlich liegen ja die Verhältnisse bei dem salzsauren Tetramethylindamin und dem Methylenblau, dort muß der Absorptionsstreifen des Tetramethylendaminchlorids schon im Infrarot liegen, weil der Hauptstreifen der wässerigen Lösung des Methylenblaus nahe an der Grenze des sichtbaren Rots bei λ 667,4 liegt.

An dieser Stelle muß ich aber ausdrücklich erwähnen, daß mitunter einige Verbindungen trotz Abwesenheit der auxochromen Gruppen im sichtbaren Teile des Spektrums getrennte Absorptionsstreifen geben können, wenn man sie in konzentrierter Schwefelsäure löst.

So gibt z. B. die alkoholische fast farblose Lösung des Thiodiphenylamins im sichtbaren Teile des Spektrums keine getrennten Absorptionsstreifen, löst man aber das Thiodiphenylamin in konzentrierter Schwefelsäure, so gibt die orangegelbe Lösung ein Absorptionsspektrum, welches aus mehreren Absorptionsstreifen besteht; ähnlich gibt die alkoholische, schwach gelbliche Lösung des Phenazins keine Absorptionsstreifen; löst man es aber in konzentrierter Schwefelsäure, so erhält man eine gelbrote Lösung, welche drei Absorptionsstreifen zeigt (vergl. Bayer, Halochromie, Fußnote 3, S. 44).

Durch die Gruppierung mehrerer Chromophore wird ihre farbenerregende Eigenschaft wirksamer, und es kann auch ohne Anwesenheit der auxochromen Gruppen eine gefärbte Verbindung mit getrennten Absorptionsstreifen im sichtbaren Teile des Spektrums entstehen, wenn sich zwei- oder mehrwertige Chromophore derart verbinden, daß sie einen geschlossenen, im allgemeinen sechsgliederigen Ring bilden.

Diese Erscheinung beobachten wir z. B. bei dem *p-Chinon*

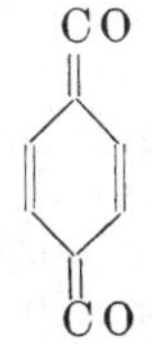

CO

CO

welches, wie bekannt, aus zwei Gruppen C = C und aus zwei Gruppen C = O zusammengesetzt ist. Das p-Chinon ist gelb und seine alkoholische Lösung gibt zwei getrennte Absorptionsstreifen im sichtbaren violetten und zwei Absorptionsstreifen im unsichtbaren ultravioletten Bezirke des Spektrums.

Das *Chinonchlorimid* und das durch Reduktion des Chinons gebildete *Hydrochinon* geben farblose Lösungen und ein Absorptionsspektrum nur im Ultraviolett.

*Neutrale, saure oder alkalische Salze* einer und derselben Verbindung können eine verschiedene Farbe und somit verschiedene Absorptionsspektra geben. So ist die verdünnte alkoholische Lösung des *Paraoxymalachitgrüns*

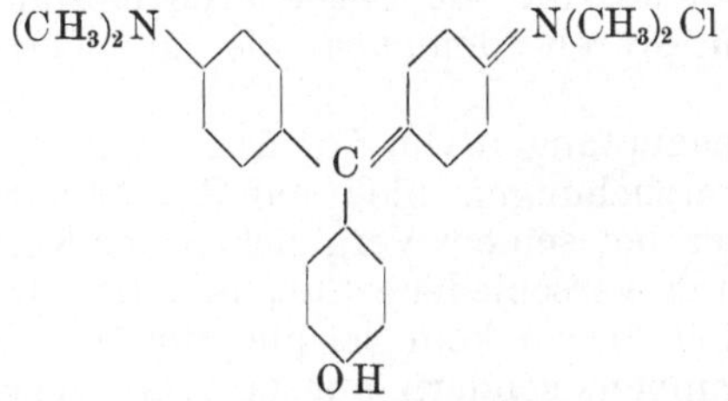

$(CH_3)_2N$ $N(CH_3)_2Cl$

C

OH

*grün* und zeigt einen Absorptionsstreifen. Neutralisiert man die Gruppe OH mit Kalilauge, so wird die Lösung *rotviolett* und gibt im Spektrum zwei Absorptionsstreifen.

Obzwar die ringartige Verkettung zweier Benzolkerne mit einem Elemente oder Atomgruppe für sich allein den organischen Verbindungen den Farbstoffcharakter nicht erteilen kann, so wirkt sie doch bei Anwesenheit des Chromophors bedeutend auf die Farbe des Farbstoffes.

So gibt z. B. das salzsaure *Tetramethyldiaminobenzhydrol*

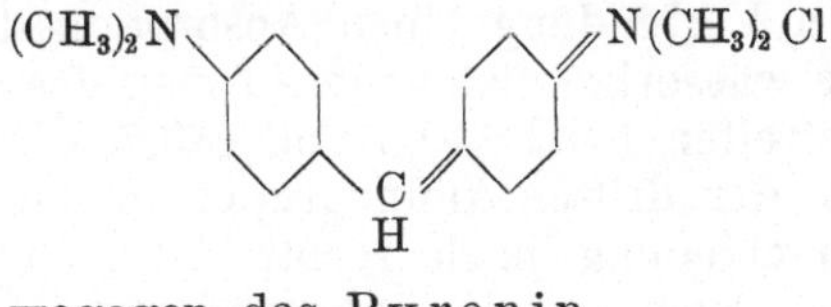

$(CH_3)_2N$ $N(CH_3)_2Cl$

C
H

*blaue* Lösungen, wogegen das *Pyronin*

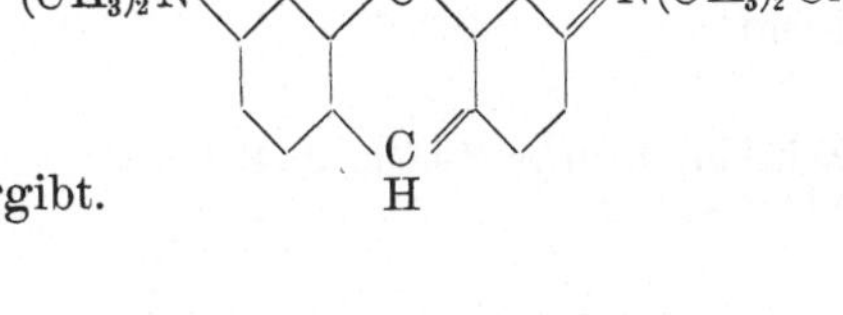

$(CH_3)_2N$ O $N(CH_3)_2Cl$

C
H

*rote* Lösungen ergibt.

Das Malachitgrün gibt grüne Lösungen, während das analoge Rosaminchlorid, welches den Pyronring enthält, rote Lösungen liefert. Das Indaminchlorid gibt blaue Lösungen, wogegen das Diaminophenazthioniumchlorid, welches sich von dem Indaminchlorid durch die Anwesenheit des Thiazinringes unterscheidet, violette Lösungen liefert.

Nietzki hat für den Zusammenhang zwischen Farbe und Konstitution eine empirische Regel aufgestellt, wonach die Farbstoffe einfachster Konstitution grünlichgelb bis gelb sind und diese Farbe geht mit zunehmendem Molekulargewicht im allgemeinen in Orange, Rot, Rotviolett, Violett, Blauviolett, Blau, Blaugrün und Grün über. Schütze[1]) hat durch die Untersuchung der Farbe und der Absorptionsspektren einer Reihe von Farbstoffen diese Regel im wesentlichen bestätigt und sagt am Schlusse seiner diesbezüglichen Arbeit: „Einer Verschiebung der Absorption von Violett nach Rot entspricht im allgemeinen die obige Farbenfolge — Vertiefung des Farbtones, Bathochromie, einer Verschiebung der Absorption von Rot nach Violett entspricht die umgekehrte Farbenfolge, das ist die Erhöhung des Farbtones, Hypsochromie."

Gruppen oder Atome, die bei ihrem Eintritt in eine gefärbte Verbindung die Farbe vertiefen, bezeichnet Schütze als bathochrome, und solche, die die Farbe erhöhen, als hypsochrome. Zu den ersteren wären demnach die auxochromen Gruppen zu rechnen.

Gegen die Behauptungen von Schütze wäre erstens einzuwenden, daß er seine Untersuchungen bloß auf die Azofarbstoffe beschränkt hat und obwohl er bei seinem Vergleichen der Körperfarbe und ihrer Beeinflussung durch verschiedene Substituenten Azofarbstoffe wählte, konnte er doch bei diesen kein Beispiel für farbaufhellende Wirkung irgendwelcher Gruppen, sondern nur farbvertiefende Wirkungen feststellen.

Das Absorptionsspektrum verschiebt sich zwar mit wachsendem Molekulargewichte der Verbindungen regelmäßig von Ultraviolett gegen Rot hin, doch kann diese Verschiebung auch in umgekehrter Richtung, d. i. von Rot gegen Violett zu stattfinden.

Vergleichen wir die Lösungen des p-Diaminotriphenylkarbinolchlorids[2]) und die Lösungen des p-Rosanilinchlorids und ihre Absorptionsspektra, so sehen wir, daß die wässerige violette Lösung der ersten Verbindung einen Absorptionsstreifen bei $\lambda$ 561,4 gibt, wogegen die wässerige violettrote Lösung des p-Rosanilinchlorids zwei Absorptionsstreifen bei $\lambda$ 540,3 und 483,7 aufweist. Somit findet durch den Eintritt der dritten Aminogruppe in das Diaminotriphenylkarbinol eine Verschiebung nach rechts, also nach den kürzeren Wellen hin statt. Auch ist das Absorptionsvermögen des p-Rosanilinchlorids größer als das Absorptionsvermögen des p-Diaminotriphenylkarbinolchlorids.

---

1) Schütze, Zeitschr. f. phys. Chem. **9**, 109 (1892).
2) Döbners Violett.

Die wässerige Lösung des Tetramethylindaminchlorids

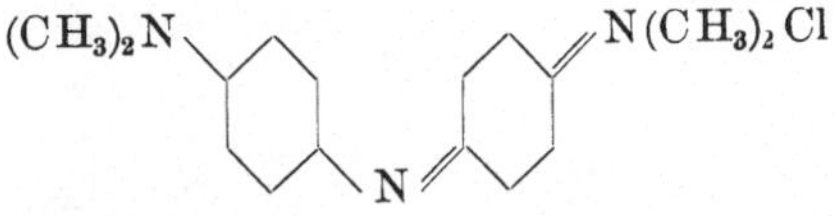

$(CH_3)_2N$ $N(CH_3)_2Cl$
N

ist grün und absorbiert im roten Bezirke des Spektrums.

Werden jedoch beide Benzolringe dieser Verbindung durch ein Element (Schwefel, Sauerstoff, Stickstoff) in Orthostellung zum Bindestickstoff verbunden, so verschiebt sich das Absorptionsspektrum solcher Verbindungen nach den kürzeren Wellen hin (gegen Violett hin) und zwar um so mehr, je kleiner das Atomgewicht des bindenden Elementes ist, wodurch auch das Molekulargewicht der Verbindung kleiner wird.

Demnach gibt z. B. die wässerige grünblaue Lösung des Tetramethyldiaminophenazthioniumchlorids (Methylenblau)

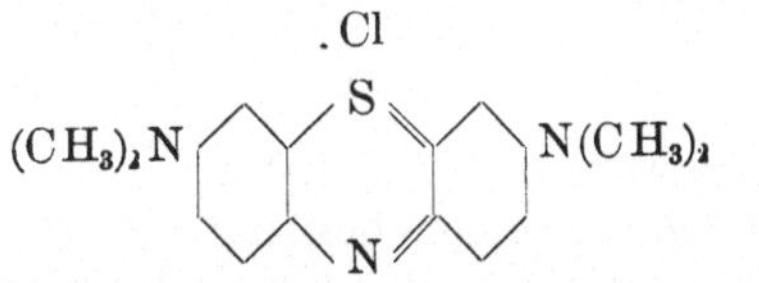

. Cl
S
$(CH_3)_2N$ $N(CH_3)_2$
N

Absorptionsstreifen bei $\lambda$ 667,5 und 608,4, wogegen die wässerige blaue Lösung des Tetramethyldiaminophenazoxoniumchlorids

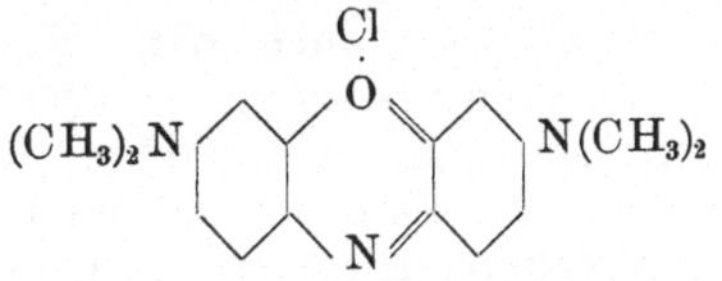

Cl
O
$(CH_3)_2N$ $N(CH_3)_2$
N

Absorptionsstreifen bei $\lambda$ 648,6 und 592,3 hat.

In ähnlicher Weise gibt die alkoholische blaue Lösung des salzsauren Tetramethyldiaminobenzhydrols

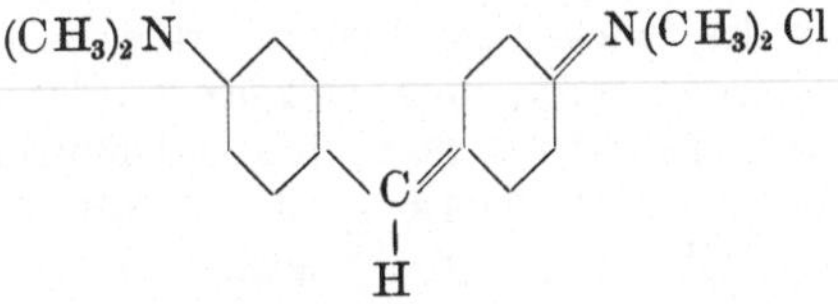

$(CH_3)_2N$ $N(CH_3)_2Cl$
C
H

einen Absorptionsstreifen bei $\lambda$ 604,9, die violettrote alkoholische Lösung des Thiopyronins

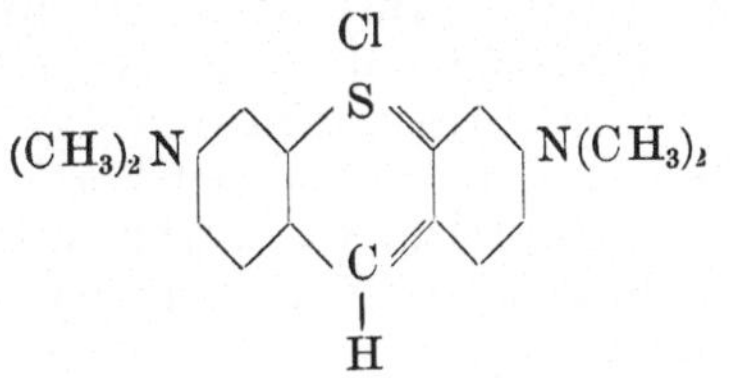

Cl
S
$(CH_3)_2N$ $N(CH_3)_2$
C
H

den Hauptabsorptionsstreifen bei $\lambda$ 564,3, die rote alkoholische Lösung des Pyronins G

Cl
O
$(CH_3)_2N$ $N(CH_3)_2$
C
H

den Hauptabsorptionsstreifen bei $\lambda$ 547,9 und die orangegelbe alkoholische Lösung des Akridinorange NO

Cl
N
$(CH_3)_2N$ $N(CH_3)_2$
C
H

den Hauptabsorptionsstreifen bei $\lambda$ 491,4.

Durch die Entstehung einer neuen ringartigen Verkettung wird zwar das Absorptionsvermögen der Verbindung erhöht, es nimmt aber wieder um so mehr ab, je kleiner das Atomgewicht des bindenden Elementes bei gleichem Fundamentalelemente ist.

Die Verschiebung des Absorptionsspektrums und somit die Veränderung der Farbe kann aber auch ohne Veränderung des Molekulargewichtes der Verbindung stattfinden (vergl. in den nächsten Kapiteln z. B. symmetrische und asymmetrische Verbindungen, ferner Verbindungen mit auxochromen Gruppen in verschiedener Stellung usf.).

Nach meinen Untersuchungen gilt die von Nietzki und Schütze aufgestellte Regel nur dann, wenn z. B. eine verschiedene Anzahl von gleichwertigen Gruppen in eine und dieselbe bestimmte Verbindung eintritt, wenn also in ein Di- oder Triaminotriphenylkarbinol Alkylgruppen in verschiedener Anzahl treten.

Demnach ist die wässerige Lösung des salzsauren Diaminotriphenylkarbinols rot, des salzsauren Dimethyldiaminotriphenylkarbinols blau und des salzsauren Tetramethyldiaminotriphenylkarbinols grün. Mit der Vertiefung der Farbe verschiebt sich auch gleichzeitig das Absorptionsspektrum nach den langen Wellen (gegen Rot zu).

Ähnlich ist die wässerige Lösung des Diaminophenazthioniumchlorids violett, des Monomethyldiaminophenazthioniumchlorids violettblau, des Dimethyldiaminophenazthioniumchlorids blau und schließlich die wässerige Lösung des Tetramethyldiaminophenazthioniumchlorids grünblau.

Die Absorptionsspektra der genannten Verbindungen rücken auch mit der Anzahl der Alkylgruppen gegen Infrarot zu. Dieselben Verhältnisse finden wir auch bei den analogen Phenazoxonium- und Phenazoniumverbindungen.

Treten jedoch in eine Verbindung gleichzeitig verschiedene Gruppen ein (z. B. Methyl-, Phenyl- und Benzylgruppen), so gilt diese von Schütze aufgestellte Regel nicht mehr.

So liegt das Absorptionsspektrum des Tetramethyldibenzylpararosanilinchlorids

$(CH_3)_2N$ — $N(CH_3)_2Cl$ — C — $N(CH_2 . C_6H_5)_2$

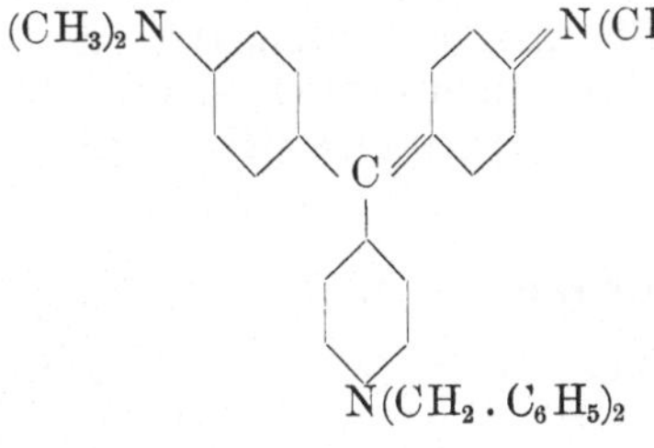

mehr rechts von dem Absorptionsspektrum des Tetramethylphenylpararosanilinchlorids

$(CH_3)_2N$ — $N(CH_3)_2Cl$ — C — $N<^{H}_{C_6H_5}$

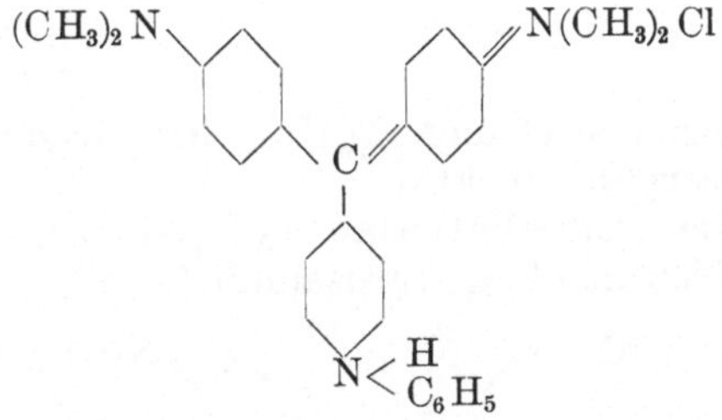

obschon die erste Verbindung ein größeres Molekulargewicht hat.

Auch liegt das Absorptionsspektrum der wässerigen Lösung des Tetramethylpararosanilinchlorids mehr rechts vom roten Felde des Spektrums als das Absorptionsspektrum der wässerigen Lösung des salzsauren Tetramethyldiaminobenzhydrols, obzwar die erstere Verbindung ein größeres Molekulargewicht hat. Es ließe sich eine ganze Reihe von weiteren Beispielen anführen.

Schließlich sei noch erwähnt, daß das Azetylieren einen bedeutenden Einfluß auf die Farbe und das Absorptionsspektrum einer Verbindung haben kann. Azetyliert man z. B. das Pentamethylpararosanilinchlorid, welches violette Lösungen und zwei Absorptionsstreifen gibt, so erhält man eine Verbindung, welche sich in verdünnter Essigsäure mit grüner Farbe löst und nur einen Absorptionsstreifen gibt.

Azetyliert man das Diaminophenazthioniumchlorid, welches violette Lösungen gibt, so erhält man ein Diazetylderivat, dessen Lösungen farblos sind. Entazetyliert man, so kehrt die Farbe und mit ihr das ursprüngliche Absorptionsspektrum wieder zurück.

## 2. Einfluß der Konstitution auf die Beschaffenheit (Form) des Absorptionsspektrums.

Vergleicht man die Absorptionsspektra der Verbindungen von gleicher molekularer Zusammensetzung untereinander, so findet man oft, daß sie verschiedene Absorptionsspektra geben. Demnach haben z. B. isomere Stoffe

Anthrazen und Phenanthren

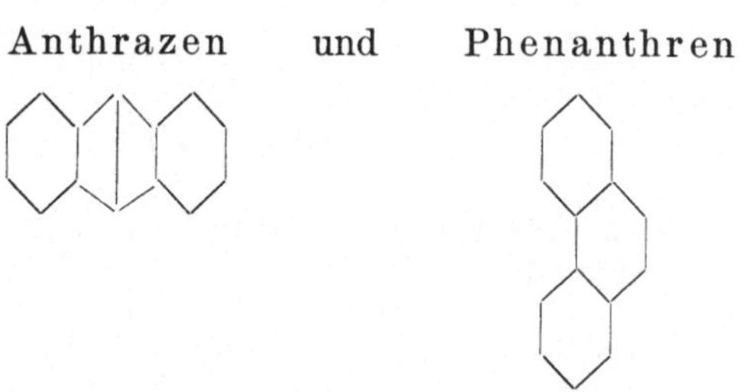

eine gleiche Zusammensetzung $C_{14}H_{10}$, ihre Lösungen geben jedoch verschiedene Absorptionsspektra.

Ähnlich haben das Tetramethyl-p-triaminotriphenylkarbinolchlorid (Tetramethylpararosanilinchlorid)

$(CH_3)_2N$ — $N(CH_3)_2Cl$ — C — $NH_2$

und das Tetramethyl-p-diamino-m-aminotriphenylkarbinolchlorid

$(CH_3)_2N$ — $N(CH_3)_2Cl$ — C — $NH_2$

eine gleiche molekulare Zusammensetzung $C_{23}H_{26}N_3Cl$, ihre Lösungen geben jedoch verschiedene Absorptionsspektra, die verdünnte violette Lösung der ersten Verbindung gibt zwei Absorptionsstreifen, die verdünnte bläulichgrüne Lösung der zweiten Verbindung jedoch nur einen Absorptionsstreifen.

Die Chloride des symmetrischen und asymmetrischen Dimethyldiaminophenazthioniumchlorids

Cl
$CH_3.HN$ — S — $NH.CH_3$
N

Cl
$(CH_3)_2N$ — S — $NH_2$
N

haben eine gleiche molekulare Zusammensetzung $C_{14}H_{14}N_3SCl$, ihre Lösungen geben zwar Absorptionsspektra desselben Typus, jedoch in einer verschiedenen Lage.

Die Form und die Lage des Absorptionsspektrums einer Verbindung hängt daher, ähnlich wie die Farbe, nicht bloß von ihrer molekularen Zusammensetzung ab, sondern hauptsächlich von dem Umstande, in welcher Weise einzelne Elemente oder Atomgruppen in der Verbindung angeordnet sind, welche Stellung die einzelnen salzbildenden Gruppen ($NH_2$ und OH) an dem Benzolring einnehmen, und ferner hängt das Absorptionsspektrum auch von dem angewendeten Lösungsmittel und der Konzentration der Lösung ab (s. S. 19 ff.); somit kann man die Farbe und das Absorptionsspektrum jeder einzelnen Verbindung als das Resultat der Funktion mehrerer Faktoren ansehen.

Man kann demnach den folgenden Satz aussprechen: Die Form (Beschaffenheit) und die Lage des Absorptionsspektrums jeder organischen Verbindung, sei dieselbe farblos oder gefärbt, hängt bei Verwendung eines und desselben Lösungsmittels und bei gleicher molekularer Konzentration nur von ihrer Konstitution (Struktur) ab.

Vergleicht man nun die chemische Konstitution der Farbstoffe von verschiedenen chemischen Farbstoffklassen und ihre Absorptionsspektra bezüglich ihrer Form und Lage im Spektrum untereinander, so findet man einen bestimmten gesetzmäßigen Zusammenhang, welcher durch nachfolgende Sätze ausgedrückt werden kann:

Die Farbstoffe von gleichem Chromophor und Chromogen, von gleicher Anzahl der Auxochrome (mit freien Wasserstoffen oder mit substituierten Alkylen) in Parastellung zum Fundamentalelemente, geben Absorptionsspektra von gleicher Form.

Demnach haben die Lösungen des Diaminotriphenylkarbinolchlorids (Döbners Violett), des Tetramethyldiaminotriphenylkarbinolchlorids (Malachitgrün) und des Tetraäthyldiaminotriphenylkarbinolchlorids (Brillantgrün) die gleiche Form des

Absorptionsspektrums (Fig. 8, Z. 1 u. 2), weil ihr Chromophor, Chromogen und die Anzahl der auxochromen Gruppen die gleiche ist.

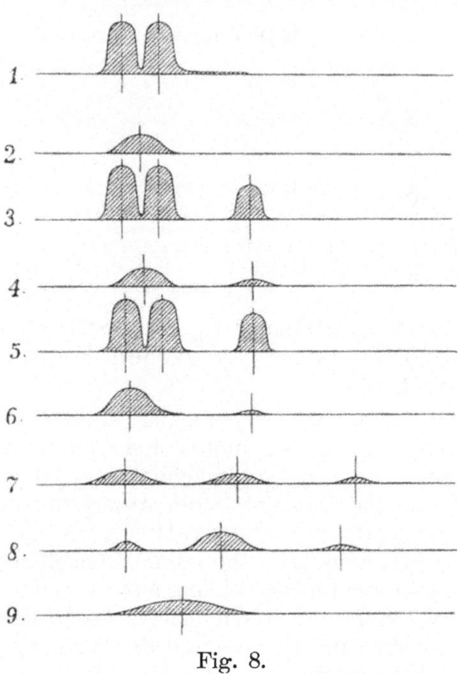

Fig. 8.

Aus demselben Grunde geben auch die Lösungen des Dimethyldiaminophenazthioniumchlorids und des Tetramethyldiaminophenazthioniumchlorids eine gleiche Form des Absorptionsspektrums (Fig. 8, Z. 5 u. 6).

Farbstoffe, welche verschiedene Chromophore und Chromogene, verschiedene Auxochrome in Parastellung zum Fundamentalelemente oder verschiedene Anzahl derselben enthalten, haben auch verschiedene Formen ihrer Absorptionsspektra.

Azofarbstoffe haben daher eine andere Form des Absorptionsspektrums als Triphenylmethanfarbstoffe.

So geben auch die Lösungen des Azoeosins

OH

$N = N - C_6H_4OCH_3$

$SO_3Na$

zwei breitere, ungleiche und nebeneinanderliegende Absorptionsstreifen, wogegen die Lösungen des Diaminotriphenylkarbinolchlorids

$H_2N$ $NH_2Cl$

C

einen Doppelabsorptionsstreifen in konzentrierteren Lösungen, bezw. einen einfachen Streifen, in verdünnten Lösungen zeigen (Fig. 8, Z. 1 u. 2), weil ihr Chromophor, Chromogen und die Art der auxochromen Gruppen verschieden sind.

Die Lösung des salzsauren Tetramethyldiaminobenzhydrols

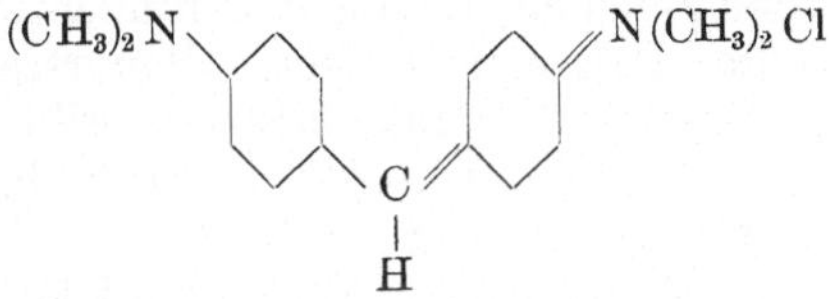

$(CH_3)_2N$ $N(CH_3)_2Cl$
C
H

und die Lösung des Tetramethylindaminchlorids

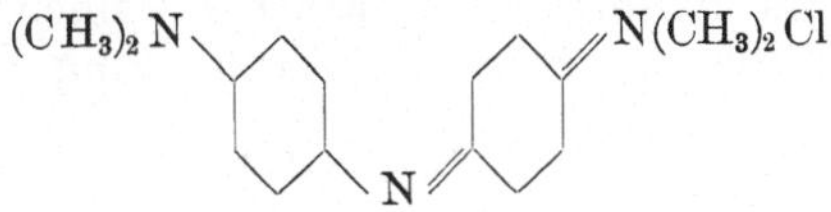

$(CH_3)_2N$ $N(CH_3)_2Cl$
N

haben verschiedene Absorptionsspektren, weil die Chromophore der beiden Farbstoffe verschieden sind.

Die Lösungen des Malachitgrüns und des Kristallvioletts haben verschiedene Formen des Absorptionsspektrums, weil bei gleichem Chromophor und Chromogen die Anzahl der auxochromen Gruppen in beiden Verbindungen verschieden ist. Die verdünnte Lösung des Malachitgrüns gibt einen Absorptionsstreifen (Fig. 8, Z. 2), die verdünnte Lösung des Kristallvioletts gibt zwei Absorptionsstreifen (Fig. 8, Z. 4).

Aus demselben Grunde gibt auch die Lösung des Monoaminophenazthioniumchlorids ein anderes Absorptionsspektrum (Fig. 8, Z. 8) als die Lösung des Diaminophenazthioniumchlorids (Fig. 8, Z. 6).

Die Form eines Absorptionsspektrums wird geändert, wenn in eine Verbindung, welche zwei Benzolringe mit einem Elemente verkuppelt enthält, ein zwei- oder mehrwertiges Element bezw. eine mehrwertige Gruppe derart eintritt, daß dadurch beide Benzolringe in Orthostellung zum Fundamentalelemente nochmals gebunden werden, wobei ein neuer sechsgliederiger Ring entsteht.

So haben die Lösungen des Malachitgrüns

$(CH_3)_2N$ $N(CH_3)_2Cl$
C

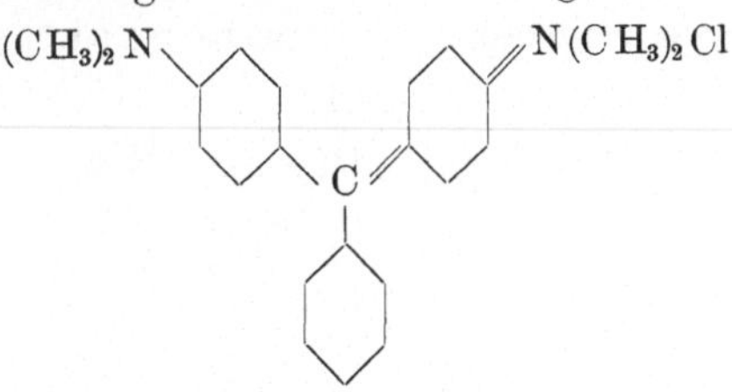

und die Lösungen des Rosaminchlorids

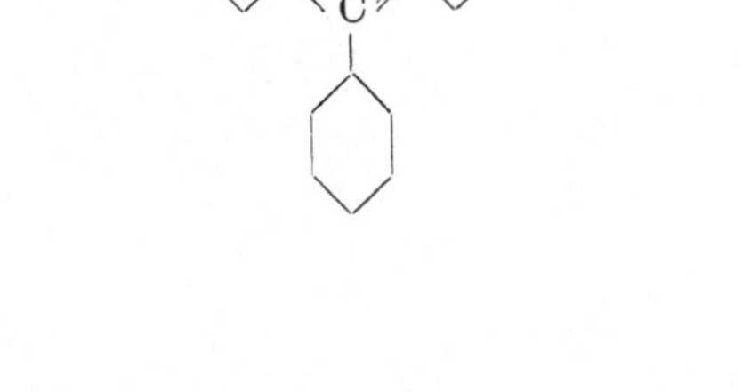

$(CH_3)_2N$ O $N(CH_3)_2Cl$
C

verschiedene Formen ihrer Absorptionsspektra, weil bei gleichem Chromophor und der gleichen Anzahl der auxochromen Gruppen beim Rosaminchlorid beide Benzolringe durch Sauerstoff gebunden sind.

Die verdünnte Lösung des Malachitgrüns gibt einen Absorptionsstreifen (Fig. 8, Z. 2), die verdünnte Lösung des Rosaminchlorids gibt zwei Absorptionsstreifen (Fig. 8, Z. 4).

Die *Natur der Elemente*, durch welche beide Benzolringe weiter zu einem neuen Ring gebunden werden, hat auf die *allgemeine Form* des Absorptionsspektrums keinen Einfluß, weil die fundamentale Struktur einer solchen Verbindung

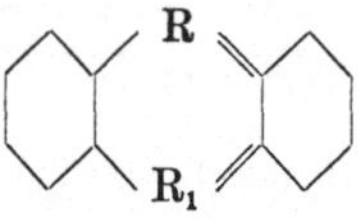

R

$R_1$

welche von der chinoïden Struktur abgeleitet werden kann, durch den Eintritt der verschiedenen Elemente (R = S, O, N, C) nicht verändert wird.

So geben die Lösungen des *Tetraäthyldiaminophenazthioniumchlorids*, die Lösungen des *Tetraäthyldiaminophenazoxoniumchlorids* und die Lösungen des *Tetraäthylphenosafranins* im allgemeinen die *gleiche Form* des Absorptionsspektrums d. i. in konzentrierteren Lösungen neben einem Doppelstreifen einen schwächeren Absorptionsstreifen rechts (Fig. 8, Z. 5), weil die oben bezeichnete fundamentale Struktur bei allen diesen Verbindungen gleich bleibt (vergl. S. 53).

Aus demselben Grunde geben die Lösungen des salzsauren *Monoaminophenazthioniums*

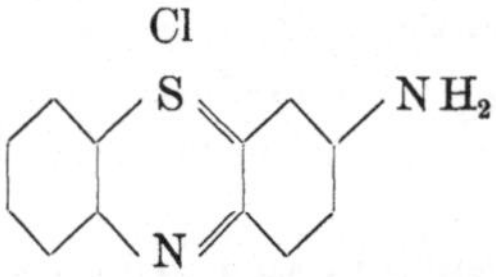

Cl
S
$NH_2$
N

die Lösungen des salzsauren *Monoaminonaphtophenazoxoniums*

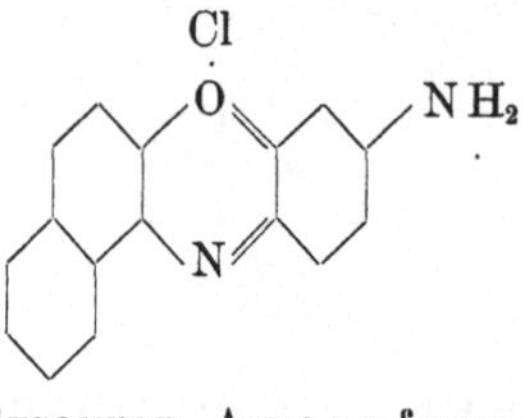

Cl
O
$NH_2$
N

und die Lösungen des salzsauren *Aposafranins*

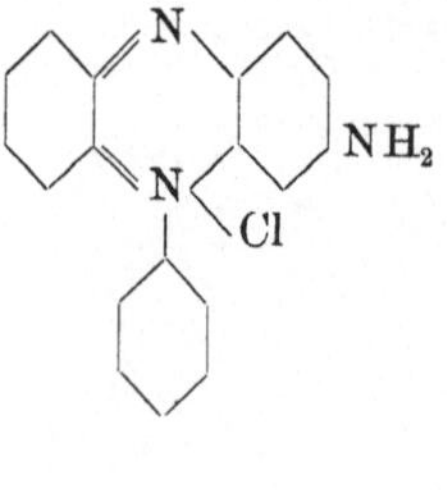

N
$NH_2$
N
Cl

Absorptionsspektra von gleichem Charakter (gleicher Form) (Fig. 8, Z. 8).

Die Form des Absorptionsspektrums einer farbigen Verbindung ist verschieden, wenn die auxochromen Gruppen bei gleichem Chromophor und Chromogen eine verschiedene Lage zum Fundamentalelemente haben.

So gibt die verdünnte wässerige Lösung des Tetramethylpararosanilinchlorids

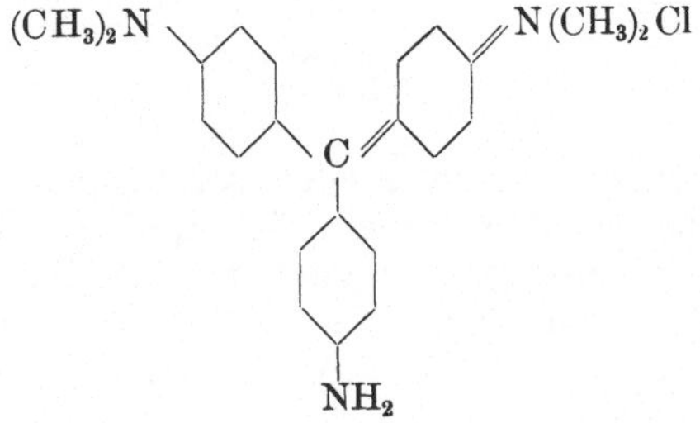

$(CH_3)_2N$ $N(CH_3)_2Cl$

C

$NH_2$

neben einem stärkeren Absorptionsstreifen einen schwächeren Streifen rechts (Fig. 8, Z. 4), wogegen verdünnte Lösungen des Tetramethylparadiamino-metaaminotriphenylkarbinolchlorids

$(CH_3)_2N$ $N(CH_3)_2Cl$

C

$NH_2$

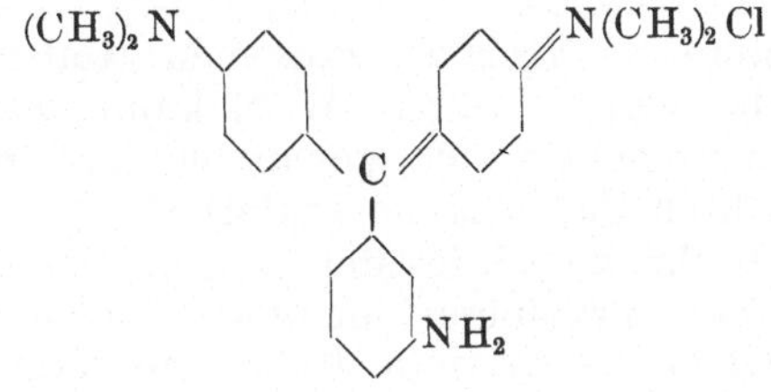

oder die Lösungen des Tetramethylparadiamino-orthoaminotriphenylkarbinolchlorids

$(CH_3)_2N$ $N(CH_3)_2Cl$

C

$NH_2$

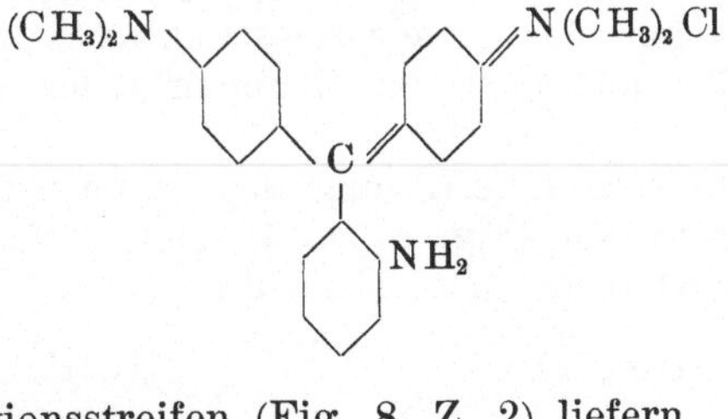

nur einen Absorptionsstreifen (Fig. 8, Z. 2) liefern.

Auxochrome Gruppen, welche in einer anderen Stellung stehen als in Parastellung zum Fundamentalelemente, bezw. in Parastellung zueinander, haben auf die Form des Absorptionsspektrums keinen Einfluß. Demnach haben die Lösungen der oben angeführten Salze von Paradiamino-metaaminotriphenylkarbinol und von Paradiamino-orthoaminotriphenylkarbinol eine gleiche Form des Absorptionsspektrums wie die Lösungen des Malachitgrüns (Fig. 8, Z. 1 und 2).

Die Form des Absorptionsspektrums kann aber auch mitunter durch die Alkylgruppen, welche *direkt* am Benzolring sitzen, beeinflußt werden.

So gibt die stark verdünnte wässerige Lösung des asymmetrischen *Dimethyldiaminophenazthioniumchlorids*

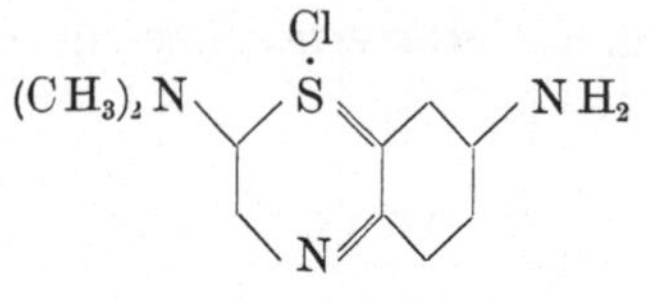

Cl
$(CH_3)_2N$ S $NH_2$
N

neben einem stärkeren, nach rechts verzogenen Absorptionsstreifen einen schwächeren Streifen rechts (Fig. 8, Z. 6), wogegen die stark verdünnte wässerige Lösung des asymmetrischen *Dimethyldiaminophenotolazthioniumchlorids*

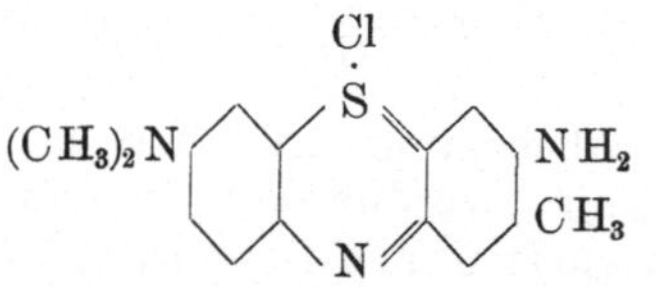

Cl
S
$(CH_3)_2N$ $NH_2$
$CH_3$
N

neben einem stärkeren nach rechts verzogenen Streifen einen schwächeren Streifen links gibt (vergl. S. 23). Wohl kann man die Verschiedenheit der Absorptionsspektra der genannten Verbindungen durch die Verschiedenheit ihrer Chromogene erklären.

Dagegen besteht z. B. in der *Form* der Absorptionsspektra des Diamino- oder Triaminotriphenylkarbinolchlorids (p-Rosanilin) und des Diamino- oder Triaminodiphenyltolylkarbinolchlorids (Rosanilin) bezw. des Triaminotritolylkarbinolchlorids kein Unterschied.

Zum Unterschiede von den Alkylgruppen ($CH_3$, $C_2H_5$) haben die *Phenyl-*, *Tolyl-* und *Benzylgruppen* einen wesentlichen Einfluß auf die *Form* des Absorptionsspektrums, wenn sie in den Wasserstoffen der auxochromen Gruppen einer Verbindung substituiert werden.

Während die verdünnte Lösung des *Pararosanilinchlorids* zwei Absorptionsstreifen (Fig. 8, Z. 4) gibt, liefert die Lösung des *Triphenylpararosanilinchlorids*

$H_5C_6HN$ $NC_6H_5 \cdot HCl$
C
$NH \cdot C_6H_5$

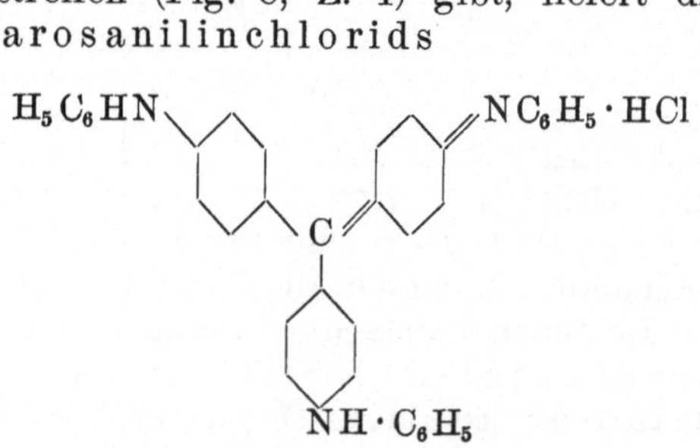

nur einen breiteren Absorptionsstreifen (Fig. 8, Z. 9).

Ähnlich gibt die verdünnte Lösung des Rhodamins B

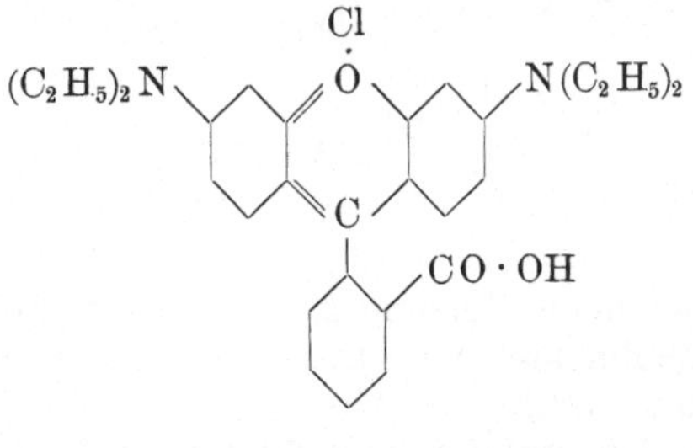

Cl

$(C_2H_5)_2N$ O $N(C_2H_5)_2$

C

$CO \cdot OH$

zwei Absorptionsstreifen (Fig. 8, Z. 4), wogegen die verdünnte Lösung des Violamins B

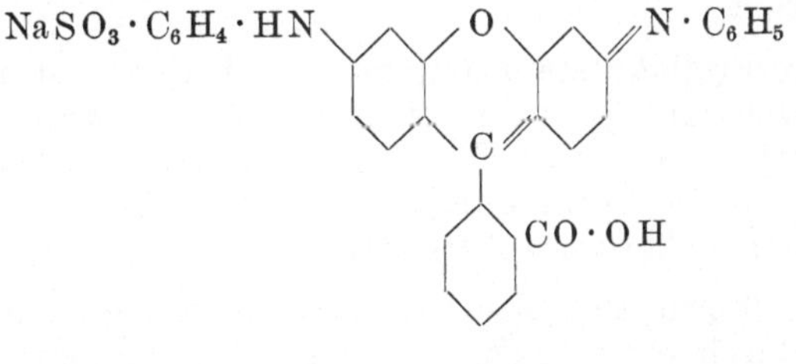

$NaSO_3 \cdot C_6H_4 \cdot HN$ O $N \cdot C_6H_5$

C

$CO \cdot OH$

nur einen Absorptionsstreifen (Fig. 8, Z. 9) gibt.

Die verdünnte Lösung des Dimethyldiaminophenazoxoniumchlorids

Cl

O

$(CH_3)_2N$ $NH_2$

N

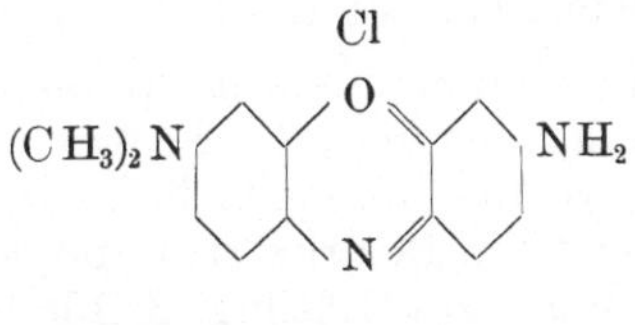

gibt zwei Absorptionsstreifen (Fig. 8, Z. 6), die verdünnte Lösung des Dimethylphenyldiaminophenazoxoniumchlorids

Cl

$(CH_3)_2N$ O $NH \cdot C_6H_5$

N

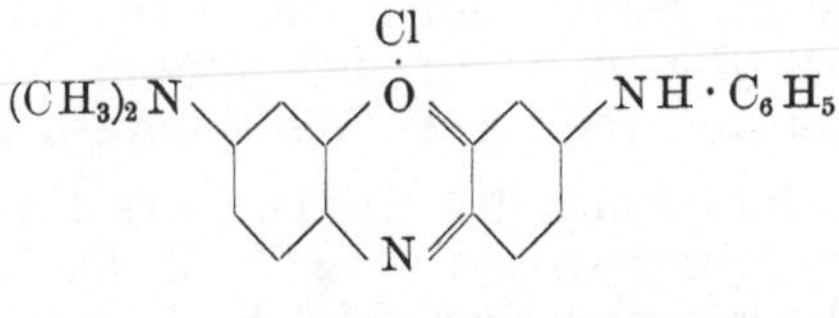

zeigt nur einen breiteren Absorptionsstreifen.

Wie wir sehen, gestaltet sich hier das Absorptionsspektrum zu einem mehr oder weniger breiten Absorptionsstreifen, obzwar der absorbierende Körper seiner Konstitution nach mehrere getrennte Absorptionsstreifen liefern sollte.

Die Veränderung des Spektrums durch die Phenylgruppe zeigt auch der folgende Versuch an. Erwärmt man kleine Mengen des Prune pure auf dem Wasserbade mit Anilin, so entsteht

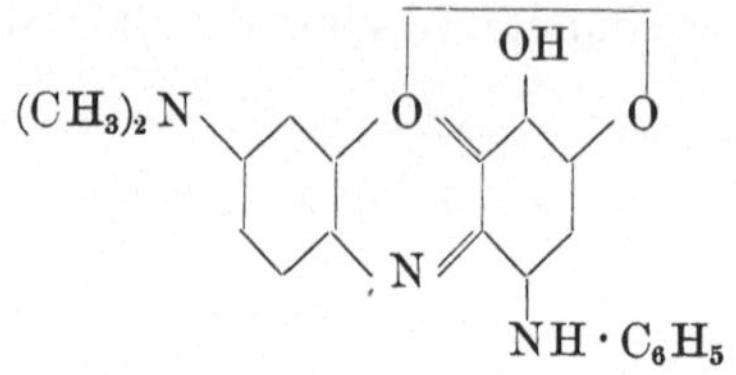

$OH$

$(CH_3)_2N$ O O

N

$NH \cdot C_6H_5$

Löst man diese neue Verbindung in Äthylalkohol (in Wasser ist sie unlöslich) und beobachtet man das Absorptionsspektrum der Lösung, so findet man einen breiteren Absorptionsstreifen, der nach Zusatz von verdünnter Säure unverändert bleibt, während bei der äthylalkoholischen Lösung des *Prune pure*, welche auch einen Absorptionsstreifen liefert, nach Zusatz von verdünnter Säure *drei* Absorptionsstreifen auftreten.

Das sulfonierte Produkt aus Prune pure und Anilin ist als Alkalisalz in Wasser löslich und gibt nur einen breiten Absorptionsstreifen, wogegen die wässerige Lösung des Prune pure direkt drei Absorptionsstreifen liefert; die in die Verbindung eingetretene Phenylgruppe verändert daher total das Absorptionsspektrum.

Auch wird die Form des Absorptionsspektrums geändert, wenn die Aminogruppe durch eine *Ammoniumgruppe* ersetzt wird. So gibt z. B. die violette Lösung des *Hexamethyl-p-rosanilinchlorids zwei* Absorptionsstreifen (Fig. 8, Z. 3 u. 4), wogegen das *Chlormethylat des Hexamethyl-p-rosanilinchlorids* grüne Lösungen mit nur *einem* Absorptionsstreifen gibt (Fig. 8, Z. 1 u. 2).

Schließlich hängt die *Form* des Absorptionsspektrums davon ab, ob die farbige Verbindung als *Base*, *Säure* oder als *Salz* vorhanden ist. So gibt z. B. die alkoholische orangegelbe Lösung der *p-Rosolsäure* im blaugrünen Bezirke des Spektrums zwei ungefähr gleiche Streifen. Setzt man zur Lösung Kalilauge zu, so wird die Lösung rot und gibt im grünen Spektralbezirke einen stärkeren und einen schwächeren Absorptionsstreifen (Fig. 8, Z. 4).

Die alkoholische gelbe Lösung des *Fluoreszeins* gibt drei Absorptionsstreifen (Fig. 8, Z. 8); nach Zusatz von Kalilauge wird die Lösung rosarot und zeigt zwei Absorptionsstreifen (Fig. 8, Z. 4).

Die alkoholische Lösung des *Eosins als Farbsäure* ist gelb und gibt drei Absorptionsstreifen (Fig. 8, Z. 8), als Salz ist sie rot und gibt zwei Absorptionsstreifen (Fig. 8, Z. 4).

Die Lösung des *Gallozyanins* als freie Base gibt einen breiteren Absorptionsstreifen (Fig. 8, Z. 9), als Salz (Chlorid) zeigt es jedoch drei Absorptionsstreifen (Fig. 8, Z. 8).

Die Sulfosäuren der Aminoazoverbindungen haben oft eine andere Farbe als ihre Alkalisalze und infolgedessen auch verschiedene Absorptionsstreifen, wie z. B. *Methylorange*.

# 3. Einfluß der Konstitution auf die Lage des Absorptionsspektrums.

Wie wir schon gesehen haben (siehe Seite 57), wird die Lage des Absorptionsspektrums eines Farbstoffes bezw. einer gefärbten Verbindung bei gleichem Lösungsmittel, bezw. bei gleicher Konzentration durch das Chromophor, Chromogen und die auxochromen Gruppen bedingt; die Verbindungen, welche verschiedene Chromophore, verschiedene Chromogene und verschiedene auxochrome Gruppen haben, liefern auch Absorptionsspektra in verschiedener Lage. Desgleichen wird die Lage des Absorptionsspektrums beeinflußt durch die Anzahl der auxochromen Gruppen, durch ihre Zusammensetzung und endlich durch ihre Stellung am Benzolring.

Bei einem gleichen Chromophor wird die Lage des Absorptionsspektrums bedingt durch das Chromogen und die auxochromen Gruppen.

Demnach geben die Lösungen des salzsauren Tetramethyldiaminobenzhydrols

$(CH_3)_2N$ … $N(CH_3)_2Cl$ … C … H

und die Lösungen des Malachitgrüns

$(CH_3)_2N$ … $N(CH_3)_2Cl$ … C

Absorptionsspektra von gleicher Form, aber in verschiedener Lage, weil bei gleichem Chromophor und gleicher Anzahl der auxochromen Gruppen ihr Chromogen verschieden ist.

Das salzsaure Tetramethyldiaminobenzhydrol gibt in wässeriger Lösung einen Absorptionsstreifen bei $\lambda$ 603,3, die wässerige Lösung des Malachitgrüns einen Absorptionsstreifen bei $\lambda$ 616,9.

Die wässerige Lösung des Diäthyldiaminophenazthioniumchlorids

Cl … S … $(C_2H_5)_2N$ … $NH_2$ … N

und die Lösung des salzsauren *Diäthylthionolins*

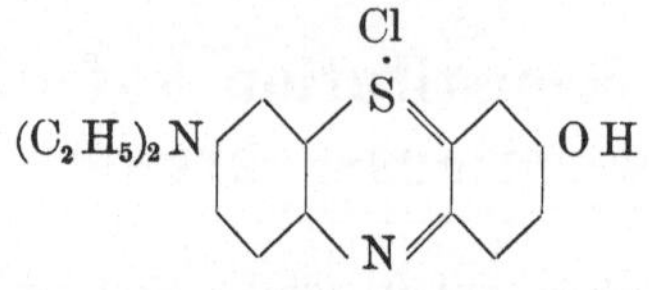

$$\begin{array}{c} Cl \\ S \\ (C_2H_5)_2N \qquad\qquad OH \\ N \end{array}$$

geben gleiche Formen der Absorptionsspektra, jedoch in verschiedener Lage, weil sie bei gleichem Chromophor und Chromogen zwar eine gleiche Anzahl der auxochromen Gruppen enthalten, ihre *Natur* aber verschieden ist; bei dem *Diäthyldiaminophenazthioniumchlorid* ist es die *Aminogruppe*, und bei dem *Diäthylthionolin* ist es die *Hydroxylgruppe*, welche die Verschiedenheit der Lage des Absorptionsspektrums bewirken.

Die wässerige Lösung der ersten Verbindung gibt die Absorptionsstreifen bei $\lambda$ 641,0 und $\lambda$ 590,9, die wässerige Lösung der zweiten Verbindung gibt die Absorptionsstreifen bei $\lambda$ 625,5 und $\lambda$ 577,0.

Die *Lage* des Absorptionsspektrums ist *verschieden*, wenn bei gleicher Anzahl der auxochromen Gruppen ihre *Lage* zum Fundamentalelemente der Verbindung *verschieden* ist.

Demnach gibt die wässerige Lösung des *Tetramethylparadiaminometaaminotriphenylkarbinolchlorids* einen Absorptionsstreifen bei $\lambda$ 615,9, die wässerige Lösung des *Tetramethylparadiaminoorthoaminotriphenylkarbinolchlorids* einen Absorptionsstreifen bei $\lambda$ 618,9, weil eine der auxochromen Gruppen einmal in *Meta-*, das andere Mal in *Ortho*stellung sich befindet.

Ähnlich zeigt die wässerige Lösung des *Paraoxymalachitgrüns* einen Absorptionsstreifen bei $\lambda$ 602,1, die wässerige Lösung des *Metaoxymalachitgrüns* einen Streifen bei $\lambda$ 617,4 und die wässerige Lösung des *Orthooxymalachitgrüns* einen Streifen bei $\lambda$ 620,7.

Die *Lage* des Absorptionsspektrums wird ferner *geändert*, wenn sich die *Zusammensetzung der auxochromen Gruppen* der betreffenden Verbindung ändert, d. i. wenn die freien Wasserstoffe der auxochromen Gruppen durch *Alkyle*, *Alkylbenzole* bezw. durch *Phenyle* ersetzt werden.

So geben die Farbstoffe *Malachitgrün* und *Brillantgrün* Absorptionsspektra von gleichem Charakter, aber in verschiedener Lage, da die Wasserstoffe der Aminogruppen bei Malachitgrün durch Methyl, bei Brillantgrün durch Äthyl substituiert sind.

Ebenfalls ändert sich nur die Lage des Absorptionsspektrums, wenn wir die Wasserstoffe der Aminogruppen des Pararosanilinchlorids durch Methylgruppen (Hexamethylpararosanilin) oder durch Äthylgruppen (Hexaäthylpararosanilin) substituieren.

Die *Lage* des Absorptionsspektrum wird geändert, wenn die *weitere Verkettung* der schon durch ein Element oder eine Atomgruppe verketteten Benzolringe einer Verbindung durch *verschiedene Elemente* stattfindet.

Demgemäß geben die Lösungen des *Pyronins G*

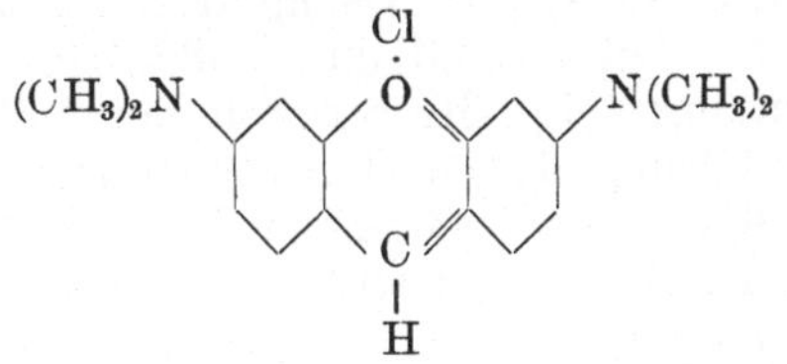

Cl
$(CH_3)_2N$ O $N(CH_3)_2$
C
H

und die Lösungen des *Thiopyronins*

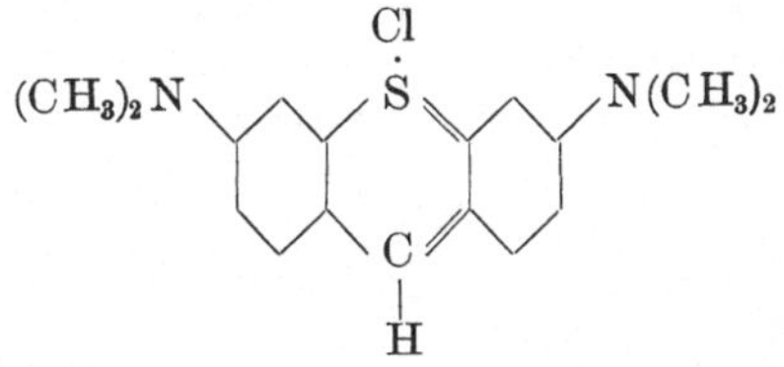

Cl
$(CH_3)_2N$ S $N(CH_3)_2$
C
H

Absorptionsspektra gleichen Charakters, aber in verschiedener Lage. Die wässerige Lösung des *Pyronins G* gibt die Absorptionsstreifen bei $\lambda$ 547,5 und $\lambda$ 505,6, die wässerige Lösung des *Thiopyronins* gibt die Absorptionsstreifen bei $\lambda$ 564,5 und $\lambda$ 528,2.

Die *Lage* des Absorptionsspektrums wird geändert, wenn die Wasserstoffe des *Benzolringes* durch *Alkyle*, *salzbindende Gruppen* ($SO_3H$ oder $CO.OH$), *Nitrogruppen* oder durch *Halogene* (Cl, Br, J) substituiert werden und wenn diese Gruppen eine *verschiedene Stellung* am Benzolring einnehmen (vergl. S. 70 ff.).

So liefern die Lösungen des *Pararosanilinchlorids* und des *Rosanilinchlorids* Absorptionsspektra von gleichem Charakter, aber in verschiedener Lage. Die wässerige Lösung des Pararosanilinchlorids gibt die Absorptionsstreifen bei $\lambda$ 540,3 und $\lambda$ 483,7, die wässerige Lösung des Rosanilinchlorids gibt die Streifen bei $\lambda$ 544,5 und $\lambda$ 486,4.

Die wässerige Lösung des *Dimethyldiaminophenotolazthioniumchlorids*

Cl
S
$(CH_3)_2N$ $NH_2$
$CH_3$
N

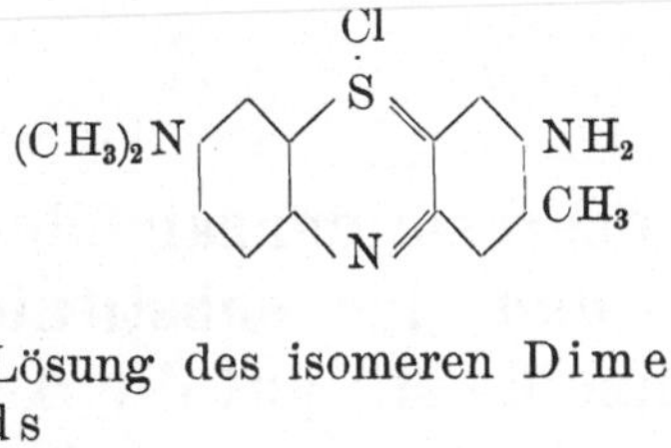

und die wässerige Lösung des isomeren *Dimethyldiaminotolazthioniumchlorids*

Cl
S
$(CH_3)_2N$ $NH_2$
N $CH_3$

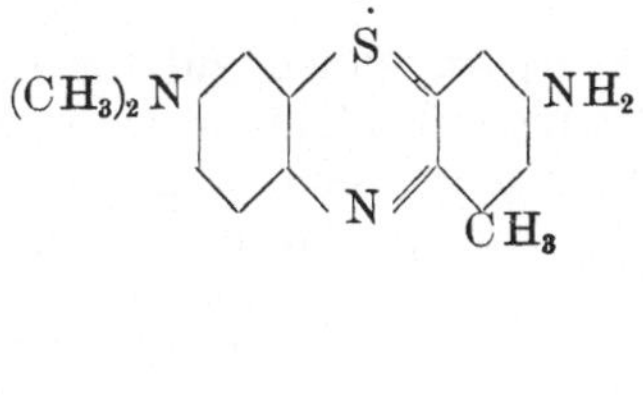

geben Absorptionsspektra von gleichem Charakter, jedoch in verschiedener Lage. Die wässerige Lösung der ersten Verbindung gibt die Absorptionsstreifen bei $\lambda$ 640,0 und $\lambda$ 588,3, die wässerige Lösung der zweiten Verbindung zeigt die Streifen bei $\lambda$ 630,5 und 582,0.

Die wässerige Lösung des Malachitgrüns gibt einen Absorptionsstreifen bei $\lambda$ 616,9, die wässerige Lösung der Orthosulfosäure des Tetramethyldiaminotriphenylkarbinols

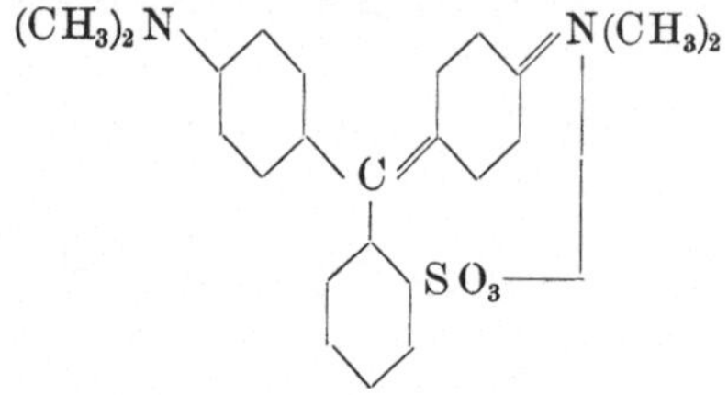

$(CH_3)_2N$ — $N(CH_3)_2$ — C — $SO_3$

zeigt bei gleicher Form des Absorptionsspektrums einen Absorptionsstreifen bei $\lambda$ 623,6.

Die wässerige Lösung des Paranitromalachitgrüns gibt einen Absorptionsstreifen bei $\lambda$ 630,4, die wässerige Lösung des Metanitromalachitgrüns einen Absorptionsstreifen bei $\lambda$ 629,4. Die Form des Absorptionsspektrums der beiden Verbindungen ist jedoch gleich.

Schließlich sei noch erwähnt, daß verschiedene chemische Verbindungen eines und desselben Körpers einen Einfluß auf die Lage des Absorptionsspektrums haben können. Somit haben z. B. die Kali-, Blei- und Silbersalze des Eosins dieselbe Form des Absorptionsspektrum, die Lage der Absorptionsspektren dieser Salze ist jedoch verschieden. Dies gilt überhaupt von sämtlichen Farblacken, deren Lösungen aber auch eine andere Form des Absorptionsspektrums haben können als die Lösung des Farbstoffes selbst (Alizarinblau und sein Chromlack in konzentrierter Schwefelsäure, Alkannin und seine Farblacke in Alkohol usf.).

Dagegen bleibt die Lage und die Form des Absorptionspektrums der Salze von Farbbasen, sei es ein Chlorhydrat, Sulfat, Nitrat, Azetat, Oxalat, Pikrat usf. stets unverändert.

## 4. Einfluß der Auxochrome, der salzbildenden Gruppen, der Nitrogruppe und der substituierten Gruppen (Alkyle, Alkylbenzole usf.) auf die Art der Verschiebung des Absorptionsspektrums im allgemeinen.

Auxochrome Gruppen haben auf die Lage des Absorptionsspektrums einen verschiedenen Einfluß, welcher zwar von der Konstitution der Verbindung selbst, in welche die auxochrome Gruppe eintritt, abhängig ist, gleichzeitig ist aber die Art der Verschiebung des Absorptionsspektrums auch durch die Lage der auxochromen Gruppen am Benzolring bedingt.

Bei den Triphenylmethanfarbstoffen bewirken die im ersten und zweiten Benzolringe in Parastellung zum Fundamentalkohlenstoff befindlichen Aminogruppen

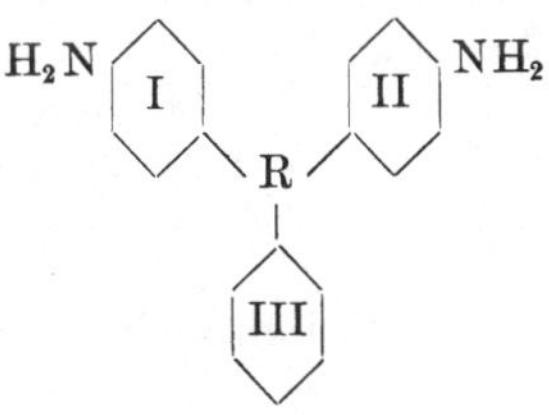

$H_2N$ I II $NH_2$
R
III

die Verschiebung des Absorptionsspektrums zum roten Teile des Spektrums (nach den langen Wellen); durch den Eintritt einer Aminogruppe in den dritten Benzolring in die Parastellung zum Fundamentalkohlenstoff wird jedoch das Absorptionsspektrum unter Änderung seiner Form wieder zum violetten Teile des Spektrums (nach kurzen Wellen) verschoben.

So gibt die wässerige violette Lösung des Diparaaminotriphenylkarbinolchlorids einen Streifen bei $\lambda$ 561,4, die wässerige rote Lösung des Triparaaminotriphenylkarbinolchlorids (Pararosanilin) den Hauptstreifen bei $\lambda$ 540,3.

Vergleicht man die Lage des Absorptionsstreifens der wässerigen Lösung des salzsauren Tetramethyldiaminotriphenylkarbinols (Malachitgrün) $\lambda$ 616,9 mit der Lage der Absorptionsstreifen der wässerigen Lösungen des Tetramethyltriparaaminotriphenylkarbinolchlorids ($\lambda$ 584,5), des Tetramethyldiparaaminometaaminotriphenylkarbinolchlorids ($\lambda$ 615,9) und des Tetramethyldiparaamino-orthoaminotriphenylkarbinolchlorids ($\lambda$ 618,9), so findet man, daß die Aminogruppe in Para- und Metastellung das Absorptionsspektrum nach rechts zum violetten Teile (nach den kurzen Wellen) des Spektrums verschiebt, in Orthostellung jedoch nach links zum roten Teile (nach den langen Wellen) des Spektrums (vergl. Seite 66).

Die Hydroxylgruppe in Parastellung im ersten und zweiten Benzolringe verschiebt das Absorptionsspektrum ähnlich wie die Aminogruppe, nach dem roten Teile des Spektrums, jedoch weniger stark als die Aminogruppe (Benzamin).

Tritt die Hydroxylgruppe in die freie Parastellung des dritten Benzolringes eines Diaminoderivates des Triphenylkarbinols, so verschiebt sich das Absorptionsspektrum nach rechts zum violetten Teile des Spektrums; tritt die Hydroxylgruppe in Orthostellung, so findet die Verschiebung des Absorptionsspektrums nach links zum roten Teile des Spektrums statt. (Vergleiche das Absorptionsspektrum der wässerigen Lösung des Malachitgrüns ($\lambda$ 616,9) des Paraoxy- und des Orthooxymalachitgrüns S. 66).

Bei den *Thiazin-, Oxazin-* und *Azinfarbstoffen* verschiebt sich das Absorptionsspektrum durch den Eintritt der *Amino-* oder *Hydroxylgruppen* in die *Parastellung* zum Fundamentalelemente auch nach den langen Wellen zum *roten* Teile des Spektrums.

So befindet sich das Absorptionsspektrum der alkoholischen Lösung des *Thiodiphenylamins* im Ultraviolett, der Hauptabsorptionsstreifen der wässerigen Lösung des *Monoaminophenazthioniumchlorids* befindet sich bei $\lambda$ 555,9, der Hauptabsorptionsstreifen der wässerigen Lösung des *Diaminophenazthioniumchlorids* bei $\lambda$ 602,5 und der Hauptabsorptionsstreifen der wässerigen Lösung des *Thionols* bei $\lambda$ 584,5.

Vergleichen wir die Absorptionsspektra des salzsauren *Aminophenazins*

N
$NH_2$
N

und des salzsauren *Diaminophenazins*,

N
$NH_2$
$NH_2$
N

so finden wir eine durch die zweite Aminogruppe bewirkte Verschiebung nach den *kürzeren* Wellen, also nach *Violett* hin (vergl. „Azinverbindungen“).

*Gräbe*[1]) untersuchte die Lösungen der *Azofarbstoffe* in *Schwefelsäure* und fand, daß durch den Eintritt der *Amino-* oder *Hydroxylgruppe* das Absorptionsspektrum nach dem *roten* Teile, durch den Eintritt der *Sulfogruppe* jedoch nach dem *violetten* Teile des Spektrums verschoben wird.

Bei den *Anthrachinonderivaten* verschiebt sich das Absorptionsspektrum durch den Eintritt der *Aminogruppe* und der *Hydroxylgruppe* im allgemeinen auch nach dem *roten* Bezirke des Spektrums, wenn wir das Absorptionsspektrum des Anthrachinons als Grundlage nehmen.

*Krüß* untersuchte die Absorptionsspektra des *Alizarins* und *$\beta$-Aminoalizarins* in *Schwefelsäure* und fand, daß durch den Eintritt der Aminogruppe das Absorptionsspektrum nach dem *violetten* Teile des Spektrums verschoben wird.

*Salzbildende Gruppen* $SO_3H$ und $CO.OH$ verschieben das Absorptionsspektrum verschieden; diese Verschiebung ist wohl auch von dem angewendeten Lösungsmittel abhängig.

Bei den *Triphenylmethanfarbstoffen* verschiebt die Sulfogruppe und die *Karboxylgruppe* das Absorptionsspektrum nach dem *roten* Teile des Spektrums (nach den langen Wellen).

---

1) *Gräbe*, Zeitschr. f. phys. Chem. **10**, 673 (1892).

Die Nitrogruppe verschiebt das Absorptionsspektrum je nach ihrer Stellung, einmal nach den langen Wellen (also zum roten Teile des Spektrums), andersmal nach den kurzen Wellen; so findet z. B. bei dem Nitromethylenblau (Methylengrün) die Verschiebung des Absorptionsspektrums im Vergleiche mit dem Absorptionsspektrum des Methylenblaus nach den kürzeren Wellen statt und ebenso bei dem $\alpha$-Nitroalizarin in alkalischer Lösung im Vergleiche mit der alkalischen Lösung des Alizarins.

Krüß verglich die Absorptionsspektra der Lösungen des Alizarins und des Nitroalizarins, des Indigos und des Nitroindigos, des Fluoreszeins und des Nitrofluoreszeins in Schwefelsäure und fand, daß durch den Eintritt der Nitrogruppe das Absorptionsspektrum zum violetten Teile (nach kurzen Wellen) des Spektrums verschoben wird.

Die Alkylgruppen ($CH_3$ und $C_2H_5$), die Benzyl- und Phenylgruppen üben auf die Lage des Absorptionsspektrums der Verbindungen einen verschiedenen Einfluß aus, je nachdem sie in einer auxochromen Gruppe substituiert werden oder sich direkt am Benzolring angebracht befinden.

Werden die Alkyl-, Benzyl- und Phenylgruppen in den auxochromen Gruppen substituiert, so verschieben sie das Absorptionsspektrum regelmäßig nach dem roten Teile (nach den langen Wellen) des Spektrums. Diese Verschiebung wächst jedoch nicht $x$-mal mit der Anzahl der substituierten Gruppen, sondern sie ist, wie wir später sehen werden, proportional der wachsenden Wellenlänge des Spektrums.

Die Äthylgruppe verschiebt das Absorptionsspektrum stärker nach den langen Wellen als die Methylgruppe, die Phenylgruppe verschiebt das Absorptionsspektrum noch mehr als die Methyl- oder Äthylgruppe, die Benzylgruppe verschiebt aber das Absorptionsspektrum weniger als die Phenylgruppe.

So befindet sich z. B. der Hauptabsorptionsstreifen der wässerigen Lösung des Diaminophenazthioniumchlorids bei $\lambda$ 602,5, der Hauptstreifen der wässerigen Lösung des Monomethylphenazthioniumchlorids bei $\lambda$ 612,1.

Die Verschiebung durch eine und dieselbe substituierende Gruppe ist ferner verschieden, wenn sich die substituierende Gruppe in der Amino-, Hydroxyl- bezw. in der Karboxylgruppe oder direkt am Benzolring befindet, auch ist die Verschiebung abhängig von der Lage, welche die substituierende Gruppe am Benzolring einnimmt.

Vergleicht man bei den Thiazinfarbstoffen z. B. die relative Verschiebung des Absorptionsspektrums, welche durch die Methylgruppe in der Aminogruppe beim Monomethyldiaminophenazthioniumchlorid

Cl
S
$H_2N$ $NH.CH_3$
N

bewirkt wurde, mit der Verschiebung des Absorptionsspektrums, bewirkt durch die Methylgruppe in der Metastellung zum Bindestickstoff direkt am Benzolring, wie bei dem Diaminophenotolazthioniumchlorid

Cl
S
$H_2N$ $NH_2$
$CH_3$
N

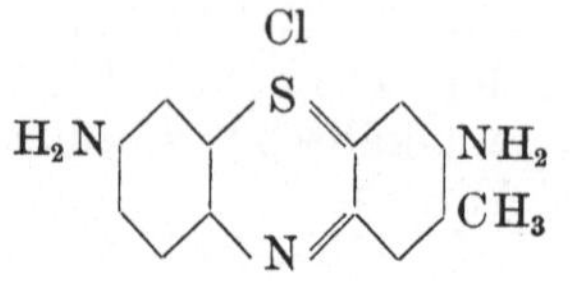

in bezug auf die Grundverbindung das Diaminophenazthioniumchlorid

Cl
S
$H_2N$ $NH_2$
N

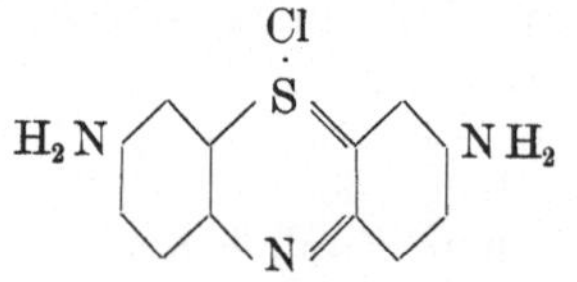

so finden wir, daß durch die Substitution einer Methylgruppe in die Aminogruppe des Diaminophenazthioniumchlorids das Absorptionsspektrum stärker nach dem roten Teile des Spektrums verschoben wird, also durch die direkte Substitution der Methylgruppe in den Benzolring des Diaminophenazthioniumchlorids in die Metastellung zum Bindestickstoff [1]).

Vergleicht man die Absorptionsspektra der wässerigen Lösungen dieser Verbindungen, so findet man, daß das Absorptionsspektrum des Monomethyldiaminophenazthioniumchlorids in bezug auf das Absorptionsspektrum des Diaminophenazthioniumchlorids relativ ungefähr um 9 $m\mu$ nach Rot, das Absorptionsspektrum des Diaminophenotolazthioniumchlorids aber relativ ungefähr nur um 2,0 $m\mu$ gegen Rot verschoben ist.

Beim Vergleichen der Absorptionsspektra verschiedener Farbstoffe darf man jedoch nicht vergessen, daß die Natur des Lösungsmittels, in welchem der Farbstoff gelöst ist, auch einen Einfluß auf die Lage, mitunter auch auf die Form eines Absorptionsspektrums haben kann; man muß daher die Vergleichsuntersuchungen im gleichen Lösungsmittel und bei annähernd gleicher empirisch ermittelten Konzentration vornehmen (siehe S. 19 u. 38).

Wir werden später bei den einzelnen Farbstoffklassen Gelegenheit finden, uns mit dem Einfluß der substituierenden Gruppen auf die Lage des Absorptionsspektrums näher zu beschäftigen.

---

[1]) Die Darstellung des reinen Diaminophenotolazthioniumchlorids mit **$CH_3$** in Orthostellung zum Bindestickstoff ist mir nicht gelungen.

## 5. Einfluß der chemischen Konstitution auf die Fluoreszenz der Farbstoffe.

Beobachtet man wässerige oder alkoholische Lösungen der Phtaleïne, der Chinonimidfarbstoffe oder der Akridinfarbstoffe im reflektierten Lichte, läßt man z. B. in einem verdunkelten Raume auf eine solche Lösung das Licht einer Lampe fallen, so bemerkt man, daß diese Lösungen ein farbiges Licht ausstrahlen, welches gewöhnlich eine andere Farbe hat, als die Farbe der Lösung. Diese Erscheinung nennt man Fluoreszenz.

So fluoreszieren auf diese Art, wie bekannt, rote Lösungen der Phtaleïne gelb, orangegelb oder grün, rote, violette und blaue Lösungen der Chinonimidfarbstoffe gelb, orangegelb und rot, gelbe Lösungen der Akridinfarbstoffe fluoreszieren gelbgrün, wogegen die Lösungen der Rosanilinfarbstoffe und der Azofarbstoffe keine Fluoreszenz zeigen.

Bei manchen Farbstoffen ist die Fluoreszenz so schwach, daß sie bei Anwendung eines gewöhnlichen Lampenlichtes bezw. des Sonnenlichtes nicht erscheint, man muß, um sie nachzuweisen, erst elektrischen Lichtbogen, Magnesiumlicht oder Quecksilberlampe anwenden und das Licht mittelst einer kurzbrennweitigen Linse auf die Lösung werfen und beobachten, ob in der Lösung Strahlen hervortreten, deren Farbe sich von der Farbe der Lösung unterscheidet.

Ein solcher umständlicher Nachweis der Fluoreszenz ist für die Untersuchung der Farbstoffe praktisch ohne Belang, entscheidend ist nur, ob beim Lichte der Auerschen Lampe eine deutliche Fluoreszenz hervortritt oder nicht.

Es kann nicht meine Aufgabe sein, auf die Fluoreszenz und ihre Ursachen bei sämtlichen organischen Verbindungen einzugehen, ich habe mich daher bloß auf die Farbstoffe selbst beschränkt. Was die Fluoreszenz der organischen Verbindungen überhaupt anbelangt, so will ich auf die unlängst erschienene ausführliche Arbeit: „H. Kauffmann, Die Beziehungen zwischen Fluoreszenz und chemischer Konstitution“ hinweisen[1]).

Die Ursache der Fluoreszenz der organischen Farbstoffverbindungen vom chemischen Standpunkte ist erst in den letzten zehn Jahren Gegenstand näherer Untersuchungen geworden.

R. Meyer und J. T. Hewitt waren die ersten, welche sich mit der Fluoreszenz organischer Verbindungen etwas eingehender beschäftigten und auf den Zusammenhang zwischen Fluoreszenz und Konstitution der organischen Verbindungen aufmerksam gemacht haben.

---

1) Sammlung chem. und chem.-techn. Vorträge. Bei F. Enke, Stuttgart 1906.

R. Meyer[1]) hat die Ansicht ausgesprochen, daß die Fluoreszenz regelmässig durch die Wirkung gewisser ringartiger Atomgruppen (Pyronring, Thiazinring, Azinring usf.), welche sich zwischen Atomkomplexen, namentlich zwischen den Benzolkernen befinden, hervorgerufen wird, und nannte diese Gruppen Fluorophore. Als ein typisches Beispiel führte Meyer nebst anderen Verbindungen namentlich das Phenolphtaleïn und Fluoreszeïn an. Das Fluoreszeïn enthält den Ring

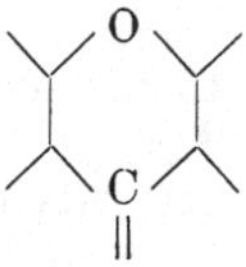

und seine alkoholische Lösung fluoresziert, während das Phenolphtaleïn diesen Ring entbehrt und seine alkoholische Lösung nicht fluoresziert.

Was die physikalisch-chemische Erklärung der Fluoreszenz der organischen Verbindungen anbelangt, so ist J. T. Hewitt[2]) der Ansicht, daß die Fluoreszenz durch die Tautomerie bedingt ist. Tautomere Verbindungen nehmen in einer Form die Lichtenergie von bestimmten Wellenlängen auf und entsenden sie wieder in einer anderen Form mit geänderten Wellenlängen, wodurch die Fluoreszenz entsteht. Diese Eigenschaft kommt nur den symmetrischen tautomeren Verbindungen zu.

Nach dieser Theorie fluoreszieren von den analogen tautomeren Verbindungen nur solche, welche symmetrisch konstituiert sind, asymmetrisch konstituierte tautomere Verbindungen fluoreszieren nicht oder nur schwach. Als Beleg für seine Behauptung führte Hewitt unter anderen das tautomere symmetrisch konstituierte Fluoreszeïn an, dem einerseits der Laktonring, andererseits der chinoïde Ring zukommt.

R. Meyer führte zur Bekräftigung seiner Ansicht einzelne Beispiele, teils auf Grund einzelner Literaturangaben an; er erklärte jedoch in seinen Abhandlungen manche Unregelmäßigkeiten und Widersprüche gegen diese Theorie nicht, namentlich nicht, warum manche Farbstoffe, z. B. Violamine, einige Naphtoxazine, Induline usw., trotzdem sie ein Fluorophor enthalten, doch keine Fluoreszenz in Lösung zeigen, ohne daß auch er die Ursachen, nach welchen sich die Fluoreszenz der Farbstoffe richtet, genauer angegeben hätte.

Auch die von Hewitt aufgestellte Theorie stimmt in manchen Fällen mit der Wirklichkeit nicht überein. So sind z. B. Resorufin, Thionol und viele andere Körper nicht tautomer und doch fluoreszieren ihre Lösungen. Ist auch das Phenolphtaleïn nach den bisherigen Ansichten eine tautomere Verbindung, so wäre seine Nichtfluoreszenz ein Beweis gegen die Hewittsche Theorie, sonst aber würde sie dieselbe bestätigen.

---

[1]) Zeitschr. f. phys. Chemie **24**, 468 (1897), Ber. d. deutsch. chem. Ges. **36**, 2967 (1903).

[2]) Zeitschr. f. phys. Chemie **34**, 1 (1900).

Dem entgegen haben Rosinduline und Naphtophenazoxoniumverbindungen keine symmetrische Konstitution und doch fluoreszieren ihre Lösungen.

Die angeführten Arbeiten haben auch andere Forscher zu weiteren Untersuchungen behufs näherer Erklärung dieses Phänomens angeregt; es sind hier namentlich die Arbeiten von H. Kauffmann und A. Beißwenger[1]), ferner die Arbeiten von L. Francesconi und G. Barghellini[2]) zu erwähnen, in welchen auch die Einwendungen gegen die von Hewitt aufgestellte Theorie hervorgehoben wurden.

Über die Beziehungen der Fluoreszenz zur Konstitution der Farbstoffe habe ich bereits in meinen Arbeiten über den Zusammenhang zwischen Absorptionsspektrum und Konstitution der Farbstoffe bestimmte Angaben gemacht[3]). Ich will dieselben auf Grund fernerer spektroskopischer Untersuchungen fast sämtlicher Handelsfarbstoffe und einer großen Anzahl der theoretisch interessanten Farbstoffe ergänzen und die Ursachen, welche auf die Fluoreszenz der Farbstoffe Einfluß haben, näher besprechen.

Beobachtet man verschiedene Farbstoffe von verwandter Zusammensetzung in dem gleichen Lösungsmittel, z. B. in Äthylalkohol, so findet man, daß einige Farbstoffe nicht fluoreszieren, andere jedoch, obwohl sie analog zusammengesetzt sind oder dasselbe Chromophor haben, mehr oder weniger fluoreszieren.

So zeigt z. B. von den Diphenylmethanfarbstoffen die blaue alkoholische Lösung des salzsauren Tetramethyldiaminobenzhydrols

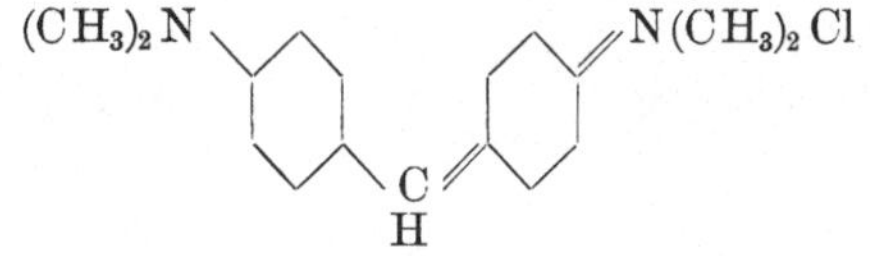

$(CH_3)_2N$ — C — $N(CH_3)_2Cl$
H

keine Fluoreszenz, während die rote Lösung des Pyronins

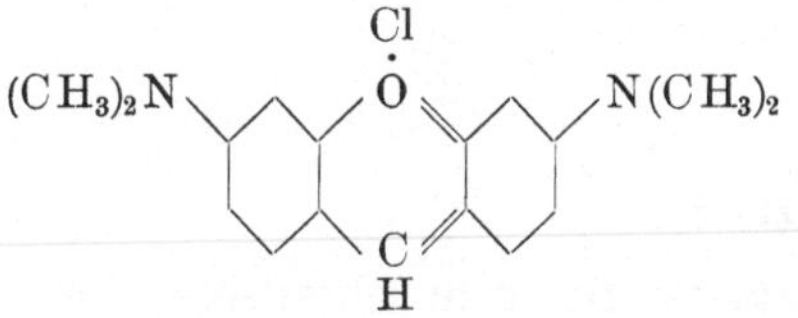

Cl
$(CH_3)_2N$ — O — $N(CH_3)_2$
C
H

die rote Lösung des Thiopyronins

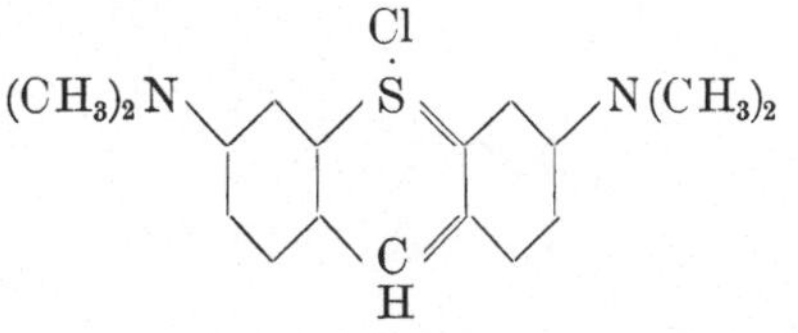

Cl
$(CH_3)_2N$ — S — $N(CH_3)_2$
C
H

---

1) H. Kauffmann und A. Beißwenger, Ber. d. deutsch. chem. Ges. **37**, 2612, 2941, 3108 (1904); **38**, 789 (1905). Zeitschr. f. phys. Chemie **50**, 350 (1905).

2) L. Francesconi u. G. Barghellini, Gaz. chim. ital. **32** II, 73; **33** II, 129.

3) Zeitschr. f. Farbenindustrie **2**, 175 (1903); **4**, H. 2 (1905).

und von den Akridinfarbstoffen die gelbe alkoholische Lösung des Akridinorange

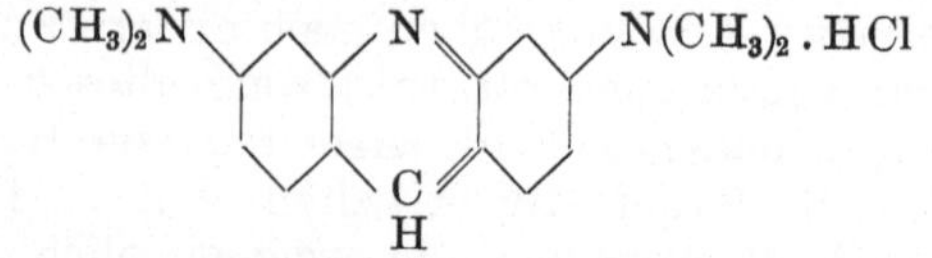

$(CH_3)_2N$ N $N(CH_3)_2 . HCl$
C
H

fluoreszieren. Die Lösungen des Pyronins und des Thiopyronins fluoreszieren orangegelb, die Lösungen des Akridinorange fluoreszieren gelbgrün.

Von den Triphenylmethanfarbstoffen zeigt z. B. die grüne alkoholische Lösung des Malachitgrüns

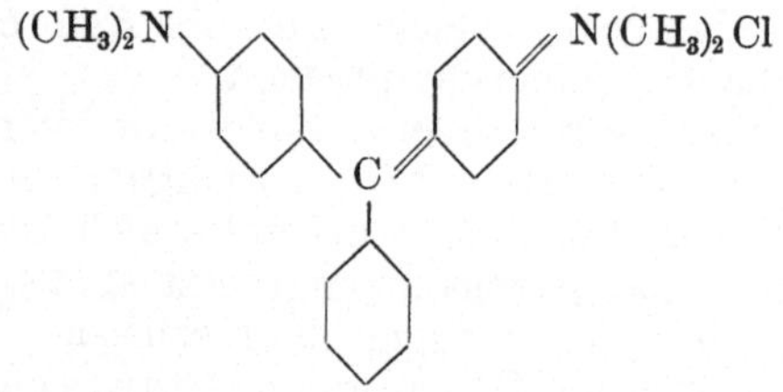

$(CH_3)_2N$ $N(CH_3)_2Cl$
C

keine Fluoreszenz, während die rote Lösung des Rosaminchlorids

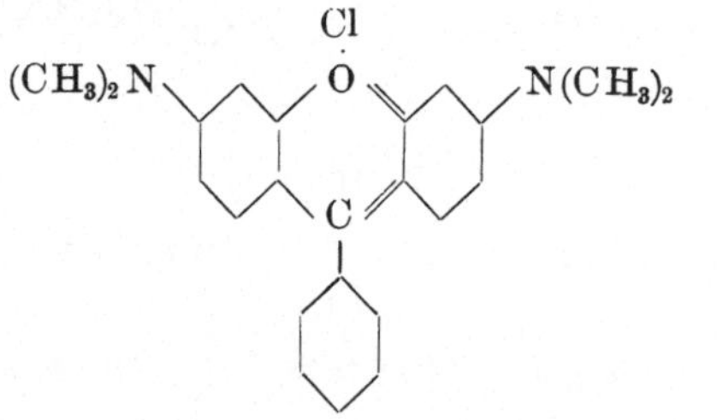

Cl
$(CH_3)_2N$ O $N(CH_3)_2$
C

orangegelb fluoresziert.

Ebenso fluoresziert die rote alkalische Lösung des Phenolphtaleïns

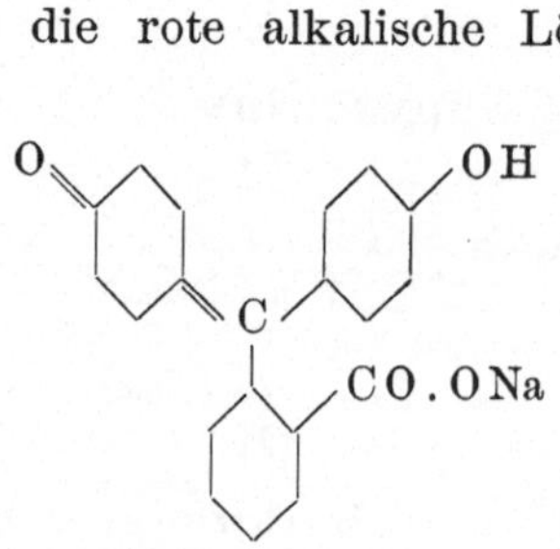

O OH
C
CO.ONa

nicht, die neutrale gelbe oder rosarote alkalische Lösung des Fluoreszeïns fluoresziert dagegen intensiv gelbgrün.

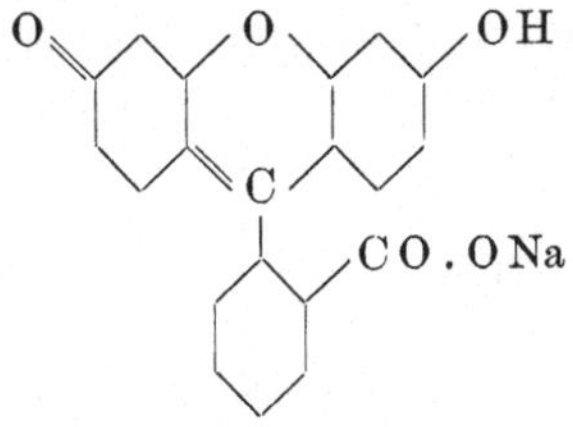

Von den Chinonimidfarbstoffen fluoreszieren z. B. die blaue alkoholische Lösung des Indaminchlorids

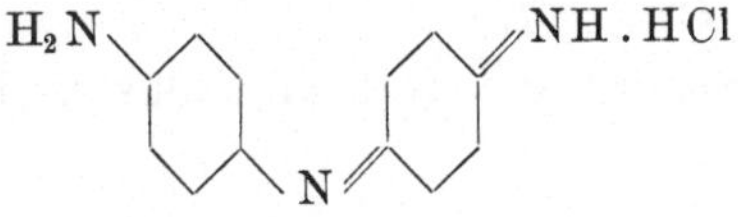

und die grüne Lösung des Tetramethylindaminchlorids nicht, während die violette alkoholische Lösung von Diaminophenazthioniumchlorid

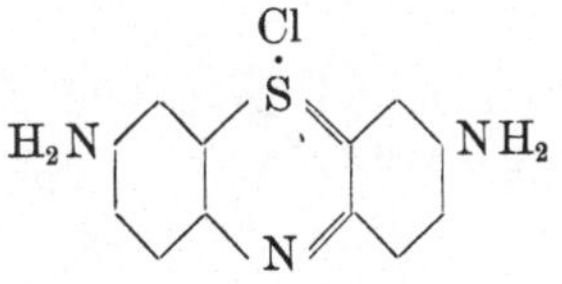

und die blaue Lösung seiner alkylierten Derivate, sowie die rotviolette alkoholische Lösung von Thionol

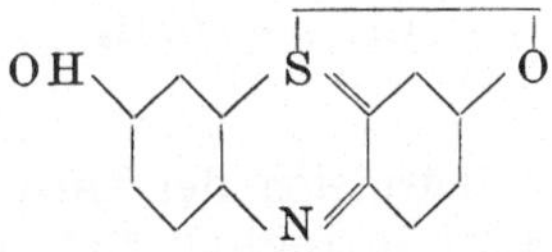

rot fluoreszieren.

Auch die blaue alkoholische Lösung des Dimethyldiaminophenazoxoniumchlorids

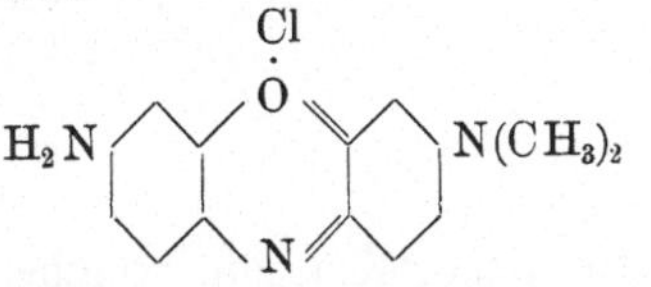

die rote alkoholische Lösung des Resorufins

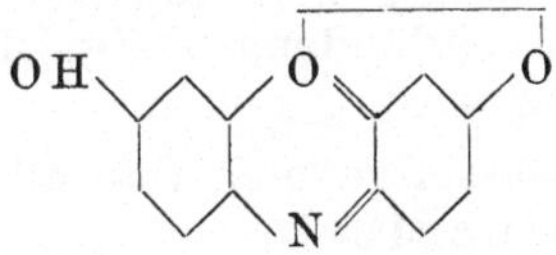

ferner die violettblaue alkoholische Lösung des Diaminonaphtophenazoxoniumchlorids

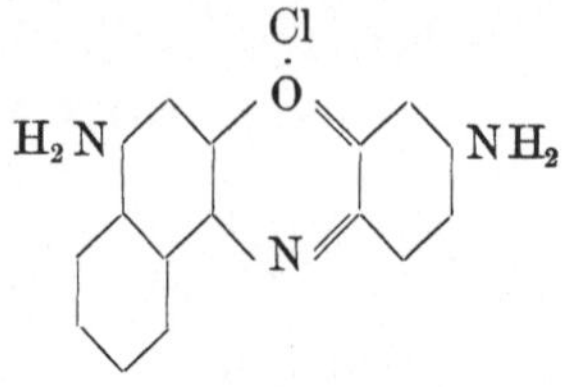

die blaue Lösung seines Dimethyl- und Diäthylderivates (Nilblau) sowie die grünlichblaue Lösung des Tetramethylderivates (Neumethylenblau 2G) fluoreszieren rot.

Ebenso fluoresziert die rote alkoholische Lösung des salzsauren Phenosafranins

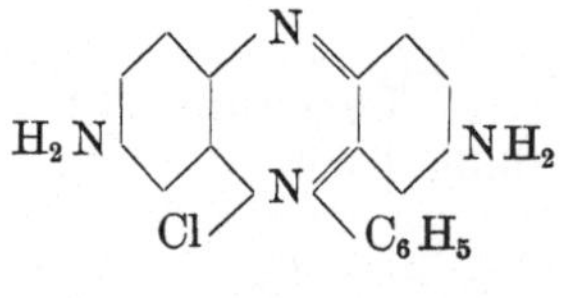

und seiner Alkylderivate grünlich gelb und schließlich die rote alkoholische Lösung des Magdalarots

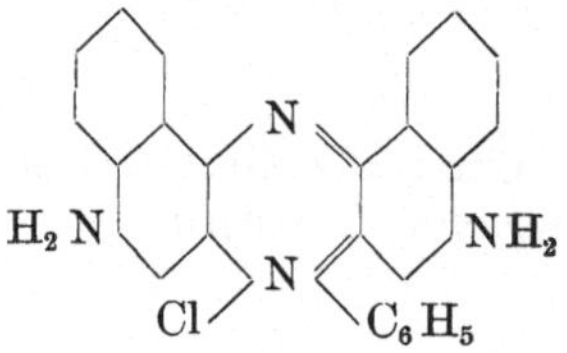

fluoresziert rot.

Aus diesen typischen Beispielen der eben angeführten Farbstoffklassen ersieht man, daß alkoholische bezw. wässerige Lösungen solcher Farbstoffe fluoreszieren, welche einen sechsgliedrigen Ring

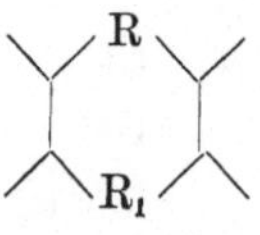

enthalten. Farbstoffe dieser Klassen, welche diesen Ring entbehren, fluoreszieren nicht. Dieser Ring allein kann jedoch die Fluoreszenz nicht erregen, sondern, wie aus den nachfolgenden Beispielen hervorgeht, ist außer dieser Bindung noch die Anwesenheit zweier auxochromen Gruppen in der Verbindung nötig, damit eine deutliche Fluoreszenz hervorgerufen wird.

So fluoresziert die wässerige und rote alkoholische Lösung von Diäthylhomorhodaminchlorid

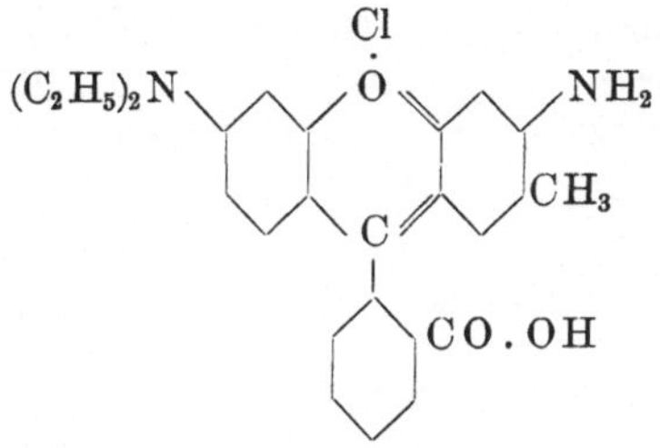

Cl
$(C_2H_5)_2N$ O $NH_2$
$CH_3$
C
CO.OH

stark orangegelb, die alkoholische Lösung des salzsauren Aporhodamins

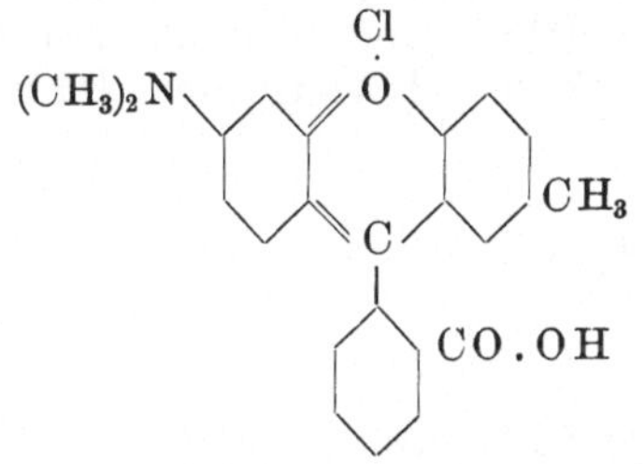

Cl
$(CH_3)_2N$ O
$CH_3$
C
CO.OH

fluoresziert jedoch sehr schwach, die wässerige Lösung fluoresziert überhaupt nicht.

Die violette alkoholische Lösung von Diaminophenazthioniumchlorid

Cl
$H_2N$ S $NH_2$
N

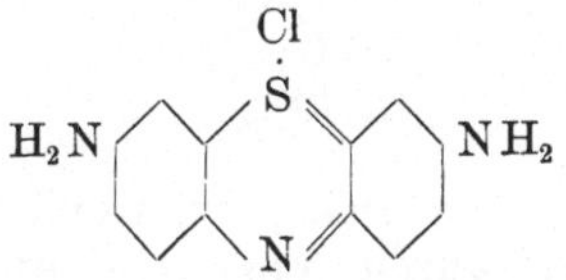

fluoresziert rot, die violettrote Lösung des Monoaminophenazthioniumchlorids

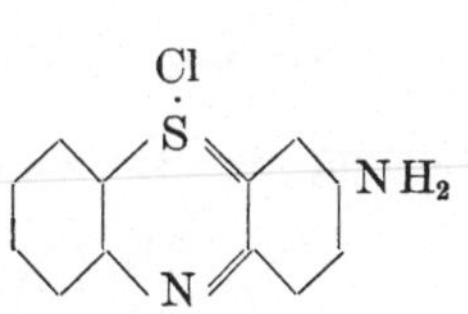

Cl
S $NH_2$
N

fluoresziert nicht.

Die violettblaue alkoholische Lösung des Diaminonaphtophenazoxoniumchlorids

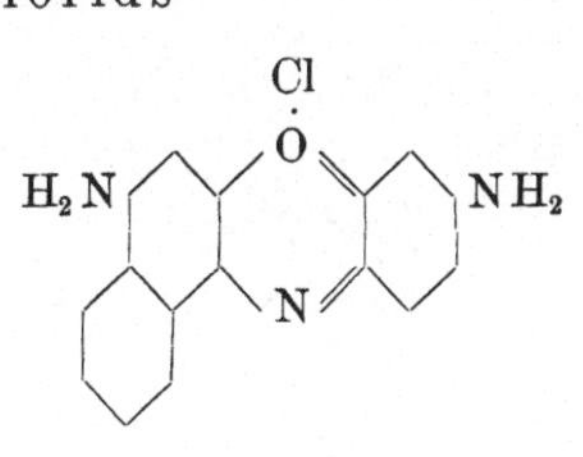

Cl
$H_2N$ O $NH_2$
N

sowie die blauen Lösungen der Di- und Tetraalkylderivate dieser Verbindung fluoreszieren rot, während die rote Lösung des Monoaminophenonaphtazoxoniumchlorids

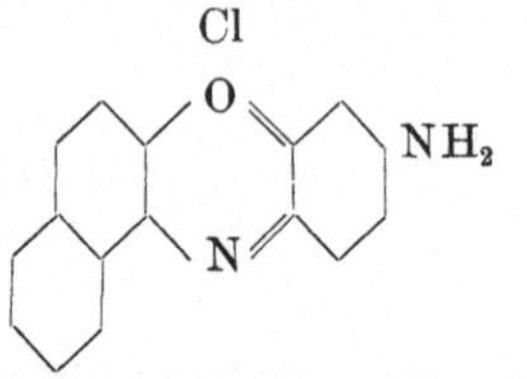

Cl
O
$NH_2$
N

sowie die dieser Verbindung analogen Farbstoffe Meldolablau und Muskarin in Wasser, Äthyl- und Amylalkohol nicht fluoreszieren.

Die gelbrote alkoholische Lösung des Diaminophenazinchlorids

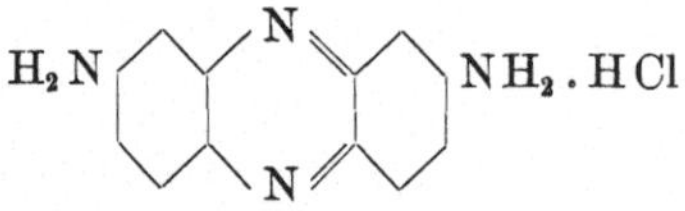

N
$H_2N$ $NH_2 . HCl$
N

sowie die alkoholische rote Lösung des salzsauren Phenosafranins

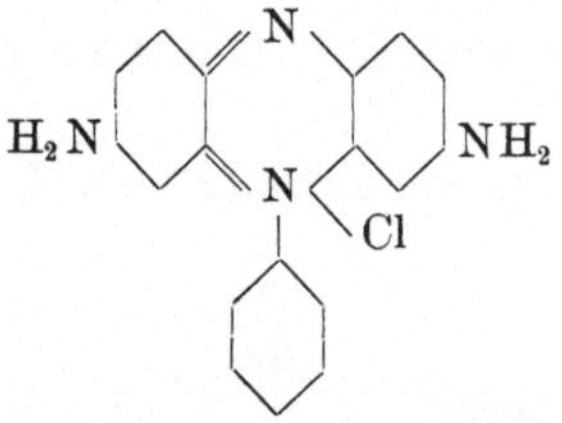

N
$H_2N$ $NH_2$
N
Cl

fluoreszieren stark grünlich gelb, während die orangegelbe alkoholische Lösung des salzsauren Aminophenazins

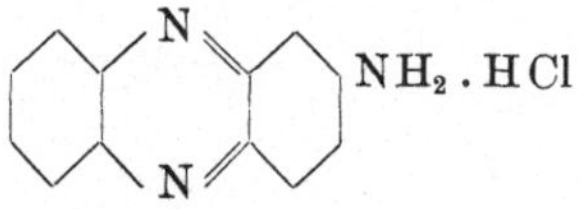

N
$NH_2 . HCl$
N

die gelbe alkoholische Lösung des salzsauren Diaminophenazins

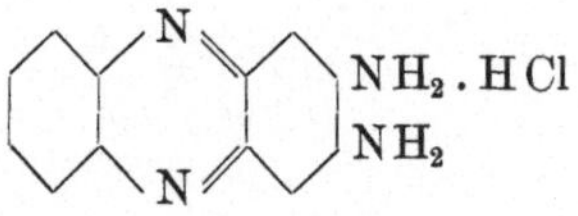

N
$NH_2 . HCl$
$NH_2$
N

und die rote alkoholische Lösung des salzsauren Aposafranins

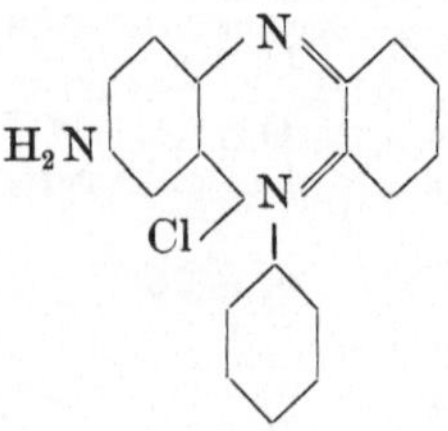

N
$H_2N$
N
Cl

nicht bezw. nur noch sehr schwach fluoreszieren und wässerige Lösungen dieser Verbindungen fluoreszieren überhaupt nicht[1]).

Es sei hier bemerkt, daß die gelbe alkoholische Lösung des Diaminophenazins (Base)

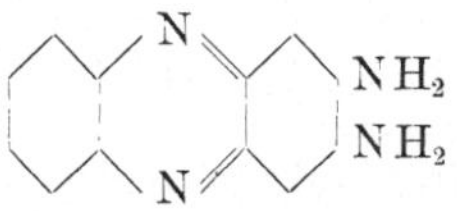

N
$NH_2$
$NH_2$
N

grün fluoresziert. Da aber die orangegelbe alkoholische Lösung des Monoaminophenazins (Base) keine Fluoreszenz zeigt und wir nur die Fluoreszenz der Salze vergleichen, so kommt dieser Umstand hier nicht in Betracht.

Bei den Anthrachinonderivaten tragen zur Hervorrufung einer deutlichen Fluoreszenz auch zwei auxochrome Gruppen bei, jedoch tritt die Fluoreszenz nur dann auf, wenn die Auxochrome in Parastellung zueinander sich befinden.

So fluoresziert die gelbe alkoholische Lösung des Chinizarins

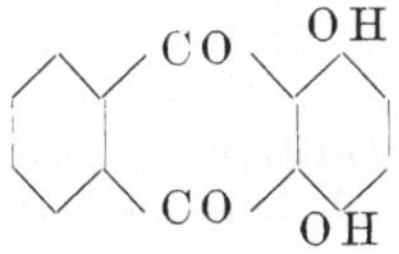

CO OH
CO OH

grün, die rote alkoholische Lösung des Tetraoxyanthrachinons 1 : 4 : 5 : 8

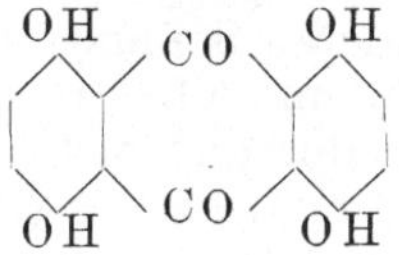

OH CO OH
OH CO OH

schwach braungelb, die rote alkoholische Lösung des Hexaoxyanthrachinons 1 : 2 : 4 : 5 : 6 : 8 (Anthrazenblau WR)

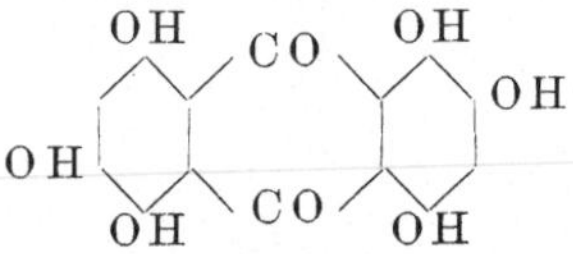

OH CO OH
OH
OH
OH CO OH

braungelb.

Ebenfalls fluoresziert die rotviolette alkoholische Lösung des 1 : 4 Diaminoanthrachinons

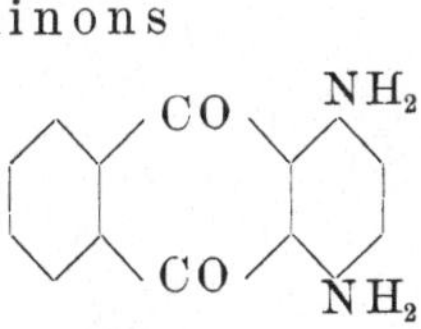

CO $NH_2$
CO $NH_2$

---

[1]) Nach Kehrmanns Angabe soll die alkoholische rote Losung des Monomethylaposafranins hellrot fluoreszieren. Ber. d. deutsch. chem. Gesellsch. **31**, 968 (1898).

braunrot und die alkoholische blaue Lösung des Tetraaminoanthrachinons

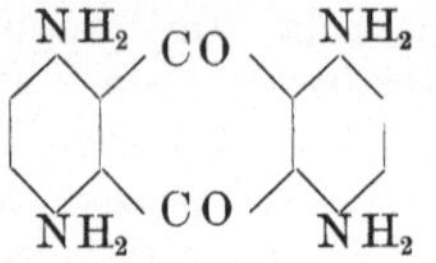

$NH_2$ CO $NH_2$

$NH_2$ CO $NH_2$

fluoresziert rot, wogegen alkoholische Lösungen des $\alpha$-Aminoanthrachinons

CO $NH_2$

CO

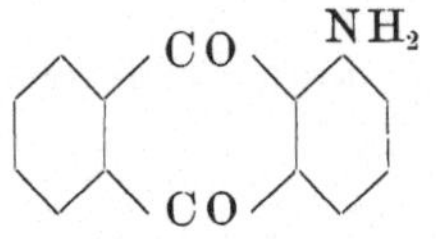

und des $\beta$-Aminoanthrachinons, die alkoholische Lösung des $\alpha$-Oxyanthrachinons und des $\beta$-Oxyanthrachinons keine Fluoreszenz zeigen. Jedoch ist die Fluoreszenz der Anthrachinonderivate bedeutend schwächer als die Fluoreszenz der Chinonimidfarbstoffe.

Aus diesen Beispielen ersehen wir, daß Farbstoffe, welche in Lösung deutlich fluoreszieren, außer dem oben erwähnten sechsgliedrigen Ringe auch zwei symmetrisch gestellte auxochrome Gruppen in Parastellung zum Fundamentalelemente enthalten, und ferner, daß bei den fluoreszierenden Anthrachinonfarbstoffen zwei auxochrome Gruppen in Parastellung zueinander stehen.

Stehen die auxochromen Gruppen nicht symmetrisch, oder befinden sie sich in einer anderen Stellung als in Parastellung, so fluoreszieren solche Farbstoffe in wässeriger oder alkoholischer Lösung entweder schwach oder gar nicht. Es fluoresziert daher die alkoholische Lösung des Chrysanilins (Phosphins)

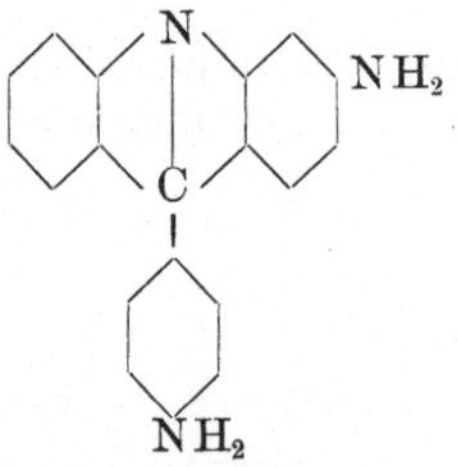

N

$NH_2$

C

$NH_2$

nur schwach[1]), die alkoholische alkalische Lösung des Hydrochinonphtaleins

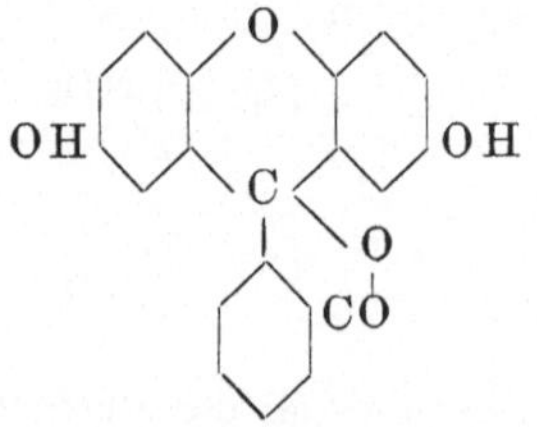

O

OH OH

C

O

CO

fluoresziert nicht.

1) In Äther fluoresziert Chrysanilin stark.

Aus demselben Grunde fluoreszieren alkoholische Lösungen des Alizarins

des Anthrarufins

des Chrysazins

und des Anthrahrysons

nicht. Auch zeigen alkoholische Lösungen des 1:5 Diaminoanthrachinons

und des 1:8-Diaminoanthrachinons keine Fluoreszenz.

Löst man das Anthrarufin in konzentrierter Schwefelsäure, so erhält man eine rote Lösung mit braunroter Fluoreszenz, wogegen auch die rote schwefelsaure Lösung des Alizarins keine Fluoreszenz zeigt. Hier ist es wohl, wie wir später sehen werden, die durch das Lösungsmittel bewirkte Veränderung in der Zusammensetzung der Verbindung, welche die Fluoreszenz hervorruft (siehe „Anthrachinonfarbstoffe"), denn das Anthrarufin zeigt in Äthylalkohol nur eine einseitige Absorption im Blauviolett, in Schwefelsäure aber ein charakteristisches Absorptionsspektrum, welches aus scharfen Streifen besteht.

Da aber durch die Wirkung der Schwefelsäure eine neue Salzbildung entsteht, so kann man annehmen, daß nicht das ursprüngliche Anthrarufin, sondern die neue Verbindung fluoresziert.

Farbstoffe, welche als auxochrome Gruppen Hydroxylgruppen enthalten, fluoreszieren in neutralen Lösungen schwächer als Farbstoffe, welche Aminogruppen als auxochrome Gruppen enthalten

— Rhodaminlösungen fluoreszieren intensiver als Fluoreszeïnlösungen — und in wässeriger bezw. auch in alkoholischer Lösung fluoreszieren sie, wie wir später sehen werden, mitunter erst nach Zusatz von Alkali, wie z. B. Thionol, das in wässeriger Lösung erst nach Zusatz von Alkalien fluoresziert.

Die Fluoreszenz der Farbstoffe hängt außerdem auch von den Eigenschaften der in den auxochromen Gruppen substituierten Gruppen ab. Je mehr Wasserstoffatome der Aminogruppen durch Alkyle oder durch Benzylgruppen ersetzt werden, um so mehr wird die Fluoreszenz bei den Phtaleinen und namentlich bei den Chinonimidfarbstoffen abgeschwächt.

Die Lösungen des symmetrischen Diäthylrhodaminchlorids fluoreszieren bedeutend stärker als die Lösungen des Tetraäthylrhodaminchlorids.

Während alkoholische Lösungen des Diaminophenazthioniumchlorids starke rote Fluoreszenz besitzen, fluoreszieren alkoholische Lösungen von Dimethyl- und Diäthyldiaminophenazthioniumchlorid schwächer und alkoholische Lösungen von Tetramethyl- und Tetraäthyldiaminophenazthioniumchlorids fluoreszieren nur ganz schwach. Alkoholische Lösungen von Dimethyl- und Diäthyldiaminophenazoxoniumchlorid fluoreszieren bedeutend stärker als die Lösungen der Tetraalkylderivate und umgekehrt bedeutend schwächer als die Lösung des Diaminophenazoxoniumchlorids. Ebenfalls fluoreszieren die Lösungen des Diäthyldiaminonaphtophenazoxoniumchlorids (Nilblau) bedeutend schwächer als die Lösungen des Diaminonaphtophenazoxoniumchlorids.

Alkoholische Lösungen des salzsauren Phenosafranins fluoreszieren stark, alkoholische Lösungen von salzsaurem Diäthylphenosafranin schon schwächer und alkoholische Lösungen von salzsaurem Tetraäthylphenosafranin fluoreszieren nur ganz schwach.

Äthylgruppen schwächen die Fluoreszenz mehr als die Methylgruppen ab. So fluoreszieren die Lösungen des Dimethyldiaminophenazthioniumchlorids und des Dimethyldiaminophenazoxoniumchlorids stärker als die Lösungen der analogen äthylierten Derivate.

Man könnte einwenden, daß die Farbe der Farbstoffe durch Substitution der Alkylgruppen in den Auxochromen vertieft wird und somit nicht nur ihr Absorptionsspektrum, sondern auch ihre Fluoreszenz nach den längeren Wellen rückt und schließlich infrarot wird, so daß man sie nicht sehen kann, wie z. B. bei Methylenblau oder Thioninblau, deren Absorptionsspektrum fast an der Grenze des sichtbaren Spektrums liegt. Dem scheint aber die Tatsache zu widersprechen, daß die Absorptionsspektra der meisten oben angeführten Farbstoffe sich im Grün und Gelb befinden, wie z. B. die der Safranine, wo von einer infraroten Fluoreszenz kaum die Rede sein kann und bei denen die bedeutenden Unterschiede in der Fluoreszenz der alkylierten und nicht alkylierten Verbindungen deutlich sichtbar sind.

Es müßten Untersuchungen mit solchen Farbstoffen auf ihre Fluoreszenz im Infrarot vorgenommen werden.

Sind die Wasserstoffatome der Aminogruppen eines Farbstoffes durch Phenyl- oder Tolylreste substituiert, so zeigen solche Farbstoffe, in beliebigem Lösungsmittel gelöst, keine Fluoreszenz mehr.

Während z. B. die Lösungen der Rhodamine, welche in den Aminogruppen nur Alkylgruppen enthalten, stark fluoreszieren, fluoreszieren rote Lösungen des Violamins B

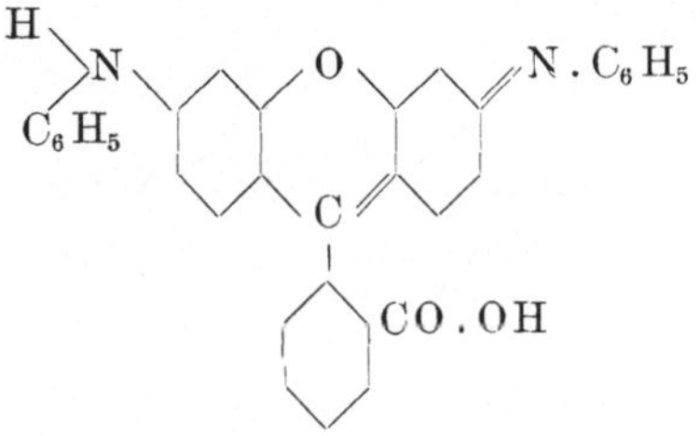

H
N　O　N . $C_6H_5$
$C_6H_5$
C
CO . OH

überhaupt nicht.

Von den Thiazinfarbstoffen fluoreszieren z. B. die violettblauen Lösungen des Diaminophenazthioniumchlorids stark rot, blaue Lösungen des Phenyldiaminophenazthioniumchlorids

Cl
S
$C_6H_5$ . HN　$NH_2$
N

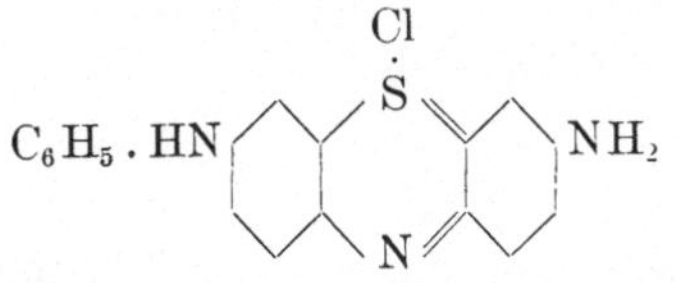

oder blaue Lösungen des Tolyldiaminophenazthioniumchlorids

Cl
S
$CH_3$ . $C_6H_4$ . HN　$NH_2$
N

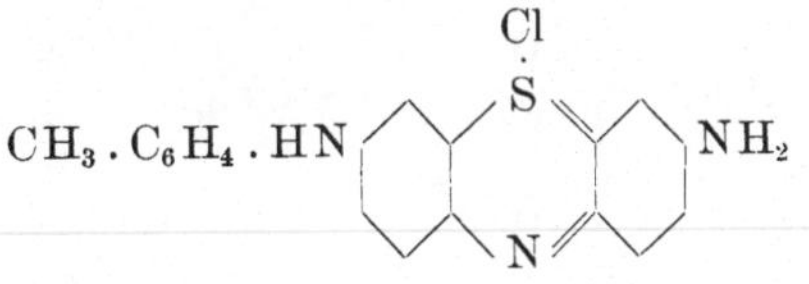

fluoreszieren aber nicht, wobei es gleichgültig ist, welche Stellung die $CH_3$-Gruppe an dem in der Aminogruppe befindlichen Benzolkern einnimmt.

Von den Oxazinfarbstoffen fluoresziert z. B. die blaue Lösung des asymmetrischen Dimethyldiamino-phenotolazoxoniumchlorids

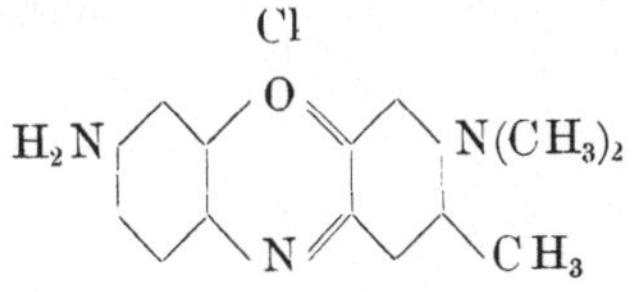

Cl
O
$H_2N$　$N(CH_3)_2$
N　$CH_3$

rot, wogegen die blaue Lösung des Dimethylamino-phenylamino-pheno-tolazoxoniumchlorids

Cl
O
$C_6H_5 . HN$ $N(CH_3)_2$
N $CH_3$

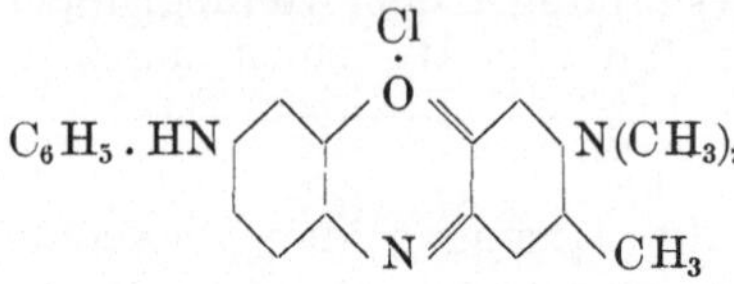

oder die blaue Lösung des Dimethylamino-tolylamino-pheno-tolazoxoniumchlorids

Cl
O
$(CH_3)_2N$ $NH . C_6H_4 . CH_3$
$CH_3$
N

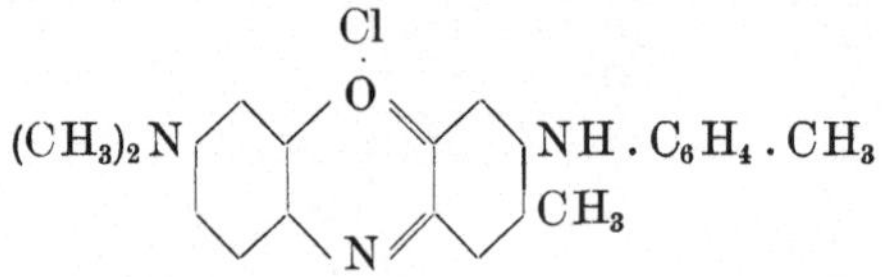

nicht fluoreszieren.

Die grünblaue alkoholische Lösung des asymmetrischen Dimethyldiamino-naphtophenazoxoniumchlorids

Cl
O
$H_2N$ $N(CH_3)_2$
N

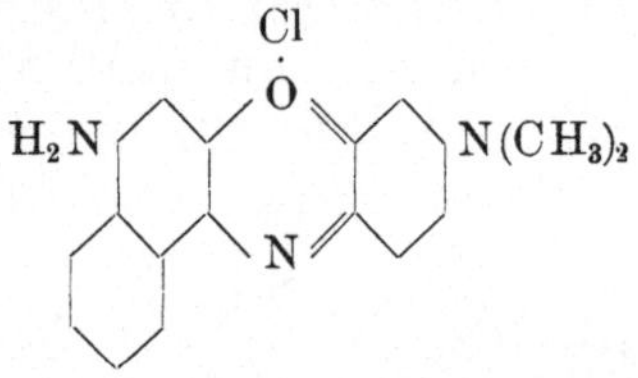

fluoresziert stark rot, während die violette Lösung des Dimethylamino-phenylamino-naphtophenazoxoniumchlorids

Cl
O
$C_6H_5 . HN$ $N(CH_3)_2$
N

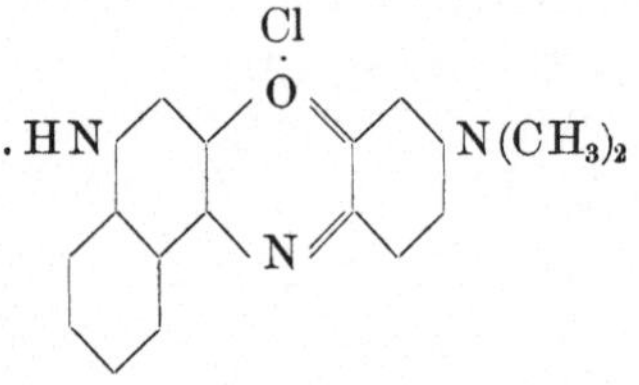

keine Fluoreszenz zeigt.

Von den Azinfarbstoffen fluoresziert z. B. die alkoholische rote Lösung des salzsauren Phenosafranins

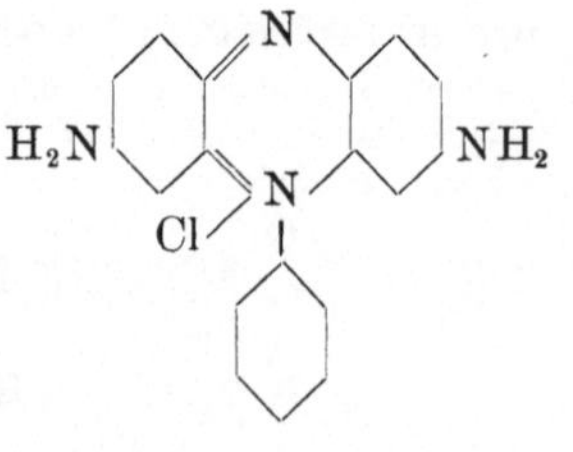

N
$H_2N$ $NH_2$
N
Cl

grünlichgelb, die alkoholische violettrote Lösung des salzsauren Phenylphenosafranins

$C_6H_5$.HN NH$_2$ N N Cl

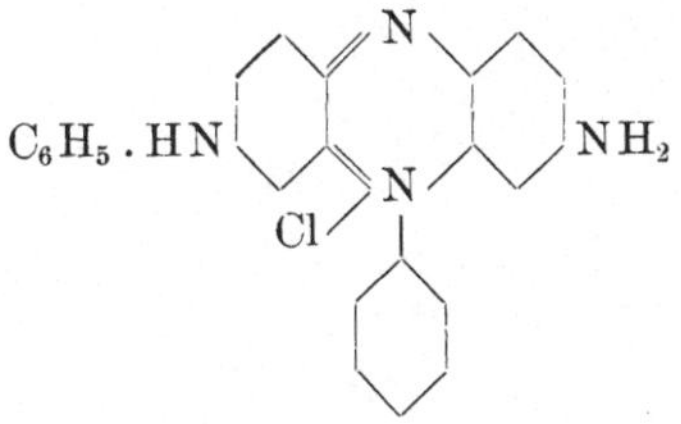

und des salzsauren Diphenylphenosafranins fluoresziert jedoch nicht.

Die alkoholische rote Lösung des Magdalarots

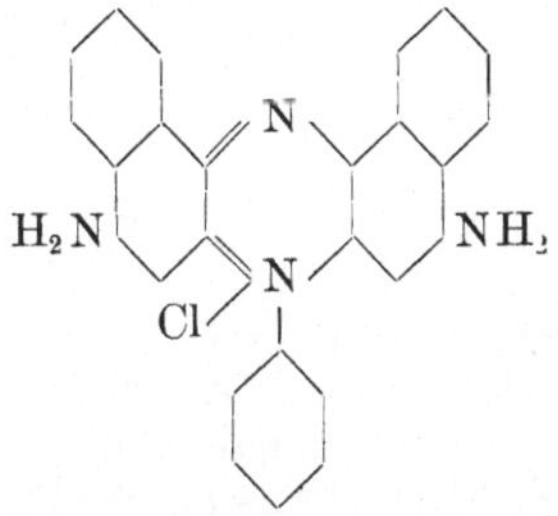

$H_2N$ N $NH_2$ N Cl

fluoresziert stark rot, während die blaue Lösung des Naphtylblaus

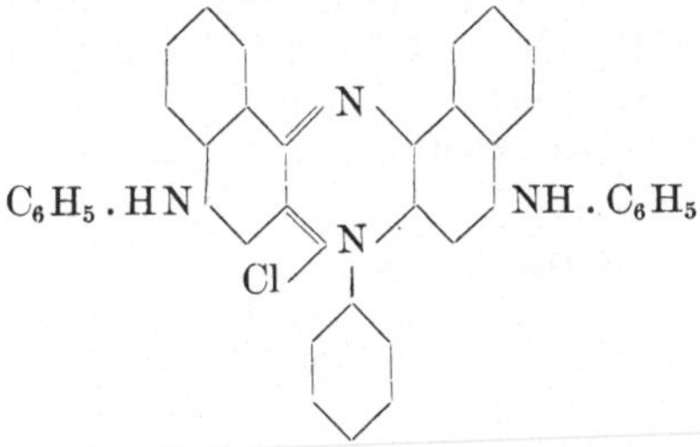

$C_6H_5$.HN N NH.$C_6H_5$ N Cl

nicht fluoresziert.

Ebenso zeigen die Lösungen der Farbstoffe Violamin R, Violamin 3 B, Rosolan, Mauveïn, Indazin, Naphtazinblau keine Fluoreszenz, da sie in den Aminogruppen Phenyl- oder Tolylreste enthalten.

Bei den Anthrachinonfarbstoffen walten gleiche Verhältnisse ob. So fluoresziert die alkoholische Lösung des Chinizarins

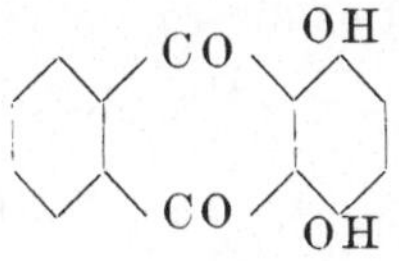

CO OH CO OH

grün, wogegen die alkoholische Lösung des *Chinizarinmonoanilids*

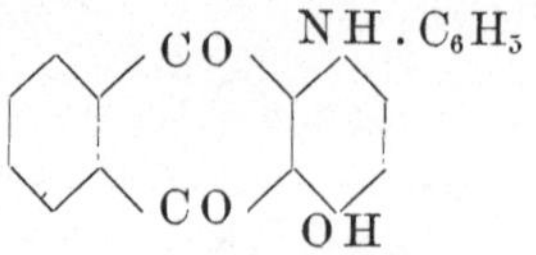

CO $NH . C_6H_5$
CO OH

keine Fluoreszenz zeigt. Ebenso fluoresziert die alkoholische Lösung des 1:4 *Diaminoanthrachinons*

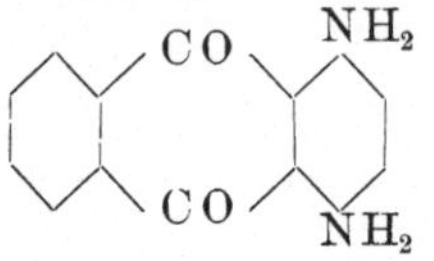

CO $NH_2$
CO $NH_2$

braunrot, wogegen die alkoholische Lösung des *Chinizarindianilids*

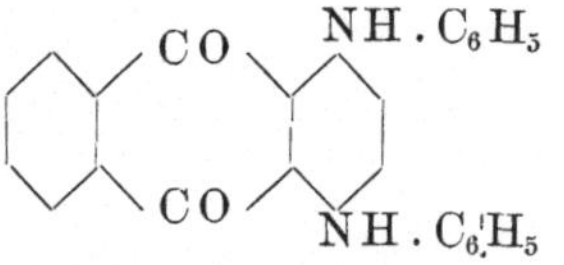

CO $NH . C_6H_5$
CO $NH . C_6H_5$

keine Fluoreszenz zeigt.

Aus diesen Beispielen erhellt, daß *die Fluoreszenz durch das Anhäufen der Kohlenstoffatome in den Aminogruppen der Farbstoffe abnimmt und durch die Substitution durch Phenyl- bezw. Tolylreste vollständig aufgehoben wird*, sie erscheint daher am stärksten, wenn die auxochromen Gruppen frei sind.

Aber auch die den auxochromen Gruppen *benachbarten Gruppen* OH, $NH_2$, $NO_2$, $CH_3$ usf. können mitunter die Wirkung der parastehenden Gruppe aufheben und somit die Fluoreszenz hemmen. So fluoreszieren die *Oxazone* vom Typus des *Gallozyanins*

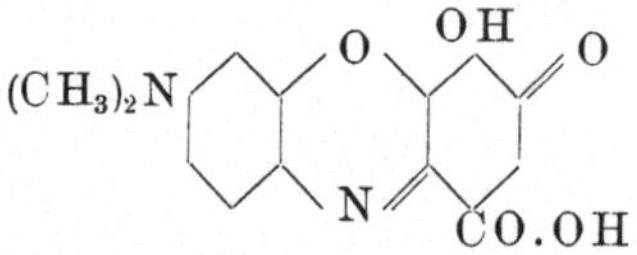

$(CH_3)_2N$ O OH O
N CO.OH

Prune pure, Gallaminblau, Korreïne 2 R usw. in Lösung nicht, obwohl sie den sechsgliedrigen Ring (Oxazinring) und zwei auxochrome Gruppen in Parastellung zum Bindestickstoff enthalten. Dagegen fluoreszieren die Lösungen des *Dimethylresorufamins*

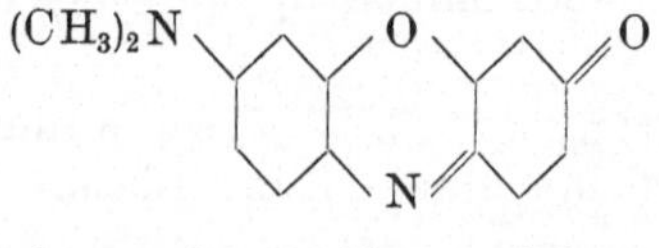

$(CH_3)_2N$ O O
N

stark rot. Und wiederum ist es die rotviolette alkoholische Lösung des

$(CH_3)_2N$ O O
N $NH_2$

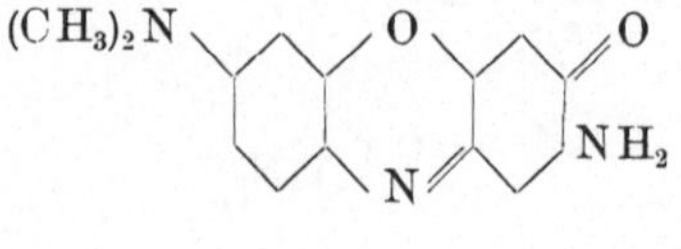

welche keine Fluoreszenz zeigt. Die benachbarte Aminogruppe hebt in diesem Falle die Wirkung der *OH*-Gruppe auf.

Auch die blauen Lösungen des Gallothionins

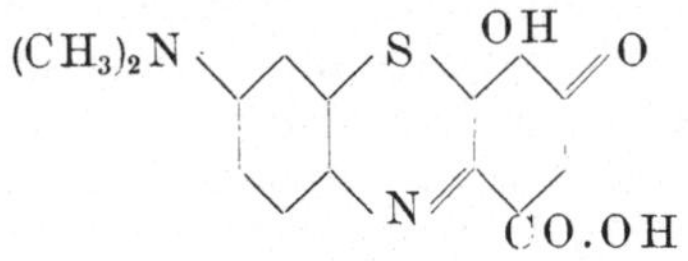

$(CH_3)_2N$ S OH O

N CO.OH

fluoreszieren nicht, wogegen rote Lösungen des Methylenvioletts

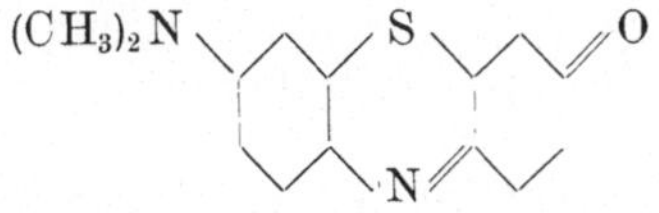

$(CH_3)_2N$ S O

N

eine deutliche rote Fluoreszenz zeigen.

Ebenso fluoreszieren die Lösungen der Prunebase

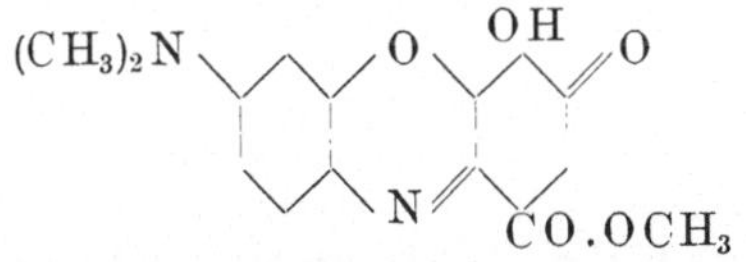

$(CH_3)_2N$ O OH O

N $CO.OCH_3$

oder des Prune-Chlorhydrates nicht, dagegen fluoresziert die alkoholische violettblaue Lösung des Benzolsulfonsäureesters des Prune

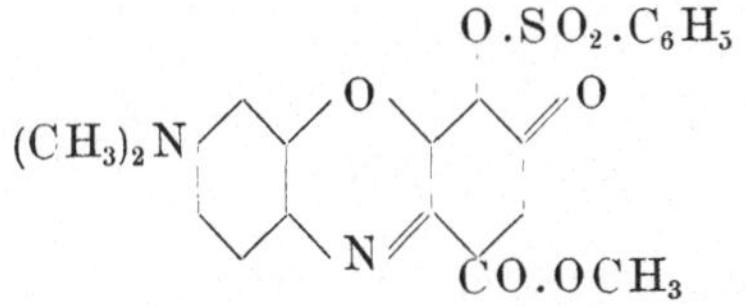

$O.SO_2.C_6H_5$

$(CH_3)_2N$ O O

N $CO.OCH_3$

stark rot. Desgleichen finden wir bei der alkoholischen Lösung des Oxyprune

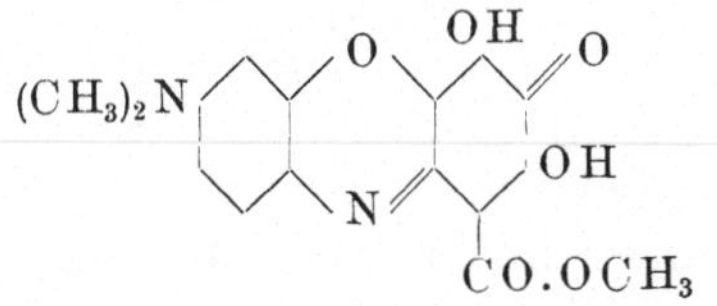

$(CH_3)_2N$ O OH O

N OH

$CO.OCH_3$

keine Fluoreszenz, wogegen die blaue alkoholische Lösung des Esters dieser Verbindung [1])

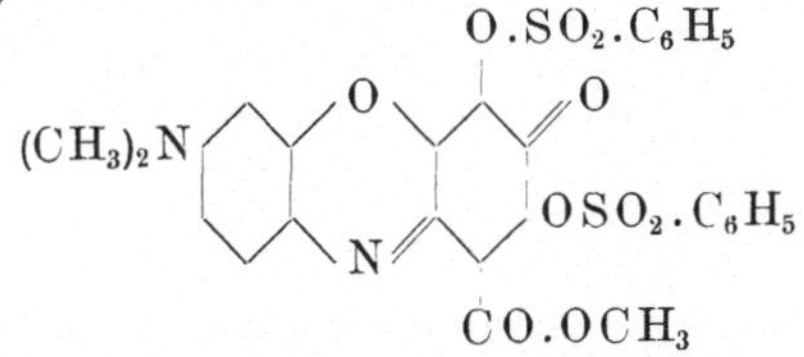

$O.SO_2.C_6H_5$

$(CH_3)_2N$ O O

N $OSO_2.C_6H_5$

$CO.OCH_3$

---

1) Diese Prune-Verbindungen sind im Laboratorium von Prof. E. Grandmougin in Zürich hergestellt worden.

stark rot fluoresziert. Chromazurin S, welches eine ähnliche Zusammensetzung hat, fluoresziert in wässeriger und alkoholischer Lösung auch stark rot.

Setzt man zur alkoholischen Lösung dieser Einwirkungsprodukte von Benzolsulfochlorid auf Gallozyanin, Prune pure usf. verdünnte Säure zu, so verschwindet die Fluoreszenz vollständig.

Die Veränderung durch Säure können wir uns so denken, daß das salzsaure Salz entsteht, und nun tritt der Prunecharakter wieder zum Vorschein, was man auch an dem veränderten Absorptionsspektrum beobachten kann (siehe „Oxazinfarbstoffe").

Die die Fluoreszenz hemmende Wirkung der benachbarten Gruppe $OH$ bezw. der Gruppe $NH_2$ können wir auch durch Azetylieren aufheben.

So gibt das Azetylderivat der Prunebase[1])

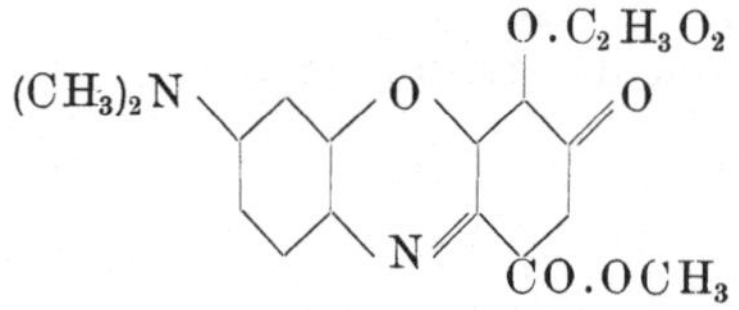

$O.C_2H_3O_2$
$(CH_3)_2N$ O O
N $CO.OCH_3$

sowie das Azetylderivat der Gallozyaninbase blaue Lösungen, welche stark rot fluoreszieren.

Die alkoholische rote Lösung des Azetylderivates

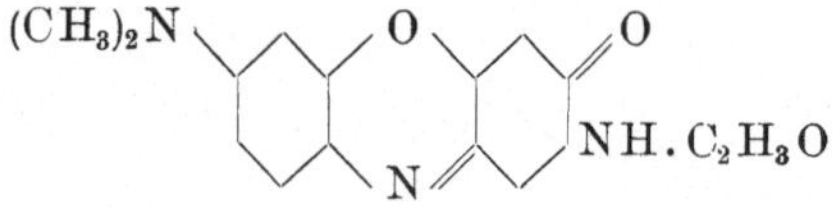

$(CH_3)_2N$ O O
N $NH.C_2H_3O$

fluoresziert ebenfalls, wogegen, wie schon oben bemerkt, die alkoholische Lösung des

$(CH_3)_2N$ O O
N $NH_2$

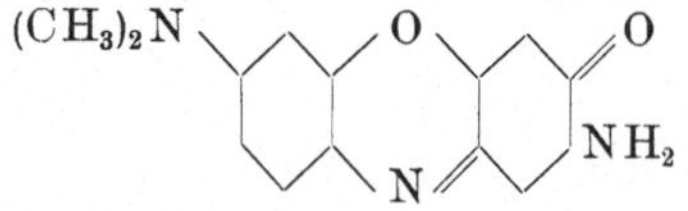

keine Fluoreszenz zeigt.

Ähnliche Verhältnisse finden wir, aber nur zum Teil, auch bei den Anthrachinonderivaten. So fluoresziert die alkoholische Lösung des Purpurins

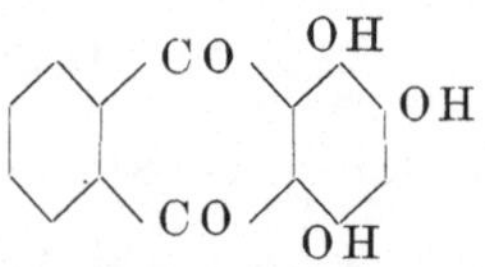

CO OH
OH
CO OH

[1]) Prunebase, Gallozyaninbase, Galleïn usf. werden mit etwas essigsaurem Natron und Essigsäureanhydrid innig gemischt und auf dem Wasserbade abgedampft, nicht aber gekocht, sonst erhält man farblose Lösungen der Azetylleukokörper.

äusserst gering, seine Lösung in Schwefelsäure nicht, wogegen die Lösungen des Chinizarins

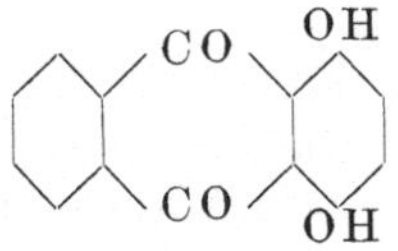

CO OH
CO OH

deutlich grün fluoreszieren. Dagegen fluoreszieren alkoholische Lösungen des Hexaoxyanthrachinons (1 : 2 : 4 : 5 : 6 : 8)

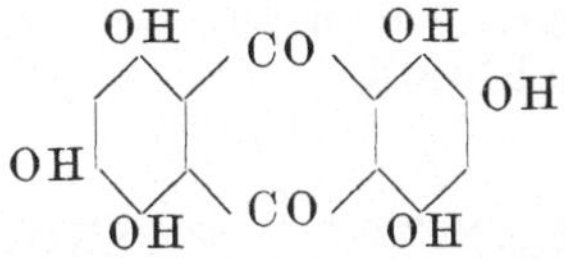

OH CO OH
OH
OH
OH CO OH

braungelb; die Hydroxylgruppen in der Stellung 2 und 6 stören in diesem Falle die Fluoreszenz nicht. Auch fluoreszieren rote Lösungen des Purpurinamids

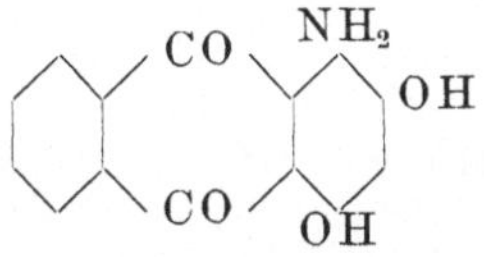

CO $NH_2$
OH
CO OH

gelb, wogegen rote Lösungen des $\alpha$-Aminoalizarins

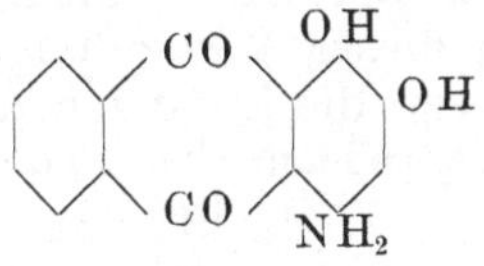

CO OH
OH
CO $NH_2$

keine Fluoreszenz zeigen.

Unter den Phtaleïnen ist es das Galleïn (Pyrogallolphtaleïn)

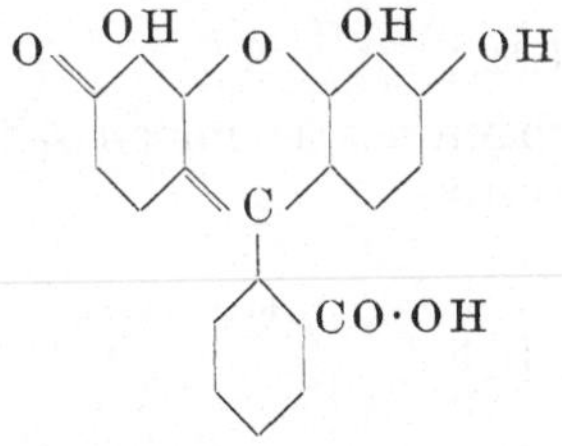

O OH O OH OH
C
CO·OH

welches, obwohl es den sechsgliedrigen Ring (Pyronring) und auxochrome Gruppen in Parastellung zum Fundamentalkohlenstoff enthält, rotbraune Lösungen ohne jegliche Fluoreszenz gibt. Da die Lösungen des Fluoreszeïns fluoreszieren, so sind es wohl die im Galleïn anwesenden, den auxochromen Gruppen benachbarten Hydroxylgruppen, welche die Fluoreszenz aufheben. Setzt man zur äthyl- oder amylalkoholischen Lösung des Galleïns verdünnte Kalilauge hinzu, so wird die Lösung blau und fluoresziert dann braun.

Azetyliert man das Galleïn (siehe Fußnote S. 90) und löst das Azetylprodukt in warmem Wasser oder Äthylalkohol auf und setzt einen oder zwei Tropfen verdünntes Ammoniak oder Kalilauge zu, so erhält man rosarote Lösungen mit einer starken grünen Fluoreszenz wie beim Fluoreszeïn. Es wird hier wohl die hemmende Wirkung der benachbarten *OH* Gruppen durch das Azetylieren wie bei den Gallozyaninen aufgehoben. Auch geben die fluoreszierenden Lösungen des Azetylderivates ein Absorptionsspektrum desselben Typus wie das Fluoreszeïn.

Aber auch die den auxochromen Gruppen benachbarten Alkylgruppen schwächen die Fluoreszenz der Farbstoffe ab. So fluoreszieren die Lösungen von asymmetrischen Dimethyldiaminophenotolazthioniumchlorid

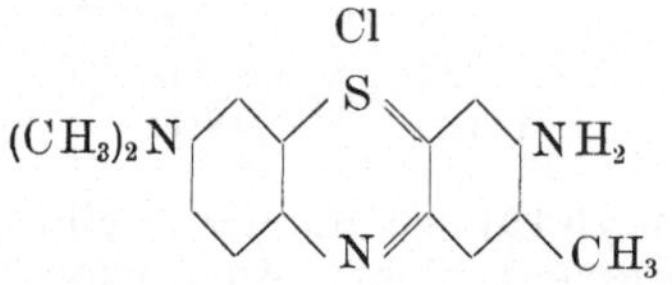

Cl
S
$(CH_3)_2N$ $NH_2$
N $CH_3$

schwächer als die Lösungen des asymmetrischen Dimethyldiaminophenazthioniumchlorids

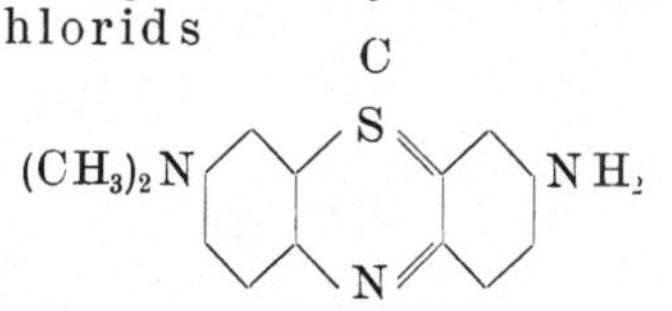

C
S
$(CH_3)_2N$ $NH_2$
N

Besonders auffallend ist der Unterschied bei den äthyl- und amylalkoholischen Lösungen dieser Verbindungen.

Ebenfalls fluoreszieren die Lösungen des asymmetrischen Dimethyldiaminotolazoxoniumchlorids

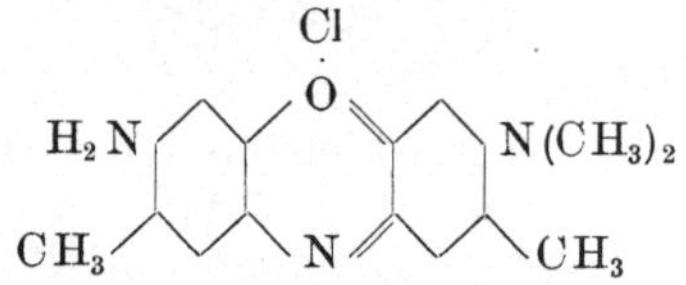

Cl
O
$H_2N$ $N(CH_3)_2$
$CH_3$ N $CH_3$

schwächer als die Lösungen des asymmetrischen Dimethyldiaminophenazoxoniumchlorids

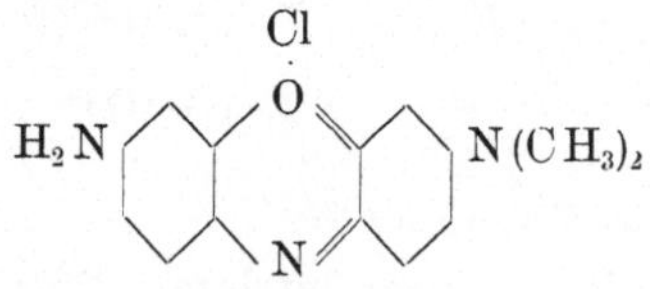

Cl
O
$H_2N$ $N(CH_3)_2$
N

Alkoholische Lösungen von Dimethylhomorhodamin

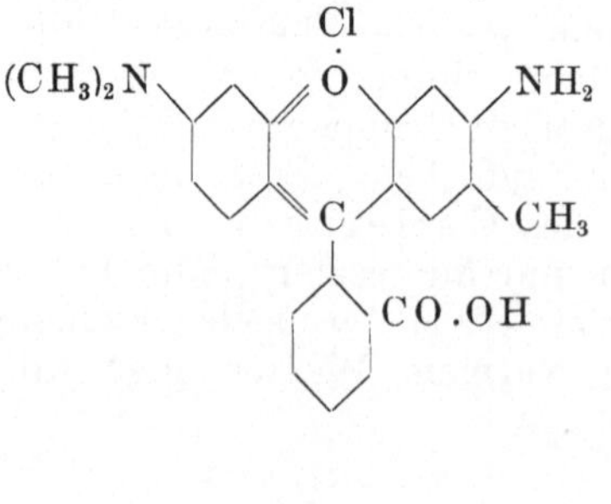

Cl
$(CH_3)_2N$ O $NH_2$
C $CH_3$
CO.OH

fluoreszieren schwächer als alkoholische Lösungen von asymmetrischem Dimethylrhodamin.

Gelbbraune Lösungen von Homofluoreszeïn fluoreszieren schwächer als die Lösungen von Fluoreszeïn.

Durch das Azetylieren der Farbstoffe wird die Fluoreszenz einmal hervorgerufen (Azetylderivat der Prunebase, der Gallozyaninbase, des Galleïns usf.) ein andermal wieder geschwächt bezw. aufgehoben.

Während z. B. rote Lösungen des Dimethylhomorhodamins intensiv gelbgrün fluoreszieren, zeigen die Lösungen des Azetylhomorhodamins nur eine schwache Fluoreszenz.

Grünlichblaue Lösungen des asymmetrischen Dimethyldiaminophenazthioniumchlorids und blaue Lösungen des asymmetrischen Diäthyldiaminophenazoxoniumchlorids fluoreszieren stark rot, während violettblaue Lösungen des azetylierten Dimethyldiaminophenazthioniumchlorids und die roten Lösungen der azetylierten zweiten Verbindung keine Fluoreszenz zeigen.

Die alkoholische grünlichblaue Lösung des asymmetrischen Diäthyldiaminonaphtophenazoxoniumchlorids (Nilblau) fluoresziert intensiv zinnoberrot, die alkoholische Lösung der azetylierten Verbindung fluoresziert nur mehr schwach, die wässerige Lösung fluoresziert überhaupt nicht.

Die alkoholische rosarote Lösung des asymmetrischen salzsauren Diäthylsafranins fluoresziert orangegelb, die alkoholische Lösung der azetylierten Verbindung fluoresziert nicht.

Azetyliert man das Diaminophenazthioniumchlorid, dessen violettblaue Lösungen stark rot fluoreszieren, so erhält man eine fast farblose Flüssigkeit ohne jede Fluoreszenz.

Entazetyliert man diese Verbindungen durch Kochen und Abdampfen mit verdünnter Salzsäure, so kehrt die ursprüngliche Farbe und ebenfalls die Fluoreszenz nach dem Auflösen des Rückstandes zurück.

So wie durch das Azetylieren einer Farbstoffverbindung die Wirkung der Aminogruppe, in welche der Essigsäurerest eintritt, auf die Form des Absorptionsspektrums aufgehoben wird (s. S. 55), so kann durch das Azetylieren auch der Einfluß der Aminogruppe auf die Fluoreszenz gehemmt werden.

Halogenelemente, in die Verbindung eingeführt, schwächen die Fluoreszenz, wenn sie der auxochromen Gruppe benachbart sind, ebenfalls ab.

Die Lösungen des Tetrajodfluoreszeïns fluoreszieren schwächer als die Lösungen des Tetrabromfluoreszeïns. Die Lösungen des Tetrabrom- und Tetrajodfluoreszeïns fluoreszieren bedeutend intensiver als die Lösungen des Tetrabromtetrachlorfluoreszeïns und des Tetrajodtetrachlorfluoreszeïns.

Die Nitrogruppe wirkt auf die Fluoreszenz ähnlich; steht sie der auxochromen Gruppe benachbart, so wird die Fluoreszenz geschwächt, sonst aber übt sie auf die Fluoreszenz keine Wirkung aus.

So fluoreszieren die Lösungen des Dibromdinitrofluoreszeïns schwach, die Lösungen des Tetranitrofluoreszeïns fluoreszieren überhaupt nicht.

Alkoholische Lösungen des Methylenblaus fluoreszieren rot, alkoholische Lösungen des Methylengrüns (Nitromethylenblau) fluoreszieren nicht.

Dagegen fluoreszieren die Lösungen des Dinitrodimethyldiaminophenazthioniumbromids[1]) ebenso stark wie die Lösungen des Dimethyldiaminophenazthioniumchlorids.

Die Sulfogruppe übt auf die Fluoreszenz einen unregelmäßigen Einfluß aus, bald verstärkt, bald schwächt sie die Fluoreszenz, ja verschiebt sogar die Farbe der Fluoreszenz einmal gegen Rot, ein andermal gegen Violett.

Auf Grund der angeführten Beobachtungen läßt sich nun der folgende Satz aufstellen: Es fluoreszieren im allgemeinen jene Farbstoffe, in Wasser, Äthyl- oder Amylalkohol gelöst, welche von einer Grundformel

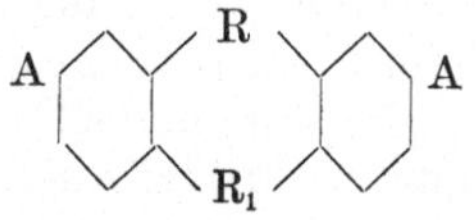

abgeleitet werden können, wo $R$ und $R_1$ bindende Elemente (O, S, N, C) oder Gruppen (CO) und $A$ auxochrome Gruppen in Parastellung zum bindenden Elemente sind, oder wo, wie bei den Anthrachinonfarbstoffen, die auxochromen Gruppen in Parastellung zueinander stehen und zwar solange freie Wasserstoffatome der Aminogruppen nur durch Alkylgruppen bezw. durch Benzylgruppen substituiert sind, bezw. wenn ihnen keine Gruppen (*OH*, $NH_2$, *Halogene* usf.) benachbart sind.

Statt der Benzolkerne kann die Verbindung den Naphtalin- oder Phenanthrenkern enthalten.

Dieser Satz bezieht sich jedoch ausschließlich auf die Farbstoffe (ihre Salze), denn es können auch die Lösungen zahlreicher Verbindungen fluoreszieren, welche keine Farbstoffe sind (bezw. Basen) und welche die oben erwähnte Fundamentalzusammensetzung nicht haben, wie z. B. alkoholische Lösungen des Oxykumarols, des $\beta$-Oxyanthranols usw.

Auch Fluoran

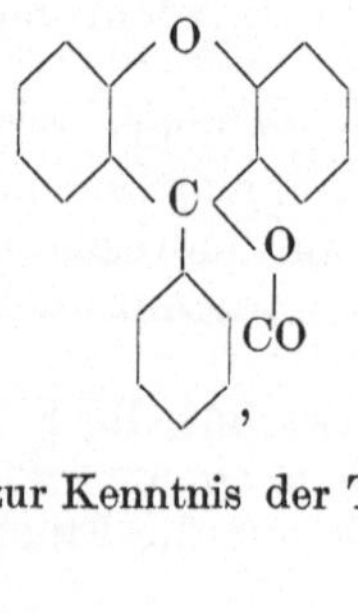

,

[1]) R. Gnehm, Beiträge zur Kenntnis der Thiazine, Journ. f. prakt. Chemie 1907, S. 423.

Xanthen

O
C
$H_2$

und Akridin

N
C
H

fluoreszieren, in konzentrierter Schwefelsäure gelöst, gelbgrün, obwohl diesen Verbindungen auxochrome Gruppen fehlen.

Auch fluoresziert das Anthrarufin in Schwefelsäure gelöst, obwohl seine Hydroxylgruppen sich nicht in Parastellung zueinander befinden (S. 83).

In diesen Fällen ist es, wie wir weiter sehen werden, das Lösungsmittel, durch dessen Wirkung die Fluoreszenz erregt wird, denn die angeführten Verbindungen, in Äthylalkohol gelöst, zeigen keine Fluoreszenz; viele andere Verbindungen, welche nur die ringartige Verkettung enthalten, wie z. B. Thiodiphenylamin, Anthrazen usf., in konzentrierter Schwefelsäure gelöst, fluoreszieren jedoch nicht.

Von der oben angeführten Regel machen allerdings einige Farbstoffe Ausnahmen, welche aber auch nur scheinbar sein können, wie wir es bei den Gallozyaninfarbstoffen erkannt haben.

Unter den Azinen ist es das Neutralblau (Isorosindulin)

N
$(CH_3)_2N$
N
Cl
$C_6H_5$

und das Indulinscharlach (Aposafranin)

N
$H_2N$
$CH_3$
N
Cl
$C_6H_5$

welche, obwohl sie nur eine auxochrome Gruppe enthalten, in Äthylalkohol gelöst, schwach gelb fluoreszieren. Das salzsaure Aposafranin

N
$H_2N$
N
Cl
$C_6H_5$

welches doch eine ähnliche Zusammensetzung besitzt, fluoresziert äußerst schwach (s. S. 80).

Unter den Chinoxalinen ist es das Hydroderivat des Diphenylchinoxalins

H N — $CH.C_6H_5$ — $C.C_6H_5$ — N

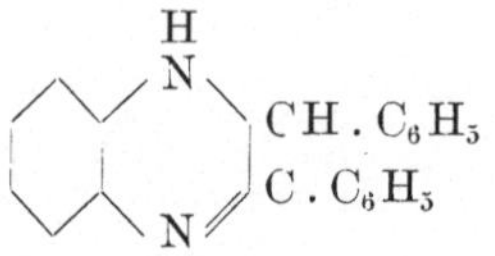

welches, obwohl seine auxochrome Gruppe nicht in Parastellung zum Bindestickstoff steht, den Charakter eines Farbstoffes besitzt und dessen gelbe Lösungen stark grün fluoreszieren. Dagegen fluoreszieren die Lösungen des Diphenylchinoxalins

N — $C.C_6H_5$ — $C\ C_6H_5$ — N

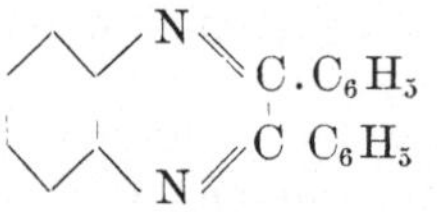

nicht. Auch die Fluorindine, wie z. B. das salzsaure Fluorindin

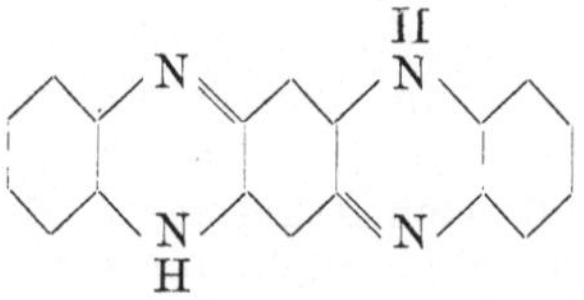

H N, N, N H, N

liefert, obwohl seine auxochromen Gruppen nicht in Parastellung zum Bindestickstoff stehen, violette Lösungen mit roter Fluoreszenz.

Das Chinolinrot, welches wahrscheinlich eine den Triphenylmethanfarbstoffen ähnliche Konstitution besitzt, also etwa

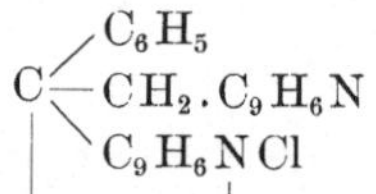

$$C \begin{cases} C_6H_5 \\ CH_2.C_9H_6N \\ C_9H_6NCl \end{cases}$$

fluoresziert in alkoholischer Lösung stark gelbrot, obzwar es keine auxochromen Gruppen enthält. Die Fluoreszenz wird jedenfalls durch die beiden im Chinolinrot befindlichen Pyridinringe bewirkt.

Endlich findet man unter den Thiobenzenylfarbstoffen das Primulin und sein Derivat Thioflavin S, welche, obwohl sie nur eine auxochrome Gruppe enthalten, doch in alkoholischer Lösung grün fluoreszieren.

Von den Azofarbstoffen fluoresziert z. B. Naphtindon B, aber nur aus dem Grunde, weil es den Safraninrest enthält.

Die verschiedene Intensität der Fluoreszenz der Farbstofflösungen ist jedoch nicht nur von der Konstitution des Farbstoffes allein, sondern auch von der Art des Lösungsmittels und selbstverständlich auch von der Konzentration der Lösung abhängig.

In Wasser gelöst, fluoreszieren die Farbstoffe schwächer als in Äthyl- und Amylalkohol.

Bei den Phtaleïnen, Pyroninen und Rosaminen ist der Unterschied in der Fluoreszenz der wässerigen und alkoholischen Lösung nicht so bedeutend wie bei den Chinonimidfarbstoffen und Akridinfarbstoffen.

Thiazin-, Oxazin-, Azin- und Akridinfarbstoffe fluoreszieren, solange die Wasserstoffatome ihrer auxochromen Gruppen nicht vollständig durch Alkyle ersetzt sind, in Wasser gelöst ziemlich schwach, in Äthyl- und Amylalkohol gelöst fluoreszieren sie jedoch stark, wie z. B. Toluidinblau, Neumethylenblau N, Nilblau, Chromazurin S, salzsaures Äthylsafranin und Akridingelb.

Thiazin- und Oxazinfarbstoffe, deren Wasserstoffatome der auxochromen Gruppen vollständig durch Alkyle ersetzt sind, fluoreszieren auch in Äthyl- und Amylalkohol schwach, wie z. B. Methylenblau, Thioninblau und Neumethylenblau 2 G.

Azinfarbstoffe von ähnlicher Zusammensetzung der auxochromen Gruppen, wie z. B. salzsaures Tetraäthylsafranin in Wasser gelöst, fluoreszieren nicht, in Äthyl- oder Amylalkohol fluoreszieren sie zwar, aber schwach.

Es ist bemerkenswert, daß auch manche Azinfarbstoffe, deren Wasserstoffatome der auxochromen Gruppen nicht vollständig durch Alkylgruppen ersetzt sind, wie es z. B. bei Neutralblau, Neutralviolett, Neutralrot und Methylenviolett der Fall ist, nur in alkoholischen Lösungen fluoreszieren, schwächer jedoch als Thiazin- oder Oxazinfarbstoffe, in demselben Lösungsmittel gelöst; in Wasser gelöst, fluoreszieren die genannten Azinfarbstoffe nicht.

Der Äthyl- und der Amylalkohol erhöht also, als Lösungmittel verwendet, im Vergleiche mit Wasser die Fluoreszenz.

Als merkwürdige Erscheinung ist zu erwähnen, daß sämtliche sonst fluoreszierenden Farbstoffe, in Anilin gelöst, ihre Fluoreszenzeigenschaft vollständig verlieren.

In konzentrierter Essigsäure fluoreszieren Phtaleïne, Rosamine, Pyronine, Thiazine, Oxazine und Akridine, solange sich ihre Zusammensetzung durch die Wirkung der Essigsäure nicht ändert (Eosin, Erythrosin und Chromazurin S fluoreszieren daher in Essigsäure nicht), in demselben Maße, wie in Äthylalkohol; Azinfarbstoffe fluoreszieren jedoch in Essigsäure schwächer als in Äthylalkohol.

Konzentrierte Schwefelsäure als Lösungsmittel verwendet, beeinflußt die Fluoreszenz verschieden, bald schwächt sie die Fluoreszenz, bald hebt sie dieselbe auf, manchmal ruft sie bei den nicht fluoreszierenden Körpern die Fluoreszenz hervor, mitunter ist aber ihre Wirkung ohne Belang.

So lösen sich Pyronine und Thiopyronine in konzentrierter Schwefelsäure mit gelber Farbe und die Lösungen fluoreszieren schwächer gelbgrün als bei Verwendung eines anderen Lösungsmittels. Das Rosaminchlorid löst sich in Schwefelsäure mit gelber Farbe ohne Fluoreszenz. Rhodamine lösen sich in Schwefelsäure mit gelber Farbe und fluoreszieren nur schwach grün. Eosine, Erythrosine, Phloxin und Rose bengale lösen sich in Schwefelsäure mit gelber Farbe ohne Fluoreszenz.

Thiazin-Oxazin- und Azinfarbstoffe lösen sich in Schwefelsäure mit grüner, blauer oder roter Farbe ohne Fluoreszenz. Dagegen behalten die Akridinfarbstoffe, in konzentrierter Schwefelsäure gelöst, ihre Fluoreszenz bei; sie lösen sich in Schwefelsäure mit gelber Farbe und fluoreszieren intensiv grün wie alkoholische Lösungen der Akridinfarbstoffe.

Auf die Anthrachinonfarbstoffe wirkt die Schwefelsäure auch verschieden. So löst sich das Anthrarufin in Schwefelsäure mit roter Farbe und die Lösung fluoresziert braunrot (vergl. Seite 83), während die alkoholische gelbe Lösung des Anthrarufins keine Fluoreszenz zeigt; ähnlich verhält sich auch das Alizarinbordeaux. Tetraoxyanthrachinon (1 : 4 5 : 8), Pentaoxyanthrachinon (1 : 2 : 4 : 5 : 8), Hexaoxyanthrachinone 1 : 2 : 4 : 5 : 6 : 8 und 1 : 2 : 4 : 5 : 7 : 8, Aminooxyanthrachinon usf. fluoreszieren in Schwefelsäure bedeutend stärker als in Äthylalkohol, wobei gleichzeitig die Farbe der Fluoreszenz dieser Farbstoffe von Braungelb ins Rot bezw. orangegelb (Aminooxyanthrachinon) übergeht; dagegen ruft beim Alizarin, Purpurin, Flavo- und Isopurpurin, Rufigallol usw. die Schwefelsäure keine Fluoreszenz hervor. Der Zusatz von Borsäure zur Schwefelsäure erhöht oft die Fluoreszenz der Anthrachinonfarbstoffe bedeutend (Anilidoanthrachinone)[1]).

Konzentrierte Lösungen zahlreicher Farbstoffe, namentlich die der Chinonimidfarbstoffe, fluoreszieren schwächer als verdünnte Lösungen; so fluoreszieren die wässerigen konzentrierten Lösungen des Methylenblaus, des Neumethylenblaus N und des Chromazurin S bedeutend schwächer als ihre verdünnten Lösungen. Konzentrierte alkoholische Lösungen des Diaminophenonaphtaxozoniumchlorids fluoreszieren nicht, wogegen seine stark verdünnte alkoholische Lösung intensiv rot fluoresziert.

Auf die Fluoreszenz wirken auch verdünnte Mineralsäuren und Alkalien ein, und zwar verschieden. Setzt man z. B. zu einer fluoreszierenden Lösung des Rhodamins, Pyronins, Rosamins oder des Methylenblaus verdünnte Mineralsäure hinzu, so wird die Fluoreszenz nicht verändert, während durch Säurezusatz zur alkoholischen Lösung des Uranins oder Rhodins 12 GF die Fluoreszenz abgeschwächt wird und durch Säurezusatz zur alkoholischen Lösung des Eosins oder des Chromazurin S verschwindet.

Setzt man zur blauen, nicht fluoreszierenden alkoholischen Lösung des Diphenblaus verdünnte Säure hinzu, so wird die Lösung rotviolett und gleichzeitig erscheint eine rote Fluoreszenz.

Aus diesen Beispielen geht hervor, daß durch Zusatz einer verdünnten Mineralsäure zur farbigen fluoreszierenden Lösung einmal die Fluoreszenz bei einigen Farbstoffen nicht verändert, ein anderes

---

1) Vergl. auch E. Grandmougin, Zeitschr. f. Farbenchemie 1906, S. 384.

Mal abgeschwächt oder ganz aufgehoben, mitunter aber bei den nicht fluoreszierenden Farbstoffen hervorgerufen wird.

Diese Erscheinung ist dadurch zu erklären, daß sich durch die Einwirkung der Säure die Zusammensetzung des Farbstoffes verändert, also z. B. beim Eosin durch die Säure die Farbsäure ausgeschieden wird, beim Chromazurin S sich mit Säure das salzsaure Salz bildet usf.

Alkalien, Kali- oder Natronlauge und Ammoniak, verhalten sich der Fluoreszenz gegenüber ähnlich wie die Säuren; bei manchen Farbstoffen, namentlich bei solchen, welche als auxochrome Gruppen Hydroxylgruppen enthalten, wird jedoch zum Unterschiede von den Säuren die Fluoreszenz durch Zusatz des Alkalis verstärkt.

So wird z. B. die Fluoreszenz der Rhodaminlösungen durch den Zusatz der verdünnten Kalilauge oder des Ammoniaks nicht verändert; durch Zusatz von Kalilauge zur alkoholischen Lösung des Safranins wird die Fluoreszenz allmählich abgeschwächt und durch Zusatz von Kalilauge oder Ammoniak zur alkoholischen Lösung des Nilblaus oder des Akridinorange aufgehoben.

Bei den alkoholischen Lösungen des Fluoreszeïns, des Rhodins 12 GF und des Thionols wird jedoch die Fluoreszenz durch den Zusatz von der Kalilauge oder des Ammoniaks verstärkt. Setzt man zur alkoholischen Lösung des Neumethylenblaus N Ammoniak hinzu, so wird die Fluoreszenz verstärkt, während der Zusatz von Kalilauge die Fluoreszenz vollständig aufhebt.

Nach Zusatz von Kalilauge zur alkoholischen, nicht fluoreszierenden Lösung des Galleïns wird die Lösung blau und fluoresziert braun. Setzt man zur alkoholischen, nicht fluoreszierenden Lösung des Coeruleïns B oder des Brasilins verdünntes Ammoniak zu, so wird die Lösung des Coeruleïns B blau und fluoresziert grün, die Lösung des Brasilins wird rot und fluoresziert gelbgrün.

Auch in den angeführten Fällen ist der Einfluß des Alkalis auf die Fluoreszenz der durch Alkalien bewirkten Veränderung des Farbstoffes zuzurechnen.

Schließlich sei noch erwähnt, daß das Jodkalium auf die Fluoreszenz der Farbstoffe einen bedeutenden Einfluß ausüben kann. Setzt man nämlich zu einer alkoholischen Lösung eines fluoreszierenden Farbstoffes einige Tropfen einer konzentrierten wässerigen Lösung von Jodkalium zu, so wird die Fluoreszenz des betreffenden Farbstoffes stark abgeschwächt, mitunter auch aufgehoben. Diese Erscheinung habe ich jedoch bloß bei den Farbstoffen beobachtet, deren Auxochrome Aminogruppen sind; beim Fluoreszeïn z. B. tritt die erwähnte Erscheinung nicht auf. Die Abschwächung bezw. die Aufhebung der Fluoreszenz kann dadurch erklärt werden, daß sich schwer lösliche Jodide bilden, welche sich zum Teil aus der Lösung abscheiden.

Wir kommen zu dem Schlusse, daß die Fluoreszenz der Farbstoffe hauptsächlich abhängig ist:

1. von dem Charakter und den Eigenschaften der in den auxochromen Gruppen und der direkt am Benzolkerne substituierten Gruppen und

2. von dem verwendeten Lösungsmittel.

Ferner wird die Fluoreszenz begünstigt:

1. durch das Vorhandensein einer ringartigen Verkettung zweier Benzolkerne durch zwei in Orthostellung befindliche Elemente bezw. Atomgruppen und

2. durch die Anwesenheit zweier auxochromen Gruppen in einer Farbstoffverbindung, welche symmetrisch in Parastellung zum Fundamentalelemente oder in Parastellung zueinander sich befinden.

Die Fluoreszenz ist bei der spektroskopischen Untersuchung der Farbstoffe von der größten Wichtigkeit, sie unterstützt gewissermaßen den Nachweis der Farbstoffe. Fluoresziert der Farbstoff in einem bestimmten Lösungsmittel deutlich, so kann man bei einer bestimmten Form des Absorptionsspektrums auf die Anwesenheit des Pyron-, Thiazin- oder Oxazinringes schließen. Fluoresziert der Farbstoff in einem bestimmten Lösungsmittel nicht, so kann man bei einer bestimmten Form des Absorptionsspektrums entweder auf die Abwesenheit der ringartigen Verkettung, oder aber, wenn das Absorptionsspektrum auf die ringartige Verkettung hinweist, annähernd auf die Zusammensetzung der Auxochrome schließen.

Hiermit ist das Kapitel über die Fluoreszenz der Farbstoffe keinesfalls als endgültig erledigt zu betrachten, es müssen vielmehr noch verschiedene Unregelmäßigkeiten in den Fluoreszenzerscheinungen erklärt und die Theorie der Fluoreszenz durch weitere Erfahrungen ergänzt werden, namentlich ist es von Wichtigkeit, die Fluoreszenz der Farbstoffe auch im Ultraviolett und im Infrarot zu untersuchen [1]).

---

[1]) Leider stehen mir nicht die nötigen Apparate und Einrichtungen zu Gebote und so konnte ich die Fluoreszenz der Farbstoffe im unsichtbaren Teile des Spektrums nicht untersuchen.

# Beziehungen zwischen Konstitution und Absorptionsspektrum der einzelnen Farbstoffklassen.

Aus den bisherigen Besprechungen über allgemeine Beziehungen zwischen Farbe, Fluoreszenz, Absorptionsspektrum und Konstitution der Farbstoffe haben wir ersehen, daß Farbstoffe, welche verschiedenen Farbstoffklassen angehören, sich nicht nur durch die Farbe und Fluoreszenz ihrer Lösungen, sondern auch durch die Lage und durch die Form ihrer Absorptionsspektra wesentlich unterscheiden, wogegen die Farbstoffe einer und derselben chemischen Gruppe, wie z. B. Diaminoderivate der Rosanilinfarbstoffe, bei gleicher Grundform des Absorptionsspektrums hauptsächlich durch verschiedene Lage der Absorptionsstreifen gekennzeichnet sind.

In den nachfolgenden Kapiteln über die Beziehungen zwischen Absorptionsspektrum und Konstitution einzelner Farbstoffklassen werden außer der Beschreibung der Spektra einzelner Farbstoffe auch solche Erkennungsmerkmale, welche zur Unterscheidung einzelner Farbstoffgruppen dienen, näher besprochen.

Wir werden auch sehen, daß sich aus den Absorptionsspektren einzelner Farbstoffgruppen Gesetzmäßigkeiten ableiten lassen, welche von einer bedeutenden Wichtigkeit sein können. Denn es wird auf Grund von mathematischen Berechnungen in vielen Fällen möglich sein, die Lage des Absorptionsspektrums einer darzustellenden Verbindung vorauszuberechnen und auf Grund der theoretisch gefundenen Wellenlängenzahlen die später dargestellte Verbindung spektroskopisch zu kontrollieren, wodurch nicht selten die chemische Analyse erspart bleiben kann, wie ich es z. B. beim Diaminophenazinchlorid gezeigt habe (siehe Oxazinverbindungen).

---

# Di- und Triphenylmethanfarbstoffe.

## A. Rosanilinfarbstoffe.

### a) Diaminoderivate.

Beobachtet man mit dem Spektroskop die wässerige violettrote Lösung des salzsauren *Diparaaminotriphenylkarbinols* (*Döbners* Violett)

$H_2N$ — I — C = II = $NH_2Cl$; C — III

in Verdünnung von ungefähr 1 : 10000 in einer 1 cm dicken Schicht, so sieht man im Spektrum zwei symmetrische, miteinander verbundene Absorptionsstreifen, d. i. einen Doppelstreifen, nebst einem gleichmäßigen, schwachen, nach rechts sich ziehenden Schatten (Fig. 9, Z. 1). Jeder Gruppe $-C_6H_4.NH_2$ kommt hier also ein Absorptionsstreifen zu. Die dritte Gruppe $-C_6H_5$ erregt keine selbständige Absorption im Spektrum.

Verdünnt man nun die Lösung des salzsauren Diaminotriphenylkarbinols allmählich und beobachtet die einzelnen Verdünnungsphasen mit dem Spektroskop, so nimmt man wahr, daß sich die zwei erwähnten Absorptionsstreifen mehr und mehr nähern, bis sie bei stärkerer Verdünnung (ungefähr 1 : 15000) zu einem ziemlich schmalen *symmetrischen* Absorptionsstreifen zusammenfließen, dessen Dunkelheitsmaximum sich in der Mitte der Dunkelheitsmaxima beider ursprünglichen Absorptionsstreifen befindet und zwar bei $\lambda$ 561,6; gleichzeitig verschwindet der erwähnte Schatten rechts (Fig. 9, Z. 2).

Schärfer als bei der wässerigen Lösung beobachtet man diese Erscheinung bei der äthylalkoholischen oder amylalkoholischen Lösung des salzsauren Diparaaminotriphenylkarbinols. So gibt die äthylalkoholische Lösung bei einer Verdünnung von ungefähr 1 : 15000 den Doppelstreifen mit den Dunkelheitsmaximen bei λ 591,0 und λ 563,5 und bei einer Verdünnung von ungefähr 1 : 38000 fließt dieser Doppelstreifen zu einem Streifen bei λ 577,0 zusammen (vergl. auch Seite 23 ff).

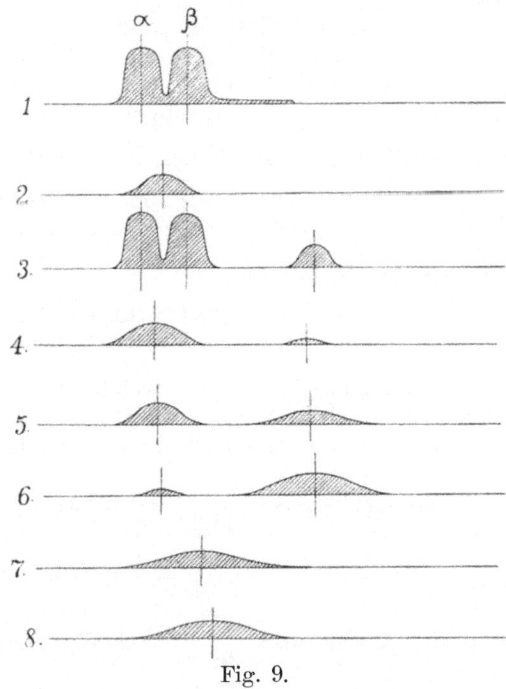

Fig. 9.

Das eben beschriebene Absorptionsspektrum tritt bei solchen Diaminoderivaten der Triphenylmethanfarbstoffe auf, welche eine dem Diparaaminotriphenylkarbinolchlorid analoge Konstitution haben. Das verwendete Lösungsmittel (Wasser, Äthylalkohol, Amylalkohol, Anilin, Essigsäure) übt auf die Form des Absorptionsspektrums keinen Einfluß aus. So liefern das Malachitgrün (Tafel I, Zeile 1), Brillantgrün, Säuregrün, Patentblau usw. in verschiedenen Lösungsmitteln gelöst eine und dieselbe Form des Absorptionsspektrums.

Substituiert man die freien Wasserstoffe der Aminogruppen des Diaminotriphenylkarbinolchlorids durch Methylgruppen, wodurch symmetrisches Dimethyl, Trimethyl und Tetramethyldiaminotriphenylkarbinolchlorid entsteht, so verschiebt sich der ursprüngliche Absorptionsstreifen der wässerigen Lösung des Diaminotriphenylkarbinolchlorids beim Eintritt von zwei Methylgruppen von λ 561,6 auf λ 587,0 und beim Eintritt von vier Methylgruppen auf λ 616,9.

Ersetzt man analog die Wasserstoffe der Aminogruppen des Diaminotriphenylkarbinolchlorids durch eine verschiedene Anzahl von Äthylgruppen, so verschiebt sich der Absorptionsstreifen der wässerigen Lösung der ursprünglichen Verbindung beim Eintritt von zwei Äthylgruppen von 561,6 auf 589,8 und beim Eintritt von vier Äthylgruppen auf λ 623,0.

Betrachtet man nun die Unterschiede in den Lagen der Absorptionsstreifen der angeführten Verbindungen in bezug auf ihre Muttersubstanz (salzsaures Diparaaminotriphenylkarbinol) näher, so findet man, daß die durch den Eintritt der Alkylgruppen stattfindende Verschiebung der Absorptionsstreifen mit der Anzahl der Alkylgruppen proportional zunimmt.

Die Verschiebung des Absorptionsstreifens der wässerigen Lösung des Diparaaminotriphenylkarbinolchlorids ($\lambda$ 561,6) beträgt beim Eintritt

von zwei Methylgruppen $587{,}0 - 561{,}6 = 25{,}4\ m\mu$
„ vier Methylgruppen $616{,}9 - 561{,}6 = 55{,}3\ m\mu$
„ zwei Äthylgruppen $589{,}8 - 561{,}6 = 28{,}2\ m\mu$
„ vier Äthylgruppen $623{,}0 - 561{,}6 = 61{,}4\ m\mu$.

Stellt man diese Zahlen in eine Proportion, so erhält man

$$25{,}4 : 55{,}3 = 28{,}2 : 61{,}4$$

oder

$$25{,}4 : 28{,}2 = 55{,}3 : 61{,}4,$$

das ist das Multiplum

$$25{,}4 \times 61{,}4 = 1559{,}56$$
$$55{,}3 \times 28{,}2 = 1559{,}46.$$

Somit sind die Zahlen, welche die Verschiebung des Absorptionsstreifens durch den Eintritt der Alkylgruppen in die Aminogruppen des Diparaaminotriphenylkarbinols ausdrücken, proportional.

Das Verhältnis: $\frac{25{,}4}{55{,}3} = 0{,}45931$ und

$\frac{28{,}2}{61{,}4} = 0{,}45928$, rund 0,4593

und das Verhältnis: $\frac{25{,}4}{28{,}2} = 0{,}90071$ und

$\frac{55{,}3}{61{,}4} = 0{,}90065$, rund 0,9007, sind Konstanten

für die Diaminotriphenylmethanfarbstoffe. Nachdem das Verhältnis zwischen den Wellenlängen der Methyl- und Äthylderivate konstant ist, können wir die Wellenlängenzahl (x) der Muttersubstanz, d. i. des salzsauren Diparaaminotriphenylkarbinols auch nach folgenden Gleichungen berechnen:

$$\frac{616{,}9 - x}{623{,}0 - x} = \alpha \quad \text{und} \quad \frac{587{,}0 - x}{589{,}8 - x} = \alpha,$$

daher

$$\frac{616{,}9 - x}{623{,}0 - x} = \frac{587{,}0 - x}{589{,}8 - x}; \quad x = 561{,}63,$$

welche Zahl mit der durch direkte Messung tatsächlich gefundenen Zahl übereinstimmt.

Mit Hilfe der eben angeführten Konstanten kann man auf Grund einer bekannten Lage des Absorptionsspektrums eines Dimethylderivates die Lage des Absorptionsspektrums eines Tetramethylderivates oder auf Grund einer bekannten Lage eines Methylderivates die Lage des Absorptionsspektrums eines entsprechenden Äthylderivates und umgekehrt berechnen, wie wir es aus den nachfolgenden Beispielen ersehen werden.

Die wässerige Lösung der Tetramethyldiaminotriphenylkarbinol-o-sulfosäure

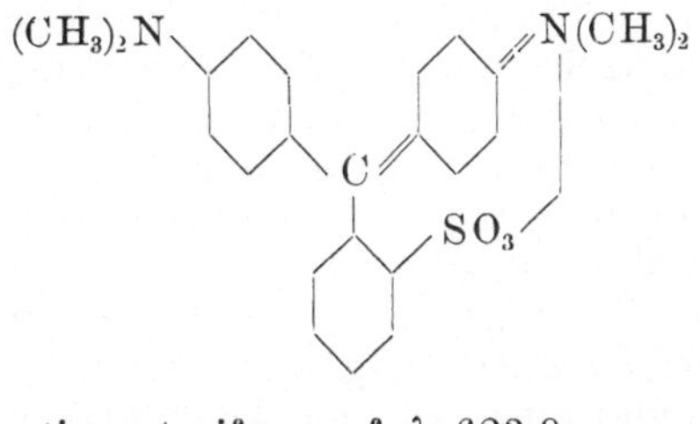

liefert einen Absorptionsstreifen auf $\lambda$ 623,9.

Berechnen wir nun die Lage des Absorptionsstreifens des Tetraäthylderivates theoretisch. Die Verschiebung des Absorptionsstreifens, welche durch den Eintritt von vier Methylgruppen in die Muttersubstanz (Diparaaminotriphenylkarbinolchlorid) stattfindet, beträgt $623,9 - 561,6 = 62,3\ m\mu$. Dividieren wir diese Differenz durch die Konstante 0,90, so erhalten wir $62,5 : 0,9 = 69,2$, das ist die Differenz, welche zu der Grundzahl des Absorptionsstreifens der Muttersubstanz addiert die Lage des Absorptionsstreifens des entsprechenden Äthylderivates der Verbindung in Wellenlängen ergibt; es ist also $561,6 + 69,2 = 630,8$. Tatsächlich wurde durch die Messung der Lage des Absorptionsstreifens einer wässerigen Lösung der Tetraäthyl-diamino-triphenylkarbinol-o-sulfosäure dieselbe Zahl $\lambda$ 630,8 gefunden.

Die wässerige Lösung des Tetraäthyl-diamino-metaoxytriphenylkarbinolchlorids

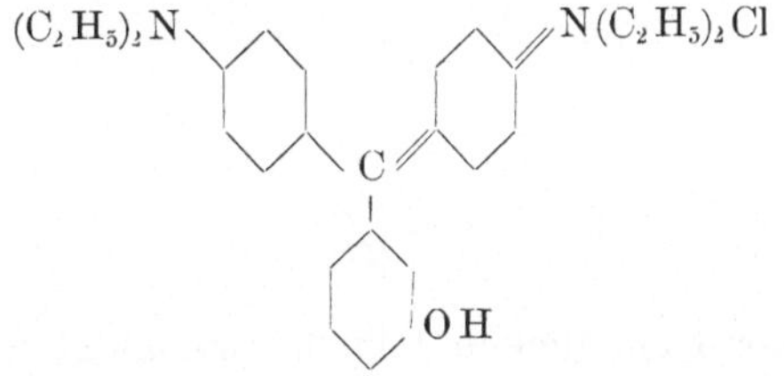

liefert den Absorptionsstreifen auf $\lambda$ 623,6; berechnet man die Lage des Absorptionsstreifens für das entsprechende Tetramethylderivat theoretisch, so erhält man: $623,6 - 561,6$ (Muttersubstanz) $= 62,0\ m\mu$. Da man das Methylderivat berechnet, muß man die Differenz 62,0 mit der Konstante 0,90 multiplizieren, also $62,0 \times 0,90 = 55,8$. Die Verschiebungszahl 55,8, addiert zu der Grundzahl der Muttersubstanz $55,8 + 561,6 = 617,4$ ist die theoretisch berechnete Wellenlänge des Absorptionsstreifens des entsprechenden Methylderivates der obigen Verbindung in Wasser. Tatsächlich wurde durch die direkte Messung der Lage des Absorptionsstreifens der wässerigen Lösung des Tetramethylderivates auch $\lambda$ 617,4 gefunden.

Aus diesen Beispielen ersehen wir schon, daß die Verschiebung der Absorptionsstreifen durch die Substitution verschiedener Gruppen in einer Verbindung einem bestimmten allgemeinen Gesetze unterliegt. Und es folgt ferner daraus, daß die Verschiebung der Absorptionsstreifen bei den Diaminoderivaten, und, wie wir später sehen werden, auch bei den Triaminoderivaten der Rosanilinfarbstoffe mi der zunehmenden Anzahl der in die Verbindung tretenden Alkylgruppen proportional nach den längeren Wellen wächst, und zwar findet eine stärkere Verschiebung der Absorptionsstreifen durch den Eintritt der Äthylgruppen nach Rot statt, als durch die gleiche Anzahl der Methylgruppen.

Wenn sich die Methylgruppen direkt am Benzolkerne befinden, so findet eine andere Verschiebung der Absorptionsstreifen statt, als wenn sich die Methylgruppen in den Aminogruppen befinden. Diese Verschiebung ist auch verschieden, je nachdem sich die Methylgruppe in Ortho-, Meta- oder Parastellung zum Fundamentalkohlenstoff befindet. (Näheres darüber siehe „Triaminoderivate".)

Benzylgruppen, substituiert in den Aminogruppen, bewirken zum Unterschiede von den Triaminoderivaten keine Änderung der Form des Absorptionsspektrums, sondern nur eine Verschiebung desselben, wie wir es bei Guineagrün, Lichtgrün SF (Säuregrün), Erioglaucin, Nachtgrün 2B usf. sehen.

## b) Triaminoderivate.

Beobachtet man mit dem Spektroskop die wässerige rote Lösung des Triparaaminotriphenylkarbinolchlorids

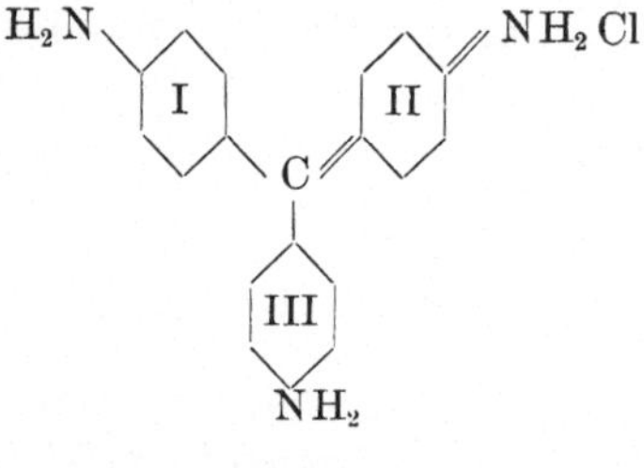

$H_2N$ — I — C = II = $NH_2Cl$; C — III — $NH_2$

1 : 60000 in einer 1 cm dicken Schicht, so findet man im Spektrum, ähnlich wie bei den Diparaaminoderivaten, einen intensiven Doppelstreifen[1]) (bei $\lambda$ 551,5 und $\lambda$ 528,5), nebstdem aber noch einen schwächeren symmetrischen Streifen (Nebenstreifen) rechts (Fig. 9, Zeile 3; Tafel I, Zeile 2).

Durch allmähliche Verdünnung der Lösung nähern sich die Absorptionsstreifen des Doppelstreifens mehr und mehr, bis sie bei der Verdünnung von ungefähr 1 : 120000 zu einem symmetrischen Absorptionsstreifen bei $\lambda$ 540,3 zusammenfließen, dessen Dunkelheitsmaximum in der Mitte der Dunkelheitsmaxima beider ursprünglicher Absorptionsstreifen liegt; der Nebenstreifen bei $\lambda$ 483,7 wird durch starke Verdünnung der Lösung abgeschwächt, ohne jedoch seine Lage zu verändern.

[1]) Der Doppelstreifen ist bei einer frischen Lösung deutlich zu sehen; nach einer Weile wird die Doppelstreifung jedoch etwas undeutlich.

In sehr verdünnten Lösungen sehen wir daher neben einem stärkeren symmetrischen Absorptionsstreifen einen schwachen symmetrischen Absorptionsstreifen rechts (Fig. 6, Zeile 4).

Im Vergleiche mit dem salzsauren Diparaaminotriphenylkarbinol finden wir im Absorptionsspektrum einen Streifen mehr, folglich kann man annehmen, daß dieser Nebenabsorptionsstreifen durch den Einfluß der dritten Gruppe — $C_6H_4.NH_2$ — hervorgerufen wird.

Diese beschriebenen Formen des Absorptionsspektrums treten mehr oder weniger scharf bei allen solchen Triaminoderivaten der Triphenylmethanfarbstoffe auf, welche dem Triparaaminotriphenylkarbinol analoge Konstitution aufweisen, also alle drei Aminogruppen in Parastellung zum Fundamentalkohlenstoff enthalten und deren Wasserstoffe der Aminogruppen nur durch Alkylgruppen substituiert sind. Das angewendete Lösungsmittel (Wasser, Äthylalkohol und Amylalkohol) wirkt auf die Form des Absorptionsspektrums dieser Verbindungen nicht ein.

So geben stark verdünnte Lösungen von Fuchsin (Tafel I, Zeile 2), Methylviolett, Kristallviolett (Tafel I, Zeile 3), Äthylviolett usw. in allen üblichen Lösungsmitteln neben einem stärkeren Absorptionsstreifen einen schwächeren Absorptionsstreifen rechts.

Der Unterschied in den Formen der Absorptionsspektren der Triparaaminoderivate und der Diparaaminoderivate der Rosanilinfarbstoffe gestattet uns daher, die Triparaaminoderivate von den Diparaaminoderivaten leicht zu unterscheiden.

Wie wir gesehen haben, ändert sich durch den Eintritt der dritten Aminogruppe in die freie Parastellung des dritten Benzolringes gleichzeitig die Form des Absorptionsspektrums. Mit der Änderung der Form des Absorptionsspektrums hängt aber auch die Veränderung seiner Lage zusammen; das Absorptionsspektrum verschiebt sich durch den Eintritt der dritten Aminogruppe nach kürzeren Wellen, also nach Violett hin.

Der Absorptionsstreifen der wässerigen Lösung des Diparaaminotriphenylkarbinolchlorids liegt bei $\lambda$ 561,4, die Absorptionsstreifen der wässerigen Lösung des Triparaaminotriphenylkarbinolchlorids liegen bei $\lambda$ 540,3 und $\lambda$ 483,7.

Befindet sich jedoch die dritte Aminogruppe des Triaminotriphenylkarbinols in einer anderen Stellung als in Parastellung, so gibt die Lösung einer solchen Verbindung nur einen Doppelstreifen und in stark verdünnten Lösungen nur einen einfachen Absorptionsstreifen (Fig. 9, Zeile 1 u. 2).

Solche Verbindungen haben also den Charakter des Absorptionsspektrums eines Diparaaminoderivates. Die meta- oder orthoständige Aminogruppe übt daher keinen Einfluß auf die Form des Absorptionsspektrums aus, sie wirkt aber auf die Lage des Absorptionsspektrums ein, wie aus der nebenstehenden Tabelle ersichtlich ist, wo beim salzsauren Tetramethylpararosanilin *a* den Hauptstreifen, *b* den Nebenstreifen bedeutet.

| | In Wasser | | Zusatz von Salzsäure | | In Äthylalkohol | |
|---|---|---|---|---|---|---|
| | Farbe der Lösung | Absorption | Farbe der Lösung | Absorption | Farbe der Lösung | Absorption |
| Salzsaures Tetramethylpararosanilin . . . . | violett | a 586,3<br>b 513,6 | grün | 623,9 | violett | a 578,0<br>b 529,4 |
| Salzsaures Tetramethylparadiamino meta aminotriphenylkarbinol . | blaugrün | 615,9 | grün | 627,1 | blaugrün | 614,7 |
| Salzsaures Tetramethylparadiamino ortho aminotriphenylkarbinol . | blaugrün | 618,9 | grün | 635,4 | blaugrün | 616,2 |

Aus dieser Tabelle nehmen wir auch wahr, daß die wässerige Lösung des salzsauren Tetramethyl-p-rosanilins, welche nach dem Ansäuern mit verdünnter Mineralsäure grün wird, nur einen Absorptionsstreifen von der Form eines Diparaaminoderivates unter gleichzeitiger starker Verschiebung des Absorptionsspektrums liefert, ähnlich wie die zwei anderen Verbindungen. Bei der äthylalkoholischen Lösung findet durch verdünnte Säure bei allen drei Verbindungen keine Veränderung des Spektrums statt. Diese Erscheinung ist den sämtlichen alkylierten Triparaaminoderivaten gemeinschaftlich.

Aber auch der oben besprochene Einfluß der dritten parastehenden Aminogruppe auf die Form des Absorptionsspektrums kann mitunter aufgehoben werden.

Behandelt man z. B. das Hexamethylpararosanilinchlorid (Kristallviolett O), dessen Lösungen die Form des Absorptionsspektrums Fig. 9, Zeile 3 u. 4 geben, mit Chlormethyl, wodurch das Chlormethylat des Hexamethylpararosanilinchlorids entsteht, und die Aminogruppe den Charakter der Ammoniumgruppe erhält, so wird der Einfluß dieser Gruppe auf die Form des Absorptionsspektrums aufgehoben und die neue Verbindung gibt nur ein Absorptionsspektrum eines Diparaaminoderivates.

Es zeigt nämlich die wässerige verdünnte violette Lösung des salzsauren Hexamethylpararosanilins einen stärkeren Absorptionsstreifen bei $\lambda$ 590,5 und einen schwachen Absorptionsstreifen bei 539,5 (Fig. 9, Zeile 3 u. 4), wogegen die blaugrüne wässerige Lösung des Chlormethylats des Hexamethylpararosanilinchlorids nur einen Absorptionsstreifen bei $\lambda$ 632,7 gibt (Fig. 9, Zeile 1 u. 2).

Durch das Methylieren des Kristallvioletts mit $CH_3Cl$ bezw. mit $CH_3J$ wird nämlich der eine Stickstoff der auxochromen Gruppe fünfwertig, ihre Wirkung wird dadurch aufgehoben und daher die neue Verbindung grün.

Der vorsichtige Zusatz von verdünnter Säure zur wässerigen Lösung des Kristallvioletts und analoger Farbstoffe bewirkt dieselbe Veränderung, die Farbe geht von Violett durch Blau nach Grün über. Es ist das Grünwerden der Lösung des Violetts mit Säure auch dadurch zu erklären, daß der Stickstoff der Aminogruppe durch Salzbildung fünfwertig wird $-N\begin{smallmatrix}\diagup (CH_3)_2 \\ -H \\ \diagdown Cl\end{smallmatrix}$, was auch an dem Absorptionsspektrum sichtbar ist.

So gibt in wässeriger Lösung:

das Chlormethylat des salzsauren Hexamethylpararosanilins einen Absorptionsstreifen bei $\lambda$ 633,1 $-N\begin{smallmatrix}\equiv (CH_3)_3 \\ \diagdown Cl\end{smallmatrix}$

das Kristallviolett O + Säure einen Absorptionsstreifen bei . . . . . . . . . $\lambda$ 630,5 $-N\begin{smallmatrix}\diagup (CH_3)_2 \\ -H \\ \diagdown Cl\end{smallmatrix}$

Wird die Aminogruppe eines Triparaaminoderivates *azetyliert*, so wird ihr Einfluß auf die Form des Absorptionsspektrums ebenfalls aufgehoben, und solche Verbindungen geben bloß das Absorptionsspektrum eines Diparaaminoderivates.

So zeigt z. B. die *violette* Lösung des Pentamethylpararosanilinchlorids ein Absorptionsspektrum des Triparaaminoderivates (Fig. 9, Zeile 3 u. 4), wogegen die *grüne* Lösung des Azetylpentamethylpararosanilins bloß ein Absorptionsspektrum eines Diparaaminoderivates gibt (Fig. 9, Zeile 1 u. 2).

Entazetyliert man diese Verbindung, so erscheint wieder das ursprüngliche Absorptionsspektrum des Triparaaminoderivates.

Während die Anwesenheit der *Alkylgruppen* in den Triaminoderivaten nur den Einfluß auf die Lage der Absorptionsstreifen ausübt, wirken die *Benzylgruppen* in den Triaminoderivaten nicht nur auf die Lage, sondern auch unter gewissen Umständen auf die *Form* des Absorptionsspektrums ein.

Tritt in die freie Aminogruppe des salzsauren Tetramethylpararosanilins eine *Benzylgruppe* ein, wodurch das salzsaure *Tetramethylbenzylpararosanilin*

$(CH_3)_2N$ ... $C$ ... $=N(CH_3)_2Cl$

$N\begin{smallmatrix}\diagup H \\ \diagdown CH_2C_6H_5\end{smallmatrix}$

entsteht, so beobachten wir bei der *wässerigen* Lösung dieser Verbindung nebst einer Verschiebung des Absorptionsspektrums auch eine, wenn auch geringe, doch deutliche Verstärkung des Nebenabsorptionsstreifens (Fig. 9, Zeile 5).

Die Absorptionsstreifen der wässerigen Lösung des salzsauren Tetramethylpararosanilins liegen bei $\lambda$ 586,3 und 513,6, die Absorptionsstreifen des salzsauren Tetramethylbenzylpararosanilins liegen bei $\lambda$ 583,3 und bei $\lambda$ 526,7.

Werden freie Wasserstoffe der dritten Aminogruppe des salzsauren Tetramethylpararosanilins durch zwei Benzylgruppen substituiert, wodurch salzsaures Tetramethyldibenzylpararosanilin

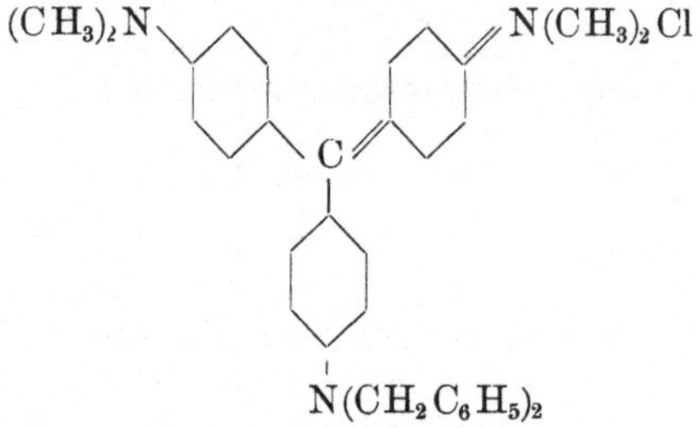

$(CH_3)_2N$ — $N(CH_3)_2Cl$ — C — $N(CH_2C_6H_5)_2$

entsteht, so ändert sich nicht nur die Lage, sondern auch die Form des Absorptionsspektrums der wässerigen Lösung der neuen Verbindung; der Nebenstreifen des Absorptionsspektrums erscheint nämlich breiter und bedeutend verstärkt (Fig. 9, Zeile 5; Tafel I, Zeile 4), als wir ihn sonst bei den Absorptionsspektren der alkylierten Triparaaminoderivate sehen.

Dieselbe Form des Absorptionsspektrums beobachten wir auch bei den wässerigen Lösungen der analogen Sulfosäuresalzen[1]) wie z. B. bei

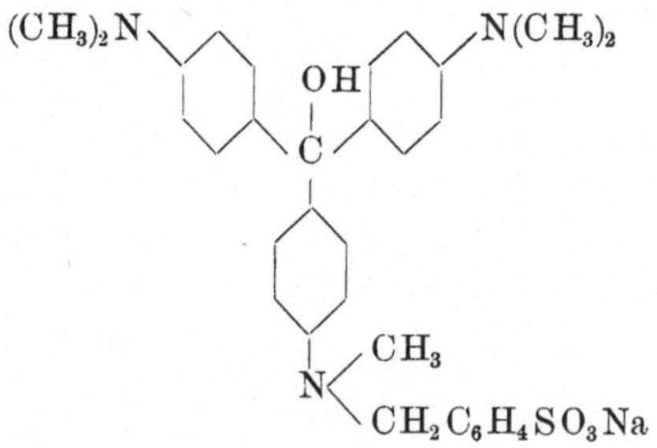

$(CH_3)_2N$ — $N(CH_3)_2$ — OH — C — N — $CH_3$ — $CH_2C_6H_4SO_3Na$

oder bei

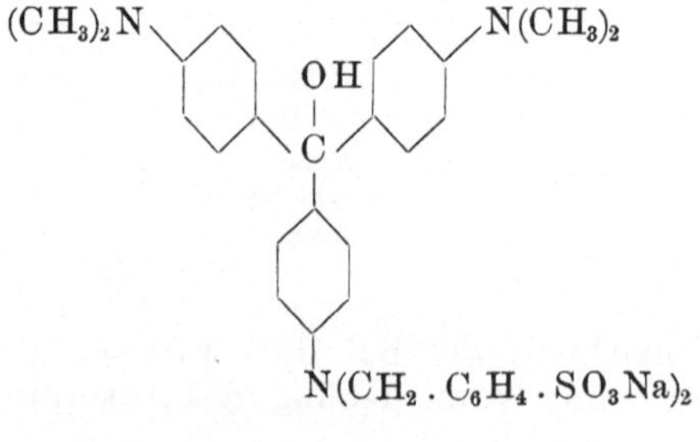

$(CH_3)_2N$ — $N(CH_3)_2$ — OH — C — $N(CH_2 . C_6H_4 . SO_3Na)_2$

1) Als Karbinol formuliert.

Da der Nebenstreifen der dritten Aminogruppe entspricht (Seite 107), so kann man annehmen, daß seine Verstärkung durch den Eintritt von zwei Benzylgruppen bezw. durch eine Benzylgruppe und Alkylgruppe in die dritte Aminogruppe hervorgerufen wird.

Die durch den Eintritt von zwei Benzylgruppen in das Tetramethylpararosanilinchlorid stattgefundene Verschiebung der Absorptionsstreifen ist aber nicht so stark, wie die Verschiebung der Absorptionsstreifen, welche durch den Eintritt von zwei Methylgruppen in das salzsaure Tetramethylpararosanilin bewirkt wird. Der Hauptstreifen der wässerigen Lösung des Tetramethyldibenzylpararosanilinchlorids liegt bei λ 588,0, der Nebenstreifen bei λ 532,0, wogegen der Hauptstreifen der wässerigen Lösung des Hexamethylpararosanilinchlorids bei λ 590,5 und der Nebenstreifen bei λ 539,5 sich befindet. Die Methylgruppen besitzen daher ein größeres Verschiebungsvermögen als die Benzylgruppen.

Bei der wässerigen Lösung der Sulfosäuresalze der Benzylderivate von der Zusammensetzung des G u i n e a v i o l e t t s 4 B[A], z. B.

$C_2H_5$ \ N / $C_2H_5$
$CH_2$ / N \ $CH_2$
$C_6H_4$ — C — $C_6H_4 . SO_3Na$
$SO_3$
$N(CH_3)_2$

beobachten wir ein Absorptionsspektrum, welches aus einem breiteren stärkeren Streifen und einem schwachen Streifen l i n k s besteht (Fig. 9, Zeile 6; Tafel I, Zeile 5).

Der Absorptionsstreifen links kann mitunter so schwach sein, daß er nur als ein mit dem Hauptstreifen verbundener schwacher Schatten erscheint, wie z. B. bei der w ä s s e r i g e n Lösung des F o r m y l v i o l e t t s S 4 B [C].

Die Form des Absorptionsspektrums solcher benzylierten Verbindungen bleibt auch bei verschiedener Konzentration der Lösung unverändert.

Ä t h y l - und a m y l a l k o h o l i s c h e Lösungen der Benzylderivate geben jedoch d i e s e l b e Form des Absorptionsspektrums wie die a l k y l i e r t e n T r i p a r a a m i n o d e r i v a t e, nämlich neben einem intensiveren Absorptionsstreifen einen schwachen Absorptionsstreifen rechts (Fig. 9, Zeile 3 u. 4).

Die totale Veränderung des Absorptionsspektrums der Benzylderivate in w ä s s e r i g e r Lösung ist vielleicht so aufzufassen, daß der Stickstoff der einen Aminogruppe gewissermaßen infolge der inneren Salzbildung fünfwertig wird, wodurch bei einer derartig zusammengesetzten Verbindung, wie z. B. G u i n e a v i o l e t t 4 B, auch das Absorptionsspektrum vollständig umgestaltet wird.

Ganz anders verhalten sich benzylierte Triparaaminoderivate, welche eine zum Methankohlenstoff orthoständige Sulfogruppe enthalten, wie das Eriozyanin [G], Echtsäureviolett 10 B [By] usw.

Das Eriozyanin wird angeblich aus Tetramethyldiaminodiphenylmethanmonosulfosäure und Dibenzylanilinsulfosäure dargestellt[1]) und so käme ihm daher die Formel

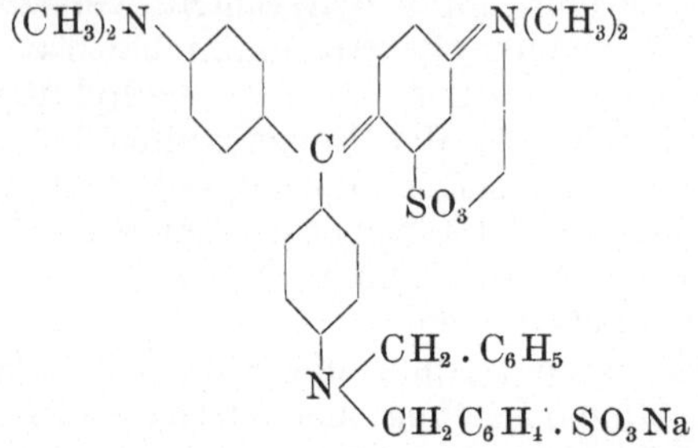

$(CH_3)_2N$ $N(CH_3)_2$ C $SO_3$ N $CH_2 . C_6H_5$ $CH_2C_6H_4 . SO_3Na$

zu[2]). Da dieser Farbstoff drei Aminogruppen in Parastellung enthält, so sollten seine verdünnten Lösungen regelrecht neben einem stärkeren Absorptionsstreifen auch einen Nebenstreifen rechts liefern, und da die dritte Aminogruppe zwei Benzylgruppen enthält, müßte der Nebenstreifen bedeutend verstärkt erscheinen (Seite 110).

Tatsächlich liefern aber verdünnte blaue Lösungen des Eriozyanins nur einen Absorptionsstreifen bezw. einen Doppelstreifen, genau wie die Diparaaminoderivate der Rosanilinfarbstoffe (Fig. 9, Zeile 1 u. 2) und zwar gibt die entsprechend verdünnte wässerige Lösung des Eriozyanins nur einen Absorptionsstreifen bei $\lambda$ 613,8 und die verdünnte äthylalkoholische Lösung einen Absorptionsstreifen bei $\lambda$ 606,9.

Die analog zusammengesetzte Verbindung des Tetramethyldibenzylpararosanilins ohne orthoständige Sulfosäuregruppe

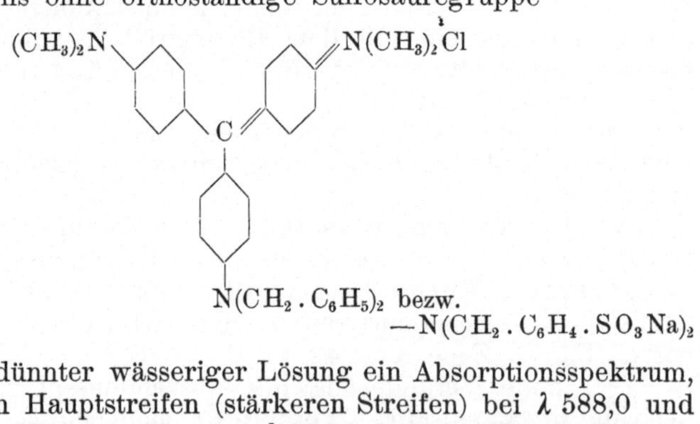

$(CH_3)_2N$ $N(CH_3)_2Cl$ C $N(CH_2 . C_6H_5)_2$ bezw. $—N(CH_2 . C_6H_4 . SO_3Na)_2$

zeigt aber in verdünnter wässeriger Lösung ein Absorptionsspektrum, welches aus einem Hauptstreifen (stärkeren Streifen) bei $\lambda$ 588,0 und einem verstärkten Nebenstreifen bei $\lambda$ 532,0 besteht (Fig. 9, Zeile 5).

---

1) G. v. Georgievics, Lehrbuch der Farbenchemie, 3. Aufl., S. 155.

2) Die von Schultz, Tabell. Übersicht der künstl. organ. Farbstoffe, 1902, S. 168 angegebene Formel für das Eriozyanin ist wohl nicht richtig.

Da aber die Lösungen des Eriozyanins, wie oben angeführt, nur das Absorptionsspektrum eines Diparaaminoderivates geben, so kann man sich diese Erscheinung dadurch erklären, daß beim Eriozyanin nicht nur der Stickstoff der einen Aminogruppe durch die innere Salzbildung gewissermaßen fünfwertig wird (daher vielleicht die *blaue* Farbe des Farbstoffes, ein Übergang von Violett nach Grün), sondern daß auch gleichzeitig durch die orthoständige Sulfogruppe die Wirkung der einen auxochromen Gruppe auf das Absorptionsspektrum aufgehoben wird, was zur Folge hat, daß nur das Absorptionsspektrum eines Diparaaminoderivates auftritt.

Dasselbe gilt auch von dem *Echtsäureviolett* 10B [By], welches nach Angabe von G. *Schultz*[1]) aus Tetramethyldiaminobenzhydrol und Äthylbenzylanilindisulfosäure dargestellt wird und so käme diesem Farbstoff die von *Schultz* aufgestellte Formel

$(CH_3)_2N$ — $N(CH_3)_2$
C
$SO_3Na$
$N \langle C_2H_5$, $CH_2 . C_6H_4 . SO_3$

zu. Das Echtsäureviolett 10B sollte in wässeriger Lösung neben einem starken Absorptionsstreifen (Hauptstreifen) noch einen verstärkten Nebenstreifen zeigen (Fig. 9, Zeile 5). Die verdünnte blaue wässerige und äthylalkoholische Lösung dieses Farbstoffes gibt aber wie das Eriozyanin nur *einen* Absorptionsstreifen bezw. einen Doppelstreifen der Diparaaminoderivate (Fig. 9, Zeile 1 u. 2). Die zum Methankohlenstoff orthoständige Sulfosäuregruppe wirkt hier in derselben Weise wie beim Eriozyanin und demnach kann dem Echtsäureviolett 10B aus den oben angeführten Gründen höchstwahrscheinlich die Formel

$(CH_3)_2N$ — $N(CH_3)_2$
C
$SO_3$
$N \langle C_2H_5$, $CH_2 . C_6H_4 . SO_3Na$

[1]) G. *Schultz*, Tabell. Übersicht der künstl. organ. Farbstoffe 1902, S. 164.

oder auch die Formel

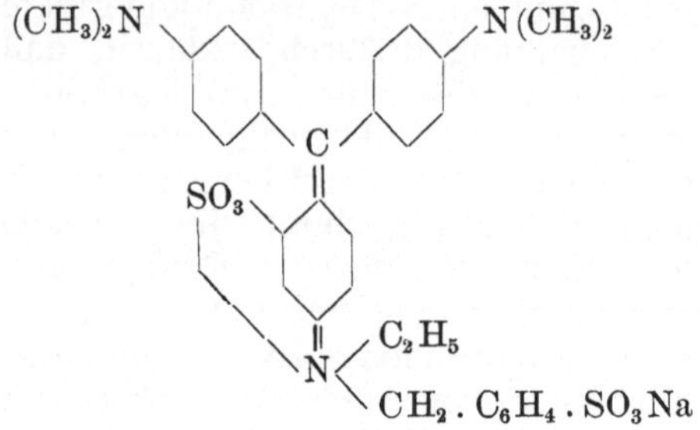

$(CH_3)_2N$ — $N(CH_3)_2$

C

$SO_3$

$C_2H_5$

N

$CH_2 . C_6H_4 . SO_3Na$

zukommen, vorausgesetzt, dass das Echtsäureviolett 10 B wirklich aus den oben genannten Komponenten erzeugt wird [1]).

Das Absorptionsspektrum derselben Form wie das Eriozyanin und das Echtsäureviolett 10 B gibt auch das Guineaechtviolett 10 B [A]. Nachdem sich dieser Farbstoff auch gegen Alkali gleich verhält, so hat er wahrscheinlich auch eine ähnliche Zusammensetzung.

Triparaaminoderivate mit metaständiger Sulfogruppe, welche keine Benzylgruppen enthalten, wie Säurefuchsin, Rotviolett 5 RS [B], Rotviolett 4 RS [M], geben das normale Absorptionsspektrum eines Triparaaminoderivates (Fig. 9, Zeile 3 u. 4) und ihre Lösungen sind auch nicht alkalibeständig wie die Lösungen der Farbstoffe mit orthoständiger Sulfogruppe.

Das Säureviolett 6 BN [B] [2]) von der angeblichen Formel [3])

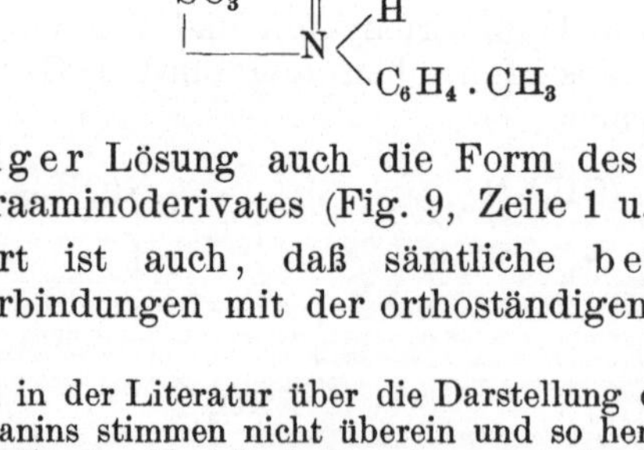

$(CH_3)_2N$ — $N(CH_3)_2$

C

$O . C_2H_5$

$SO_3$

H

N

$C_6H_4 . CH_3$

zeigt in wässeriger Lösung auch die Form des Absorptionsspektrums eines Diparaaminoderivates (Fig. 9, Zeile 1 u. 2).

Bemerkenswert ist auch, daß sämtliche benzylierte und phenylierte Verbindungen mit der orthoständigen Sulfogruppe zum

1) Die Angaben in der Literatur über die Darstellung des Echtsäurevioletts 10 B und des Eriozyanins stimmen nicht überein und so herrscht in der Formulierung dieser Farbstoffe eine Unsicherheit, welche erst durch gründliche wissenschaftliche Forschung geklärt werden muß (vergl. z. B. L. Lefêvre, Traité des Matières colorantes organiques artificielles, II. 1026).

2) Das Handelsprodukt, welches nach der spektroskopischen Untersuchung nebstdem noch einen roten Farbstoff enthält.

3) G. Schultz, Tabellarische Übersicht der künstlichen organischen Farbstoffe 1902, S. 166.

Methankohlenstoff in wässeriger als auch in alkoholischer Lösung alkalibeständig sind, wodurch sie sich von den anderen Säurevioletts und Säuregrüns unterscheiden. Diese Erscheinung beobachten wir auch bei den ähnlichen Diparaaminoderivaten. So ändert sich z. B. die wässerige grünblaue Lösung des

$(CH_3)_2N$ — $N(CH_3)_2$ — $C$ — $SO_3$

mit verdünnter Kalilauge versetzt nicht, wogegen die wässerige Lösung des Malachitgrüns mit Kalilauge entfärbt wird. Dies gilt auch vom Erioglauzin, Patentblau usf.

Wie die Benzylgruppen, so wirken bei den Triparaaminoderivaten auf die Form und Lage des Absorptionsspektrums auch die Phenylgruppen ein.

Tritt in ein Triaminoderivat eine Phenylgruppe ein, so findet nur eine stärkere Verschiebung des Absorptionsspektrums statt, ohne daß sich seine Form verändert.

So haben die Lösungen des salzsauren Tetramethylpararosanilins und die Lösungen des Tetramethylphenylpararosanilins

$(CH_3)_2N$ — $N(CH_3)_2Cl$ — $C$ — $NH.C_6H_5$

die gleiche Form der Absorptionsspektren (Fig. 9, Zeile 3 u. 4), ihre Lage ist jedoch verschieden. Die Absorptionsstreifen der wässerigen Lösung des salzsauren Tetramethylpararosanilins liegen bei $\lambda$ 586,3 und 513,6, die Absorptionsstreifen der wässerigen Lösung des salzsauren Tetramethylphenylpararosanilins liegen bei $\lambda$ 594,0 und 538,5.

Treten in die Aminogruppen eines Triparaaminoderivates zwei Phenylgruppen und zwar jede Phenylgruppe in eine andere Aminogruppe ein, so fließt der Hauptstreifen mit dem Nebenstreifen teilweise zusammen und es entsteht ein breiterer, nach rechts verzogener Absorptionsstreifen, wie wir es bei der äthylalkoholischen Lösung des Diphenylpararosanilinchlorids

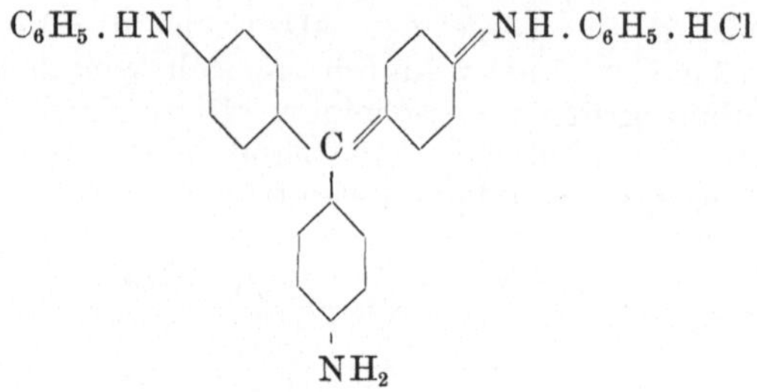

$C_6H_5.HN$ $NH.C_6H_5.HCl$

$C$

$NH_2$

beobachten können (Fig. 9, Zeile 7).

Bei den Sulfosäuresalzen der Alkylphenylderivate, wie z. B. bei der wässerigen Lösung des Säureviolетts 7 B [B]

$CH_3$ $N$ $N$ $CH_3$

$C_6H_4$ $C_6H_4$

$SO_3Na$ $C$ $SO_3$

$N(C_2H_5)_2$

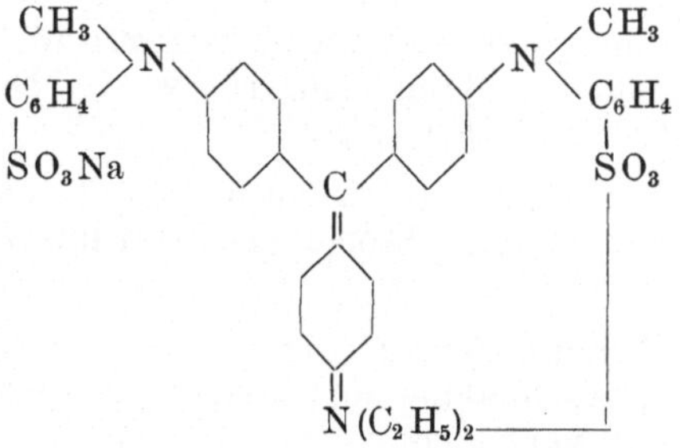

beobachten wir auch eine Verstärkung des Nebenstreifens, also ein in der Fig. 9, Zeile 5 dargestelltes Absorptionsspektrum wie bei den Benzylderivaten.

Ein Absorptionsspektrum derselben Form finden wir bei den analog zusammengesetzten Farbstoffen Säureviolett 6 B [A], Säureviolett 7 BN [M] usf.

Treten in ein Triaminoderivat drei Phenylgruppen und zwar jede Phenylgruppe in eine andere Aminogruppe ein, so geben die Lösungen solcher Verbindungen regelmäßig nur einen breiteren symmetrischen, beziehungsweise in wässerigen Lösungen auch einen unsymmetrischen Absorptionsstreifen (Fig. 9, Zeile 7 u. 8). So zeigt die alkoholische Lösung des Triphenylpararosanilinchlorids

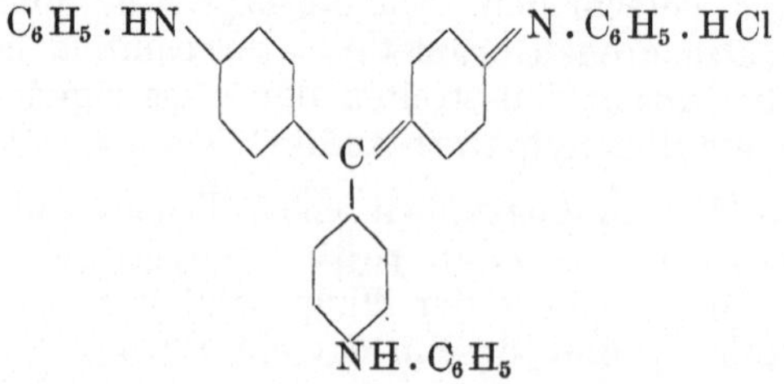

$C_6H_5.HN$ $N.C_6H_5.HCl$

$C$

$NH.C_6H_5$

einen symmetrischen Absorptionsstreifen (Fig. 9, Zeile 7).

Als Beispiel der im Handel befindlichen Produkte führe ich hier Lichtblau spritlöslich [M] (Triphenylpararosanilinchlorid) an, ferner Methylalkaliblau (Tafel I, Zeile 6) und Helvetiablau, welche, wie bekannt, sulfonierte Produkte des Triphenylpararosanilins sind und deren Lösungen auch einen breiteren symmetrischen bezw. unsymmetrischen Absorptionsstreifen liefern.

Der Farbton der wässerigen Lösungen sämtlicher Säureviolетts, ausgenommen der der Triphenylderivate des p-Rosanilins und des Rosanilins, geht nach Zusatz von verdünnter Säure von Violett durch Blau nach Grün über, ähnlich wie bei den nichtsulfonierten alkylierten Triparaaminoderivaten, nur muß man zur Lösung etwas mehr Säure zusetzen, um den reinen grünen Ton der Lösung zu erzielen. Die grüne Lösung zeigt dann ein Absorptionsspektrum eines Diparaaminoderivates (Fig. 9, Zeile 1 u. 2; vergl. S. 109).

Die Salze des Pararosanilins und des Rosanilins geben Absorptionsspektra von gleichem Charakter; zwischen denselben besteht nur ein Unterschied in der Lage der Absorptionsstreifen. So gibt die wässerige Lösung des Pararosanilinchlorids den Hauptabsorptionsstreifen bei $\lambda$ 540,3, die wässerige Lösung des Rosanilinchlorids den Hauptstreifen bei $\lambda$ 544,5 und die wässerige Lösung des Triaminotritolylkarbinols (Neufuchsin) den Hauptstreifen bei $\lambda$ 548,5.

Ebenfalls liegt der Absorptionsstreifen der äthylalkoholischen Lösung des salzsauren Triphenylpararosanilins bei $\lambda$ 594,8 und des salzsauren Triphenylrosanilins bei $\lambda$ 596,1.

Die am Benzolkerne direkt befindliche Methylgruppe verschiebt das Absorptionsspektrum auch verschieden, je nachdem sie sich in Ortho-, Meta- oder Parastellung befindet. In der nachfolgenden Tabelle sind die Wellenlängen der Absorptionsspektren verschiedener Verbindungen des Tetramethyldiaminobenzhydrols mit Toluol, Toluidin und Dimethyltoluidin in Wasser und Äthylalkohol angegeben [1]).

Der Einfachheit halber ist bei der Formel nur der dritte Benzolkern bezeichnet. Bei den Wellenlängenangaben der Triparaaminoderivate bedeutet *a* den Hauptstreifen, *b* den Nebenstreifen.

---

[1]) Viele dieser Präparate verdanke ich Herrn Prof. Fritz Reitzenstein in Würzburg. Die Darstellung der in der Tabelle fehlenden Verbindungen in reinem Zustande ist nicht gelungen oder die Kondensation verlief nicht in gewünschter Richtung, siehe auch Seite 2.

| Bezeichnung der Verbindung | 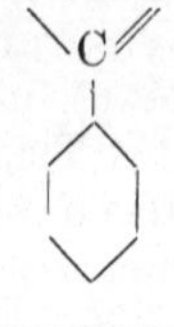 C | 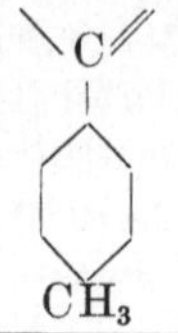 C<br>$CH_3$ | 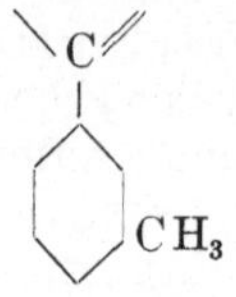 C<br>$CH_3$ | 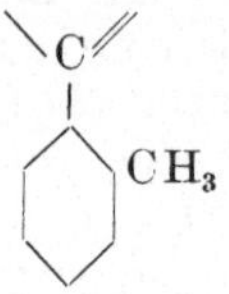 C<br>$CH_3$ |
|---|---|---|---|---|
| in Wasser . . . | 616,9 | 611,1 | 615,4 [1] | 618,0 |
| in Äthylalkohol . | 621,0 | 614,7 | — | 619,5 |
| Farbe . . . . . | blaugrün | blaugrün | — | blaugrün |

| | 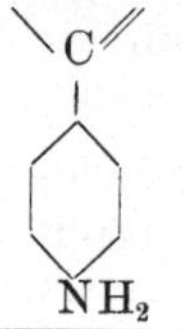 C<br>$NH_2$ | — | 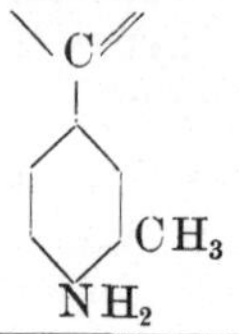 C<br>$CH_3$<br>$NH_2$ | 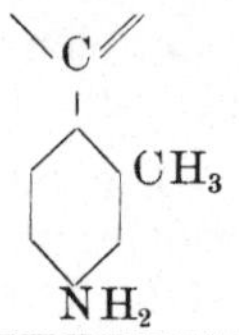 C<br>$CH_3$<br>$NH_2$ |
|---|---|---|---|---|
| in Wasser . . . | a) 586,2<br>b) 513,6 | | a) 582,7<br>b) 512,8 | a) 601,0<br>b) undeutlich |
| in Äthylalkohol . | a) 578,0<br>b) 529,4 | | a) 578,0<br>b) 529,9 | a) 590,4<br>b) 536,6 |
| Farbe . . . . . | violett | | rotviolett | violettblau |

[1]) Berechnet aus der Wellenlänge $\lambda$ 623,9 des Absorptionsstreifens der wässerigen Lösung des

$(CH_3)_2N$ — C — $N(CH_3)_2$ — $SO_3$

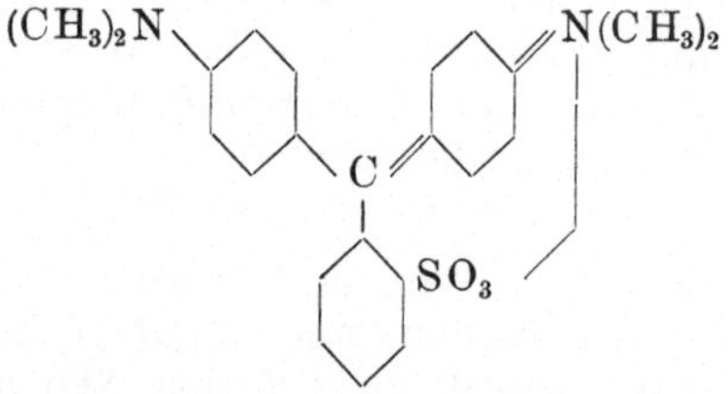

und der Wellenlänge $\lambda$ 622, 3, des Absorptionsstreifens der wässerigen Lösung des

$(CH_3)_2N$ — C — $N(CH_3)_2$ — $SO_3$ — $CH_3$

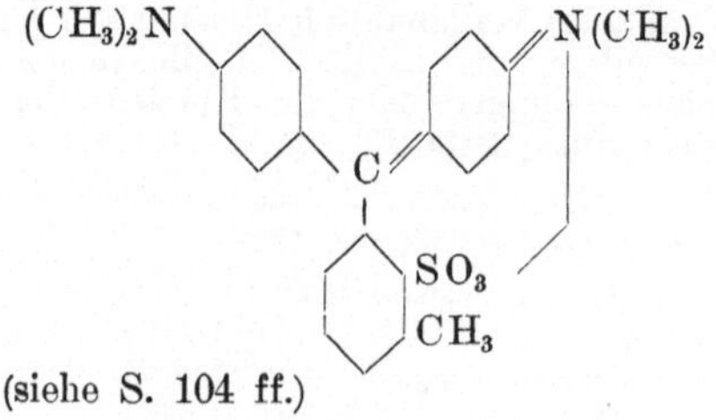

nach der Gleichung (siehe S. 104 ff.)

$$\frac{\begin{array}{r}616{,}9\\561{,}6\end{array}}{55{,}3} : \frac{\begin{array}{r}623{,}9\\561{,}6\end{array}}{62{,}3} = x : \frac{\begin{array}{r}622{,}3\\561{,}6\end{array}}{60{,}7}$$

| Bezeichnung der Verbindung | $C$, $N(CH_3)_2$ | — | $C$, $CH_3$, $N(CH_3)_2$ | $C$, $CH_3$, $N(CH_3)_2$ |
|---|---|---|---|---|
| in Wasser . . | a) 590,5<br>b) 539,5 | | a) 589,3<br>b) 534,8 | a) 598,2<br>b) 545,5 |
| in Äthylalkohol | a) 591,1<br>b) 544,5 | — | a) 590,6<br>b) 542,5 | a) 598,8<br>b) 551,5 |
| Farbe . . . . | violett | | violett | blau |

| | $C$, $NH_2$ | $C$, $NH_2$, $CH_3$ | $C$, $CH_3$, $NH_2$ | $C$, $CH_3$, $NH_2$ |
|---|---|---|---|---|
| in Wasser . . | 615,9 | 612,3 | | 619,8 |
| in Äthylalkohol | 615,3 | 612,6 | — | 619,2 |
| Farbe . . . . | bläulichgrün | blaugrün | | bläulichgrün |

| | $C$, $N(CH_3)_2$ | $C$, $N(CH_3)_2$, $CH_3$ | $C$, $CH_3$, $N(CH_3)_2$ | $C$, $CH_3$, $N(CH_3)_2$ |
|---|---|---|---|---|
| in Wasser . . | | 614,4 | | 618,9 |
| in Äthylalkohol | — | 615,6 | — | 620,7 |
| Farbe . . . . | | bläulichgrün | | blaugrün |

Aus dieser Tabelle entnehmen wir, daß die in Para- und Metastellung zum Fundamentalelemente befindliche Methylgruppe das Absorptionsspektrum nach den kürzeren Wellen (gegen Violett zu) verschiebt, wenn sie aber in der Orthostellung steht, so verschiebt sie das Absorptionsspektrum nach den längeren Wellen (gegen Rot) hin.

Ferner ergibt sich, daß auch die Größe der Verschiebung eines Absorptionsspektrums verschieden ist, und zwar hängt diese Verschiebung von der Lage der Methylgruppe am Benzolring ab, sie ist am größten, wenn die Methylgruppe in die Orthostellung zum Fundamentalelemente eintritt. Vergleichen wir die Absorptionsspektra der Lösungen von

$(CH_3)_2N$ — $N(CH_3)_2Cl$

$CH_3$ C $CH_3$

$N(CH_3)_2$

mit den Absorptionsspektren der Lösungen von salzsaurem Hexamethylpararosanilin, so finden wir, dass auch hier die Methylgruppen in Orthostellung zum Methankohlenstoff das Absorptionsspektrum nach den langen Wellen (gegen Rot) verschieben, wie es aus der nachstehenden Vergleichung erhellt:

| | in Wasser | in Alkohol | in Amylalkohol |
|---|---|---|---|
| salzsaures Hexamethyltriaminoditolylkarbinol | a) $\lambda$ 605,0<br>b) undeutlich | a) 605,0<br>b) 560,3 | a) 605,8<br>b) 562,5 |
| salzsaures Hexamethylpararosanilin . . . . | a) 590,5<br>b) 539,5 | a) 591,1<br>b) 544,5 | a) 592,0<br>b) 546,9 |

Substituiert man im salzsauren Pararosanilin die Wasserstoffe der Aminogruppen durch Alkyl-, Benzyl- bezw. Phenylgruppen und vergleicht die Lage des Haupt- und Nebenabsorptionsstreifen der wässerigen Lösungen solcher Verbindungen untereinander, so findet man, daß durch den Einfluß der substituierten Gruppen das Absorptionsspektrum nicht nur gegen Rot (nach den längeren Wellen) verschoben wird, sondern daß auch die Entfernung zwischen beiden Absorptionsstreifen in bezug auf die Differenz der Absorptionsstreifen des Pararosanilinchlorids einmal vergrößert, andersmal verringert wird. So gibt die wässerige Lösung von

| | Hauptstreifen | Nebenstreifen | Differenz $m\mu$ |
|---|---|---|---|
| salzsaurem p-Rosanilin . . . . . . . | $\lambda$ 540,3 | $\lambda$ 483,7 | 56,6 |
| „ Tetramethyl-p-Rosanilin . . . | 586,3 | 513,6 | 72,7 |
| „ Tetraäthyl-p-Rosanilin . . . | 591,4 | 517,7 | 73,7 |
| „ Pentamethyl-p-Rosanilin . . . | 583,3 | 529,4 | 53,9 |
| „ Pentamethylbenzyl-p-Rosanilin . | 583,3 | 526,7 | 56,6 |
| „ Tetramethyldibenzyl-p-Rosanilin | 588,0 | 532,0 | 56,0 |
| „ Tetramethylphenyl-p-Rosanilin . | 594,0 | 538,5 | 55,5 |
| „ Hexamethyl-p-Rosanilin . . . | 590,5 | 539,5 | 51,0 |
| „ Hexaäthyl-p-Rosanilin . . . | 596,1 | 545,5 | 50,6 |

Aus der eben angeführten Tabelle entnehmen wir, daß durch den Einfluß der in die erste und zweite Aminogruppe des p-Rosanilins eintretenden Alkylgruppen der Hauptstreifen, welcher durch diese auxochrome Gruppen hervorgerufen wird (Seite 102 u. 107), sich bedeutend mehr nach den längeren Wellen verschiebt als der Nebenstreifen, wodurch die Differenz zwischen dem Hauptstreifen und Nebenstreifen vergrößert wird. Diese Differenz wird aber stark verringert, wenn die Wasserstoffe der dritten Aminogruppe durch Alkylgruppen usf. substituiert werden.

Diese Erscheinung können wir uns so erklären, daß durch die Substitution der freien Wasserstoffe der dritten Aminogruppe des salzsauren Tetramethylpararosanilins nur die Zusammensetzung der dritten Gruppe — $C_6H_4 . NH_2$ geändert wird und da diese Gruppe dem Nebenabsorptionsstreifen entspricht (Seite 107), so verschiebt sich in erster Reihe der Nebenstreifen und erst durch die sekundäre Wirkung wird der Hauptstreifen verschoben, jedoch in einem kleineren Maße als der Nebenstreifen.

Vergleichen wir die Entfernung zwischen dem Hauptstreifen und dem Nebenstreifen der Triparaaminoderivate in verschiedenen Lösungsmitteln, so finden wir, daß sich dieselbe um so mehr verringert, je größeres Brechungsvermögen das angewandte Lösungsmittel besitzt. So beträgt der Unterschied zwischen der Lage des Haupt- und Nebenstreifens des Absorptionsspektrums von

| | in Wasser $m\mu$ | in Äthylalkohol $m\mu$ | in Amylalkohol $m\mu$ |
|---|---|---|---|
| Pararosanilinchlorid . . . . . . . . . | 56,6 | 50,5 | 50,0 |
| Tetramethylpararosanilinchlorid . . . . | 72,7 | 48,6 | 44,1 |
| Tetraäthylpararosanilinchlorid . . . . | 73,7 | 49,5 | 45,0 |
| Pentamethylpararosanilinchlorid . . . . | 53,9 | 44,8 | 42,0 |
| Tetramethylbenzylpararosanilinchlorid . | 56,6 | 45,8 | 43,0 |
| Tetramethyldibenzylpararosanilinchlorid . | 56,0 | 46,0 | 44,3 |
| Tetramethylphenylpararosanilinchlorid . | 55,5 | 44,5 | 41,4 |
| Hexamethylpararosanilinchlorid . . . . | 51,0 | 46,6 | 45,1 |
| Hexaäthylpararosanilinchlorid . . . . | 50,6 | 45,5 | 44,0 |

Wir finden ferner die interessante Erscheinung, daß bei dem salzsauren Tetramethyl- und Tetraäthylpararosanilin in verschiedenen Lösungsmitteln der Hauptstreifen (*a*) nach den kürzeren Wellen und der Nebenstreifen (*b*) nach den längeren Wellen verschoben erscheint und weiter, daß bei dem salzsauren Pentamethyl-, Tetramethylbenzyl-, Tetramethylphenyl-, Tetramethyldibenzyl-, Hexamethyl- und Hexaäthylpararosanilin in verschiedenen Lösungsmitteln die Lage des Hauptabsorptionsstreifens (*a*) entweder unverändert bleibt oder sich nur wenig verändert, der Nebenstreifen (*b*) aber nach den längeren Wellen rückt. Dies erhellt aus der nachstehenden Tabelle:

| | | in Wasser | in Äthylalkohol | in Amylalkohol |
|---|---|---|---|---|
| Salzsaures Tetramethyl-p-Rosanilin . . . | a) | 586,3 | 578,0 | 576,2 |
| | b) | 513,6 | 529,4 | 532,1 |
| „ Tetraäthyl-p-Rosanilin . . . | a) | 591,4 | 582,5 | 5807, |
| | b) | 517,7 | 533,0 | 535,7 |
| „ Pentamethyl-p-Rosanilin . . . | a) | 583,3 | 583,3 | 583,5 |
| | b) | 529,4 | 538,5 | 541,5 |
| „ Tetramethylbenzyl-p-Rosanilin . | a) | 583,3 | 583,3 | 583,5 |
| | b) | 526,7 | 537,5 | 540,5 |
| „ Tetramethyldibenzyl-p-Rosanilin | a) | 588,0 | 588,5 | 588,8 |
| | b) | 532,0 | 542,5 | 544,5 |
| „ Tetramethylphenyl-p-Rosanilin . | a) | 594,0 | 594,0 | 594,0 |
| | b) | 538,5 | 549,5 | 552,6 |
| „ Hexamethyl-p-Rosanilin . . . | a) | 590,5 | 591,1 | 592,0 |
| | b) | 539,5 | 544,5 | 546,9 |
| „ Hexaäthyl-p-Rosanilin . . . | a) | 596,1 | 596,0 | 596,6 |
| | b) | 545,5 | 550,5 | 552,6 |

Substituiert man freie Wasserstoffe der Aminogrupppen des salzsauren Pararosanilinchlorids durch Methylgruppen, so verschiebt sich der Hauptabsorptionsstreifen der wässerigen Lösung des Pararosanilinchlorids beim Eintritt von vier Methylgruppen von $\lambda$ 540,3 auf $\lambda$ 586,3, der Nebenstreifen von $\lambda$ 483,7 auf 513,6; beim Eintritt von sechs Methylgruppen verschiebt sich der Hauptstreifen der ursprünglichen Verbindung auf $\lambda$ 590,5, der Nebenstreifen auf $\lambda$ 539,5.

Ersetzt man die Wasserstoffe des salzsauren Pararosanilinchlorids durch Äthylgruppen, so verschiebt sich der Hauptstreifen bei der wässerigen Lösung durch den Eintritt von vier Äthylgruppen von $\lambda$ 540,3 auf $\lambda$ 591,4, der Nebenstreifen von $\lambda$ 483,7 auf $\lambda$ 517,7, beim Eintritt von sechs Äthylgruppen verschiebt sich der Hauptstreifen auf $\lambda$ 596,1, der Nebenstreifen auf $\lambda$ 545,5.

Betrachtet man nun die Unterschiede in den Lagen der Absorptionsstreifen der angeführten Verbindungen in bezug auf ihre Muttersubstanz (salzsaures p-Rosanilin), so findet man, daß die durch den Eintritt der Alkylgruppen stattfindende Verschiebung der Absorptionsstreifen mit der Anzahl der Alkylgruppen proportional zunimmt.

Die Verschiebung des Hauptabsorptionsstreifens der wässerigen Lösung des salzsauren p-Rosanilins ($\lambda$ 540,3) durch den Eintritt

von vier Methylgruppen beträgt $586{,}3 - 540{,}3 = 46{,}0\ m\mu$
„ sechs „ „ $590{,}5 - 540{,}3 = 50{,}2\ m\mu$
„ vier Äthylgruppen „ $591{,}4 - 540{,}3 = 51{,}1\ m\mu$
„ sechs „ „ $596{,}1 - 540{,}3 = 55{,}8\ m\mu$.

Stellt man diese Zahlen in eine Proportion, so erhält man

$$46{,}0 : 50{,}2 = 51{,}1 : 55{,}8$$

oder $$46{,}0 : 51{,}1 = 50{,}2 : 55{,}8,$$

das Multiplum

$$46{,}0 \times 55{,}8 = 2566{,}8$$
$$50{,}2 \times 51{,}0 = 2565{,}2.$$

Somit sind die Zahlen, welche die Verschiebung des Hauptabsorptionsstreifens durch den Eintritt der Alkylgruppen in die Aminogruppen des Triparaaminotriphenylkarbinols ausdrücken, proportional.

Das Verhältnis $\frac{46{,}0}{50{,}2} = 0{,}9163$ und $\frac{51{,}1}{55{,}8} = 0{,}9157$

im Durchschnitte 0,916

und das Verhältnis $\frac{46{,}0}{51{,}1} = 0{,}9001$ und $\frac{50{,}2}{55{,}7} = 0{,}8996$

rund 0,900

sind ähnliche Konstanten, wie diejenigen, welche bei den Diparaaminoderivaten bestimmt worden sind. Wie wir sehen, ist das Verhältnis der Verschiebungszahlen der Methyl- und Äthylgrupppen dasselbe wie bei den Diparaaminoderivaten (siehe Seite 104).

Vergleicht man die Unterschiede in den Lagen der Absorptionsstreifen der Triparaaminoderivate und der Diparaaminoderivate, z. B. die des Malachitgrüns, Brillantgrüns, des Kristallvioletts und des Äthylvioletts, in bezug auf die Absorptionsstreifen ihrer Grundverbindungen untereinander, so findet man, daß die Verschiebungszahlen der genannten Farbstoffe ebenfalls proportional sind.

So beträgt die Verschiebung des Absorptionsstreifens des salzsauren Diparaaminotriphenylkarbinols ($\lambda$ 561,6)

durch den Eintritt von vier Methylgruppen $616{,}9 - 561{,}6 = 55{,}3\ m\mu$
„ „ „ „ „ Äthylgruppen $623{,}0 - 561{,}6 = 61{,}4\ m\mu$

und die Verschiebung des Hauptstreifens der wässerigen Lösung des salzsauren Triparaaminotriphenylkarbinols ($\lambda$ 540,3)

durch den Eintritt von sechs Methylgruppen $590{,}5 - 540{,}3 = 50{,}2\ m\mu$
„ „ „ „ „ Äthylgruppen $596{,}1 - 540{,}3 = 55{,}8\ m\mu$.

Stellt man diese Zahlen in eine Proportion, so erhält man

$$55{,}3 : 61{,}4 = 50{,}2 : 55{,}8,$$

d. i. das Multiplum

$$55{,}3 \times 55{,}8 = 3085{,}74$$
$$61{,}4 \times 50{,}2 = 3082{,}28.$$

Das Verhältnis

$$\frac{55{,}3}{61{,}4} = 0{,}900 \text{ und } \frac{50{,}2}{55{,}8} = 0{,}8996,$$

rund 0,900, ergeben eine Zahl, welche mit der auf Seite 104 angeführten Konstante der Verschiebungszahlen der Methyl- und Äthylderivate der Diparaaminoverbindungen übereinstimmt.

### c) Hydroxylderivate.

Hydroxylderivate der Triphenylmethanfarbstoffe verhalten sich spektroskopisch ähnlich wie die Aminoderivate.

Vergleichen wir die Lösungen des Malachitgrüns und des *Paraoxymalachitgrüns*

$(CH_3)_2N$ — $C$ — $N(CH_3)_2Cl$

$OH$

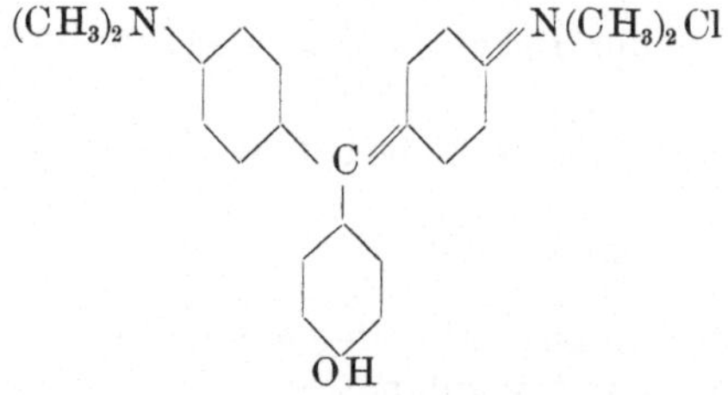

so finden wir, daß sich ihre Absorptionsspektra nur durch die Lage unterscheiden, die Form der Absorptionsspektra ist gleich (Fig. 9, Zeile 1 u. 2). Die wässerige Lösung des Malachitgrüns gibt einen Absorptionsstreifen bei $\lambda$ 616,9, die wässerige Lösung des Paraoxymalachitgrüns gibt den Absorptionsstreifen bei $\lambda$ 602,5. Die freie Hydroxylgruppe wirkt hier nur auf die *Lage* des Absorptionsspektrums.

Setzt man aber zur *wässerigen* Lösung des Paraoxymalachitgrüns verdünnte *Kalilauge* hinzu, so wird die Lösung rotviolett und das Absorptionsspektrum nimmt die Form des Absorptionsspektrums eines Triparaaminoderivates an (Fig. 9, Zeile 3 u. 4). Wir finden dann den Hauptstreifen bei $\lambda$ 568,7 und den Nebenstreifen bei $\lambda$ 518,6. Dagegen verändert sich das Absorptionsspektrum der wässerigen Lösung des Malachitgrüns durch den Zusatz von Kalilauge nicht, die Lösung wird dann allmählich entfärbt und das Absorptionsspektrum verschwindet.

Anders verhalten sich analoge Oxyverbindungen, deren Hydroxylgruppen sich in *Meta-* oder *Orthostellung* befinden, wie aus der nachstehenden Tabelle ersichtlich ist.

| | In Wasser | | | In Äthylalkohol | | |
|---|---|---|---|---|---|---|
| | Farbe der Lösung und Absorption | Salzsäure (1 : 5) | Kalilauge (1 : 10) | Farbe der Lösung und Absorption | Salzsäure (1 : 5) | Alkoholische Kalilauge (1 : 10) |
| Salzsaures Tetramethyl-paradiamino-paraoxy-triphenyl-karbinol | grünblau, Streifen 602,5 | entfärbt sich, konzentrierte Lösung rotviolett | rotviolett, verwaschene Streifen, Hauptstr. 568,7, Nebenstr. 518,6, entfärbt sich nach längerem Stehen | grünblau, Streifen 599,5 | ändert sich nicht | rotviolett, Hauptstr. 558,5, Nebenstr. 515,2, entfärbt sich teilweise nach längerem Stehen |
| Salzsaures Tetramethyl-paradiamino meta oxy-triphenyl-karbinol | bläulich-grün, Streifen 617,4 | ändert sich nicht | blaugrün, Streifen 610,2, trübt sich und entfärbt sich teilweise | bläulich-grün, Streifen 618,0 | ändert sich nicht | Streifen 604,4, entfärbt sich allmählich |
| Salzsaures Tetramethyl-paradiamino-orthooxy-triphenyl-karbinol | bläulich-grün, Streifen 620,7 | gelbgrün, entfärbt sich teilweise | blau, Hauptstr. 605,8, Nebenstr. 560,3 entfärbt sich allmählich | bläulich-grün, Streifen 617,7 | ändert sich nicht | blau, entfärbt sich sofort |

Substituiert man den Wasserstoff der Hydroxylgruppe durch eine Alkylgruppe, so findet eine Verschiebung des Absorptionsspektrums statt und zwar nach den längeren Wellen, wenn sich die Hydroxylgruppe in Parastellung befindet und nach den kürzeren Wellen, wenn sich die Hydroxylgruppe in Orthostellung befindet, wie aus der nachfolgenden Tabelle ersichtlich ist.

| | >C< (Benzolring, para-OH) | >C< (Benzolring, para-$O.CH_3$) | >C< (Benzolring, para-$O.C_2H_5$) | >C< (Benzolring, ortho-OH) | >C< (Benzolring, ortho-$O.CH_3$) | >C< (Benzolring, ortho-$O.C_2H_5$) |
|---|---|---|---|---|---|---|
| in Wasser . . | 602,5 | 603,0 | 605,3 | 620,7 | 602,1 | 606,7 |
| in Äthylalkohol | 599,5 | 603,6 | 605,8 | 617,7 | 601,1 | 603,3 |
| Farbe { in Wasser / in Alkohol | grünblau | grün, im reflektierten Lichte rötlich | grün, im reflektierten Lichte rötlich | bläulich grün | schmutzig-grün, im reflektierten Lichte rötlich | grün blau |

Derivate des Triphenylkarbinols, deren Benzolringe statt der Aminogruppen Hydroxylgruppen in Parastellung zum Methankohlenstoff enthalten, geben die Absorptionsspektra des Typus der Rosanilinfarbstoffe nur in ihren Salzen.

So gibt die alkoholische, gelbe Lösung des Benzaurins

O OH

C

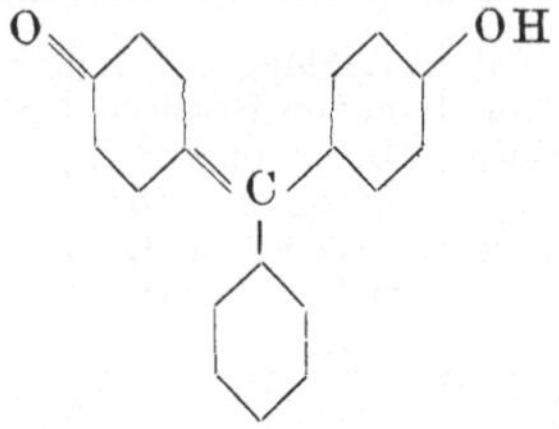

im grünblauen Teile des Spektrums zwei schwache, unscharfe Absorptionsstreifen ungefähr bei λ 492,0 und bei λ 460,0.

Auch die alkoholische orangegelbe Lösung der Pararosolsäure

O OH

C

OH

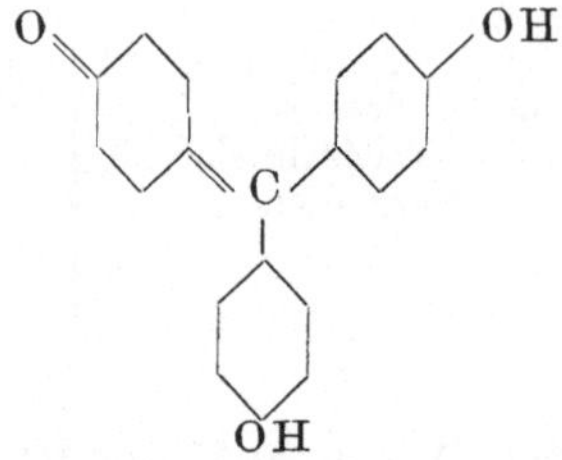

gibt ein Absorptionsspektrum, welches aus zwei unscharfen Absorptionsstreifen, einem stärkeren bei λ 528,9 und einem schwachen Streifen bei λ 492,7 besteht. Das Absorptionsspektrum hat zwar die Form des Spektrums wie bei den Triparaaminoderivaten, bei dem stärkeren Streifen bemerkt man jedoch keine Doppelstreifung.

Setzt man zu den alkoholischen Lösungen des Benzaurins und der Pararosolsäure alkoholische Kalilauge zu oder löst man beide Verbindungen in ganz verdünnter wässeriger Kalilauge, so werden die Lösungen violettrot bezw. rot und geben Absorptionsspektra, welche mit dem typischen Absorptionsspektrum der alkylierten Di- und Triparaaminoderivate der Rosanilinfarbstoffe vollständig übereinstimmen.

Man findet bei der Benzaurinlösung einen Doppelstreifen mit einem schwachen Schatten rechts (Fig. 9, Zeile 1 u. 2, S. 103), bei der Pararosolsäurelösung neben einem intensiven Absorptionsstreifen (Doppelstreifen) einen schwächeren Streifen rechts (Fig. 9, Zeile 3 u. 4).

Die wässerige alkalische Lösung des Benzaurins gibt den Absorptionsstreifen bei λ 551,5 und die alkoholische alkalische Lösung den Absorptionsstreifen bei λ 568,5.

Die wässerige alkalische Lösung der Pararosolsäure gibt den Hauptstreifen bei λ 534,6, den Nebenstreifen bei λ 479,5 und die alkoholische alkalische Lösung gibt den Hauptstreifen bei $\lambda$ 544,3, den Nebenstreifen bei $\lambda$ 489,0.

Ähnlich verhält sich auch das Korallin

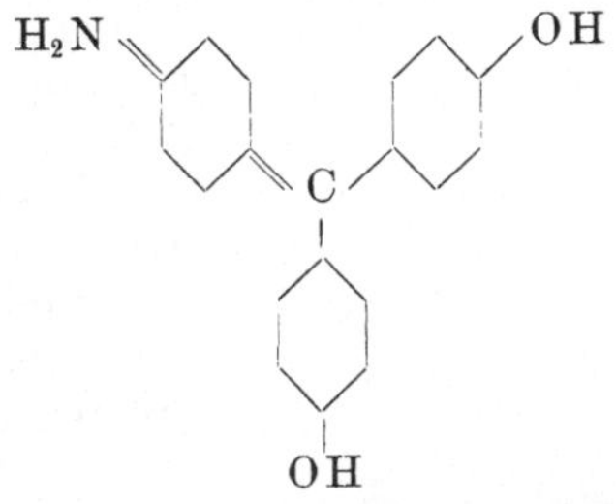

$H_2N$ OH

C

OH

Seine alkoholische orangegelbe Lösung gibt im blaugrünen Teile des Spektrums zwei schwache unscharfe Absorptionsstreifen. Setzt man zu dieser Lösung alkoholische Kalilauge hinzu, so wird sie rot und gibt das Absorptionsspektrum eines Triparaaminoderivates und zwar den Hauptstreifen bei $\lambda$ 539,1 und den Nebenstreifen bei $\lambda$ 486,4. Die rote wässerige alkalische Lösung des Korallins zeigt den Hauptstreifen bei $\lambda$ 530,3 und den Nebenstreifen bei $\lambda$ 477,4.

Vergleichen wir die Absorptionsspektra des Benzaurins und der Pararosolsäure und ihre Konstitution, so nehmen wir wahr, daß durch den Eintritt der Hydroxylgruppe in das Benzaurin das Absorptionsspektrum nach den kürzeren Wellen (gegen Violett hin) verschoben wird, ebenso wie durch den Eintritt der dritten Aminogruppe in das Diparaaminotriphenylkarbinolchlorid (vergl. S. 107).

Wie wir aus den vorangehenden Erläuterungen sehen, verhalten sich rosolsaure Salze spektroskopisch wie die Salze der Rosanilinbase; die Veränderung des Absorptionsspektrums der Hydroxylderivate durch Alkali gestattet uns, dieselben von den Aminoderivaten zu unterscheiden.

## B. Rosamine und Phtaleïne.

Beobachtet man mit dem Spektroskop die rote alkoholische Lösung des salzsauren Rosamins

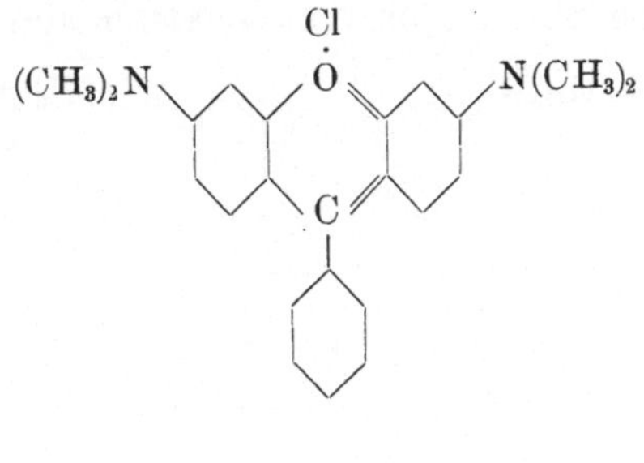

Cl

$(CH_3)_2N$ O $N(CH_3)_2$

C

ungefähr 1 : 10000 in einer 1 cm dicken Schicht, so sieht man im Spektrum drei symmetrische Absorptionsstreifen, von denen zwei Streifen dicht aneinander liegen und einen Doppelstreifen bilden, ähnlich wie bei den Rosanilinfarbstoffen (Fig. 10, Zeile 1).

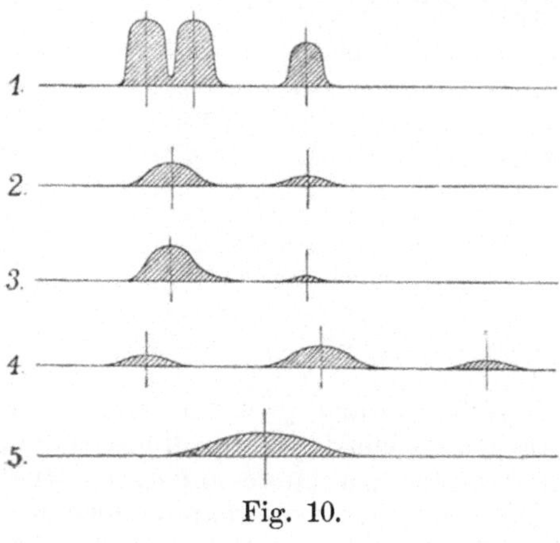

Fig. 10.

Verdünnt man die Lösung des Rosaminchlorids allmählich und beobachtet man einzelne Phasen der Verdünnung mit dem Spektroskop, so nimmt man wahr, daß sich die beiden dicht aneinander liegenden Absorptionsstreifen stets nähern, bis sie bei der Verdünnung ungefähr 1 : 20000 zu einem symmetrischen Streifen zusammenfließen, gleichzeitig nimmt die Intensität des dritten Streifens (Nebenstreifens) bedeutend ab, seine Lage wird jedoch nicht verändert. Wir sehen dann im Spektrum neben einem stärkeren Absorptionsstreifen einen schwächeren Absorptionsstreifen r e c h t s (Fig. 10, Zeile 3).

Dieselbe Erscheinung beobachten wir bei den Lösungen des T e t r a m e t h y l r h o d a m i n c h l o r i d s

Cl
$(CH_3)_2N$ O $N(CH_3)_2$
C
CO.OH

Da aber das salzsaure Rosamin und Tetramethylrhodaminchlorid bloß zwei Aminogruppen bezw. zwei Gruppen-$C_6H_4N(CH_3)_2$ enthalten und ihre Lösungen doch drei Absorptionsstreifen d. i. einen Doppelstreifen und einen einfachen Streifen geben, so kann man annehmen, wie aus dem Vergleiche der Konstitution des salzsauren Rosamins und des salzsauren Tetramethylrhodamins und ihrer Absorptionsspektren mit der Konstitution und Absorptionsspektrum des M a l a c h i t g r ü n s

$(CH_3)_2N$ $N(CH_3)_2Cl$
C

dessen Lösungen nur einen Doppelstreifen, bezw. einen einfachen Streifen geben (S. 102) erhellt, daß der dritte Absorptionsstreifen (Nebenstreifen) des salzsauren Rosamins und des Tetramethylrhodamins durch die weitere Verkettung der beiden Benzolringe durch Sauerstoff in Orthostellung zum Fundamentalkohlenstoff und daher durch den Einfluß der neugebildeten ringartigen Verkettung

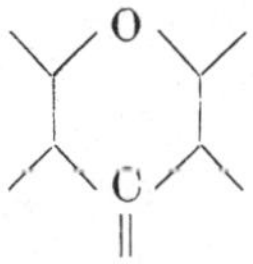

hervorgerufen wird.

Vergleicht man die Konstitution des Rosaminchlorids und des Tetramethylrhodaminchlorids und ihre Absorptionsspektren, so findet man, daß die in Rhodamin anwesende orthoständige Karboxylgruppe das Absorptionsspektrum nach den kürzeren Wellen (gegen Violett des Spektrums) verschiebt, denn die wässerige Lösung des Rosaminchlorids gibt den Hauptabsorptionsstreifen bei 548,7, wogegen die wässerige Lösung des Tetramethylrhodaminchlorids den Hauptabsorptionsstreifen bei 546,7 gibt.

Durch den Vergleich der Absorptionsspektren der Lösungen der Natronsalze des Phenolphtaleins und des Fluoreszeins erhellt ebenfalls, daß durch die gemeinsame Verkettung beider Benzolringe mit Sauerstoff ein neuer Absorptionsstreifen hervorgerufen wird.

Die rote alkoholische Lösung des Natronsalzes des Phenolphtaleïns

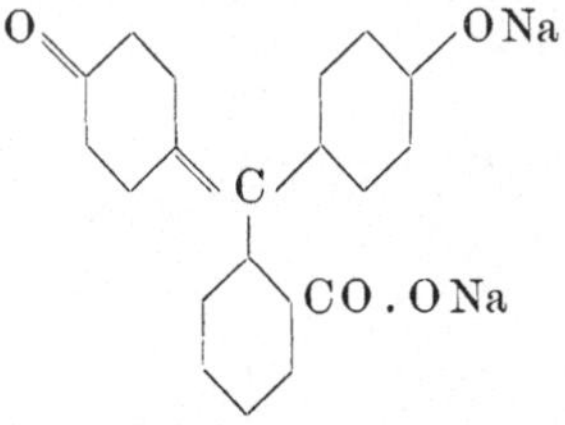

gibt, passend verdünnt, im Spektrum zwei nahe aneinander liegende Absorptionsstreifen (Fig. 9, Zeile 1, S. 103), welche durch eine starke Verdünnung der Lösung zu einem Absorptionsstreifen zusammenfließen (Fig. 9, Zeile 2, S. 103).

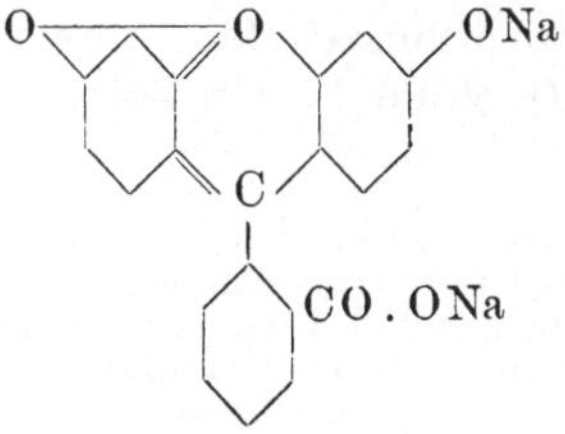

Dagegen gibt die rosarote alkoholische Lösung des Fluoreszeïnnatriums neben zwei dicht aneinander liegenden Absorptionsstreifen noch einen dritten schwächeren Streifen (Fig. 10, Zeile 1). Verdünnt man die Lösung stärker, so fließt der Doppelstreifen zu einem Streifen und der Nebenstreifen wird abgeschwächt; wir sehen dann im Spektrum neben einem stärkeren Streifen einen schwachen Streifen *rechts* (Fig. 10, Zeile 2).

Beobachtet man die alkoholische orangerote Lösung des salzsauren *Aporhodamins*

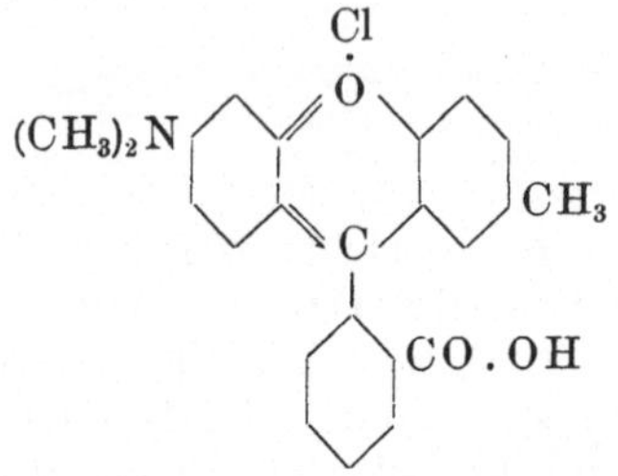

Cl
O
$(CH_3)_2N$ $CH_3$
C
CO.OH

so findet man ein Absorptionsspektrum, welches aus einem stärkeren Absorptionsstreifen, dem sich je ein schwächerer Streifen rechts und ein schwächerer Streifen links anschließt (Fig. 10, Zeile 4).

Das Absorptionsspektrum ist wesentlich verschieden von dem Absorptionsspektrum eines Diaminoderivates und behält seine Form sowohl in konzentrierteren als auch in stark verdünnten Lösungen bei. Man bemerkt auch in konzentrierteren Lösungen keine Doppelstreifung des Hauptstreifens wie bei den Diparaaminoderivaten[1]).

Beobachtet man die alkoholische, passend verdünnte Lösung des salzsauren *Rhodamins*

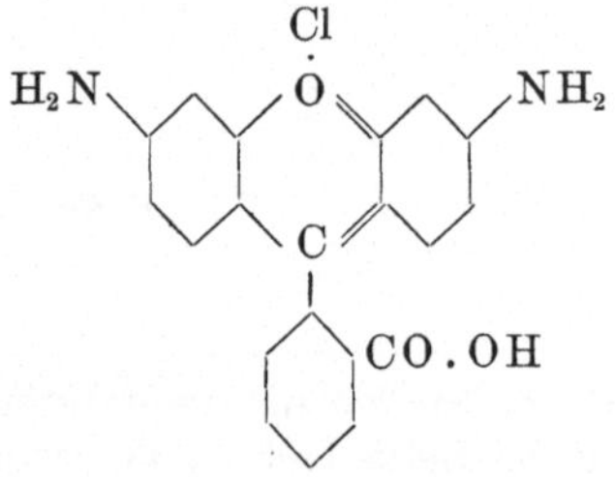

Cl
$H_2N$ O $NH_2$
C
CO.OH

mit dem Spektroskop, so findet man im Spektrum einen Doppelstreifen und einen einfachen schwachen Streifen rechts (Fig. 10, Zeile 1). Durch starke Verdünnung der Lösung fließt der Doppelstreifen zu einem Streifen zusammen und wir sehen dann im Spektrum neben einem stärkeren Absorptionsstreifen einen schwachen Absorptionsstreifen rechts (Fig. 10, Zeile 2) wie bei den Rosanilinfarbstoffen.

---

[1]) Wir werden später sehen, daß auch die *Thiazin-*, *Oxazin-* und *Azinfarbstoffe*, welche nur *eine* Aminogruppe enthalten, dieselbe Form des Absorptionsspektrums geben, wie das Aporhodaminchlorhydrat, und dieser Unterschied der Absorptionsspektra der *Mono-* und *Diamino*derivate gestattet uns, dieselben spektroskopisch zu unterscheiden.

Schärfer als beim Rhodaminchlorid tritt diese Erscheinung bei den Lösungen des Tetramethyl- oder des Tetraäthylrhodaminchlorids auf (Tafel I, Zeile 7).

Durch die Anzahl und die Art der substituierten Alkylgruppen in den Aminogruppen des Rhodaminchlorids verschiebt sich das Absorptionsspektrum proportional nach den längeren Wellen (gegen Rot des Spektrums hin), ähnlich wie bei den Rosanilinfarbstoffen. So beträgt die Verschiebung des Hauptabsorptionsstreifens der wässerigen Lösung des salzsauren Rhodamins [1]) ($\lambda$ 494,0) durch den Eintritt

von zwei Methylgruppen (asymmetr. Dimethylrhodamin)
524,0 — 494,0 = 30,0 $m\mu$ [2])
„ „ Äthylgruppen (asymmetr. Diäthylrhodamin)
527,4 — 494,0 = 33,4 „
„ vier Methylgruppen (Tetramethylrhodamin)
546,7 — 494,0 = 52,7 „
„ „ Äthylgruppen (Tetraäthylrhodamin)
552,6 — 494,0 = 58,6 „

Stellt man diese Zahlen in eine Proportion, so erhält man

$$30{,}0 : 33{,}4 = 52{,}7 : 58{,}6,$$

d. i. das Multiplum

$$30{,}0 \times 58{,}6 = 1758{\cdot}00$$
$$33{,}4 \times 52{,}7 = 1760{\cdot}18.$$

Somit sind die Zahlen, welche die Verschiebung der Absorptionsstreifen durch den Eintritt der Alkylgruppen in die Aminogruppen des Rhodaminchlorids ausdrücken, proportional und

$$\frac{30{,}0}{33{,}4} = 0{,}8982 \text{ und } \frac{52{,}7}{58{,}6} = 0{,}8993, \text{ im Durchschnitt } 0{,}8987,$$

ist ein konstantes Verhältnis zwischen den Verschiebungszahlen der Methyl- und Äthylderivate der Rhodamine.

Phtaleïne (Rhodamine und Eosine) und Rosamine, welche zwei Aminogruppen (deren Wasserstoffe frei oder durch Alkyle substituiert sind) bezw. zwei Hydroxylgruppen in der Parastellung zum Fundamentalkohlenstoff enthalten, geben, in neutralen Lösungsmitteln gelöst, sämtlich die Absorptionsspektra von dem in der Fig. 10, Zeile 1, 2 u. 3 dargestellten Typus und unterscheiden sich nur durch die Lage der Absorptionsstreifen im Spektrum (Tafel I, Zeile 7 u. 8).

Die Lösungen der Rosamine und wässerige Lösungen der Phtaleïne geben symmetrische Absorptionsstreifen (Fig. 10, Zeile 2), alkoholische Lösungen der Eosine geben unsymmetrische, etwas nach rechts verzogene Absorptionsstreifen (Fig. 10, Zeile 3).

---

1) Siehe die Tabelle Seite 135.

2) Die Zahlen sind nur annähernd, da die Absorptionsspektra der wässerigen Lösungen des Rhodaminchlorids und des salzsauren asymmetrischen Dimethyl- und Diäthylrhodamins unscharf sind.

Die Lösungen der genannten Farbstoffgruppen sind auch durch starke Fluoreszenz ausgezeichnet (siehe Seite 76).

Sind die Wasserstoffe der Aminogruppen des Rhodaminchlorids durch Alkylbenzole (Orthotoluol, Mesitylen) bezw. durch Phenylreste substituiert, so erscheint das Absorptionsspektrum einer solchen Verbindung in derselben Weise verändert wie das Absorptionsspektrum der Triparaaminoderivate der Rosanilinfarbstoffe, deren Wasserstoffe der Aminogruppen durch Phenylgruppen ersetzt sind. Die Absorptionsstreifen fließen zu einem breiteren symmetrischen Absorptionsstreifen zusammen, welcher sich um so mehr nach den kürzeren Wellen (gegen Violett des Spektrums) verschiebt, je größere Anzahl der Kohlenstoffatome die in die Verbindung eintretenden Gruppen enthalten.

Die einfachste Verbindung dieses Typus stellt das Violamin B dar

H
N
$H_4C_6$
$SO_3Na$
O
$N . C_6H_5$
C
CO.OH

welches zwei Phenylreste enthält; seine Lösungen fluoreszieren nicht und geben einen breiteren symmetrischen Absorptionsstreifen (Fig. 10, Zeile 5).

Die gelbe alkoholische Lösung des Fluoreszeïns

O
OH OH
C
O
CO

zeigt im Blau des Spektrums drei verwaschene Absorptionsstreifen, von denen der mittlere Streifen der stärkste ist (ähnlich dem Typus Fig. 10, Zeile 4). Versetzt man die Lösung mit Kali- oder Natronlauge, wodurch ein Alkalisalz entsteht, so wird die Lösung rosarot und gibt neben einem starken Absorptionsstreifen (Doppelstreifen) einen schwachen Streifen rechts (Fig. 10, Zeile 1 u. 2). Es ist das eine Analogie wie bei den Oxyderivaten der Rosanilinfarbstoffe (Seite 126).

Ersetzt man im Fluoreszeïnnatrium- oder Kaliumsalz die Wasserstoffe des Resorzin- oder Phtalsäurerestes durch Halogene, so verschiebt sich das Absorptionsspektrum nach den längeren Wellen (nach Rot) um so mehr, je größer die Anzahl der substituierten Wasserstoffe und je größer das Atomgewicht des substituierten Halogenelementes ist.

So geben die Eosinfarbstoffe, nach den Hauptabsorptionsstreifen ihrer wässerigen Lösungen geordnet, die folgende Reihe:

| | |
|---|---|
| Fluoreszeïnkalium . . . . . . . | $\lambda$ 489,3 |
| Dibromfluoreszeïnnatrium . . . . | $\lambda$ 504,8 |
| Dijodfluoreszeïnnatrium . . . . . | $\lambda$ 510,8 |
| Tetrabromfluoreszeïnkalium . . . . | $\lambda$ 516,0 |
| Tetrajodfluoreszeïnnatrium . . . . | $\lambda$ 522,2 |
| Tetrabromdichlorfluoreszeïnkalium . | $\lambda$ 529,4 |
| Tetrabromtetrachlorfluoreszeïnkalium . | $\lambda$ 537,3 |
| Tetrajoddichlorfluoreszeïnnatrium . . | $\lambda$ 538,1 |
| Tetrajodtetrachlorfluoreszeïnnatrium . | $\lambda$ 547,7. |

Auf den ersten Blick unterscheiden sich die Absorptionsspektra der Phtaleïne von den Triaminoderivaten der Rosanilinfarbstoffe nicht. Bei näherer Untersuchung der Absorptionsspektra der beiden Farbstoffgruppen findet man jedoch nicht nur einen Unterschied in der Form der Absorptionsstreifen (Rosanilinfarbstoffe geben symmetrische, Phtaleïne teils symmetrische, teils unsymmetrische Streifen, Seite 131), sondern auch einen Unterschied zwischen der gegenseitigen Lage des Haupt- und Nebenabsorptionsstreifens.

Bei den wässerigen Lösungen der roten Rosanilinfarbstoffe beträgt der gegenseitige Unterschied in der Lage der Maxima des Haupt- und des Nebenabsorptionsstreifens ungefähr 56—73 $m\mu$, bei den äthyalkoholischen Lösungen 44—51 $m\mu$, wogegen bei den wässerigen und äthylalkoholischen Lösungen der Rhodamine und Eosine (Eosin, Erythrosin, Rose bengale) dieser Unterschied bloß ungefähr 32—42 $m\mu$ beträgt.

Außerdem unterscheiden sich die Absorptionsspektra der Rhodamine, Eosine und der Rosanilinfarbstoffe dadurch, daß die Differenz in der gegenseitigen Lage des Haupt- und des Nebenabsorptionsstreifens eines Farbstoffes in verschiedenen Lösungsmitteln (Wasser, Äthyl- und Amylalkohol) bei den Rhodaminen ziemlich wenig variiert, wogegen bei den Eosinfarbstoffen sich die Absorptionsstreifen um so mehr entfernen, bei den Rosanilinfarbstoffen um so mehr nähern, je größeres Brechungsvermögen das angewandte Lösungsmittel besitzt (s. Seite 121).

Demnach beträgt der Unterschied zwischen dem Haupt- und Nebenstreifen ungefähr bei

| | in Wasser $m\mu$ | in Äthylalkohol $m\mu$ | in Amylalkohol $m\mu$ |
|---|---|---|---|
| Tetraäthylrhodaminchlorhydrat [Rhodamin B] . | 38,0 | 37,9 | 36,5 |
| Äthylester des Tetraäthylrhodamins [Rhodamin 3B] | 39,2 | 39,1 | 39,3 |
| Diäthylhomorhodaminchlorhydrat . . . . . . | 34,4 | 34,6 | 34,0 |
| Tetrabromfluoreszeïnkalium [Eosin] . . . . . | 33,5 | 38,4 | 38,9 |
| Tetrajodfluoreszeïnnatrium [Erythrosin] . . . . | 35,1 | 40,5 | 40,5 |
| Tetrajodtetrachlorfluoreszeïnnatrium [Rose bengale 3B] . . . . . . . . . | 40,4 | 42,0 | 42,2 |
| Pararosanilinchlorid . . . . . . . . . . . | 56,6 | 50,5 | 50,0 |
| Rosanilinchlorid . . . . . . . . . . . | 58,1 | 51,6 | 50,7 |

Ferner finden wir bei den Phtaleïnfarbstoffen, daß sich die Absorptionsstreifen (der Haupt- und Nebenstreifen) um so mehr von einander entfernen, je mehr Alkylgruppen und Halogene in der Verbindung substituiert werden. So beträgt die Differenz zwischen dem Haupt- und Nebenabsorptionsstreifen bei der wässerigen Lösung des symmetrischen Diäthylrhodaminchlorhydrats ungefähr 32 $m\mu$, bei der wässerigen Lösung des Tetraäthylrhodaminchlorhydrats ungefähr 38 $m\mu$ und ferner bei der wässerigen Lösung des Tetrabromfluoreszeïnkaliums 33,5 $m\mu$, bei der wässerigen Lösung des Tetrajodtetrachlorfluoreszeinnatriums ungefähr 40 $m\mu$.

Auch gegen Reagenzien verhalten sich die Phtaleïne anders als die Rosanilinfarbstoffe. Verdünnte wässerige Lösungen der Rosanilinfarbstoffe, ausgenommen Säurefuchsin, Rotviolett 5 RS, Rotviolett 4 RS und Säureviolett 4 RS, ändern nach Zusatz von verdünnter Mineralsäure (1 : 5) die Farbe, sie werden grün und entfärben sich allmählich, nach Zusatz von verdünnter Kalilauge (1 : 10) werden sie ohne Übergangsstadium direkt entfärbt (ausgenommen Verbindungen mit orthoständiger Sulfogruppe, siehe Seite 114 ff.).

Verdünnte wässerige Lösungen der Rhodamine ändern nach Zusatz der verdünnten Säure die Farbe überhaupt nicht, ihr Absorptionsspektrum verschiebt sich jedoch etwas nach den längeren Wellen (nach Rot hin); verdünnte Kalilauge wirkt auf die Rhodaminlösungen überhaupt nicht ein.

Verdünnte wässerige Lösungen der Eosinfarbstoffe (Eosin, Erythrosin, Rose bengale, Phloxin) werden nach Zusatz von verdünnter Säure entfärbt, durch Zusatz von Kalilauge werden sie jedoch nicht verändert.

Alkoholische Lösungen der Rosanilinfarbstoffe werden durch verdünnte Säure nicht verändert, durch verdünnte Kalilauge färben sie sich orangegelb und entfärben sich allmählich.

Alkoholische Lösungen der Rhodamine ändern die Farbe nach Zusatz von Säure oder Kalilauge nicht[1]), das Absorptionsspektrum verschiebt sich jedoch durch die Wirkung der Säure nach den längeren Wellen (gegen Rot hin), durch die Wirkung der Kalilauge nach den kürzeren Wellen (gegen Violett).

Verdünnte alkoholische Lösungen der Eosinfarbstoffe entfärben sich nach Zusatz von verdünnter Säure, konzentriertere Lösungen werden durch Säurezusatz gelb und geben im violettblauen Teile des Spektrums drei Absorptionsstreifen (Fig. 10, Zeile 4). Durch alkoholische Kalilauge ändert sich zwar die Farbe der alkoholischen Lösung der Eosinfarbstoffe nicht deutlich, das Absorptionsspektrum verschiebt sich jedoch nach den kürzeren Wellen (gegen Violett hin). Dieselben Veränderungen wie bei den äthyl-

[1]) Mit Ausnahme von Rhodamin S, dessen Lösungen sich mit Kalilauge entfärben.

alkoholischen Lösungen beobachtet man auch bei den amylalkoholischen Lösungen der Rosanilinfarbstoffe und der Phtaleïne.

Die Lösungen der Rosamine werden durch den Zusatz von verdünnter Mineralsäure nicht verändert, wodurch sie sich von den Triparaaminoderivaten der Rosanilinfarbstoffe unterscheiden, durch den Zusatz von verdünnter Kalilauge werden jedoch die Lösungen der Rosamine, ähnlich wie die Lösungen der Rosanilinfarbstoffe, entfärbt, wodurch sie sich wieder von den Phtaleïnen unterscheiden.

Ein anderer wesentlicher Unterschied zwischen den Rosaminen, Phtaleïnen und Rosanilinfarbstoffen ist der, daß die Lösungen der Rosanilinfarbstoffe keine Fluoreszenz zeigen, wogegen Rosamine und Phtaleïne mehr oder weniger stark fluoreszieren (Ausnahmen Seite 79, 82 u. 85), und dadurch kann man sie auch von den Rosanilinfarbstoffen unterscheiden.

In der nachfolgenden Tabelle sind die Absorptionsspektra des Rosaminchlorids und einiger Phtaleïne in Wasser und Äthylalkohol in Wellenlängen ausgedrückt, angeführt, wobei die erste Zahl den Hauptstreifen bedeutet. Die Absorptionsspektra des Rhodaminchlorids des symmetrischen und asymmetrischen Dimethyl- und Diäthylrhodamins sind unscharf und daher sind die Wellenlängenzahlen nur annähernd angegeben.

| Verbindung gelöst in: | Wasser $\lambda$ | | Äthylalkohol $\lambda$ | |
|---|---|---|---|---|
| Rosaminchlorid | **548,7** | 511,2 | **551,9** | 515,1 |
| Aporhodaminchlorhydrat | — | | 530,7 **491,3** | 459,0 |
| Rhodaminchlorid | **494,0** | 461,4 | **500,0** | 468,0 |
| Symmetrisches Diäthylrhodaminchlorid | **519,3** | 487,1 | **516,3** | 483,7 |
| Symmetrisches Diäthylrhodaminchloridäthylester (Rhodamin 6 G) | **521,9** | 486,4 | **524,7** | 489,2 |
| Asymmetrisches Dimethylrhodaminchlorid | **524,0** | 488,5 | **526,7** | 489,2 (frische Lösung)[1] |
| | | | **519,5** | 489,2 (ältere Lösung) |
| Asymmetrisches Diäthylrhodaminchlorid | **527,4** | 490,5 | **527,4** | 490,5 (frische Lösung) |
| | | | **523,6** | 490,0 (ältere Lösung) |
| Asymmetrisches Diäthylhomorhodaminchlorid | **530,6** | 496,2 | **527,3** | 492,7 |
| Asymmetrisches Dimethylhomorhodaminchloridäthylester (Irisamin G) | **533,7** | 497,3 | **531,3** | 494,8 |
| Tetramethylrhodaminchlorid | **546,7** | 509,2 | **539,5** | 505,6 (frische Lösung) |
| | | | **538,1** | 501,6 (ältere Lösung) |
| Tetraäthylrhodaminchlorid (Rhodamin B) | **552,6** | 514,6 | **545,5** | 509,6 (frische Lösung) |
| | | | **543,5** | 505,6 (ältere Lösung) |
| Tetraäthylrhodaminchloridäthylester (Rhodamin 3 B) | **555,5** | 516,3 | **551,9** | 512,8 |

1) Über die Veränderlichkeit der Absorptionsspektra siehe Seite 25.

| Verbindung gelöst in: | Wasser λ | | Äthylalkohol λ | | |
|---|---|---|---|---|---|
| Fluoreszeïnkalium . . . . . | **489,3** | 457,2 | **498,5** | 465,7 | |
| Tetrabromfluoreszeïnkalium (Eosin extra [M]) . . . . . | **516,0** | 482,5 | **529,2** | 490,5 | (frische Lösung) |
| | | | **527,6** | 489,2 | (ältere Lösung) |
| Tetrajodfluoreszeïnnatrium (Erythrosin) . . . . . . . . | **522,2** | 487,1 | **533,9** | 493,4 | |
| Tetrabromdichlorfluoreszeïnkalium (Phloxin) . . . . . | **529,4** | 492,0 | **541,1** | 501,5 | |
| Tetrabromtetrachlorfluoreszeïnkalium (Phloxin) . . . . . | **537,3** | 498,5 | **549,9** | 509,5 | |
| Tetrajoddichlorfluoreszeïnnatrium (Rose bengale G) . . | **538,1** | 499,5 | **548,7** | 508,0 | |
| Tetrajodtetrachlorfluoreszeïnnatrium (Rose bengale 3 B) . | **547,7** | 507,3 | **558,1** | 516,1 | |

# C. Diphenylmethanfarbstoffe.

Die Lösungen der Diphenylmethanverbindungen geben dieselbe Form des Absorptionsspektrums wie die Derivate des Diparaaminotriphenylkarbinols, d. i. in konzentrierteren Lösungen einen Doppelstreifen, in verdünnten Lösungen einen einfachen symmetrischen Streifen (Fig. 11, Zeile 1 u. 2), sie unterscheiden sich von den analogen Diaminotriphenylmethanfarbstoffen bloß durch die Lage des Absorptionsspektrums.

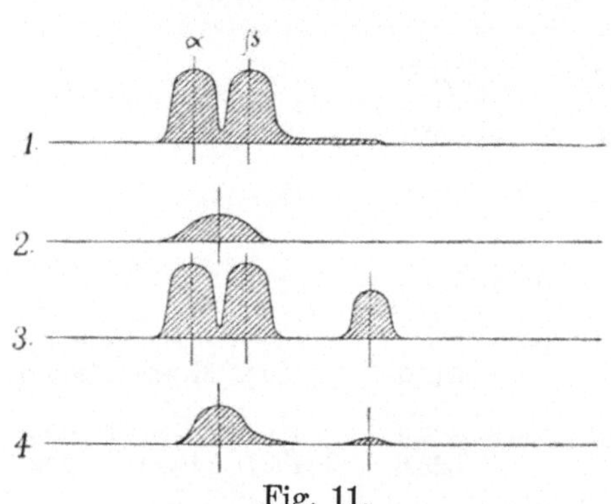

Fig. 11.

So gibt die wässerige blaue Lösung des salzsauren Tetramethyldiaminobenzhydrols

$(CH_3)_2N$ — $C_6H_4$ — C(H) = $C_6H_4$ = $N(CH_3)_2Cl$

einen Absorptionsstreifen bei λ 603,3, wogegen die wässerige Lösung des salzsauren Tetramethyldiaminotriphenylkarbinols (Malachitgrün) einen Absorptionsstreifen bei λ 616,9 gibt.

Durch den Eintritt der Phenylgruppe in den Methanrest des Diaminodiphenylkarbinols verschiebt sich das Absorptionsspektrum in unserem Falle nach den längeren Wellen gegen Infrarot relativ um 13,7 $m\mu$.

Das in diese Farbstoffgruppe gehörige Auramin

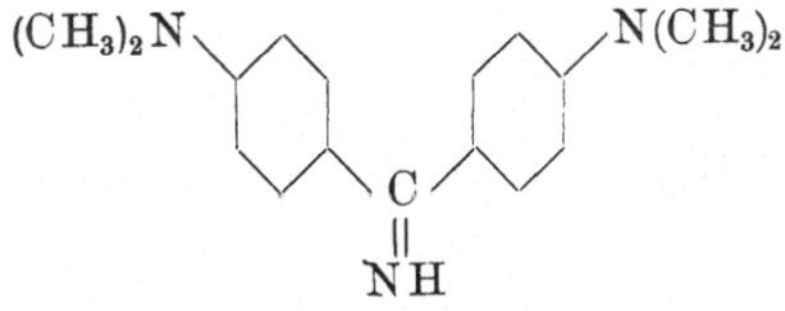

$(CH_3)_2N$ — $N(CH_3)_2$

C

‖

NH

gibt als salzsaures Salz gelbe Lösungen mit einer nur einseitigen Absorption im Blau und Violett (siehe Seite 49).

Das Leukauramin, in Eisessig gelöst, gibt eine blaue Lösung, welche passend verdünnt einen Absorptionsstreifen bei $\lambda$ 605,0 gibt, welcher dem Charakter des Spektrums der Diparaaminoderivate vollständig entspricht (Fig. 11, Zeile 1 u. 2). Die Farbe sowie das Absorptionsspektrum rühren aber nicht vom Leukauramin her, sondern von dem im Leukauramin anwesenden Tetramethyldiaminobenzhydrol, wie man sich durch vergleichende Messungen der Spektra beider Substanzen in Essigsäure oder in Äthylalkohol, angesäuert mit Essigsäure überzeugen kann[1]).

Auch die orangegelben alkoholischen Lösungen des Dimethyl-p-aminophenylauramins

$(CH_3)_2N$ — $N(CH_3)_2$

C

‖

N

|

$N(CH_3)_2$

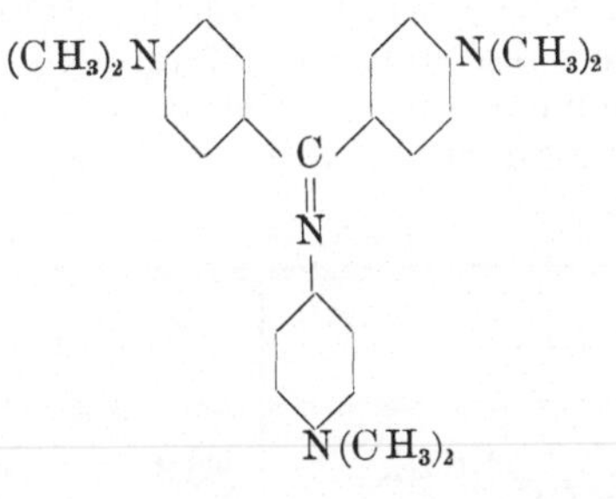

und des Diäthyl-p-aminophenylauramins zeigen nur eine einseitige Absorption im Blauviolett. Werden diese Verbindungen in Eisessig gelöst, so zeigen orangegelbe mit Wasser verdünnte Lösungen dieser Körper auch nur einen verwaschenen Absorptionsstreifen an der Grenze des Grüns und Blaus des Spektrums und eine einseitige Absorption im Violett.

Werden die beiden Benzolkerne des Tetramethyldiaminobenzhydrols in Orthostellung zum Methanrest durch Sauerstoff oder Schwefel verkettet, so entstehen das Pyronin und Thiopyronin

---

[1]) Siehe auch Nietzki, Chemie der organ. Farbstoffe 1906. Seite 131 Fußnote.

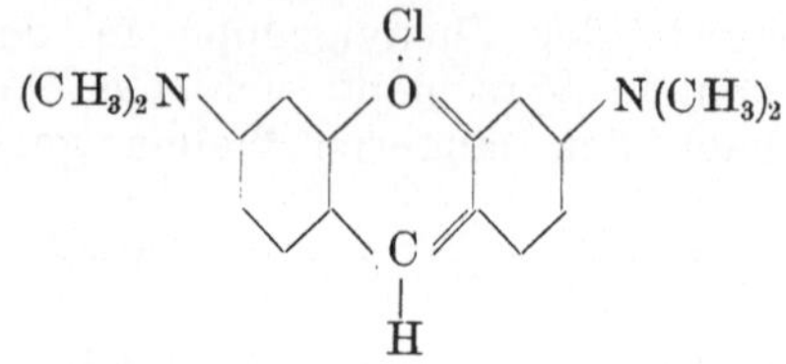

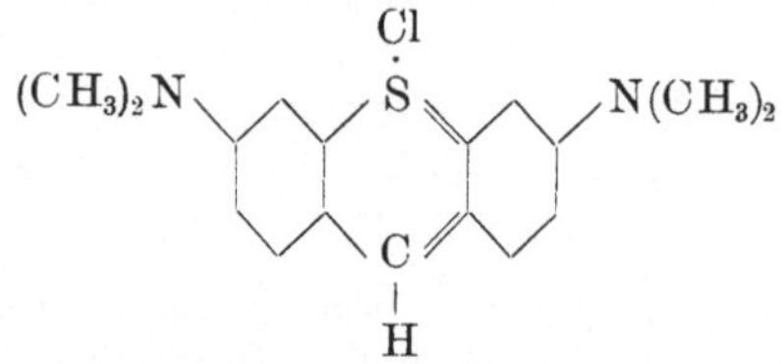

Cl
$(CH_3)_2N$ O $N(CH_3)_2$
C
H

Cl
$(CH_3)_2N$ S $N(CH_3)_2$
C
H

Durch diese Verkettung wird auch das Absorptionsspektrum wesentlich verändert und zwar geben die Lösungen dieser Verbindungen neben einem stärkeren Absorptionsstreifen (Doppelstreifen) einen einfachen Absorptionsstreifen rechts (Fig. 11, Zeile 3). Durch starke Verdünnung der Lösung fließt der Doppelstreifen zu einem einfachen nach rechts verzogenen Absorptionsstreifen zusammen und der Nebenstreifen wird geschwächt (Fig. 11, Zeile 4).

Wir finden hier dieselbe Analogie, wie beim Vergleich der Absorptionsspektra des Malachitgrüns und des Rosaminchlorids (S. 59 u. 128 ff).

Die Lösungen der Pyronine zeichnen sich durch starke orangegelbe Fluoreszenz aus, sie werden durch verdünnte Säure nicht verändert, dagegen aber durch verdünnte Kalilauge entfärbt.

In der nachstehenden Tabelle sind die Absorptionsspektra einiger Diphenylmethanverbindungen in Wasser, Äthyl- und Amylalkohol in Wellenlängen angeführt.

| Verbindung gelöst: | in Wasser | in Äthylalkohol | in Amylalkohol |
|---|---|---|---|
| 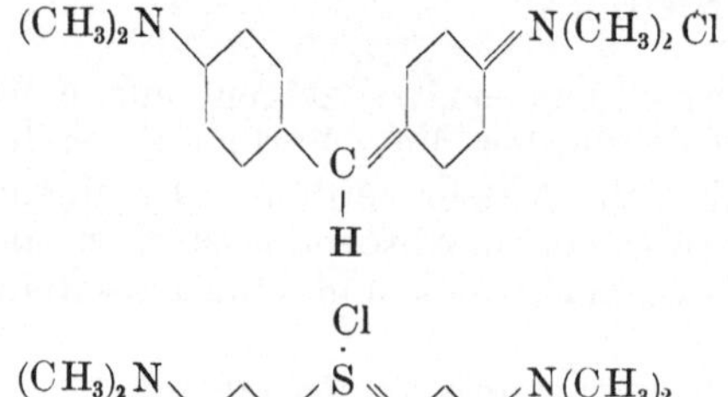 $(CH_3)_2N$ … $N(CH_3)_2Cl$ (C–H) | **603,3** | **605,0** | |
| 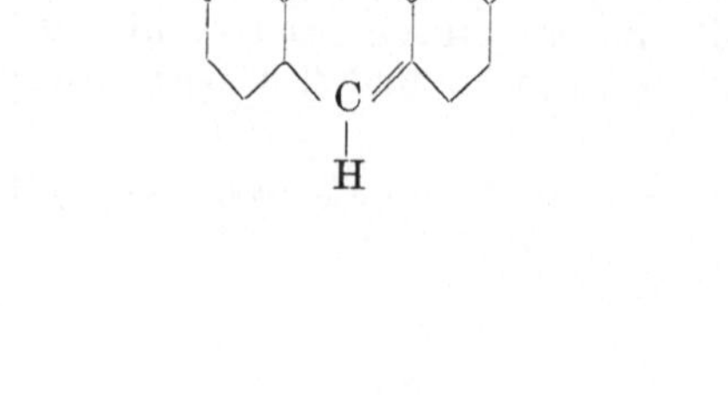 Cl; $(CH_3)_2N$ … S … $N(CH_3)_2$ (C–H) | **564,5** 528,0 | **564,3** 524,2 | **564,3** 524,2 |

| Verbindung gelöst: | in Wasser | in Äthyl-alkohol | in Amyl-alkohol |
|---|---|---|---|
| 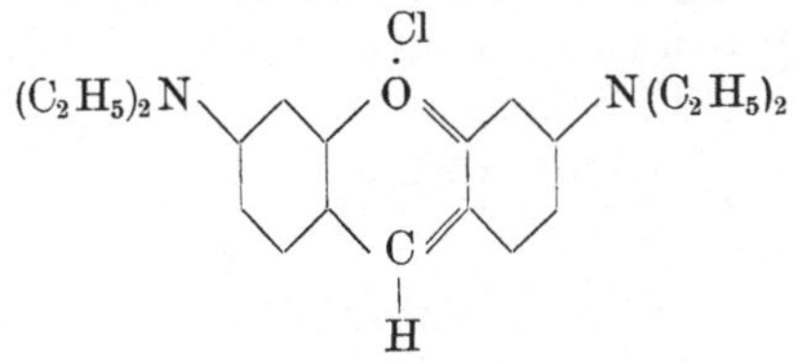 $(C_2H_5)_2N$ … Cl, O, C, H … $N(C_2H_5)_2$ | **553,9** 514,4 | **553,7** 513,3 | **553,7** 513,3 |
| 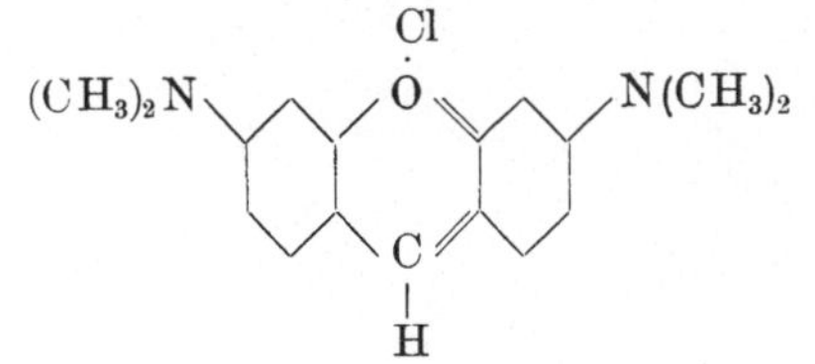 $(CH_3)_2N$ … Cl, O, C, H … $N(CH_3)_2$ | **547,5** 505,6 | **547,9** 511,2 | **548,3** 512,8 |

# D. Diphenylnaphtylmethanfarbstoffe.

Diphenylnaphtylmethanfarbstoffe, welche von dem Diphenylnaphtylkarbinol

OH
C

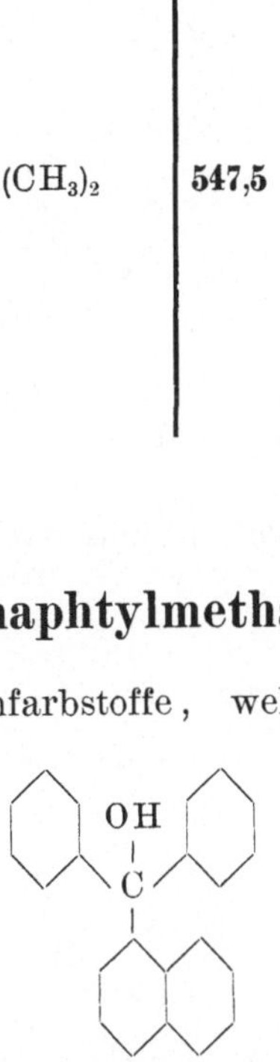

abgeleitet werden, geben in wässerigen Lösungen Absorptionsspektra, welche mit den Absorptionsspektren der oben angeführten Di- und Triparaaminoderivate der Triphenylmethanfarbstoffe übereinstimmen und zwar einen Absorptionsstreifen (Doppelstreifen), wenn sie zwei Aminogruppen parastehend zum Fundamentalkohlenstoff enthalten (Fig. 11, Zeile 1 u. 2), wie z. B. die wässerige Lösung des salzsauren Tetramethyldiaminodiphenylnaphtylkarbinols

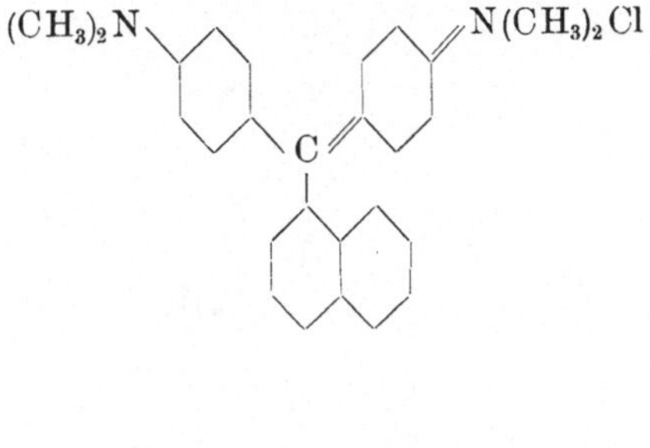

$(CH_3)_2N$ $N(CH_3)_2Cl$
C

oder neben *einem intensiven* Absorptionsstreifen (Doppelstreifen) *einen schwächeren* Streifen *rechts* (Seite 103, Fig. 9, Zeile 3 u. 4), wenn sie *drei Aminogruppen* parastehend zum Fundamentalkohlenstoff enthalten, wie z. B. die wässerige Lösung des salzsauren *Tetramethyläthyltriaminodiphenyl-α-naphtylkarbinols* (Viktoriablau R)

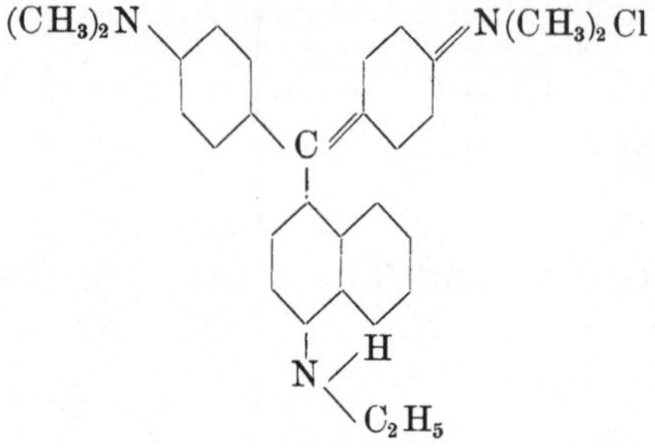

$(CH_3)_2N$ — $N(CH_3)_2Cl$ — C — N — H — $C_2H_5$

Sie unterscheiden sich in *wässeriger* Lösung von den analog zusammengesetzten Triphenylmethanfarbstoffen bloß durch die *Lage* ihrer Absorptionsspektra.

Die blauviolette wässerige Lösung des salzsauren *Tetramethylphenyltriaminotriphenylkarbinols*

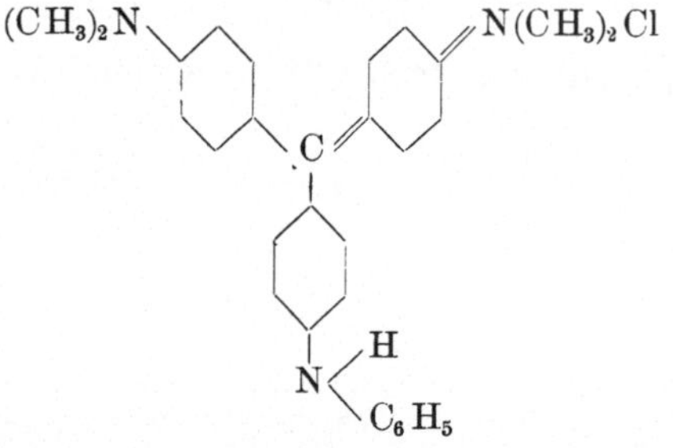

$(CH_3)_2N$ — $N(CH_3)_2Cl$ — C — N — H — $C_6H_5$

gibt den Hauptabsorptionsstreifen bei λ 529,7 und den Nebenstreifen bei λ 536,6 (S. 103, Fig. 9, Zeile 5), wogegen die wässerige blaue Lösung des salzsauren *Tetramethylphenyltriaminodiphenyl-α-naphtylkarbinols* (Viktoriablau B)

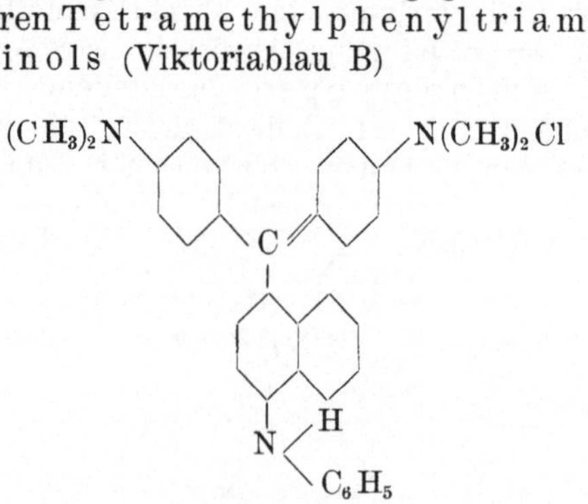

$(CH_3)_2N$ — $N(CH_3)_2Cl$ — C — N — H — $C_6H_5$

den Hauptabsorptionsstreifen bei $\lambda$ 618,8 und den Nebenstreifen bei $\lambda$ 567,0 gibt. Die *Form* des Absorptionsspektrums beider Farbstoffe ist aber *gleich*.

Durch den Einfluß der Naphtylgruppe verschiebt sich daher das Absorptionsspektrum nach den *längeren* Wellen des Spektrums; in unserem Beispiele verschiebt sich der Hauptstreifen bei dem *Viktoriablau* B im Vergleiche mit der ersten Verbindung relativ um 25,9 $m\mu$.

Die Absorptionsspektren der *äthyl-* und *amylalkoholischen* Lösungen der Diphenylnaphtylmethanfarbstoffe unterscheiden sich insofern von den Absorptionsspektren der wässerigen Lösungen, als ihre Absorptionsstreifen gewöhnlich *breiter* sind und eine *fast gleiche* Intensität haben, die Grundform des Absorptionsspektrum bleibt jedoch gleich und tritt schärfer durch Ansäuren der Lösung auf.

Die Naphtylamingruppe — $C_{10}H_6 . NH_2$ wirkt hier in einer etwas anderen Weise auf die Form des Absorptionsspektrums als die Gruppe — $C_6H_4 . NH_2$, wodurch die Unterscheidung der Triaminoderivate der Diphenylnaphtylmethanfarbstoffe von den Rosanilinfarbstoffen erleichtert wird.

*Äthyl-* und *amylalkoholische* Lösungen der Diphenylnaphtylmethanfarbstoffe werden durch den Zusatz von alkoholischer *Kalilauge* (1 : 10) *rot* bezw. *orangegelb*, zum Unterschiede von den Farbstoffen der Rosanilinreihe, deren alkoholische und amylalkoholische Lösungen durch Kalilauge entfärbt werden.

Bei den Sulfosäuresalzen wie z. B. bei dem *Säureviolett* 5BF

$(CH_3)_2N$ — $N(CH_3)_2$
C
$CH_3$
N
$C_6H_4SO_3$

beobachten wir in wässeriger Lösung auch eine *Verstärkung* des Nebenstreifens ähnlich wie bei den Benzylderivaten der Triparaaminoderivate der Rosanilinfarbstoffe (S. 103, Fig. 9, Zeile 5).

# Chinonimidfarbstoffe.

## A. Thiazinverbindungen.

### a) Aminophenazthionium- und Oxyphenazthioniumverbindungen.

Wie bekannt, werden Thiazinverbindungen vom Thiodiphenylamin

S

N
H

in derselben Weise abgeleitet, wie die Indamine vom Diphenylamin. Während die alkoholische Lösung von Thiodiphenylamin farblos ist und im sichtbaren Teile des Spektrums kein Absorptionsspektrum zeigt[1]), geben die Leukoverbindungen der Amino- und Hydroxylderivate durch Oxydation farbige Verbindungen, deren Lösungen charakteristische Absorptionsspektra liefern.

Beobachtet man mit dem Spektroskop die verdünnte violettrote wässerige Lösung des Aminophenazthioniumchlorids

Cl
S $NH_2$

N

so findet man ein Absorptionsspektrum, welches aus drei Absorptionsstreifen besteht und zwar aus einem stärkeren symmetrischen Streifen, dem sich je ein schwacher Streifen links und rechts anschließt (Fig. 12, Zeile 1).

---

[1]) In konzentrierter Schwefelsäure löst sich das Thiodiphenylamin mit orangegelber Farbe und die passend verdünnte Lösung gibt im Spektrum zwei intensive Absorptionsstreifen bei $\lambda$ 516,3 und $\lambda$ 440,0, einen schwachen Streifen bei $\lambda$ 495,5 und außerdem noch sehr schwache Streifen bei $\lambda$ 477,0 und $\lambda$ 4608

Die Form des Absorptionsspektrums bleibt bei verschiedener Konzentration der Lösung gleich, eine Doppelstreifung des Hauptstreifens beobachtet man auch bei den konzentrierten Lösungen nicht; bei einer stark verdünnten Lösung beobachtet man nur den mittleren Streifen, die schwachen Nebenstreifen verschwinden.

Es ist ein Absorptionsspektrum desselben Typus, wie wir es beim Aporhodaminchlorhydrat, welches auch nur eine Aminogruppe enthält, gesehen haben (siehe S. 130).

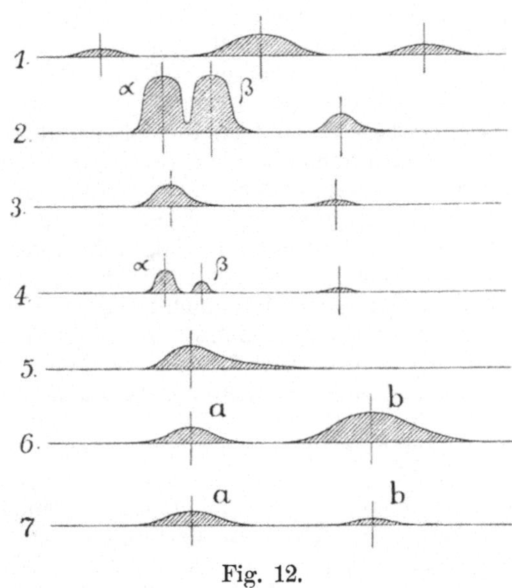


Fig. 12.

Die äthylalkoholische Lösung des Monoaminophenazthioniumchlorids gibt ein Absorptionsspektrum desselben Typus wie die wässerige Lösung, jedoch in einer anderen Lage.

Beobachtet man mit dem Spektroskop die wässerige violettblaue Lösung des Diaminophenazthioniumchlorids (Thioninchlorid)

Cl
S
$H_2N$ $NH_2$
N

1 : 55000 in einer 1 cm dicken Schicht, so sieht man ein Absorptionsspektrum, welches aus zwei gleichen, dicht aneinander liegenden, intensiven Absorptionsstreifen bei $\lambda$ 604,4 ($\alpha$) und $\lambda$ 589,6 ($\beta$) und einem schwächeren Absorptionsstreifen bei $\lambda$ 559,4 besteht (Fig. 12, Zeile 2, Tafel I, Zeile 9).

Verdünnt man die Lösung allmählich, so nähern sich beide aneinander liegende Absorptionsstreifen $\alpha$ und $\beta$ mehr und mehr, indem gleichzeitig ihre Intensität abnimmt, bis sie endlich bei der Verdünnung von ungefähr 1 : 100000 zu einem schmäleren, nach rechts verzogenen Streifen bei $\lambda$ 602,5 zusammenfließen, während der Absorptionsstreifen bei $\lambda$ 559,4 bedeutend an seiner Intensität verliert. Das Absorptionsspektrum der verdünnten Lösung hat dann die in der Fig. 12, Zeile 3 dargestellte Form.

Das Dunkelheitsmaximum des Hauptstreifens bei $\lambda$ 602,5 befindet sich aber nicht in der Mitte der Dunkelheitsmaxima der ursprünglichen Absorptionsstreifen $\alpha$ und $\beta$, welche wir bei der Verdünnung 1 : 55000 beobachtet haben, sondern ist dem Streifen $\alpha$ näher gelegen.

Äthyl- und amylalkoholische Lösungen von Diaminophenazthioniumchlorid liefern Absorptionsspektra, welche auch aus einem intensiven Doppelstreifen und einem schwächeren einfachen Streifen bestehen. Verdünnt man diese Lösungen, so nimmt die Intensität der Streifen ab, aber der Doppelstreifen fließt nicht vollständig zu einem einfachen Streifen zusammen, wie wir es bei der wässerigen Lösung von Diaminophenazthioniumchlorid beobachtet haben, sondern die Intensität des Streifens $\beta$ nimmt stärker ab als die Intensität des Streifens $\alpha$, so daß das Absorptionsspektrum auch bei einer bedeutenden Verdünnung der Lösung drei schmale Streifen von ungleicher Intensität aufweist, welche namentlich bei der amylalkoholischen Lösung scharf hervortreten (Fig. 12, Zeile 4).

Vergleicht man nun die Absorptionsspektra der Lösungen des Monoaminophenazthioniumchlorids und des Diaminophenazthioniumchlorids und die Konstitution dieser Verbindungen, so ergibt sich, daß durch den Eintritt der zweiten Aminogruppe in den zweiten Benzolring des Monoaminophenazthioniums sich das Absorptionsspektrum wesentlich verändert und sich gleichzeitig nach den längeren Wellen (gegen Rot hin) stark verschiebt.

Der Doppelstreifen des Absorptionsspektrums vom Diaminophenazthioniumchlorid wird daher durch gemeinsame Wirkung der beiden Gruppen — $C_6H_4NH_2$ in Verbindung mit dem Bindestickstoff hervorgerufen, wogegen der schwächere Nebenstreifen rechts von dem Doppelstreifen durch den Einfluß der Verkettung der beiden Benzolringe durch Schwefel in Orthostellung zum Bindestickstoff entsteht (vergl. auch Phtaleïne S. 129).

Daß der Nebenstreifen durch die Verkettung der beiden Benzolringe mit Schwefel hervorgerufen wird, erhellt auch aus dem Vergleiche der Absorptionsspektra des salzsauren Indamins und des Diaminophenazthioniumchlorids.

Die Lösung des Indaminchlorids

$H_2N$ — NH.HCl
N

gibt nämlich an der Grenze des roten Teiles des Spektrums nur einen Absorptionsstreifen (seine Doppelstreifung ist jedoch undeutlich, weil der Streifen sich schon in dem unseren Auge wenig sichtbaren Bezirke des Spektrums befindet), wogegen die Lösung des Diaminophenazthioniumchlorids

Cl
S
$H_2N$ — $NH_2$
N

im Orange und Gelb neben einem Doppelstreifen noch einen schwächeren Streifen rechts gibt. Durch die neue Verkettung der beiden Benzolkerne mit Schwefel wird daher nicht nur eine Veränderung des Absorptionsspektrums, sondern auch eine bedeutende Verschiebung desselben nach den *kürzeren* Wellen verursacht.

Dieselben spektroskopischen Eigenschaften wie das Diaminophenazthioniumchlorid, zeigen auch blaue Lösungen von *Monomethyldiaminophenazthioniumchlorid*

Cl
S
$H_2N$ NH . $CH_3$
N

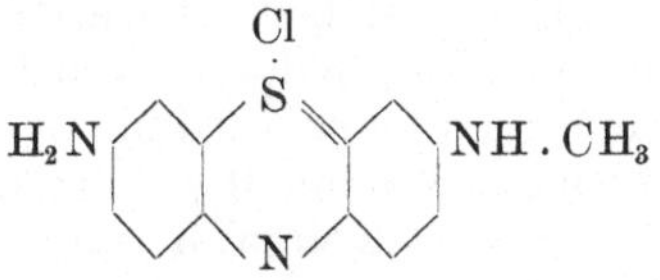

und das analoge *Monoäthylderivat*. Sie liefern Absorptionsspektra von gleichem Charakter wie das Diaminophenazthioniumchlorid, wohl aber in einer anderen Lage. Auch hier beobachtet man, daß der Doppelstreifen, welchen die äthyl- und amylalkoholische Lösungen liefern, durch bedeutende Verdünnung der Lösung nicht vollständig zu einem Absorptionsstreifen zusammenfließt, doch tritt die Doppelstreifung bei den verdünnten Lösungen von Monomethyl- und Monoäthylverbindungen nicht mehr so scharf hervor, wie bei den Diaminophenazthioniumchloridlösungen; der Streifen $\alpha$ ist zwar intensiv, der Streifen $\beta$ ist aber sehr schwach.

Beobachtet man mit dem Spektroskop die wässerige grünblaue Lösung von *Tetramethyldiaminophenazthioniumchlorid* (*Methylenblau*)

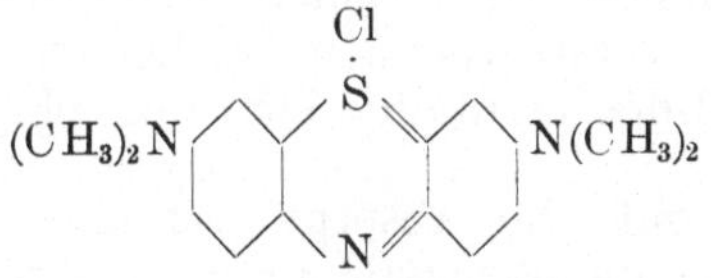

Cl
S
$(CH_3)_2N$ $N(CH_3)_2$
N

bei einer Verdünnung von 1 : 40000 in einer 1 cm dicken Schicht, so findet man, ähnlich wie bei den Diaminophenazthioniumchloridlösungen, zwei intensive, dicht aneinander liegende Absorptionsstreifen $\lambda$ 671,0 ($\alpha$) und $\lambda$ 650,7 ($\beta$) und rechts von ihnen einen schwächeren, nach rechts verzogenen Streifen bei $\lambda$ 608,4 (siehe Fig. 12, Zeile 2).

Durch allmählich fortgesetzte Verdünnung der Lösung nähern sich beide Streifen $\alpha$ und $\beta$ mehr und mehr, bis sie endlich bei der Verdünnung von ungefähr 1 : 80000 zu einem schmalen nach rechts verzogenen Streifen zusammenfließen, während der Nebenstreifen $\lambda$ 608,4 so stark geschwächt wird, daß er im Spektrum kaum sichtbar ist (Fig. 12, Zeile 3).

Das Dunkelheitsmaximum des Hauptstreifens befindet sich nun bei $\lambda$ 667,5, also *nicht* in der *Mitte* der Dunkelheitsmaxima der ursprünglichen Streifen $\alpha$ und $\beta$, sondern dem *linken Streifen* $\alpha$ *näher*, ebenso wie wir es bei den Diaminophenazthioniumchloridlösungen wahrgenommen haben.

Dieselbe Erscheinung beobachtet man auch bei der *äthyl-* und *amylalkoholischen* Lösung des Tetramethyldiaminophenazthioniumchlorids. Der Doppelstreifen $\alpha$ und $\beta$, den man bei den konzentrierteren Lösungen von Tetramethyldiaminophenazthioniumchlorid wahrnimmt, fließt durch starke Verdünnung der äthyl- und amylalkoholischen Lösung auch vollständig zu einem Streifen zusammen, zum Unterschiede von Diaminophenazthionumchlorid, Monomethyl- und Monoäthyldiaminophenazthioniumchlorid.

Die übrigen Alkylderivate des Diaminophenazthioniums geben Absorptionsspektra von demselben Charakter wie das Tetramethyldiaminophenazthioniumchlorid, jedoch natürlich in anderen Lagen.

Während bei den auch stark verdünnten alkoholischen und amylalkoholischen Lösungen des Monomethyl- und Monoäthyldiaminophenazthioniumchlorids der Doppelstreifen $\alpha$ und $\beta$ nicht zusammenfließt, beobachten wir bei den Lösungen der übrigen Alkylderivate ein vollständiges Zusammenfließen der Streifen $\alpha$ und $\beta$ zu einem einfachen, nach rechts verzogenen Streifen, dessen Dunkelheitsmaximum sich immer näher dem ursprünglichen Streifen $\alpha$ der konzentrierteren Lösung befindet.

Die Doppelstreifung tritt bei den konzentrierteren äthyl- und amylalkoholischen Lösungen deutlicher hervor, als bei der wässerigen Lösung. Der Nebenstreifen des Absorptionsspektrums von äthyl- und amylalkoholischen Lösungen ist mitunter so schwach, daß er nur in konzentrierteren Lösungen sichtbar wird.

Je mehr Alkylgruppen in das Diaminophenazthioniumchlorid eingeführt werden, um so schmäler und schärfer werden die Absorptionsstreifen der betreffenden Verbindungen. Während die Absorptionsstreifen des symmetrischen Dimethyl- und Diäthylderivates etwas breiter und teilweise verschwommen erscheinen, geben die Lösungen des Tetramethyl- und des Tetraäthylderivates sehr schmale und scharfe Absorptionsstreifen.

Der Umstand, daß die Absorptionsstreifen der Mono- und Dialkylderivate des Diaminophenazthioniums nicht genügend scharf erscheinen, kann dadurch erklärt werden, daß bei denselben der Doppelstreifen auch durch starke Verdünnung der Lösung nicht vollständig zusammenfließt, wodurch ein etwas verschwommener Streifen entsteht.

Die Derivate des Diaminophenazthioniumchlorids sind in Amylalkohol um so weniger löslich, je mehr Alkylgruppen sie enthalten; so ist die Tetramethyl- und Tetraäthylverbindung in kaltem Amylalkohol schwer löslich, wogegen das Diaminophenazthioniumchlorid sich in Amylalkohol leicht löst.

Die Anwesenheit einer Phenyl- oder Tolylgruppe in der Aminogruppe des Diaminophenazthioniumchlorids beeinträchtigt die Form des Absorptionsspektrums bedeutend. Die Lösungen solcher Verbindungen geben statt des oben beschriebenen Absorptionsspektrums einen breiteren, etwas verschwommenen und nach rechts verzogenen Absorptionsstreifen, bei dem die Doppelstreifung nicht zu erkennen ist; der Nebenstreifen fließt nämlich mit dem Hauptstreifen teilweise bezw. vollständig zusammen, wie wir es bei dem Absorptionsspektrum des Phenyldiaminophenazthioniumchlorids

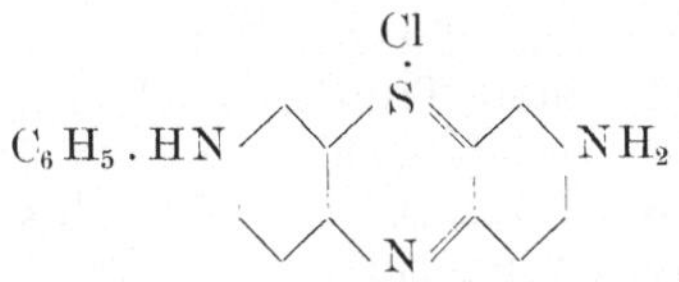

Cl

S

$C_6H_5$ . HN     $NH_2$

N

oder bei dem Absorptionsspektrum des Tolyldiaminophenazthioniumchlorids

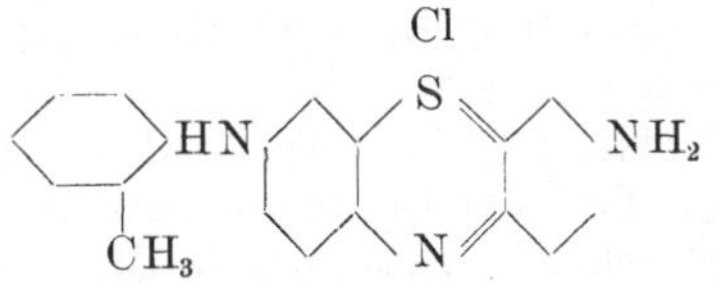

Cl

S

HN     $NH_2$

$CH_3$     N

beobachten können (Fig. 12, Zeile 5).

Die Oxyderivate des Phenazthioniums wie das Dioxyphenazthionium (Thionol)

OH     S     O

N

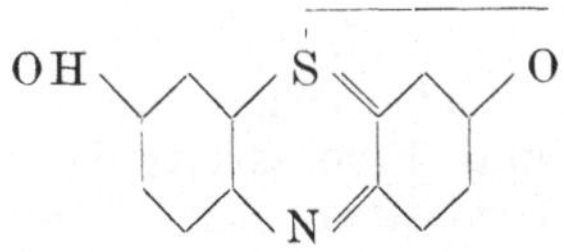

das Aminooxyphenazthionium (Thionolin)

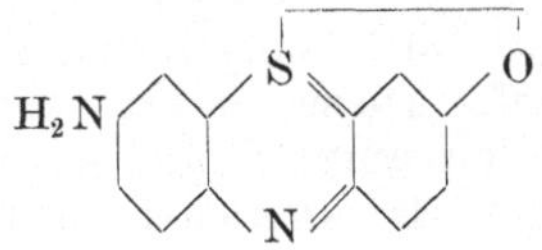

S     O

$H_2N$

N

und seine Alkylderivate geben Absorptionsspektra desselben Typus wie die Aminoverbindungen. Ihre konzentrierteren Lösungen geben auch im allgemeinen neben einem intensiveren Doppelstreifen einen schwächeren Streifen rechts (Fig. 12, Zeile 2).

Bei der alkoholischen Lösung des Thionolinchlorhydrats fließt der Doppelstreifen auch durch starke Verdünnung der Lösung zu einem Streifen nicht vollständig zusammen, und die verdünnte Lösung gibt wie das Diaminophenazthioniumchlorid ein in der Fig. 12, Zeile 4 dargestelltes Absorptionsspektrum. Dagegen fließt der Doppelstreifen bei den Lösungen des Dimethyl- und Diäthylthionolinchlorids nach starker Verdünnung der Lösung vollständig zu einem nach rechts verzogenen Streifen zusammen.

Salzsaure Salze von Thionol und Thionolin sowie das Methylenviolett (Dimethylthionolinchlorhydrat) sind in Wasser schwer löslich, und ihre wässerigen Lösungen liefern ziemlich unscharfe Absorptionsspektra; in Äthyl- und Amylalkohol lösen sie sich leichter und die Lösungen geben Absorptionsspektra mit schärferen Streifen.

In Wasser löst sich das Thionol mit violetter Farbe leicht, wenn man zum Wasser einen Tropfen Kalilauge zusetzt. Diese alkalische Lösung liefert natürlich ein anderes Absorptionsspektrum als die neutrale wässerige Lösung, weil sich das Kaliumsalz bildet.

Während die neutrale wässerige violettrote Lösung des Thionols zwei teilweise verschwommene Absorptionsstreifen bei $\lambda$ 584,5 und $\lambda$ 544,5 liefert, findet man bei der alkalischen wässerigen Lösung einen intensiveren Absorptionsstreifen bei $\lambda$ 594,8 und einen schwachen Streifen bei $\lambda$ 558,0 (vergl. Oxyverbindungen der Rosanilinfarbstoffe, p-Rosolsäure, S. 126).

Bei der äthylalkoholischen und amylalkoholischen neutralen Lösung des Thionols beobachten wir auch eine bei den Farbstoffen überhaupt selten vorkommende Erscheinung, daß die Lage des Absorptionsspektrums nach längerem Stehen der Lösung geändert wird. So liefert eine frisch bereitete äthylalkoholische Lösung von Thionol Absorptionsstreifen, ungefähr bei $\lambda$ 596,0 und $\lambda$ 551,5, nach einigem Stehen der Lösung verschieben sich die Streifen nach den längeren Wellen bis auf $\lambda$ 600,0 und $\lambda$ 557,0 (vergl. Seite 25 ff.).

Setzt man zur amylalkoholischen violettroten Lösung des Thionols alkoholische Kalilauge hinzu, so wird die Lösung violett, die Absorption und Fluoreszenz verstärkt und man findet nach dem genügenden Verdünnen der Lösung drei ganz schmale Streifen, von denen der mittlere der intensivste ist und dann weiter noch einen breiteren Nebenstreifen (die Wellenlängen siehe in der nachstehenden Tabelle).

Bei der alkoholischen Lösung treten zwar diese Streifen auch, jedoch nicht so scharf auf. Dieses interessante Absorptionsspektrum beobachten wir auch bei den amylalkoholischen Lösungen des Resorufinkaliums und des Resazurinnatriums (siehe Dioxyphenazoxoniumverbindungen, Resorufin und Fig. 13, Zeile 4).

Vergleicht man die Absorptionsspektra der Thiazinverbindungen mit den Absorptionsspektren der Triparaaminoderivate der Rosanilinfarbstoffe und der Phtaleine, so findet man, daß konzentriertere wässerige als auch alkoholische Lösungen dieser Farbstoffklassen neben einem schwächeren einfachen Absorptionsstreifen einen intensiven Doppelstreifen geben. Bei stark verdünnten Lösungen findet man aber gewisse Unterschiede.

Die Absorptionsstreifen der Lösungen von Rosanilinfarbstoffen, Rhodaminen und die Absorptionsstreifen der wässerigen Lösungen der Eosine sind breiter und symmetrisch, die Absorptionsstreifen verdünnter Thiazinfarbstofflösungen sind jedoch schmal und deutlich nach rechts verzogen. Man kann daher Thiazinverbindungen von den genannten Farbstoffen nach dem Charakter des Absorptionsspektrums leicht unterscheiden.

Es besteht aber noch ein anderer bedeutender spektroskopischer Unterschied zwischen Thiazinfarbstoffen und den genannten Triphenylmethanfarbstoffen. Das Dunkelheitsmaximum des Hauptstreifens von verdünnten Lösungen der Rosanilinfarbstoffe und der Phtaleine, welches durch Zusammenfließen des bei den konzentrierteren Lösungen auftretenden Doppelstreifens entstanden ist, befindet sich im Vergleiche mit den Dunkelheitsmaximen des Doppelstreifens immer in ihrer Mitte.

So gibt die wässerige Lösung des Pararosanilinchlorids 1 : 60000 in einer 1 cm dicken Schicht den Doppelstreifen bei λ 551,5 und λ 528,5. Verdünnt man die Lösung ungefähr auf 1 : 100000, so fließen beide Absorptionsstreifen zu einem symmetrischen Absorptionsstreifen bei λ 540,3 zusammen, welche Zahl mit der theoretisch berechneten Mitte λ 540,0 gut übereinstimmt.

Die wässerige Lösung des Tetraäthylrhodaminchlorids 1 : 60000 gibt, beobachtet in einer 1 cm dicken Schicht, einen Doppelstreifen bei λ 561,5 und bei λ 543,5. Verdünnt man die Lösung ungefähr auf 1 : 120000, so fließen beide Streifen zu einem symmetrischen Streifen bei λ 552,6, welche Zahl mit der theoretisch berechneten Mitte λ 552,5 fast übereinstimmt.

Bei den Thiazinfarbstoffen beobachten wir aber eine andere Erscheinung. Das Dunkelheitsmaximum des Hauptabsorptionsstreifens von verdünnten Lösungen der Diaminophenazthioniumderivate befindet sich nämlich, wie schon oben bemerkt, im Vergleiche mit den Dunkelheitsmaximen des Doppelstreifens von konzentrierteren Lösungen nicht in der Mitte, sondern immer dem linken Streifen $\alpha$ näher.

So liefert z. B. die wässerige Lösung von Diaminophenazthioniumchlorid 1 : 55000, mit dem Spektroskop in einer 1 cm dicken Schicht beobachtet, einen Doppelstreifen mit den Dunkelheitsmaximen bei λ 604,4 und λ 589,6. Verdünnt man die Lösung ungefähr auf 1 : 100000, so fließt der Doppelstreifen zu einem nach rechts verzogenen Streifen mit dem Dunkelheitsmaximum bei λ 602,5 zusammen. Da die berechnete Mitte des Doppelstreifens 597,0 beträgt, so erscheint das Dunkelheitsmaximum des Absorptionsstreifens der verdünnten Lösung mehr nach links verschoben.

Die wässerige Lösung von Tetramethyldiaminophenazthioniumchlorid 1 : 40000, beobachtet mit dem Spektroskop in einer 1 cm dicken Schicht, liefert einen Doppelstreifen bei λ 671,0 und λ 650,7. Verdünnt man die Lösung ungefähr auf 1 : 80000, so fließen beide Streifen zu einem nach rechts verzogenen Streifen bei λ 667,5 zusammen. Da die berechnete Mitte des Doppelstreifens 660,8 beträgt, so erhellt daraus, daß das neue, durch Verdünnen der Lösung gebildete Dunkelheitsmaximum sich nicht in der Mitte, sondern mehr nach links verschoben befindet.

Schließlich unterscheiden sich die Thiazinfarbstoffe von den Triphenylmethanfarbstoffen noch durch die Farbe der Fluoreszenz. Die Lösungen der Thiazinverbindungen fluoreszieren mit Ausnahme von Monoaminophenazthioniumchlorid und Phenylderivaten mit verschiedener Intensität rot (vergl. S. 77 ff.), die Lösungen der Phtaleine fluoreszieren dagegen regelmäßig gelb, orangegelb und grün (vergl. S. 135), und die Lösungen der Rosanilinfarbstoffe fluoreszieren überhaupt nicht.

Diaminophenazthioniumverbindungen lösen sich in konzentrierter Schwefelsäure mit gelbgrüner Farbe und die Lösungen absorbieren nur einseitig im Rot und Blauviolett, dagegen lösen sich Oxyphenazthioniumverbindungeu (Thionol, Thionolin und seine Alkylderivate) in konzentrierter Schwefelsäure mit blauer bezw. violettblauer Farbe und die Lösungen zeigen im gelben Teile des Spektrums einen nach rechts verzogenen Absorptionsstreifen, wodurch sie sich von den Diaminoderivaten wesentlich unterscheiden.

Das Gallothionin löst sich in konzentrierter Schwefelsäure mit rotvioletter Farbe und die Lösung zeigt einen Absorptionsstreifen im Gelbgrün und eine einseitige Absorption im Blauviolett.

Das Monoaminophenazthioniumchlorid löst sich in konzentrierter Schwefelsäure mit rotbrauner Farbe und die Lösung zeigt ein charakteristisches Absorptionsspektrum, welches aus zwei schmalen intensiven Streifen im Grün bei $\lambda$ 515,8 und $\lambda$ 498,0, aus zwei ganz schwachen Streifen bei $\lambda$ 481,5 und $\lambda$ 464,0 und einem stärkeren Streifen bei $\lambda$ 441,5 besteht (vergleiche das Absorptionsspektrum des Thiodiphenylamins in Schwefelsäure, Seite 142).

In der nachfolgenden Tabelle sind die Absorptionsspektra der Thiazinverbindungen in wässerigen, äthyl- und amylalkoholischen Lösungen angegeben und die Absorptionsstreifen in Wellenlängen ausgedrückt, wobei der erste Streifen den Hauptstreifen, der zweite Streifen den Nebenstreifen bedeutet; nur bei dem Monoaminophenazthioniumchlorid ist der mittlere Streifen der Hauptstreifen.

| Verbindung gelöst in: | Wasser | Äthylalkohol | Amylalkohol |
|---|---|---|---|
| Cl, S, N, $NH_2$ | 598,5 **554,8** 516,0 | 593,0 **548,5** 511,2 | — |
| Cl, S, N, $H_2N$, $NH_2$ | **602,5** 559,4 | **605,3** 588,3 560,3 | **608,8** 592,2 562,5 |
| Cl, S, N, $H_2N$, $NH.CH_3$ | **611,4** 568,2 | **614,7** 598,5 567,0 | **618,3** 601,0 569,5 |
| Cl, S, N, $H_2N$, $NH.C_2H_5$ | **612,15** 570,7 | **617,1** 600,7 569,5 | **620,1** 603,5 572,0 |

| Verbindung gelöst in: | Wasser | | Äthylalkohol | | Amylalkohol | |
|---|---|---|---|---|---|---|
| $CH_3.HN$ — S (Cl), N — $NH.CH_3$ | **620,1** | 574,5 | **617,8** | 572,0 | **620,8** | 574,5 |
| $C_2H_5.HN$ — S (Cl), N — $NH.C_2H_5$ | **621,6** | 575,7 | **619,2** | 573,2 | **622,0** | 575,7 |
| $(CH_3)_2N$ — S (Cl), N — $NH_2$ | **638,0** | 587,0 | **630,1** | 579,5 | **631,4** | 580,7 |
| $(C_2H_5)_2N$ — S (Cl), N — $NH_2$ | **641,0** | 590,9 | **633,7** | 582,0 | **635,4** | 583,2 |
| $(CH_3)_2N$ — S (Cl), N — $NH.CH_3$ | **651,7** | 596,1 | **642,4** | 588,3 | **643,8** | 589,6 |
| $(CH_3)_2N$ — S (Cl), N — $NH.C_2H_5$ | **653,0** | 597,4 | **643,8** | 589,6 | **645,1** | 590,9 |
| $(C_2H_5)_2N$ — S (Cl), N — $NH.CH_3$ | **655,0** | 600,2 | **645,1** | 590,9 | **646,2** | 592,2 |
| $(C_2H_5)_2N$ — S (Cl), N — $NH.C_2H_5$ | **655,9** | 601,6 | **646,5** | 592,2 | **647,6** | 593,5 |

| Verbindung gelöst in: | Wasser | Äthylalkohol | Amylalkohol |
|---|---|---|---|
| $(CH_3)_2N$ – S(Cl) – N – $N(CH_3)_2$ | **667,5** 608,4 | **657,4** 602,1 | **657,8** 602,5 |
| $(CH_3)_2N$ – S(Cl) – N – $N<^{CH_3}_{C_2H_5}$ | **668,5** 609,9 | **658,1** 603,0 | **658,5** 603,3 |
| $(CH_3)_2N$ – S(Cl) – N – $N(C_2H_5)_2$ | **670,0** 611,4 | **659,2** 604,1 | **660,0** 604,4 |
| $(C_2H_5)_2N$ – S(Cl) – N – $N<^{C_2H_5}_{CH_3}$ | **671,5** 612,9 | **660,2** 604,7 | **661,1** 605,2 |
| $(C_2H_5)_2N$ – S(Cl) – N – $N(C_2H_5)_2$ | **673,0** 614,3 | **661,1** 605,5 | **662,0** 606,1 |
| HO – S – N – O | **584,5** 544,5 | **596,0** 551,5 [1] | **600,0** 556,0 |
| NaO – S – N – O | **594,8** 558,0 | 607,2 **596,0** 579,0<br>554,8 | 610,2 **597,4** 580,7<br>555,9 |
| $H_2N$ – S – N – O | **592,2** 547,5 | **595,3** 580,0 552,6 | **597,4** 582,0 553,7 |

[1]) Vergl. Seite 148.

| Verbindung gelöst in: | Wasser | | Äthylalkohol | | Amylalkohol | |
|---|---|---|---|---|---|---|
| $(CH_3)_2N$–[Cl, S, N; Phenazthioniumring]–OH | **622,3** | 573,2 | **601,6** | 558,1 | **600,2** | 557,0 |
| $(C_2H_5)_2N$–[Cl, S, N; Phenazthioniumring]–OH | **625,5** | 577,0 | **607,2** | 561,8 | **604,4** | 559,6 |

Aus dieser Tabelle entnehmen wir vor allem, daß durch den Einfluß der substituierten Alkylgruppen die Verschiebung der Absorptionsstreifen zum infraroten Teile des Spektrums nicht nur von der Anzahl, sondern auch von der Art der in die Muttersubstanz eingeführten Alkylgruppen abhängig ist, ähnlich wie wir es bei den Triphenylmethanfarbstoffen beobachtet haben und ferner, daß die Äthylgruppe das Absorptionsspektrum mehr nach den längeren Wellen verschiebt als die Methylgruppe.

Vergleicht man die Absorptionsspektra des Dioxyphenazthioniums (Thionols) und des salzsauren Aminooxyphenazthioniums (Thionolins) mit dem Absorptionsspektrum des Diaminophenazthionumchlorids, so nimmt man wahr, daß die Hydroxylgruppe eine geringere Verschiebung des Absorptionsspektrums nach den längeren Wellen bewirkt, als die Aminogruppe.

Vergleichen wir nun die Unterschiede in den Lagen der Absorptionsstreifen von wässerigen Lösungen einzelner Diaminophenazthioniumverbindungen in bezug auf ihre Muttersubstanz das Diaminophenazthioniumchlorid.

Die Verschiebung des Hauptabsorptionsstreifens der wässerigen Lösung von Diaminophenazthioniumchlorid ($\lambda$ 602,5) zum Hauptabsorptionsstreifen der wässerigen Lösung von seinem

| | | | |
|---|---|---|---|
| Monomethylderivat . . . . . . . | ($\lambda$ 611,4) | beträgt | 611,4—602,5 = 8,9 $m\mu$ |
| symmetrischem Dimethylderivat . . | ($\lambda$ 620,1) | „ | 620,1—602,5 = 17,6 $m\mu$ |
| asymmetrischem Dimethylderivat . . | ($\lambda$ 638,0) | „ | 638,0—602,5 = 35,5 $m\mu$ |
| Trimethylderivat . . . . . . . . | ($\lambda$ 651,7) | „ | 651,7—602,5 = 49,2 $m\mu$ |
| Tetramethylderivat . . . . . . . | ($\lambda$ 667,5) | „ | 667,5—602,5 = 65,0 $m\mu$ |
| Monoäthylderivat . . . . . . . | ($\lambda$ 612,15) | „ | 612,15—602,5 = 9,65 $m\mu$ |
| symmetrischem Diäthylderivat . . . | ($\lambda$ 621,6) | „ | 621,6—602,5 = 19,1 $m\mu$ |
| asymmetrischem Diäthylderivat . . | ($\lambda$ 641,0) | „ | 641,0—602,5 = 38,5 $m\mu$ |
| Triäthylderivat . . . . . . . . | ($\lambda$ 655,9) | „ | 655,9—602,5 = 53,4 $m\mu$ |
| Tetraäthylderivat . . . . . . . . | ($\lambda$ 673,0) | „ | 673,0—602,5 = 70,5 $m\mu$ |

Aus dieser Tabelle entnehmen wir, daß die Verschiebung (Verschiebungszahl) des Absorptionsspektrums vom Diaminophenazthioniumchlorid zum symmetrischen Dimethylderivate 17,6 zweimal so groß ist, wie die Verschiebung des Absorptionsspektrums vom Diaminophenazthioniumchlorid zum Monomethylderivat (8,9 × 2 = 17,8) und die Verschiebung des Absorptionsspektrums vom Diaminophenazthioniumchlorid zum asymmetrischen Dimethylderivate 35,5, aber das Vierfache der Verschiebungszahl des Monomethylderivates (8,9 × 4 = 35,6) beträgt oder doppelt so groß ist, wie die Verschiebungszahl des symmetrischen Dimethylderivates (17,6 × 2 = 35,2).

Daß das symmetrische Dimethyldiaminophenazthioniumchlorid und das asymmetrische Dimethyldiaminophenazthioniumchlorid, zwei gleich zusammengesetzte Verbindungen von gleicher Anzahl Methylgruppen verschieden gelegene Absorptionspektra, bezw. verschiedene Verschiebungszahlen aufweisen werden, war aus der Konstitution beider Verbindungen zu erwarten, denn ebenso wie zwei isomere Verbindungen verschiedene chemische Eigenschaften haben, müssen sie auch verschiedene spektroskopische Eigenschaften besitzen. Die Lage des Absorptionsspektrums einer Verbindung hängt daher nicht nur von der Anzahl der eingeführten Gruppen, sondern auch von dem Umstande ab, in welcher Weise die substituierenden Gruppen in die Verbindung eintreten.

Es ist bemerkenswert, daß die Verschiebung des Absorptionsspektrums durch den Eintritt von zwei Methylgruppen in eine Aminogruppe eben zweimal so groß ist, als die Verschiebung des Absorptionsspektrums durch den Eintritt je einer Methylgruppe in zwei Aminogruppen des Diaminophenazthioniumchlorids.

Man würde erwarten, daß die Verschiebung des Absorptionsspektrums von Diaminophenazthioniumchlorid zum Trimethylderivate das Fünffache der Verschiebungszahl des Monomethylderivates betragen würde, doch ist das nicht der Fall, sondern die Verschiebungszahl des Trimethylderivates 49,2 beträgt ungefähr das 5,5fache der Verschiebungszahl des Monomethylderivates (8,9 × 5,5 = 48,95). Auch die Verschiebungszahl des Tetramethyldiaminophenazthioniumchlorids 65,0 beträgt nicht ein ganzes Multiplum der Verschiebungszahl des Monomethylderivates, sondern ist ungefähr 7,3 mal so groß (8,9 × 7,3 = 64,97).

Dieselben Verhältnisse kommen auch bei den Äthylderivaten des Diaminophenazthioniumchlorids vor. Auch hier ist die Verschiebungszahl des symmetrischen Diäthylderivates 19,1 zweimal so groß (9,65 × 2 = 19,3) und die Verschiebungszahl des asymmetrischen Diäthylderivates 38,5 viermal so groß (9,65 × 4 = 38,6) als die Verschiebungszahl des Monoäthylderivates oder doppelt so groß, als die Verschiebungszahl des symmetrischen Diäthylderivates (19,1 × 2 = 38,2).

Ähnlich ist die Verschiebungszahl des Triäthylderivates 53,4 ungefähr 5,55 mal so groß (9,65 × 5,55 = 53,5) und die Verschiebungszahl des Tetraäthylderivates 70,5 ungefähr 7,3 mal so groß (9,65 × 7,3 = 70,4).

Aus diesen Beobachtungen ersehen wir, daß zwar die durch den Eintritt von gleichartigen Gruppen in das Diaminophenazthioniumchlorid hervorgerufene Verschiebung der Absorptionsstreifen nach den längeren Wellen wächst, diese Verschiebung aber nicht im allgemeinen der Anzahl der eingeführten Gruppen proportional ist.

Dividiert man die Verschiebungszahlen der Methylderivate durch die Verschiebungszahlen der entsprechenden Äthylderivate, so erhält man immer ungefähr dieselbe Zahl, folglich

8,9 : 9,65 = 0,9222 (Monomethyl- und Monoäthylderivat),
17,6 : 19,1 = 0,9214 (sym. Dimethyl- und sym. Diäthylderivat),
35,5 : 38,5 = 0,9220 (asym. Dimethyl- und asym. Diäthylderivat),
49,2 : 53,4 = 0,9213 (Trimethyl- und Triäthylderivat),
65,0 : 70,5 = 0,9219 (Tetramethyl- und Tetraäthylderivat).

Es folgt daraus, daß die gleiche Anzahl von Methylgruppen das Absorptionsspektrum proportional gleich verschiebt, als die gleiche Anzahl von Äthylgruppen; das Verhältnis zwischen der Verschiebungszahl eines Methylderivates und der Verschiebungszahl des ihm entsprechenden Äthylderivates ist daher eine Konstante.

Stellt man die Verschiebungszahlen des symmetrischen Dimethyldiaminophenazthioniumchlorids und des Tetramethyldiaminophenazthioniumchlorids mit den entsprechenden Diäthyl und Tetraäthylderivaten in eine Proportion, so erhält man:

| 17,6 | : | 19,1 | = | 65,0 | : | 70,5 |
|---|---|---|---|---|---|---|
| sym. Dimethylderivat | | sym. Diäthylderivat | | Tetramethylderivat | | Tetraäthylderivat |

oder

| 17,6 | : | 65,0 | = | 19,1 | : | 70,5 |
|---|---|---|---|---|---|---|
| Dimethylderivat | | Tetramethylderivat | | Diäthylderivat | | Tetraäthylderivat |

d. i. das Multiplum $17,6 \times 70,5 = 1240,8$,
$19,1 \times 65,0 = 1241,5$.

Somit sind die Zahlen, welche die Verschiebung der Absorptionsstreifen der Methyl- und Äthylderivate ausdrücken, direkt proportional.

Das Verhältnis $\frac{17,6}{65,0} = 0,2707$ und $\frac{19,1}{70,5} = 0,2709$, rund 0,2708 ($a$) ist daher eine Konstante, und das Verhältnis $\frac{17,6}{19,1} = 0,9214$ und $\frac{65,0}{70,5} = 0,9219$, rund 0,9217 ($b$), ist ebenfalls eine Konstante.

Stellt man in die Proportion die Verschiebungszahlen von asymmetrischen Dimethyl- und Diäthyldiaminophenazthioniumchlorid und Tetramethyl- und Tetraäthyldiaminophenazthioniumchlorid ein, so erhält man:

| 35,5 | : | 38,5 | = | 65,0 | : | 70,5 |
|---|---|---|---|---|---|---|
| as. Dimethylderivat | | as. Diäthylderivat | | Tetramethylderivat | | Tetraäthylderivat |

oder

| 35,5 | : | 65,0 | = | 38,5 | : | 70,5 |
|---|---|---|---|---|---|---|
| Dimethylderivat | | Tetramethylderivat | | Diäthylderivat | | Tetraäthylderivat |

d. i. das Multiplum $35,5 \times 70,5 = 2502,5$,
$38,5 \times 65,0 = 2502,7$.

Das Verhältnis $\frac{35,5}{65,0} = 0,5461$ und $\frac{38,5}{70,5} = 0,5460$, rund 0,546 (*c*) ist eine Konstante, und das Verhältnis $\frac{35,5}{38,5} = 0,9220$ und $\frac{65,0}{70,5} = 0,9219$, rund 0,922 (*d*), ist ebenfalls eine Konstante, welche mit der oberen Konstante *b* gleich ist.

In ähnlicher Weise können die Verschiebungszahlen von Monomethyl- und Monoäthylderivaten mit den Verschiebungszahlen von symmetrischem oder asymmetrischem Dimethyl- und Diäthylderivaten und mit den Verschiebungszahlen von Tetramethyl- und Tetraäthylderivaten verglichen werden.

Die Konstanten *a*, *b* und *c* dienen, wie bei den Rosanilinfarbstoffen erörtert wurde, zur Berechnung der Wellenlänge des Absorptionsstreifens verschiedener Derivate und da das Verhältnis der Verschiebungszahlen zwischen den Methyl- und Äthylderivaten konstant ist, können wir die Richtigkeit unserer Messungen im Spektrum kontrollieren oder aber auf Grund der tatsächlich gefundenen Zahlen der reinen Verbindungen die Reinheit und die richtige Zusammensetzung der untersuchten Verbindungen durch Berechnung kontrollieren.

Dies soll durch ein Beispiel erläutert werden. Durch direkte Messung der Wellenlänge des Hauptabsorptionsstreifens der wässerigen Lösung des Diaminophenazthioniumchlorids wurde $\lambda$ 602,5 gefunden. Bestimmen wir nun diese Zahl durch Rechnung auf Grund der Wellenlänge des Tetramethyldiaminophenazthioniumchlorids ($\lambda$ 667,5), des Tetraäthyldiaminophenazthioniumchlorids ($\lambda$ 673,0), des asymmetrischen Dimethyldiaminophenazthioniumchlorids ($\lambda$ 638,0) und des asymmetrischen Diäthyldiaminophenazthioniumchlorids ($\lambda$ 641,0).

Da das Verhältnis zwischen den Methyl- und Äthylderivaten konstant ist, so folgt:

$$\frac{667,5 - x}{673,0 - x} = b \quad \text{und} \quad \frac{638,0 - x}{641,0 - x} = b$$

und da die Konstante *b* gleich ist, erhalten wir ferner

$$\frac{667,5 - x}{673,0 - x} = \frac{638,0 - x}{641,0 - x},$$

woraus x = 602,6 eine Wellenlängenzahl, die mit der tatsächlich gefundenen Wellenlängenzahl 602,5 sehr gut übereinstimmt.

Vergleicht man die Verschiebungen der Absorptionsstreifen, die durch die Einführung von gleichartigen Alkylgruppen in die Muttersubstanz hervorgerufen werden, bei den Thiazinfarbstoffen einerseits und bei den Triphenylmethanfarbstoffen andererseits, so findet man, daß die Verschiebungszahlen nicht gleich sind. Während z. B. bei dem Diaminophenazthioniumchlorid die Verschiebung des Absorptionsstreifens durch Einführung von zwei Methylgruppen 17,6 $m\mu$ (symmetrisches Dimethylderivat) bezw. 35,5 $m\mu$ (asymmetrisches Dimethylderivat), durch Einführung von vier Methylgruppen 65,0 $m\mu$ beträgt, erfolgt die Verschiebung des Absorptionsstreifens von Diaminotriphenylkarbinolchlorid durch Einführung von zwei Methylgruppen um 25,6 $m\mu$, durch Einführung von vier Methylgruppen um 55,6 $m\mu$. Folglich ist auch das Verhältnis der Verschiebungszahlen der, eine entsprechende Anzahl von Alkylgruppen enthaltenden Derivate der Thiazinfarbstoffe und Rosanilinfarbstoffe verschieden.

So beträgt der Quotient aus den Verschiebungszahlen des symmetrischen Dimethyl- und des Tetramethylderivates von Diaminophenazthioniumchlorid $\frac{17,6}{65,0} = 0,2708$, während der Quotient aus den Verschiebungszahlen des Dimethyl- und des Tetramethylderivates von Diaminotriphenylkarbinolchlorid $\frac{25,4}{55,3} = 0,4593$ beträgt (vergl. Seite 104).

Aus diesen Betrachtungen geht hervor, daß die Größe der Verschiebung der Absorptionsstreifen nicht nur von der Anzahl der in die Verbindung eintretenden Gruppen, sondern auch von der Konstitution der Grundverbindung abhängig ist. Daher kann die Verschiebung des Absorptionsspektrums, welche durch die Einführung von einer gleichen Anzahl der gleichartigen Gruppen in die Verbindungen verschiedener Farbstoffklassen stattfindet, nicht gleich sein; sie ist aber bei verschiedenen Verbindungen einer und derselben Farbstoffklasse proportional.

## b) Diaminophenotolazthioniumverbindungen.

Spektroskopiert man die wässerige, grünlichblaue Lösung des Dimethyldiaminophenotolazthioniumchlorids

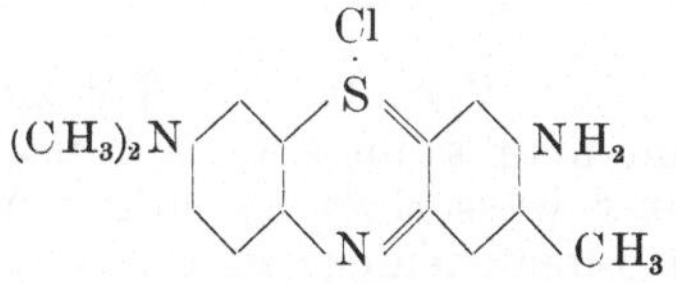

Cl
S
$(CH_3)_2N$ $NH_2$
N $CH_3$

1 : 25000 in einer 1 cm dicken Schicht, so sieht man ein Absorptionsspektrum, welches aus einem intensiven Absorptionsstreifen $b$ und einem schwächeren Absorptionsstreifen $a$, der sich links von dem intensiven Streifen befindet, besteht (Seite 143, Fig. 12, Zeile 6, Tafel I, Zeile 10).

Die Anordnung der Absorptionsstreifen im Absorptionsspektrum ist daher umgekehrt derjenigen in den Aminophenazthioniumverbindungen.

Verdünnt man die Lösung allmählich mit Wasser, so nimmt die Intensität des Absorptionsstreifens $b$ schneller ab, als die Intensität des Streifens $a$, so daß bei der Verdünnung von ungefähr 1 : 50000 der linke Absorptionsstreifen $a$ intensiver erscheint als der Streifen $b$; das Absorptionsspektrum der verdünnten Lösung zeigt dann dieselbe Anordnung der Absorptionsstreifen, wie die verdünnte wässerige Lösung der Aminophenazthioniumverbindungen (Seite 143, Fig. 12, Zeile 7).

Dieselbe Erscheinung beobachten wir bei der *wässerigen* Lösung von asymmetrischem *Dimethyldiaminophenotolazthioniumchlorid*

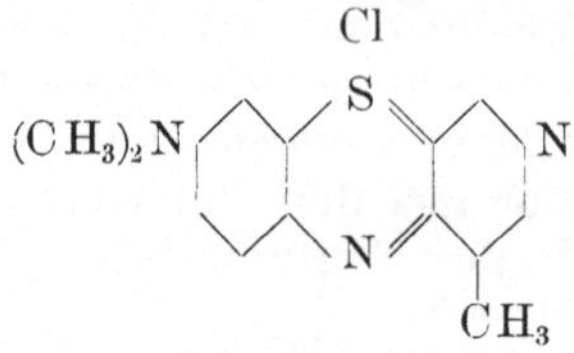

$$\text{Cl} \quad \text{S} \quad (CH_3)_2N \quad NH_2 \quad \text{N} \quad CH_3$$

Beobachtet man die wässerige, blaue Lösung dieser Verbindung 1 : 20000 mit dem Spektroskop in einer 1 cm dicken Schicht, so sieht man das in Fig. 12, Zeile 6, Seite 143 dargestellte Absorptionsspektrum, nämlich neben einem intensiven Absorptionsstreifen *b* einen schwächeren Absorptionsstreifen *a* links; verdünnt man die Lösung allmählich, so ändert sich die Intensität der Absorptionsstreifen, bis endlich bei der Verdünnung ungefähr 1 : 40000 die ursprüngliche Form des Absorptionsspektrums in die in Fig. 12, Zeile 7, Seite 143 dargestellte Form übergeht.

Ebenso verhalten sich die analogen asymmetrischen *Diäthyldiaminophenotolazthioniumverbindungen* und die *Trimethyl-* und *Triäthyldiaminophenotolazthioniumverbindungen*; auch ihre wässerigen, passend verdünnten Lösungen liefern ein Absorptionsspektrum, bei dem der rechte Streifen *b* intensiver ist, als der linke Streifen *a*, während bei den stark verdünnten Lösungen wieder der Streifen *a* intensiver erscheint als der Streifen *b*.

Bei den Äthylderivaten tritt der Charakter des eben beschriebenen Absorptionsspektrums nicht so scharf auf wie bei den Methylderivaten, doch ist die größere Intensität des rechten Absorptionsstreifens *b* deutlich sichtbar.

Dieses spektroskopische Verhalten der Tolazthioniumverbindungen ist charakteristisch und man kann sie schon nach der *Form* des Absorptionsspektrums ihrer wässerigen Lösung von den Aminophenazthioniumverbindungen unterscheiden; ebenso kann man nach der Veränderung des Absorptionsspektrums beim allmählichen Verdünnen der Lösung die Tolazthioniumverbindungen von den anderen, ein ähnliches Absorptionsspektrum liefernden Farbstoffen unterscheiden[1]).

Die *Doppelstreifung* des einen oder anderen Absorptionsstreifens, wie bei den Diaminophenazthioniumverbindungen, konnte ich bei den wässerigen Lösungen der eben beschriebenen Diaminophenotolazthioniumverbindungen nicht sicher feststellen.

*Äthyl-* und *amylalkoholische*, passend verdünnte Lösungen von *Diaminophenotolazthioniumderivaten* geben, wie Diaminophenazthioniumverbindungen, neben einem deutlichen intensiven Doppelstreifen einen *ganz schwachen* Absorptionsstreifen rechts (Seite 143, Fig. 12, Zeile 2).

---

1) Z. B. von einigen Benzylderivaten der Rosanilinfarbstoffe, deren wässerige Lösungen ein ähnliches Absorptionsspektrum liefern wie Phenotolazthioniumverbindungen, welches sich aber beim Verdünnen der Lösung *nicht verändert*.

Während dieser Doppelstreifen bei dem Dimethyl-, Trimethyl- und Diäthyl-, Triäthyldiaminophenoorthotolazthioniumchlorid[1]) durch starke Verdünnung der Lösung zu einem nach rechts verzogenen Streifen zusammenfließt (Seite 143, Fig. 12, Zeile 3), findet man bei verdünnten alkoholischen Lösungen von Dimethyl- und Diäthyldiaminophenometatolazthioniumchlorid zwischen dem Haupt- und Nebenstreifen noch einen ganz schwachen, dem Hauptabsorptionsstreifen nahe liegenden Streifen; derselbe tritt bei der amylalkoholischen Lösung deutlicher hervor (Seite 143, Fig. 12, Zeile 4).

Die verdünnte *wässerige* blauviolette Lösung von *Diaminophenotolazthioniumchlorid*

Cl

S

$H_2N$ $NH_2$

N $CH_3$

gibt neben einem intensiveren, nach rechts verzogenen Absorptionsstreifen einen schwachen Streifen rechts. Bei der *äthyl-* und *amylalkoholischen* Lösung fließt der Doppelstreifen durch starke Verdünnung der Lösung zu einem Absorptionsstreifen nicht zusammen, sondern gestaltet sich zu zwei schmalen, dicht aneinander liegenden Streifen von ungleicher Intensität, gerade so, wie wir es bei der verdünnten äthyl- und amylalkoholischen Lösung von Diaminophenazthioniumchlorid sehen (Seite 143, Fig. 12, Zeile 4).

Ähnlich verhält sich die alkoholische Lösung des isomeren *Diaminophenotolazthioniumchlorids*

Cl

S

$H_2N$ $NH_2$

N

$CH_3$

welches in Wasser nur wenig löslich ist.

Die Lösungen der Diaminophenotolazthioniumverbindungen fluoreszieren mit verschiedener Intensität, und zwar um so weniger, je mehr Alkylgruppen die Aminogruppen enthalten.

Die Lösungen von Dimethyl- und Diäthyldiaminophenotolazthioniumchlorid, bei dem die $CH_3$-Gruppe sich in Metastellung zur $NH_2$-Gruppe befindet, fluoreszieren bedeutend stärker, als die Lösungen von Dimethyl- und Diäthyldiaminophenotolazthioniumchlorid, bei dem sich die $CH_3$-Gruppe in Orthostellung zur $NH_2$-Gruppe befindet.

Besonders auffallend beobachtet man diesen Unterschied bei der *äthyl-* und *amylalkoholischen* Lösung dieser Verbindungen.

---

1) Durch die Bezeichnung „Ortho" und „Meta" wird hier und bei den nachfolgenden Verbindungen die Stellung der $CH_3$-Gruppe zur Aminogruppe gemeint.

Solange die Wasserstoffe der beiden Aminogruppen eines Thiazinfarbstoffes nicht durch Alkyle bezw. Benzyl- oder Phenylgruppen ersetzt sind, färbt sich die *wässerige* verdünnte Lösung einer solchen Phenazthionium- oder Phenotolazthioniumverbindung, mit einem Tropfen *Kalilauge* (1 : 10) versetzt, *blauviolett*; die verdünnte *äthyl- oder amylalkoholische* Lösung, mit alkoholischer *Kalilauge* versetzt, färbt sich *rot*, wie z. B. die Lösungen von Dimethyldiaminophenazthioniumchlorid, Dimethyldiaminophenotolazthioniumchlorid, Trimethyldiaminophenazthioniumchlorid, Trimethyldiaminophenotolazthioniumchlorid usw.

Sind aber sämtliche Wasserstoffe der beiden Aminogruppen durch Alkyle ersetzt, wie beim Tetramethyl- und Tetraäthyldiaminophenazthioniumchlorid, so ändert sich die verdünnte, *wässerige* Lösung derselben nach Zusatz von *Kalilauge nicht*; die *äthyl-* oder *amylalkoholische* verdünnte Lösung, mit alkoholischer *Kalilauge* versetzt, *entfärbt sich* aber und wird erst nach längerem Stehen violett.

In *konzentrierter Schwefelsäure* lösen sich Diaminophenotolazthioniumverbindungen mit *grüner* Farbe und die Lösungen absorbieren nur einseitig im Rot und Blauviolett.

In der nachfolgenden Tabelle sind die Absorptionsspektra von wässerigen, äthyl- und amylalkoholischen Lösungen einzelner Diaminophenotolazthioniumverbindungen angegeben, wobei die erste Zahl die Wellenlänge des Hauptstreifens, die zweite Zahl die Wellenlänge des Nebenstreifens bedeutet.

| *Verbindung gelöst in:* | Wasser | Äthylalkohol | Amylalkohol |
|---|---|---|---|
| 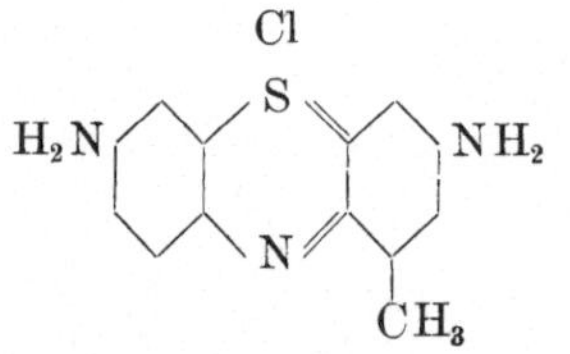 Cl, S, $H_2N$, $NH_2$, N, $CH_3$ | — | **604,4** 587,5 — | **607,7** 591,2 — |
| 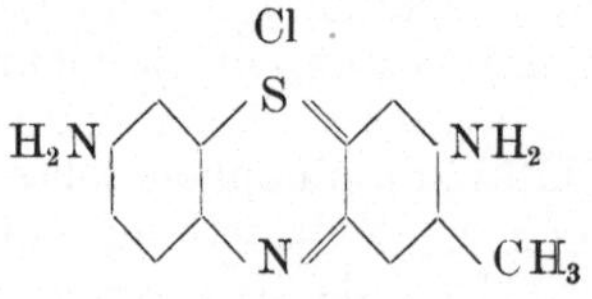 Cl, S, $H_2N$, $NH_2$, N, $CH_3$ | **604,4** 562,5 | **607,2** 590,9 — | **610,8** 593,5 — |
| 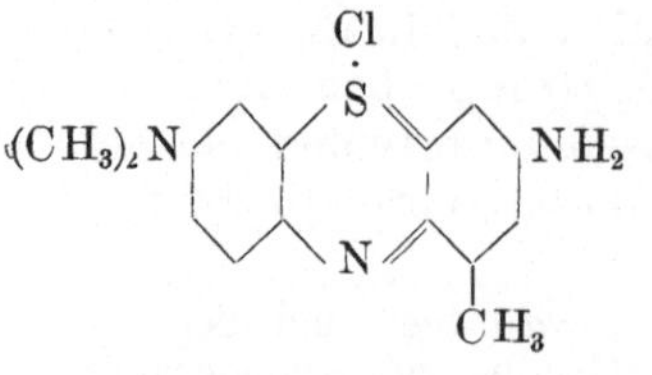 Cl, S, $(CH_3)_2N$, $NH_2$, N, $CH_3$ | **627,6** 578,2 | **626,5** 630,0 579,5 | **627,8** 605,8 580,7 |

| Verbindung gelöst in: | Wasser | Äthylalkohol | Amylalkohol |
|---|---|---|---|
| Cl · S; $(C_2H_5)_2N$ … $NH_2$; N; $CH_3$ | **630,0** 582,0 | **630,1** 607,5 582,0 | **632,1** 610,2 583,2 |
| Cl · S; $(CH_3)_2N$ … $NH_2$; N; $CH_3$ | **640,0** 588,3 | **630,8** 580,2 | **632,4** 582,0 |
| Cl · S; $(C_2H_5)_2N$ … $NH_2$; N; $CH_3$ | **643,2** 593,5 | **634,7** 583,2 | **636,0** 584,5 |
| Cl · S; $(CH_3)_2N$ … $NH.CH_3$; N; $CH_3$ | **654,5** 598,8 | **643,1** 588,8 | **644,1** 590,1 |
| Cl S; $(C_2H_5)_2N$ … $NH.C_2H_5$; N; $CH_3$ | **658,9** 605,8 | **647,2** 592,7 | **648,3** 594,0 |

Vergleicht man in dieser Tabelle die Unterschiede in den Lagen der Hauptabsorptionsstreifen von wässerigen Lösungen der Diaminophenotolazthioniumverbindungen in bezug auf den Hauptabsorptionsstreifen der wässerigen Lösung des Diaminophenazthioniumchlorids, so findet man, daß die Verschiebung des Hauptstreifens des Diaminophenazthioniumchlorids (602,5) zum Hauptabsorptionsstreifen von

| | | |
|---|---|---|
| Pheno-o-tolazthioniumchlorid . . . . . . . . . | beträgt | 604,4—602,5 = 1,9 |
| asym. Dimethyldiaminopheno-o-tolazthioniumchlorid | „ | 640,0—602,5 = 37,5 |
| asym. Diäthyldiaminopheno-o-tolazthioniumchlorid . | „ | 643,2—602,5 = 40,7 |
| Trimethyldiaminopheno-o-tolazthioniumchlorid . . | „ | 654,5—602,5 = 52,0 |
| Triäthyldiaminopheno-o-tolazthioniumchlorid . . . | „ | 658,9—602,5 = 56,4 |
| asym. Dimethyldiaminopheno-m-tolazthioniumchlorid | „ | 627,5—602,5 = 25,0 |
| asym. Diäthyldiaminopheno-m-tolazthioniumchlorid | „ | 630,5—602,5 = 28,0 |

Aus diesen Zahlen ersehen wir vor allem, daß in bezug auf das Diaminophenazthioniumchlorid das Absorptionsspektrum des Dimethyl- und des Diäthyldiaminopheno-m-tolazthioniumchlorids relativ weniger nach den längeren Wellen verschoben ist, als das Absorptionsspektrum des Dimethyl- und des Diäthyldiaminopheno-o-tolazthioniumchlorids.

Vergleichen wir die Hauptabsorptionsstreifen der wässerigen Lösung des Dimethyldiamino-o-tolazthioniumchlorids und des Dimethyldiamino-m-tolazthioniumchlorids mit dem Hauptabsorptionsstreifen der wässerigen Lösung des Dimethyldiaminophenazthioniumchlorids einerseits und des Diäthyldiamino-o-tolazthioniumchlorids und des Diäthyldiamino-m-tolazthioniumchlorids mit dem Hauptabsorptionsstreifen der wässerigen Lösung des Diäthyldiaminophenazthioniumchlorids andererseits, so sehen wir, daß die Absorptionsstreifen der dem Dimethyl- und Diäthyldiaminophenazthioniumchlorid entsprechenden Orthotolazthioniumderivate nach den längeren Wellen, die Absorptionsstreifen der dem Dimethyl- und Diäthyldiaminophenazthioniumchlorid entsprechenden Metatolazthioniumderivate nach den kürzeren Wellen verschoben sind[1]).

Daraus ergibt sich das nachfolgende Bild:

| 640,0 ← | 638,0 | → 627,6 |
|---|---|---|
| Dimethyl-o-Tolazthioniumder. | Dimethylphenazthioniumder. | Dimethyl-m-Tolazthioniumder. |
| 643,2 ← | 641,0 | → 630,0 |
| Diäthyl-o-Tolazthioniumder. | Diäthylphenazthioniumder. | Diäthyl-m-Tolazthioniumder. |

Dasselbe ersehen wir auch aus dem Vergleiche der Hauptabsorptionsstreifen der alkoholischen Lösungen des Diaminophenazthioniumchlorids, des m-Diaminotolazthioniumchlorids und des o-Diaminotolazthioniumchlorids

| 607,2 ← | 605,3 | → 604,4 |
|---|---|---|
| o-Tolazthioniumder. | Diaminophenazthioniumchlorid | m-Tolazthioniumder. |

Vergleichen wir die relative Verschiebungszahl der Methylgruppe am Benzolkern in Orthostellung zu der $NH_2$-Gruppe bei dem Diaminopheno-o-tolazthioniumchlorid 604,4—602,5 = 1,9 mit der Verschiebungszahl der Methylgruppe in der Aminogruppe bei dem Monomethyldiaminophenazthioniumchlorid 611,4—602,5 = 8,9, so sehen

1) Einen analogen Fall der Verschiebung des Absorptionsspektrums durch die Aminogruppe finden wir bei dem salzsauren Tetramethylparadiaminoorthoaminotriphenylkarbinol und dem salzsauren Tetramethylparadiaminometaaminotriphenylkarbinol im Vergleiche zu dem salzsauren Tetramethylparadiaminotriphenylkarbinol (Malachitgrün). Vergleichen wir die Absorptionsstreifen der wässerigen Lösungen dieser Verbindungen, so sehen wir, dass durch den Eintritt der Aminogruppe in den Benzolkern in Orthostellung die Verschiebung des Absorptionsspektrums nach links, durch den Eintritt der Aminogruppe in den Benzolkern in Metastellung, die Verschiebung des Absorptionsspektrums nach rechts erfolgt und wir haben das nachfolgende Bild:

| 618,9 ← | 616,9 | → 615,9 |
|---|---|---|
| Tetramethylpara-diaminoorthoamino-triphenylkarbinol | Tetramethyl-paradiamino-triphenylkarbinol | Tetramethylpara-diaminometaamino-triphenylkarbinol |

wir, daß durch die Einführung einer Methylgruppe in die Aminogruppe der Muttersubstanz (Diaminophenazthioniumchlorid) das Absorptionsspektrum weit mehr nach links verschoben wird, als durch die Einführung der Methylgruppe in den Benzolkern des Diaminophenazthioniumchlorids in die Orthostellung zur $NH_2$-Gruppe.

Vergleichen wir die Verschiebungszahlen der Diaminophenotolazthioniumverbindungen und der ihnen entsprechenden Diaminophenazthioniumverbindungen, so sehen wir, daß diese Verschiebungszahlen nahezu proportional sind, wie wir es bie den Phenazthioniumverbindungen beobachtet haben. Wir finden daher:

| 37,5 | : | 52,0 | = | 40,7 | : | 56,4 |
|---|---|---|---|---|---|---|
| Dimethyltolaz-thioniumder. | | Trimethyltolaz-thioniumder. | | Diäthyltolaz-thioniumder. | | Triäthyltolaz-thioniumder. |

d. i. das Multiplum 52,0 × 40,7 = 2116,4
37,5 × 56,4 = 2115,0.

Ferner

| 35,5 | : | 49,2 | = | 37,5 | : | 52,0 |
|---|---|---|---|---|---|---|
| Dimethylphenaz-thioniumder. | | Trimethylphenaz-thioniumder. | | Dimethyltolaz-thioniumder. | | Trimethyltolaz-thioniumder. |

d. i. das Multiplum 35,5 × 52,0 = 1846,0
49,0 × 37,5 = 1845,0

oder

| 38,5 | : | 53,4 | = | 40,7 | : | 56,4 |
|---|---|---|---|---|---|---|
| Diäthylphenaz-thioniumder. | | Triäthylphenaz-thioniumder. | | Diäthyltolaz-thioniumder. | | Triäthyltolaz-thioniumder. |

d. i. das Multiplum 53,4 × 40,7 = 2173,38
38,5 × 56,4 = 2171,40.

Dividiert man die Verschiebungszahlen der Methylderivate durch die Verschiebungszahlen der entsprechenden Äthylderivate der Diaminophenotolazthioniumverbindungen, so erhält man, ähnlich wie bei den Phenazthioniumverbindungen (siehe Seite 155) ungefähr dieselbe Zahl, folglich

$$\frac{37{,}5 \text{ (Dimethylderivat)}}{40{,}7 \text{ (Diäthylderivat)}} = 0{,}9213$$

$$\frac{52{,}0 \text{ (Trimethylderivat)}}{56{,}4 \text{ (Triäthylderivat)}} = 0{,}9219$$

Aus allen diesen Beobachtungen geht hervor, daß die Diaminophenotolazthioniumverbindungen von den Diaminophenazthioniumverbindungen schon nach dem Charakter des Absorptionsspektrums ihrer wässerigen Lösungen zu unterscheiden sind, ferner, daß durch die Einführung einer Methylgruppe in den Benzolkern des Diaminophenazthioniumchlorids das Absorptionsspektrum nicht um denselben Wert verschoben wird, als durch die Einführung einer Methylgruppe in die Aminogruppe derselben Substanz, ferner, daß die Methylgruppe, eingeführt in den Benzolkern einer Diaminophenazthioniumverbindung in die Orthostellung zur $NH_2$ das Absorptionsspektrum nach den längeren Wellen verschiebt, während die Methylgruppe, in den

Benzolkern einer Diaminophenazthioniumverbindung in die Metastellung zur $NH_2$-Gruppe eingeführt, das Absorptionsspektrum nach den kürzeren Wellen verschiebt; außerdem walten bei den Diaminophenotolazthioniumverbindungen analoge Verhältnisse ob, wie bei den Diaminophenazthioniumverbindungen.

# B. Oxazinverbindungen.

## a) Amino- und Oxyphenazoxoniumverbindungen.

Beobachtet man mit dem Spektroskop die wässerige rotviolette Lösung des Diaminophenazoxoniumchlorids

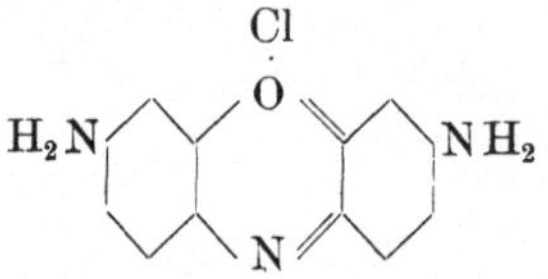

Cl
O
$H_2N$ $NH_2$
N

ungefähr 1 : 40000 in einer 1 cm dicken Schicht, so sieht man ein Absorptionsspektrum, welches aus zwei gleichen, dicht aneinander liegenden, intensiven Absorptionsstreifen bei $\lambda$ 591,0 ($\alpha$) und $\lambda$ 570,7 ($\beta$) und einem schwächeren Streifen bei $\lambda$ 541,5 besteht (Fig. 13, Zeile 1, Tafel I, Zeile 11).

Verdünnt man die Lösung allmählich, so nähern sich beide aneinanderliegende Absorptionsstreifen $\alpha$ und $\beta$, bis sie endlich bei einer Verdünnung der Lösung ungefähr 1:80000 zu einem schmäleren, nach rechts verzogenen Streifen bei $\lambda$ 586,8 zusammenfließen, während der Nebenstreifen bei $\lambda$ 541,5 bedeutend abgeschwächt wird.



Fig. 13.

Das Absorptionsspektrum der verdünnten Lösung hat dann die in der Fig. 13, Zeile 2 dargestellte Form.

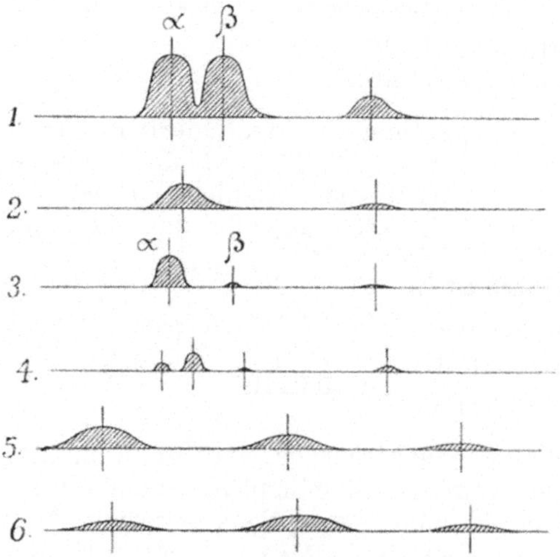

Das Dunkelheitsmaximum des Hauptstreifens bei $\lambda$ 586,8 befindet sich nicht in der Mitte der Dunkelheitsmaxima der Absorptionsstreifen $\alpha$ und $\beta$, welche wir bei einer konzentrierteren Lösung beobachten sondern liegt dem Streifen $\alpha$ näher.

Konzentriertere äthyl- und amylalkoholische Lösungen des Diaminophenazoxoniumchlorids geben auch ein Absorptionsspektrum desselben Typus, wie die wässerige Lösung, der Doppelstreifen fließt aber bei Verdünnung der Lösung nicht vollständig zu einem einfachen Streifen zusammen, wie wir es bei der wässerigen Lösung beobachten, sondern die Intensität des Streifens $\beta$ nimmt stärker ab als die Intensität des Streifens $\alpha$, so daß das Absorptionsspektrum auch bei einer bedeutenden Verdünnung der Lösung drei schmale Streifen von ungleicher Intensität aufweist, welche namentlich bei der amylalkoholischen Lösung scharf hervortreten (Fig. 13, Zeile 3). Das Diaminophenazoxoniumchlorid hat also dieselben spektroskopischen Eigenschaften, wie das Diaminophenazthioniumchlorid.

Versetzt man eine wässerige Lösung des Diaminophenazoxoniumchlorids mit verdünnter Kalilauge (1 : 10), so wird sie orangegelb und nach längerem Stehen blau, alkoholische und amylalkoholische Lösungen werden, mit alkoholischer Kalilauge versetzt, rot.

Beobachtet man die wässerige, grünlich blaue Lösung des Tetramethyldiaminophenazoxoniumchlorids

Cl
O
$(CH_3)_2N$ $N(CH_3)_2$
N

ungefähr 1 : 40000 in einer 1 cm dicken Schicht, so sieht man ein Absorptionsspektrum, welches aus zwei intensiven, dicht aneinanderliegenden Absorptionsstreifen bei $\lambda$ 652,6 ($\alpha$) und $\lambda$ 631,1 ($\beta$) und einem schwächeren Streifen rechts bei $\lambda$ 591,4 besteht (Fig. 13, Zeile 1).

Verdünnt man die Lösung allmählich und beobachtet hierbei die einzelnen Verdünnungsphasen, so sieht man, daß sich beide Streifen $\alpha$ und $\beta$ mehr und mehr nähern, bis sie bei der Verdünnung ungefähr 1 : 80000 zu einem schmalen, nach rechts verzogenen Streifen bei $\lambda$ 648,9 zusammenfließen, während der Nebenstreifen bei $\lambda$ 591,4 bedeutend abgeschwächt wird (Fig. 13, Zeile 2).

Während aber bei den äthyl- und amylalkoholischen Lösungen der alkylierten Derivate des Diaminophenazthioniumchlorids der Doppelstreifen durch starke Verdünnung der Lösung zu einem Streifen zusammenfließt, findet das Zusammenfließen des Doppelstreifens nicht statt bei den alkylierten Derivaten des Diaminophenazoxoniumchlorids, so daß wir auch bei den stark verdünnten äthyl- und amylalkoholischen Lösungen der Alkylderivate des Diaminophenazoxoniumchlorids, dicht neben dem intensiveren Streifen stets noch einen ganz schwachen Streifen und weiter rechts den Nebenstreifen beobachten (Fig. 13, Zeile 3). Am schärfsten treten diese Streifen bei der amylalkoholischen Lösung auf.

Diese Verschiedenheit der Absorptionsspektra der alkoholischen und namentlich der amylalkoholischen Lösungen der Oxazinverbindungen und Thiazinverbindungen gestattet uns beide Farbstoffgruppen von einander spektroskopisch zu unterscheiden.

Der Doppelstreifen des Absorptionsspektrums, den wir bei konzentrierteren Lösungen der Oxazinverbindungen beobachten, entsteht ähnlich wie bei den Thiazinverbindungen durch die gemeinsame Wirkung der beiden Gruppen — $C_6H_4NR_2$ in Verbindung mit dem Bindestickstoff und ebenso wird der Nebenabsorptionsstreifen durch die ringartige Verkettung der beiden Benzolringe mit Sauerstoff in Orthostellung zum Bindestickstoff gebildet (siehe Seite 144).

Sämtliche Alkylderivate des Diaminophenazoxoniumchlorids geben ein Absorptionsspektrum desselben Typus wie das Diaminophenazoxoniumchlorid und das Dunkelheitsmaximum des Hauptabsorptionsstreifens der verdünnten Lösungen dieser Derivate befindet sich stets näher dem ursprünglichen Maximum des Streifens $\alpha$ einer konzentrierteren Lösung.

Die Phenylgruppe, substituiert in der Aminogruppe, bewirkt, ähnlich wie bei den Thiazinverbindungen, das Zusammenfließen des Hauptstreifens mit dem Nebenstreifen, so daß das Absorptionsspektrum die Gestalt eines breiteren, nach rechts verzogenen Streifens hat.

Oxyphenazoxoniumverbindungen verhalten sich spektroskopisch ähnlich wie die Aminophenazoxoniumverbindungen.

So gibt die wässerige, rosarote und stark zinnoberrot fluoreszierende Lösung des Resorufinkaliums

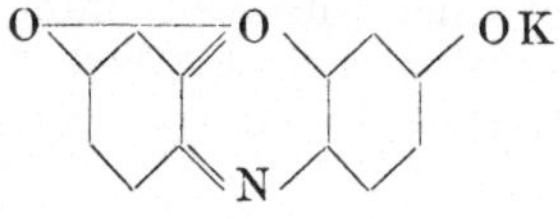

ebenfalls neben einem intensiven Doppelstreifen einen schwächeren Nebenstreifen rechts (Fig. 13, Zeile 1). Durch starke Verdünnung der Lösung[1]) fließt aber der Doppelstreifen nicht zusammen, wie bei der wässerigen Lösung des Diaminophenazoxoniumchlorids, sondern die Intensität des Streifens $\beta$ nimmt stärker ab, als die Intensität des Streifens $\alpha$, so daß die stark verdünnte Lösung auch noch drei Absorptionsstreifen von ungleicher Intensität zeigt, ähnlich wie alkoholische Lösung des Diaminophenazoxoniumchlorids (Fig. 13, Zeile 3).

Eine ähnliche Erscheinung trifft auch bei der äthylalkoholischen Lösung des Resorufinkaliums zu.

Bei der konzentrierteren amylalkoholischen Lösung beobachten wir einen intensiven und einen schwachen Absorptions-

---

1) Durch starke Verdünnung der wässerigen Lösung scheidet sich infolge der hydrolytischen Dissoziation das Resorufin in Flocken aus; um es wieder in Lösung zu bringen, setzt man zur Flüssigkeit einen Tropfen verdünnter Kalilauge zu.

streifen. Durch allmähliche Verdünnung der Lösung trennt sich der intensive Streifen in drei schmale Streifen, von denen der mittlere Streifen der intensivste ist, so daß wir bei starker Verdünnung der Lösung im ganzen vier schmale dunkle Linien im Spektrum sehen. Es ist dies eine der seltensten Erscheinungen, daß das Absorptionsspektrum einer einfachen Verbindung aus vier Absorptionsstreifen besteht (Fig. 13, Zeile 4). Vorläufig weiß ich für diese Erscheinung keine andere Erklärung, als daß hier wahrscheinlich das Lösungsmittel eine gewisse Rolle spielt oder der erste Streifen links eine fremde Beimischung ist (vergl. auch Thionol, Seite 148).

Die blaue stark rot fluoreszierende wässerige und alkoholische Lösung des Resazurinnatriums[1])

O O O.Na

N

O

gibt ähnlich wie das Resorufinkalium neben einem intensiven Doppelstreifen einen schwachen Streifen rechts (Fig. 13, Zeile 1). Durch starke Verdünnung der wässerigen als auch der alkoholischen Lösung fließt jedoch zum Unterschiede von Resorufin der Doppelstreifen zu einem schmäleren, nach rechts verzogenen Streifen zusammen (Fig. 13, Zeile 2).

Bei der amylalkoholischen Lösung des Resazurinnatriums finden wir dagegen, daß der intensive Streifen durch starke Verdünnung der Lösung sich ebenso wie beim Resorufinkalium in drei Streifen trennt (Fig. 13, Zeile 4) und das ganze Spektrum sogar aus fünf Streifen besteht (Wellenlängen siehe die nachfolgende Tabelle).

Wenn wir die Absorptionsspektra des Resorufinkaliums und des Resazurinnatriums in Amylalkohol vergleichen, so finden wir, daß bloß der Streifen bei $\lambda$ 592,5 den beiden Spektren gemeinschaftlich ist, was entweder nur der Zufall sein kann, oder aber dieser Streifen könnte eventuell einem in beiden Farbstoffen in Spuren anwesenden Körper angehören. Da in der Resorufinlösung der Hauptstreifen des Resazurins $\lambda$ 612,0 nicht vorkommt, so ist das untersuchte Resorufin frei von Resazurin.

Bei den Lösungen des Resorufamins

O O $NH_2$

N

1) Das Resorufinkalium und das Resazurinnatrium verdanke ich Herrn Prof. Nietzki in Basel; das von mir hergestellte Resorufinkalium war mit dem Präparate des Prof. Nietzki identisch.

und des *Dimethylresorufamins* finden wir, daß der Doppelstreifen durch starke Verdünnung der Lösung zu einem nach rechts verzogenen Streifen, sei es in Wasser, Äthylalkohol oder Amylalkohol, zusammenfließt.

Die Absorptionsstreifen des Resorufamins und des Dimethylresorufamins sind jedoch verwaschen und ihr Dunkelheitsmaximum ist so undeutlich, daß man ihre Lage nur annähernd bestimmen kann.

*Oxyphenazoxoniumverbindungen* des *Gallozyanintypus* wie z. B. *Gallozyanin*

Cl OH
$(CH_3)_2N$ O OH
N
CO.OH

der Farbstoff *Prune pur* (als Chlorid oder Base)

Cl OH
$(CH_3)_2N$ O OH
N
$CO.OCH_3$

und *Correïne RR*

Cl OH
$(C_2H_5)_2N$ O OH
N
$CO.NH_2$

verhalten sich spektroskopisch etwas anders als gewöhnliche Oxyphenazoxoniumverbindungen. Ihre wässerige Lösungen geben *drei einfache getrennte Absorptionsstreifen*; der *erste* Streifen links ist der intensivste, der dritte Streifen wird nur in konzentrierteren Lösungen schwach sichtbar (Fig. 13, Zeile 5, Tafel I, Zeile 12). Diese Form des Absorptionsspektrums bleibt auch bei verschiedener Konzentration der Lösung gleich, bei stark verdünnten Lösungen beobachten wir nur den Hauptstreifen.

*Äthyl-* und *amylalkoholische* Lösungen des *Prune pur* und des *Correïne RR* geben im Spektrum nur *einen breiteren* Absorptionsstreifen. Setzt man zu einer solchen Lösung verdünnte *Mineralsäure* (1 : 5) hinzu, so erscheinen im Spektrum *drei Absorptionsstreifen*, von denen der *mittlere* Streifen der intensivste ist (Fig. 13, Zeile 6, Tafel I, Zeile 13).

*Gallozyanin* als *Base* zeigt in *wässeriger* Lösung nur *einen breiteren* Absorptionsstreifen, setzt man aber verdünnte *Mineralsäure* (1 : 5) hinzu, so erscheinen wie bei Prune pur und Correïne *drei Absorptionsstreifen*, von denen der *mittlere* Streifen der intensivste ist; schärfer als bei der wässerigen Lösung beobachten wir diese Umwandlung des Absorptionsspektrums bei der äthyl- und amylalkoholischen Lösung.

Es ist ein Absorptionsspektrum desselben Charakters, welches bei den Verbindungen auftritt, die nur *eine* parastehende auxochrome Gruppe enthalten (Aporhodaminchlorhydrat, Aminophenazthioniumchlorid, Meldolablau, Aposafranin).

Gerade so verhalten sich spektroskopisch auch die Lösungen des *Gallaminblaus*

OH
$(CH_3)_2N$ O O
N
$CO.NH_2$

als Base oder als Salz.

Aus dem Umstande, daß die Gallozyaninfarbstoffe in angesäuerten Lösungen sich spektroskopisch ebenso verhalten, wie Monoaminoderivate und ferner, daß ihre Lösungen *keine* Fluoreszenzen zeigen (siehe Seite 89), kann man schließen, daß die der auxochromen Gruppe *benachbarte* Hydroxylgruppe das Auftreten des normalen Absorptionsspektrums eines Oxyphenazoxoniumderivates ebenso hemmt, wie die Fluoreszenz.

*Azetyliert* man z. B. *Prune pur Base* oder *Gallozyaninbase* durch einfaches Abdampfen der mit trockenem essigsaurem Natron vermischten Base mit Essigsäureanhydrid auf dem Wasserbade[1]), so erhält man Azetylprodukte z. B.

$O.C_2H_3O$
$(CH_3)_2N$ O O
N
$CO.OH$

bei welchen die störende Wirkung der benachbarten OH-Gruppe aufgehoben wird und man erhält *blaue, stark rot fluoreszierende* Lösungen, welche ein normales Absorptionsspektrum einer Oxyphenazoxoniumverbindung, nämlich neben einem stärkeren Absorptions-

---

1) Durch Abdampfen der Chlorhydrate oder durch *Kochen* der Basen oder Salze mit Essigsäureanhydrid erhält man farblose Azetylleukokörper (vergl. Seite 90, Fußnote.

streifen einen schwachen Absorptionsstreifen rechts aufweisen (Fig. 13, Zeile 1 u. 2).

Dieselben spektroskopischen Erscheinungen beobachten wir aber auch, wenn wir die Absorptionsspektra der alkoholischen Lösungen der *Prune-Base* und des *Sulfonsäureesters* der *Prune-Base*

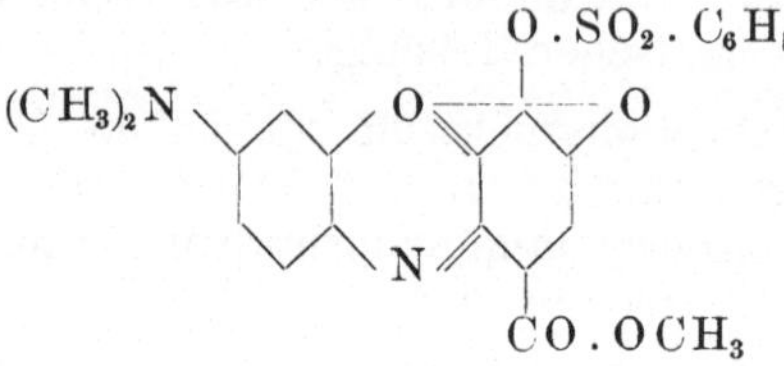

$O.SO_2.C_6H_5$

$(CH_3)_2N$ O O

N

$CO.OCH_3$

und ferner die Absorptionsspektra der alkoholischen Lösungen des *Oxyprune*

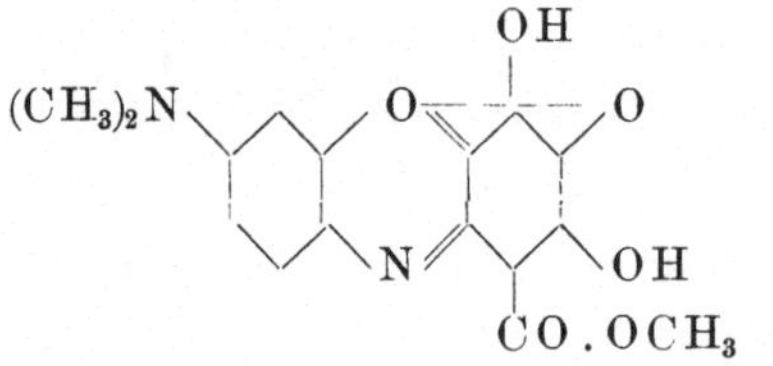

OH

$(CH_3)_2N$ O O

N OH

$CO.OCH_3$

und des Einwirkungsproduktes von Benzolsulfochlorid auf diese Verbindung

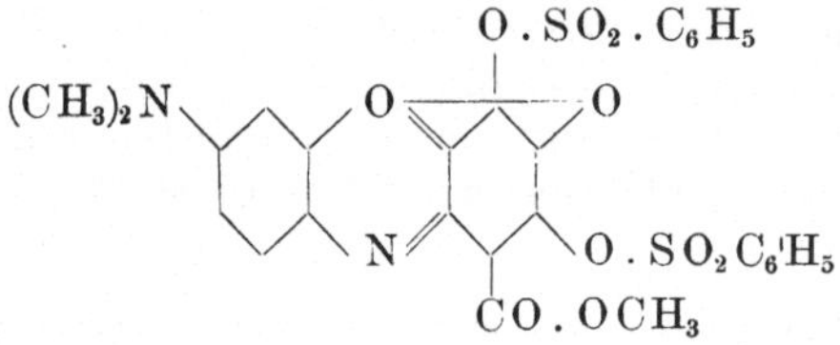

$O.SO_2.C_6H_5$

$(CH_3)_2N$ O O

N $O.SO_2C_6H_5$

$CO.OCH_3$

vergleichen. Die *alkoholische* rotviolette und *nicht fluoreszierende* Lösung des *Oxyprune* gibt im Gelbgrün des Spektrums einen breiteren Absorptionsstreifen; nach Zusatz von *Säure* wird die Lösung blauviolett und es erscheinen *drei* Absorptionsstreifen (Fig. 13, Zeile 6).

Dagegen gibt die blaue, *stark rot fluoreszierende* Lösung der *zweiten* Verbindung neben einem stärkeren einen schwachen Absorptionsstreifen rechts (Fig. 13, Zeile 1 u. 2), daher ein normales Absorptionsspektrum einer Oxyphenazoxoniumverbindung.

*Säuert* man *alkoholische* Lösungen der oben angeführten *Azetylderivate* und des *Benzolsulfosäureesters* an, so tritt wieder der Charakter des Spektrums der Gallozyaninfarbstoffe, nämlich drei Absorptionsstreifen auf (Fig. 13, Zeile 6).

In der nachfolgenden Tabelle sind die Absorptionsspektra einzelner Derivate der Amino- und Oxyphenazoxoniumverbindungen in wässeriger, äthyl- und amylalkoholischer Lösung angegeben, wobei der erste Streifen den Hauptstreifen, die übrigen Streifen die Nebenstreifen bedeuten.

| Verbindung gelöst in: | Wasser | | Äthylalkohol | | | Amylalkohol | | |
|---|---|---|---|---|---|---|---|---|
| Cl · O; $H_2N$ … $NH_2$; N | **586,8** | 541,5 | **593,0** | 574,5 | 545,1 | **598,3** | 579,5 | 549,5 |
| Cl · O; $H_2N$ … $N(CH_3)_2$; N | **619,5** | 570,0 | **616,0** | 597,1 | 566,8 | **618,0** | 598,5 | 568,2 |
| Cl · O; $H_2N$ … $N(C_2H_5)_2$; N | **622,5** | 573,2 | **619,2** | 598,5 | 569,3 | **621,3** | 599,9 | 571,0 |
| Cl · O; $CH_3HN$ … $N(CH_3)_2$; N | **633,1** | 579,0 | **628,5** | 609,9 | 575,3 | **630,6** | 611,1 | 577,0 |
| Cl · O; $C_2H_5HN$ … $N(C_2H_5)_2$; N | **637,4** | 584,5 | **632,4** | 611,1? | 579,0 | **634,3** | 612,3 | 581,0 |
| Cl, O; $(CH_3)_2N$ … $N(CH_3)_2$; N | **648,9** | 591,4 | **643,3** | 620,7 | 588,8 | **644,6** | 622,3 | 589,8 |

| Verbindung gelöst in: | Wasser | Äthylalkohol | Amylalkohol |
|---|---|---|---|
| 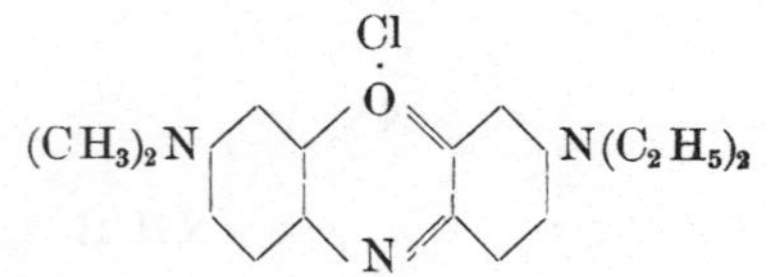 Cl · O, N; $(CH_3)_2N$, $N(C_2H_5)_2$ | **651,7** 594,5 | **645,1** 622,0 590,9 | **646,9** 623,9 591,9 |
| 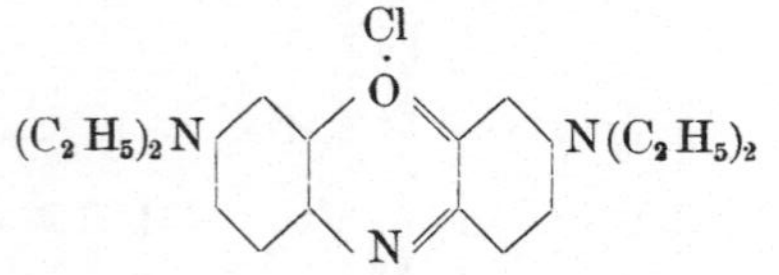 Cl · O, N; $(C_2H_5)_2N$, $N(C_2H_5)_2$ | **654,6** 597,4 | **646,9** 624,0 592,2 | **649,0** 626,1 593,5 |
| 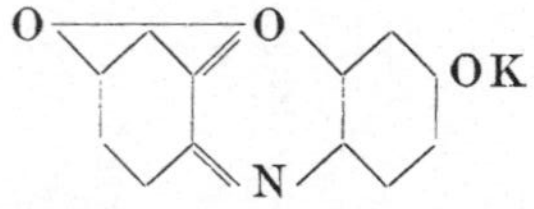 O, O, N; OK | **573,6** 554,8 530,8 | 588,5 **578,8** 559,4 540,1 | 592,4 **580,5** 561,2 543,5 |
| 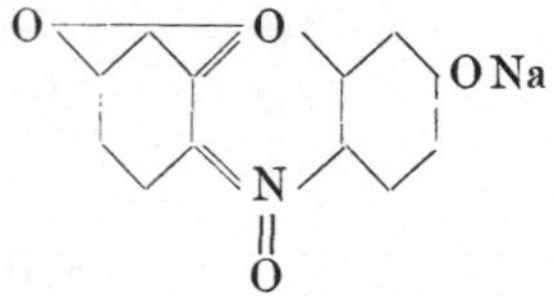 O, O, N=O; ONa | **601,0** 555,9 | **610,2** 587,5 | 629,8 **612,0** 592,5 574,0 559,6 |
| 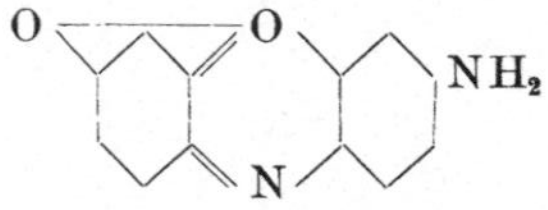 O, O, N; $NH_2$ | **577,7** 533,9 | **578,7** 535,7 | **580,2** 536,6 |
| 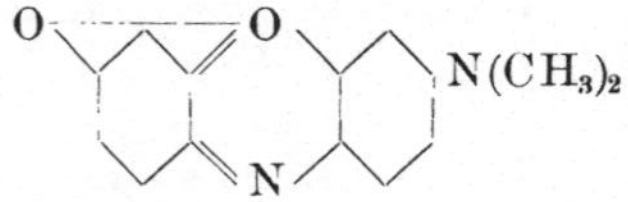 O, O, N; $N(CH_3)_2$ | **591,7** 545,5 | **580,0** 538,5 | **576,2** 535,7 |

Vergleichen wir die Wellenlängen der Haupt- und Nebenabsorptionsstreifen der in der Tabelle angeführten Diaminophenazoxoniumverbindungen mit den Wellenlängen der entsprechenden Diaminophenazthioniumverbindungen (Seite 150), so finden wir, daß die relative Differenz zwischen beiden Wellenlängen bei allen Derivaten ungefähr gleich ist, und wir erhalten bei der wässerigen Lösung folgende Zahlen:

| | Hauptstreifen | Nebenstreifen |
|---|---|---|
| Tetramethyldiaminophenazthioniumchlorid | 667,5 | 608,4 |
| Tetramethyldiaminophenazoxoniumchlorid | 648,9 | 591,4 |
| | 18,6 | 17,0 |
| asym. Dimethyldiaminophenazthioniumchlorid | 638,0 | 587,0 |
| „ Dimethyldiaminophenazoxoniumchlorid | 619,5 | 570,0 |
| | 18,5 | 17,0 |
| Trimethyldiaminophenazthioniumchlorid | 651,7 | 596,1 |
| Trimethyldiaminophenazoxoniumchlorid | 633,1 | 579,0 |
| | 18,6 | 17,1 |

Dieselbe Differenz findet man auch bei den entsprechenden Äthylderivaten.

Bei der äthylalkoholischen Lösung beträgt diese Differenz für die Hauptstreifen durchschnittlich 14,0 $m\mu$, für die Nebenstreifen durchschnittlich 13,2 $m\mu$ und bei der amylalkoholischen Lösung für die Hauptstreifen durchschnittlich 13,2 $m\mu$ und für die Nebenstreifen 12,5 $m\mu$, sie wird also geringer, je größer das Brechungsvermögen des verwendeten Lösungsmittels ist (vergl. auch Rosanilinfarbstoffe, Seite 121).

Es zeigt sich ferner, daß die Absorptionsspektra der Oxazinfarbstoffe mehr nach den kürzeren Wellen verschoben sind, als die Absorptionsspektra der analogen Thiazinfarbstoffe und daß also die Verkettung der Benzolringe durch Sauerstoff eine größere Verschiebung des Absorptionsspektrums nach den kürzeren Wellen bewirkt als die Verkettung der Benzolringe durch Schwefel (vergl. Seite 150).

Vergleichen wir die Absorptionsspektra des Resorufins und des Resorufamins mit dem Absorptionsspektrum des Diaminophenazoxoniumchlorids, so finden wir, daß die Hydroxylgruppe das Absorptionsspektrum weniger nach den längeren Wellen verschiebt als die Aminogruppe, ähnlich wie wir es bei den Oxyphenazthioniumverbindungen gesehen haben (siehe Seite 153).

Vergleicht man die Unterschiede in den Lagen der Absorptionsstreifen der wässerigen Lösungen der in der Tabelle angeführten Diaminophenazoxoniumverbindungen in bezug auf ihre Muttersubstanz (das Diaminophenazoxoniumchlorid), so findet man, daß die durch den Eintritt der Alkylgruppen in die Muttersubstanz bewirkte Verschiebung der Absorptionsstreifen ähnlich wie bei den Diaminophenazthioniumderivaten proportional ist.

Die Verschiebung des Hauptabsorptionsstreifens der wässerigen Lösung des Diaminophenazoxoniumchlorids ($\lambda$ 586,8) zum Hauptabsorptionsstreifen der wässerigen Lösung des

| | | | |
|---|---|---|---|
| asym. Dimethylderivates | beträgt | 619,5 — 586,8 = 32,7 | $m\mu$ |
| Trimethylderivates | „ | 633,1 — 586,8 = 46,3 | „ |
| Tetramethylderivates | „ | 648,9 — 586,8 = 62,1 | „ |
| asym. Diäthylderivates | „ | 622,5 — 586,8 = 35,7 | „ |
| Triäthylderivates | „ | 637,4 — 586,8 = 50,6 | „ |
| Tetraäthylderivates | „ | 654,6 — 586,8 = 67,8 | „ |

Stellt man die Verschiebungszahlen der Di- und Tetraalkylderivate in eine Proportion, so erhält man:

$$32{,}7 : 35{,}7 = 62{,}1 : 67{,}8 \text{ und}$$
$$32{,}7 : 62{,}1 = 35{,}7 : 67{,}8,$$

d. i. das Multiplum: $32{,}7 \times 67{,}8 = 2217{,}06$
$35{,}7 \times 62{,}1 = 2216{,}97.$

Somit sind die Zahlen, welche die Verschiebung der Absorptionsstreifen der Methyl- und Äthylderivate ausdrücken, direkt proportional.

Das Verhältnis

$$\frac{32{,}7}{62{,}1} = 0{,}5265 \text{ und } \frac{35{,}7}{67{,}8} = 0{,}5265$$

ist gleich und die Konstante 0,5265 ($c$) drückt ein Verhältnis zwischen den Di- und Tetraalkylderivaten aus.

Ferner ist das Verhältnis

$$\frac{32{,}7}{35{,}7} = 0{,}9159 \text{ und } \frac{62{,}1}{67{,}8} = 0{,}9159$$

ebenfalls gleich und die Konstante 0,9159 ($d$) gilt für die Beziehungen zwischen den Methyl- und Äthylderivaten überhaupt.

In ähnlicher Weise können die Trialkylderivate mit den Di- und Tetraalkylderivaten verglichen werden.

Da das Verhältnis zwischen den Methyl- und Äthylderivaten konstant ist, können wir die Wellenlänge des Absorptionsspektrums des Diaminophenazoxoniumchlorids mit Hilfe der uns bekannten Wellenlängen der reinen analysierten Di- und Tetraalkylderivate berechnen und zwar nach der folgenden Gleichung

$$\frac{648{,}9 - x}{654{,}6 - x} = d \text{ und } \frac{619{,}5 - x}{622{,}5 - x} = d.$$

Wenn wir die Konstante $d$ eliminieren, so erhalten wir:

$$\frac{648{,}9 - x}{654{,}6 - x} = \frac{619{,}5 - x}{622{,}5 - x},$$

woraus x = 586,8, welche Zahl mit der durch direkte Messung gefundenen Zahl 586,8 vollkommen übereinstimmt.

Diese Übereinstimmung der berechneten und der durch direkte Messung gefundenen Wellenlänge bestätigt, daß wir es mit reinem Diaminophenazoxoniumchlorid zu tun hatten[1]).

Nachdem die auf Grund der analysierten Alkylderivate berechnete Wellenlänge des Diaminophenazoxoniumchlorids mit der tatsächlich durch Messung gefundenen Wellenlänge vollständig übereinstimmt, ist demnach ohne Zweifel der Beweis erbracht, daß die untersuchte Verbindung reines Diaminophenazoxoniumchlorid ist, ohne daß man sich darüber erst durch chemische Analyse überzeugen muß.

Die Lösungen des Diaminophenazoxoniumchlorids und des Resorufinkaliums fluoreszieren stark zinnoberrot, wässerige, äthyl- und amylalkoholische Lösungen ihrer Alkylderivate fluoreszieren mit verschiedener Intensität rot und zwar um so schwächer, je mehr Alkylgruppen in den auxochromen Gruppen substituiert werden.

Die Lösungen der oben beschriebenen Oxyphenazoxoniumverbindungen des Gallozyanintypus fluoreszieren überhaupt nicht (siehe Seite 89).

Wie schon erörtert wurde, unterscheiden sich die Oxazinfarbstoffe von den Thiazinfarbstoffen spektroskopisch von einander in erster Reihe durch die verschiedene Lage der Absorptionsstreifen im Spektrum, die Absorptionsspektra der Oxazinfarbstoffe liegen nämlich mehr nach Violett hin, als die Absorptionsspektra der Thiazinfarbstoffe.

Die Form des Absorptionsspektrums ist, in wässeriger Lösung beobachtet, bei Oxazinverbindungen und Thiazinverbindungen zwar gleich, bei genauerer Beobachtung der alkoholischen und namentlich amylalkoholischen Lösungen finden wir jedoch einen Unterschied, der darin besteht, daß bei den Oxazinverbindungen dicht bei dem Hauptstreifen noch ein ganz schwacher, schmaler Streifen auftritt, der bei den Thiazinverbindungen fehlt.

Bei den Absorptionsspektren der Oxyphenazoxonium- und Oxyphenazthioniumverbindungen finden wir dagegen keinen Unterschied in der Form, sondern bloß in der Lage der Absorptionsstreifen.

Alkalien wirken auf die Lösungen der Oxazinverbindungen ähnlich wie auf die Lösungen der Thiazinverbindungen.

Solange die Wasserstoffe der beiden Aminogruppen nicht vollständig durch Alkylgruppen ersetzt sind, färbt sich die verdünnte wässerige Lösung einer solchen Verbindung mit einem Tropfen Kalilauge (1 : 10) versetzt, violett, die verdünnte äthyl- und amylalkoholische Lösung rot, wie z. B. die Lösungen des Dimethyldiaminophenazoxoniumchlorids.

Sind aber die Wasserstoffe der beiden Aminogruppen durch Alkyle vollständig ersetzt, wie beim Tetramethyldiaminophenazoxoniumchlorid, so ändert sich die verdünnte wässerige Lösung einer

---

[1]) Die Darstellung des reinen Diaminophenazoxoniumchlorids aus Chinondichlordiimid und *m*-Aminophenol ist nämlich schwierig und ich erhielt bei Verarbeitung eines beträchtlichen Materials nur geringe Mengen der reinen Verbindung, so daß ich von der chemischen Analyse dieser Verbindung vorläufig absehen mußte.

solchen Verbindung nach Zusatz von Kalilauge nicht, wogegen die äthyl- und amylalkoholische verdünnte Lösung mit alkoholischer Kalilauge versetzt, sich entfärbt.

Die wässerige Lösung des Diaminophenazoxoniumchlorids wird nach Zusatz von verdünnter Kalilauge (1:10) orangegelb (siehe Seite 165).

Von den Rosanilinfarbstoffen und den Phtaleïnen unterscheiden sich spektroskopisch die Oxazinverbindungen ähnlich wie die Thiazinverbindungen (siehe Seite 148 ff.).

In konzentrierter Schwefelsäure lösen sich alkylierte Diaminophenazoxoniumverbindungen mit roter bezw. mit violettroter Farbe. Die Lösungen von Tetraalkylderivaten zeigen nebst einer einseitigen Absorption im Blauviolett einen scharfen Absorptionsstreifen im Grün (Tetramethylderivat $\lambda$ 520,0, Tetraäthylderivat $\lambda$ 522,2), wogegen die übrigen Alkylderivate nebst der einseitigen Absorption im Blauviolett nur verwaschene Absorptionsstreifen zeigen.

Das Diaminophenazoxoniumchlorid löst sich in Schwefelsäure mit brauner Farbe und die Lösung zeigt nur eine einseitige Absorption im Violett.

Das Resorufin löst sich in konzentrierter Schwefelsäure mit violettroter Farbe, das Resorufamin, seine Alkylderivate, ferner Gallocyanine mit blauer Farbe, Anilidogallozyanine mit violettroter Farbe; die Lösungen zeigen einen bezw. zwei Absorptionsstreifen im Orangegelb bezw. im Grün des Spektrums.

Das Resazurin löst sich in Schwefelsäure mit orangegelber Farbe und die Lösung zeigt verwaschene Absorptionsstreifen im Blaugrün.

### b) Diaminophenotolazoxoniumverbindungen.

Aminophenotolazoxoniumverbindungen verhalten sich spektroskopisch ebenso wie Aminophenazoxoniumverbindungen. Ihre wässerigen Lösungen geben neben einem intensiven Doppelstreifen einen schwächeren Streifen rechts (Fig. 13, Zeile 1). Durch starke Verdünnung der Lösung fließt der Doppelstreifen zu einem nach rechts verzogenen Streifen zusammen (Fig. 13, Zeile 2) und der Nebenstreifen wird bedeutend abgeschwächt. Zwischen den Diaminophenotolazthioniumverbindungen und den Diaminophenotolazoxoniumverbindungen besteht daher ein wesentlicher Unterschied, der uns gestattet, beide Farbstoffgruppen spektroskopisch leicht zu unterscheiden (vergl. Seite 157).

Bei den äthylalkoholischen und namentlich bei den amylalkoholischen Lösungen fließt der Doppelstreifen, ähnlich wie bei den Phenazoxoniumverbindungen, durch starke Verdünnung der Lösung nicht vollständig zusammen, so daß wir immer noch zwei nahe aneinander liegende Streifen von ungleicher Intensität nebst einem sehr schwachen Nebenstreifen sehen (Fig. 13, Zeile 3). Diese spektroskopische Eigenschaft der Diaminophenotolazoxoniumverbindungen gestattet uns wieder dieselben von den Diaminophenazthioniumverbindungen zu unterscheiden (vergl. Seite 145).

Gegen *Kalilauge* verhalten sich die Lösungen der Diaminophenotolazoxoniumverbindungen ähnlich wie die Diaminophenazoxoniumverbindungen.

Solange die Wasserstoffe der beiden Aminogruppen *nicht* vollständig durch Alkylgruppen substituiert sind, färben sich verdünnte Lösungen der Diaminophenotolazoxoniumverbindungen mit einem Tropfen verdünnter *Kalilauge* versetzt, *orangegelb* bezw. *orangerot*.

Sind aber die Wasserstoffe der beiden Aminogruppen durch Alkyle *vollständig ersetzt*, so ändert sich die verdünnte *wässerige* Lösung einer solchen Verbindung nach Zusatz von *Kalilauge nicht*, wogegen die verdünnte *äthyl-* und *amylalkoholische* Lösung mit alkoholischer *Kalilauge* versetzt, sich *entfärbt*.

Die *Phenylgruppe*, in der Aminogruppe substituiert, wirkt auf das Absorptionsspektrum der Diaminophenotolazoxoniumverbindungen ähnlich, wie bei den Oxazinverbindungen und Thiazinverbindungen überhaupt, der Hauptstreifen fließt bei solchen phenylierten Derivaten mit den Nebenstreifen zusammen, und es bildet sich ein nach rechts verzogener, etwas verwaschener Streifen, wie wir es bei den blauen nicht fluoreszierenden Lösungen des Dimethylphenyldiaminophenotolazoxoniumchlorids

Cl · O; $C_6H_5 . HN$ — $N(CH_3)_2$; N — $CH_3$

sehen.

In der nachstehenden Tabelle sind die Absorptionsspektra einiger Diaminophenotolazoxoniumverbindungen in verschiedenen Lösungsmitteln in Wellenlängen ausgedrückt angeführt, wobei der erste Streifen den Hauptstreifen, der zweite Streifen den Nebenstreifen bedeutet.

| Verbindung gelöst in: | Wasser | Äthylalkohol | Amylalkohol |
|---|---|---|---|
| Cl · O; $H_2N$ — $N(CH_3)_2$; N — $CH_3$ | **628,2** 578,5 | **625,7** 603,9 576,0 | **628,2** 606,7 578,5 |
| Cl · O; $(CH_3)_2N$ — $N(CH_3)_2$; N — $CH_3$ | **660,0** 602,2 | **653,7** 597,4 | **655,2** 633,7 597,9 |

| Verbindung gelöst in: | Wasser | Äthylalkohol | Amylalkohol |
|---|---|---|---|
| Cl<br>O<br>$(CH_3)_2N$ … $N(C_2H_5)_2$<br>N $CH_3$ | **664,4** 606,4 | **656,7** 599,9 | **658,1** 636,0 601,3 |
| Cl<br>O<br>$(C_2H_5)_2N$ … $N(CH_3)_2$<br>N $CH_3$ | **661,1** 603,0 | **653,7** 632,7 597,1 | **656,3** 634,7 599,6 |
| Cl<br>O<br>$H_2N$ … $N(CH_3)_2$<br>$CH_3$ N $CH_3$ | **631,4** 581,0 | **628,5** 606,9 578,5 | **629,8** 608,4 580,0 |
| Cl<br>O<br>$C_6H_5.HN$ … $N(CH_3)_2$<br>N $CH_3$ | **656,3** — | **658,1** — — | **658,1** — — |

Vergleichen wir die Absorptionsspektra der Diaminophenotolazoxoniumverbindungen und der ihnen entsprechenden Diaminophenazoxoniumverbindungen nebst ihrer Konstitution (siehe Tabellen), so finden wir, daß die Methylgruppe am Benzolring in der Orthostellung zur $NH_2$-Gruppe das Absorptionsspektrum nach den längeren Wellen, also nach Rot hin verschiebt, ähnlich wie bei den Diaminophenotolazthioniumverbindungen.

Die wässerige Lösung des asymmetrischen Dimethyldiaminophenazoxoniumchlorids zeigt den Hauptstreifen bei $\lambda$ 619,5, wogegen die wässerige Lösung des Dimethyldiaminophenotolazoxoniumchlorids den Hauptstreifen bei $\lambda$ 628,2 und die wässerige Lösung des Dimethyldiaminotolazoxoniumchlorids den Hauptstreifen bei $\lambda$ 631,4 gibt.

Ähnlich finden wir den Hauptabsorptionsstreifen der wässerigen Lösung des Tetramethyldiaminophenazoxoniumchlorids bei $\lambda$ 648,9, den Hauptabsorptionsstreifen der wässerigen Lösung des Tetramethyldiaminophenotolazoxoniumchlorids bei $\lambda$ 660,0 usf.

Aus dieser Tabelle entnehmen wir ferner, daß es nicht gleichgültig ist, ob sich die Äthylgruppen in der Aminogruppe des Tolylrestes oder des Phenylrestes befinden, denn die Absorptionsstreifen der wässerigen Lösung des Dimethylaminophenodiäthylaminotolazoxoniumchlorids befinden sich in einer anderen Lage als die Absorptionsstreifen der wässerigen Lösung des Diäthylaminophenodimethylaminotolazoxoniumchlorids.

Die Lösungen der Diaminophenotolazoxoniumverbindungen *fluoreszieren rot* mit verschiedener Intensität und zwar fluoreszieren alkoholische Lösungen stärker als wässerige Lösungen; die Fluoreszenz ist desto schwächer, je mehr Alkylgruppen in den Aminogruppen substituiert werden. So fluoreszieren die Lösungen des Dimethyldiaminophenotolazoxoniumchlorids stark, wogegen die Lösungen des Tetramethylderivates nicht fluoreszieren, oder nur sehr schwach in Amylalkohol gelöst. Aber auch bei den Lösungen des Dimethyldiaminotolazoxoniumchlorids bemerken wir eine schwache Fluoreszenz.

*Alkylierte* Diaminophenotolazoxoniumverbindungen verhalten sich gegen *konzentrierte Schwefelsäure* ähnlich wie die Diaminophenazoxoniumverbindungen (Seite 176). *Phenylalkylderivate* lösen sich dagegen in Schwefelsäure mit *bläulich-grüner* Farbe und die Lösungen zeigen eine einseitige Absorption im Rot und Violett.

## c) Aminophenonaphtazoxoniumverbindungen.

Beobachtet man mit dem Spektroskop die verdünnte rotviolette *wässerige* Lösung des *Monoaminophenonaphtazoxonium chlorids*

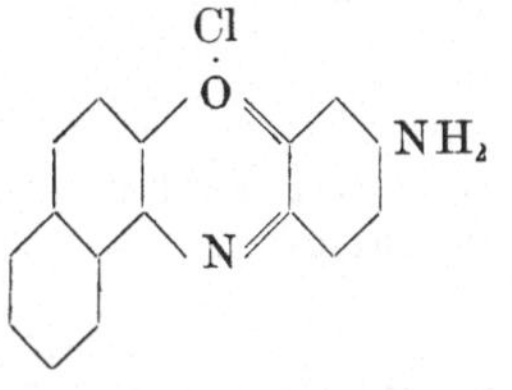

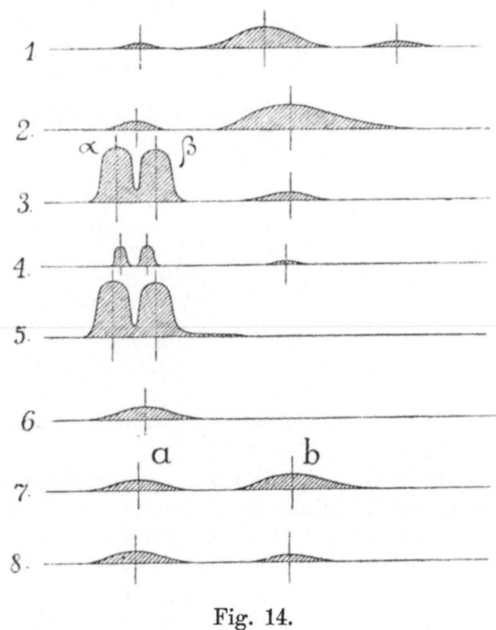


Fig. 14.

so findet man ein Absorptionsspektrum, welches aus drei symmetrischen Absorptionsstreifen besteht, von denen der *mittlere* Streifen der intensivste ist (Fig. 14, Zeile 1).

Die Form des Absorptionsspektrums bleibt bei verschiedener Konzentration der Lösung gleich und eine Doppelstreifung des Hauptstreifens beobachtet man selbst bei konzentrierteren Lösungen nicht. Durch starke Verdünnung der Lösung verschwinden die schwachen Nebenstreifen und man sieht nur den Hauptstreifen.

Die *äthyl-* und *amylalkoholische* Lösung des Monoaminophenonaphtazoxoniumchlorids gibt ein Absorptionsspektrum desselben Typus wie die wässerige Lösung, jedoch in einer anderen Lage.

Das Absorptionsspektrum hat dieselbe Form wie das Absorptionsspektrum des Monoaminophenazthioniumchlorids oder des Apo-rhodaminchlorids.

*Alkylierte Derivate* des Monoaminophenonaphtazoxoniumchlorids, das *Meldolablau* (Tafel I, Zeile 14) und das entsprechende *Äthylderivat* geben Absorptionsspektra desselben Typus, aber ihre Lage im Spektrum ist verschieden.

Verdünnte Lösungen der oben angeführten Verbindungen werden nach Zusatz von *Kalilauge* (1 : 10) *gelb* oder *orangegelb*, bezw. sie *entfärben sich*.

Tritt eine Aminogruppe oder Hydroxylgruppe in den *Naphtalinkern* und zwar nicht in die Parastellung zum Bindestickstoff, so ändert sich die Form des Absorptionsspektrums nicht, sondern nur seine *Lage*.

So geben wässerige Lösungen des *Dimethylaminophenophenylaminonaphtazoxoniumchlorids*

Cl
O
$N(CH_3)_2$
N
$NH . C_6H_5$

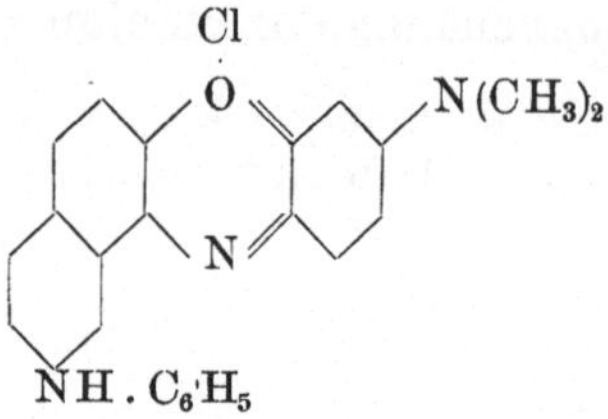

und wässerige als auch alkoholische Lösungen des *Dimethylaminophenoxynaphtazoxoniumchlorids* (Muskarin)

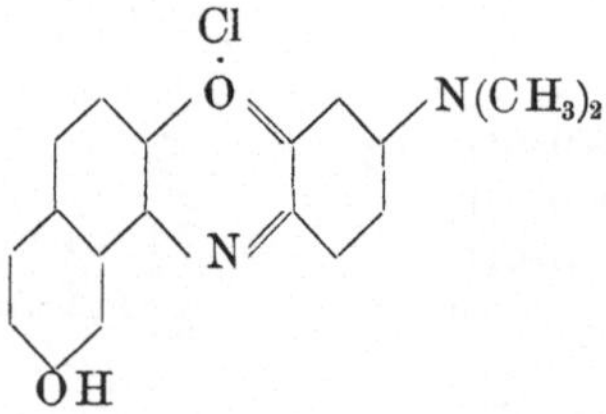

Cl
O
$N(CH_3)_2$
N
OH

ein Absorptionsspektrum desselben Typus wie das Meldolablau, wohl aber in verschiedener Lage.

Bei der *alkoholischen* und *amylalkoholischen* Lösung der ersten Verbindung finden wir aber nur zwei fast gleiche Streifen; ihre *wässerige* Lösung wird durch den Zusatz von *Kalilauge violett*, die *alkoholische* Lösung *blau*, wogegen die Lösungen des *Muskarins* sich gegen Kalilauge wie das Monoaminophenonaphtazoxoniumchlorid verhalten.

Die Lösungen der Aminophenonaphtazoxoniumverbindungen *fluoreszieren nicht*, nur bei den amylalkoholischen Lösungen finden wir eine kaum merkbare Fluoreszenz.

In der nachstehenden Tabelle sind die Absorptionsspektra der Monoaminophenonaphtazoxoniumverbindungen in Wellenlängen ausgedrückt angeführt, wobei der mittlere Streifen den Hauptstreifen bedeutet.

| Verbindung gelöst in: | Wasser | Äthylalkohol | Amylalkohol |
|---|---|---|---|
| Cl, O, N, $NH_2$ | 581,7 **538,5** 500,2 | 584,5 **541,5** 503,2 | 588,3 **545,5** 507,2 |
| Cl, O, N, $N(CH_3)_2$ | 620,1 **572,0** 531,2 | 623,0 **574,5** 533,0 | 628,8 **578,2** 536,1 |
| Cl, O, N, $N(C_2H_5)_2$ | 622,3 **573,3** 532,1 | 625,2 **575,7** 533,9 | 631,1 **579,5** 537,0 |
| Cl, O, N, $N(CH_3)_2$, $NH.C_6H_5$ | 605,5 **555,9** 518,6 | 585,7 545,5 — | 585,0 543,5 — |
| Cl, O, N, $N(CH_3)_2$, OH | 627,8 **575,7** 534,8 | 637,6 **584,5** 541,5 | 647,2 **591,4** 547,5 |

Ganz anders gestaltet sich das Absorptionsspektrum, wenn in den Naphtalinkern des Monoaminophenonaphtazoxoniums eine Aminogruppe in die Parastellung zum Bindestickstoff eintritt.

Beobachten wir die verdünnte violette und stark rot fluoreszierende *wässerige* Lösung des salzsauren *Diaminophenonaphtazoxoniumchlorids*

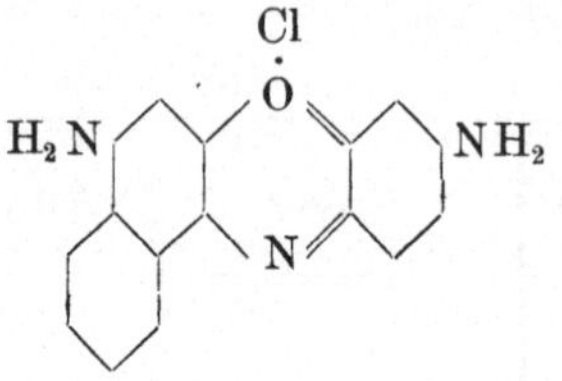

Cl
O
$H_2N$ $NH_2$
N

so sehen wir ein Absorptionsspektrum, welches aus einem intensiven nach rechts verzogenen Absorptionsstreifen bei $\lambda$ 544,5 und einem schwächeren symmetrischen Streifen bei $\lambda$ 590,4, der sich links von dem intensiven Streifen befindet, besteht (Fig. 14, Zeile 2, Tafel I, Zeile 15). Die Form des Absorptionsspektrums bleibt bei verschiedener Konzentration der Lösung gleich. Die Absorptionsstreifen sind jedoch verschwommen und man kann ihr Dunkelheitsmaximum nur annähernd bestimmen.

Die *äthylalkoholische* violettblaue Lösung des Diaminophenonaphtazoxoniumchlorids gibt, passend verdünnt, neben einem intensiven Doppelstreifen einen schwachen Streifen rechts, ähnlich wie die Diaminophenazoxoniumverbindungen (Fig. 14, Zeile 3).

Verdünnt man die Lösung allmählich weiter, so nimmt zwar die Intensität des Doppelstreifens $\alpha$ und $\beta$ ab, aber derselbe fließt nicht zusammen, so daß wir auch bei einer stark verdünnten Lösung immer noch zwei schmale, nahe aneinander liegende Absorptionsstreifen sehen, von denen der Streifen $\alpha$ aber nur sehr schwach ist; der Nebenstreifen verschwindet bei starker Verdünnung der Lösung aus dem Spektrum vollständig.

Dieselbe Erscheinung findet auch bei der *amylalkoholischen* Lösung statt; hier behalten jedoch die Streifen des Doppelabsorptionsstreifens bei jeder Konzentration die gleiche Intensität (Fig. 14, Zeile 4, Tafel I, Zeile 16).

Nach Zusatz von *Kalilauge* (1 : 10) werden die Lösungen des Diaminophenonaphthazoxoniumchlorids *orangegelb* und das Absorptionsspektrum verschwindet.

Untersuchen wir die *wässerige* blaue Lösung des *Dimethyldiaminophenonaphtazoxoniumchlorids*

Cl
O
$H_2N$ $N(CH_3)_2$
N

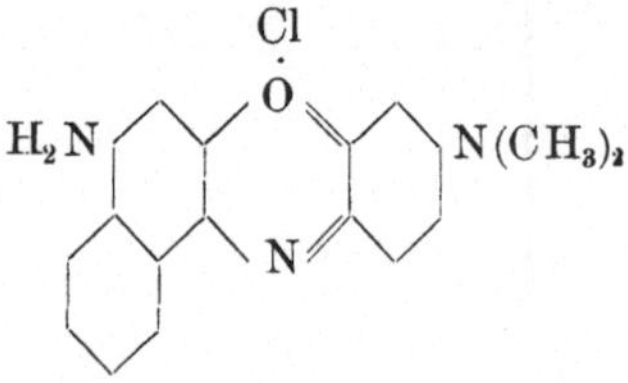

ungefähr 1 : 10000 in einer 1 cm dicken Schicht, so sehen wir ein Absorptionsspektrum desselben Typus wie bei dem Diaminophenonaphtazoxoniumchlorid, nämlich neben einem intensiveren nach rechts verzogenen Absorptionsstreifen einen schwächeren symmetrischen Streifen links (Fig. 14, Zeile 2, Tafel I, Zeile 17). Die Form des Absorptionsspektrums bleibt bei verschiedener Konzentration gleich.

Die äthylalkoholische Lösung des Dimethyldiaminophenonaphtazoxoniumchlorids gibt bei der Konzentration ungefähr 1 : 50000 in einer 1 cm dicken Schicht beobachtet einen Doppelstreifen, ungefähr bei $\lambda$ 637,0 und $\lambda$ 611,7; einen getrennten Nebenstreifen wie bei den Diaminophenazoxoniumverbindungen beobachten wir nicht, statt desselben erscheint im Spektrum ein mit dem Doppelstreifen verbundener gleichmäßiger Schatten rechts, ähnlich wie bei den Diaminoderivaten der Rosanilinfarbstoffe (Fig. 14, Zeile 5, Tafel I, Zeile 18).

Durch allmähliche Verdünnung der Lösung fließt der Doppelstreifen zu einem fast symmetrischen Streifen bei $\lambda$ 624,5 zusammen (Fig. 14, Zeile 6). Ähnlich verhält sich die amylalkoholische Lösung.

Die wässerige Lösung dieses Farbstoffes wird nach Zusatz von Kalilauge gelb, die äthyl- und amylalkoholische Lösung wird rot.

Ähnlich verhalten sich spektroskopisch die Lösungen des Dimethylaminophenoäthylaminonaphtazoxoniumchlorids

Cl
O
$C_2H_5HN$ $N(CH_3)_2$
N

Die wässerige Lösung wird nach Zusatz von Kalilauge auch gelb, alkoholische und amylalkoholische Lösung rot.

Die wässerige blaue Lösung des Diäthyldiaminophenonaphtazoxoniumchlorids (Nilblau A des Handels)

Cl
O
$H_2N$ $N(C_2H_5)_2$
N

gibt bei der Konzentration ungefähr 1 : 15000, in einer 1 cm dicken Schicht beobachtet, auch neben einem intensiven, nach rechts verzogenen Absorptionsstreifen *b* noch einen schwächeren Streifen links *a* (Fig. 14, Zeile 7); durch allmähliche Verdünnung der Lösung nimmt die Intensität des Streifens *b* schneller ab als die Intensität des Streifens *a*, und bei starker Verdünnung ungefähr 1 : 40000 haben beide Absorptionsstreifen beinahe die gleiche Intensität, der Streifen *b* scheint eher schwächer als der Streifen *a* zu sein (Fig. 14, Zeile 8), zum Unterschiede von dem Dimethylderivate.

*Alkoholische* Lösungen verhalten sich spektroskopisch ebenso wie die des Dimethylderivates.

Die *wässerige* Lösung des Nilblaus A wird zum Unterschiede von dem Dimethylderivat nach Zusatz von *Kalilauge rot, alkoholische* Lösungen färben sich mit *Kalilauge* auch *rot*.

Beobachtet man mit dem Spektroskop die *wässerige* grünlichblaue Lösung des *Tetramethyldiaminophenonaphtazoxoniumchlorids* (Neumethylenblau GG des Handels)

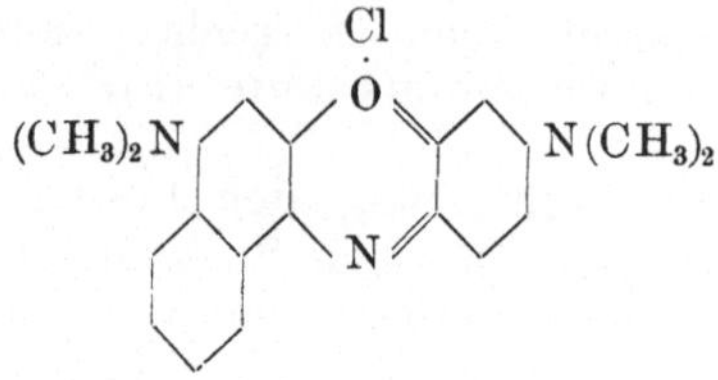

Cl
O
$(CH_3)_2N$ $N(CH_3)_2$
N

ungefähr 1 : 15000 in einer 1 cm dicken Schicht, so sieht man ein Absorptionsspektrum desselben Typus, wie bei den oben angeführten Verbindungen (Fig. 14, Zeile 7, Tafel II, Zeile 19). Der Unterschied in der Intensität der Streifen ist aber nicht so groß, wie bei dem Dimethyldiaminophenonapthazoxoniumchlorid, der Streifen $b$ ist nur etwas wenig intensiver als der Streifen $a$.

Verdünnt man die Lösung allmählich mit Wasser, so nimmt die Intensität des Absorptionsstreifens $b$ bedeutend schneller ab, als die Intensität des Streifens $a$, so daß bei der Verdünnung von ungefähr 1 : 40000 der Absorptionsstreifen $a$ intensiver erscheint als der Absorptionsstreifen $b$; das Absorptionsspektrum der verdünnten Lösung zeigt dann dieselbe Anordnung der Absorptionsstreifen wie die verdünnte wässerige Lösung der Diaminophenazoxoniumverbindungen, nur sind die Absorptionsstreifen etwas breiter und weniger scharf (Fig. 14, Zeile 8, Tafel II, Zeile 19).

Die Umwandlung des Absorptionsspektrums findet hier ähnlich wie bei den Diaminophenotolazthioniumverbindungen statt.

Bei der *äthyl-* und *amylalkoholischen* Lösung des Neumethylenblaus GG beobachten wir dieselben Erscheinungen wie bei dem Dimethyldiaminophenonaphtazoxoniumchlorid, nämlich in konzentrierten Lösungen einen mit einem schwachen Schatten verbundenen Doppelstreifen und in verdünnten Lösungen einen etwas nach rechts verzogenen Absorptionsstreifen.

Ähnlich wie das Neumethylenblau GG verhalten sich auch die Lösungen des *Tetraäthyldiaminophenonaphtazoxoniumchlorids*.

*Wässerige* Lösungen der beiden Verbindungen bleiben nach Zusatz von *Kalilauge* (1 : 10) *anfangs unverändert*, später entfärben sie sich teilweise, *alkoholische* Lösungen werden allmählich *entfärbt*.

Fassen wir die Resultate der spektroskopischen Beobachtungen der Diaminophenonaphtazoxoniumverbindungen zusammen, so nehmen wir wahr, daß in konzentrierteren wässerigen Lösungen die Form des Absorptionsspektrums zwar gleich ist, durch starke Verdünnung wird aber der bei einer konzentrierteren Lösung intensiv auftretende Streifen (*b*) im Vergleiche zu dem zweiten Absorptionsstreifen (*a*) um so schwächer, je mehr Alkylgruppen in dem Diaminophenonaphtazoxoniumchlorid vorhanden sind, so daß die stark verdünnte wässerige Lösung des Tetraalkylderivates dieselbe Form des Absorptionsspektrums zeigt, wie die der Diaminophenazoxoniumderivate.

Äthyl- und amylalkoholische Lösungen der Diaminophenonaphtaazoxoniumverbindungen verhalten sich aber stets gleich.

Vergleichen wir die spektroskopischen Eigenschaften der Mono- und Diaminophenonaphtazoxoniumverbindungen, so finden wir, daß durch den Eintritt der zweiten Aminogruppe in den Naphtalinkern in die Parastellung zum Bindestickstoff das Absorptionsspektrum total verändert wird und ferner geben die Diaminophenonaphtazoxoniumverbindungen Absorptionsspektra von einer ganz anderen Form als Diaminophenazoxoniumverbindungen, so daß wir beide Farbstoffgruppen nach dem Vorhergesagten von einander leicht unterscheiden können.

Ähnlich können wir die Aminophenonaphtazoxoniumverbindungen von den Aminophenazthioniumverbindungen auf Grund ihrer verschiedenen Spektrenformen in Wasser und Alkohol leicht unterscheiden.

Wässerige Lösungen der Diaminophenonaphtazoxoniumverbindungen geben zwar ähnliche Absorptionsspektra wie Diaminophenotolazthioniumverbindungen, doch sind wieder die Unterschiede bei den alkoholischen Lösungen der beiden Farbstoffgruppen so bedeutend, daß es keine Schwierigkeit bietet, dieselben unterscheiden zu können.

Während die Lösungen der Monoaminophenonaphtaazoxoniumverbindungen, wie schon bemerkt, keine Fluoreszenz zeigen, fluoreszieren die Lösungen des Diaminophenonaphtazoxoniumchlorids stark zinnoberrot, die wässerige Lösung des Nilblaus A und des analogen Dimethylderivates fluoresziert schwach rot, alkoholische Lösungen stark rot.

Die wässerigen Lösungen des Neumethylenblaus GG fluoreszieren nur schwach rot, alkoholische Lösungen fluoreszieren stärker; bei den Lösungen des analogen Tetraäthylderivates beobachten wir nur eine ganz schwache rote Fluoreszenz.

Das Monoaminophenonaphtazoxoniumchlorid und seine Alkylderivate lösen sich in konzentrierter Schwefelsäure mit bläulich-grüner Farbe; die Lösungen absorbieren nur einseitig im Rot bezw. auch im Violett. Das Dimethylaminophenophenylaminonaphtazoxoniumchlorid (Seite 180) löst sich in Schwefelsäure mit orangegelber Farbe und die Lösung zeigt eine undeutliche Absorption im Grünblau.

Das Diaminophenonaphtazoxoniumchlorid löst sich in konzentrierter Schwefelsäure mit brauner Farbe und die Lösung absorbiert im Grün und Blau; seine Alkylderivate lösen sich in Schwefelsäure mit orangegelber Farbe und die Lösungen zeigen verwaschene Absorptionsstreifen im Grün.

In der nachstehenden Tabelle sind die Absorptionsspektra verschiedener Diaminophenonaphtazoxoniumverbindungen in wässeriger, äthyl- und amylalkoholischer Lösung angegeben und die Absorptionsstreifen in Wellenlängen ausgedrückt, wobei der erste Streifen den Hauptstreifen bedeutet.

| Verbindung gelöst in: | Wasser | Äthylalkohol | Amylalkohol |
|---|---|---|---|
| Cl O $H_2N$ $NH_2$ N | **590,4** 544,5 | **610,5** 593,0 545,5 | **615,9** 595,6 570,7 |
| Cl O $H_2N$ $N(CH_3)_2$ N | **636,4** 582,7 | 624,5 | 623,6 |
| Cl O $C_2H_5.HN$ $N(CH_3)_2$ N | **641,8** 587,0 | 634,1 | 633,7 |
| Cl O $H_2N$ $N(C_2H_5)_2$ N | **643,5** 592,0 | 630,4 | 629,4 |
| Cl O $(CH_3)_2N$ $N(CH_3)_2$ N | **662,2** 603,5 | 656,3 | 652,6 |
| Cl O $(C_2H_5)_2N$ $N(C_2H_5)_2$ N | **671,4** 615,3 | 671,4 | 674,6 |

Die Dunkelheitsmaxima der Absorptionsstreifen der eben angeführten Farbstoffe sind nicht genügend scharf, man kann sie daher nur annähernd schätzen und aus dem Grunde lassen sich keine numerischen Angaben bei dieser Farbstoffgruppe machen.

## C. Azinverbindungen.

Das Phenazin löst sich in Äthylalkohol mit schwach gelblicher Farbe und die Lösung zeigt im sichtbaren Teile des Spektrums keine Absorptionsstreifen. In konzentrierter Schwefelsäure löst es sich mit gelbroter Farbe und die Lösung zeigt drei verwaschene Absorptionsstreifen (Fig. 15, Zeile 1).

Die Aminophenazinverbindungen zeigen im allgemeinen die spektroskopischen Eigenschaften der Chinonimidfarbstoffe, in Einzelheiten verhalten sie sich jedoch teilweise abweichend, so daß man sie von den Phenazoxonium- und Phenazthioniumverbindungen spektroskopisch leicht unterscheiden kann.

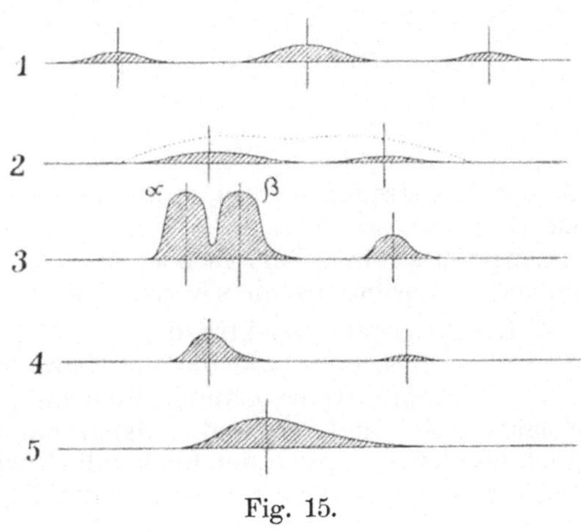

Fig. 15.

Ihre wässerigen Lösungen geben meistens verwaschene, alkoholische und amylalkoholische Lösungen jedoch ziemlich scharfe Absorptionsspektra.

Beobachtet man mit dem Spektroskop die rote alkoholische Lösung des salzsauren Monoaminophenazins

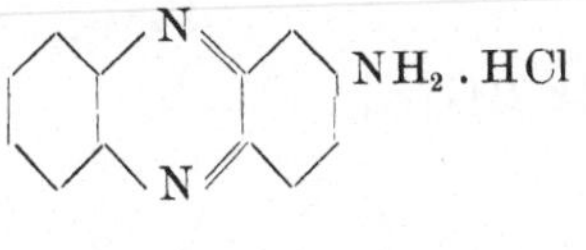

N
$NH_2 . HCl$
N

so findet man im Grün des Spektrums drei symmetrische, jedoch verwaschene Absorptionsstreifen, von denen der mittlere Streifen der stärkste ist (Fig. 15, Zeile 1).

Auch die orangegelbe alkoholische Lösung des salzsauren Iminophenazins

N
$NH_2 . HCl$
$NH_2$
N

zeigt im Blauviolett des Spektrums das Absorptionsspektrum desselben Typus wie das salzsaure Monoaminophenazin. Vergleichen wir die Lage der Absorptionsstreifen der beiden Verbindungen (siehe die nachfolgende Tabelle), so sehen wir, daß die zweite orthoständige Aminogruppe im Diaminophenazin das Absorptionsspektrum bedeutend nach den kürzeren Wellen verschiebt.

Die rote wässerige oder besser die alkoholische passend verdünnte Lösung des salzsauren Aposafranins

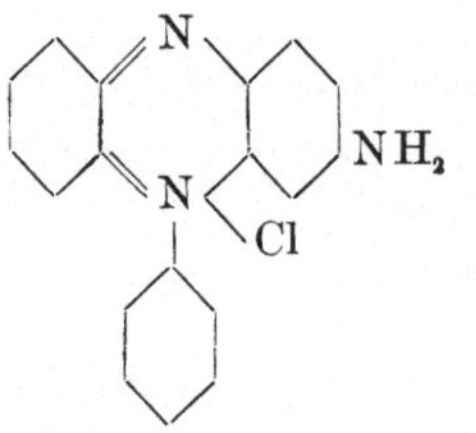

N

$NH_2$

N

Cl

zeigt ein Absorptionsspektrum, welches auch aus drei symmetrischen Absorptionsstreifen besteht, von denen der mittlere Streifen der stärkste ist (Fig. 15, Zeile 1). Bei der wässerigen Lösung erscheinen die Absorptionsstreifen verwaschen, bei der alkoholischen oder amylalkoholischen Lösung treten sie ziemlich scharf auf.

Die Absorptionsspektra der angeführten Verbindungen haben also denselben Charakter wie die Monoparaamino- oder Monoparaoxyderivate überhaupt (Aporhodamin, Monoaminophenazthioniumchlorid, Meldolablau usf.) und wir finden daher ein solches Absorptionsspektrum auch bei den Lösungen der Rosinduline, wie z. B. bei den alkoholischen Lösungen des Indulinscharlachs [B]

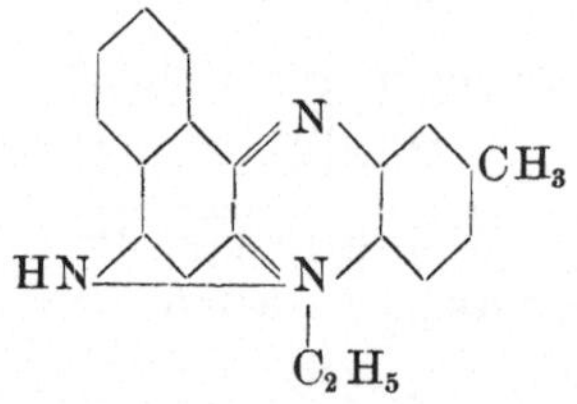

N

$CH_3$

HN

N

$C_2H_5$

des Rosindulins 2G[K]

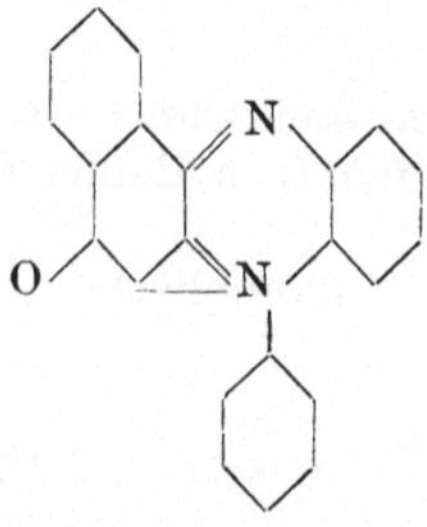

N

O

N

oder des Phenylrosindulins (Azokarmin G[B]).

Die wässerige Lösung des salzsauren Diaminophenazins

$$H_2N \quad N \quad NH_2 . HCl \quad N$$

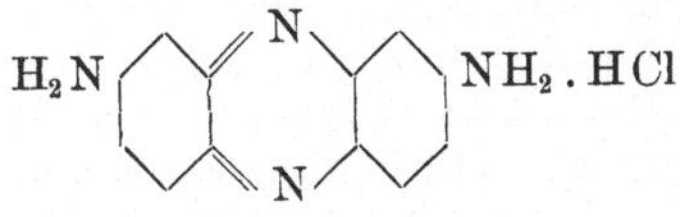

zeigt im Spektrum einen breiten Absorptionsstreifen, der auch durch starke Verdünnung der Lösung verwaschen bleibt, und wir finden bei genauer Beobachtung, daß derselbe aus zwei verwaschenen, miteinander verbundenen breiteren Streifen mit fast undeutlichem Dunkelheitsmaximum besteht (Fig. 15, Zeile 2).

Die Alkylderivate des Diaminophenazins verhalten sich in wässeriger Lösung verschieden; bei einigen Alkylderivaten beobachtet man ein ähnliches Absorptionsspektrum wie beim salzsauren Diaminophenazin, andere Alkylderivate zeigen jedoch nur einen unsymmetrischen, nach links verzogenen Absorptionsstreifen (asymmetrisches Dimethyldiaminophenazinchlorid, Toluylenrot), mitunter aber auch zwei schärfere Absorptionsstreifen, einen starken, einen schwachen (Echtneutralviolett B[C]).

Ähnlich verhalten sich wässerige Lösungen des salzsauren Phenosafranins

$$N \quad H_2N \quad NH_2 \quad N \quad Cl$$

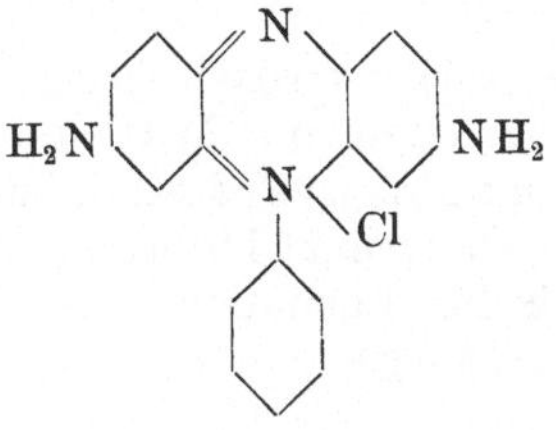

und seiner methylierten Verbindungen; äthylierte Verbindungen wie z. B. das Di- und Tetraäthylphenosafranin geben aber in wässeriger Lösung neben einem stärkeren Absorptionsstreifen (Doppelstreifen) einen schwachen Absorptionsstreifen rechts (Fig. 15, Zeile 3 und 4, Tafel II, Zeile 20).

Die alkoholische und amylalkoholische Lösung des salzsauren Phenosafranins zeigt wie die Diaminophenazoxonium- und Diaminophenazthioniumverbindungen neben einem stärkeren Absorptionsstreifen (Doppelstreifen) einen schwachen Absorptionsstreifen rechts (Fig. 15, Zeile 3, Tafel II, Zeile 21). Durch starke Verdünnung der Lösung fließt der Doppelstreifen zum Unterschiede vom Diaminophenazthionium und Diaminophenazoxoniumchlorid (Seite 144 u. 145) vollständig zu einem einfachen, nach rechts verzogenen Absorptionsstreifen zusammen, dessen Dunkelheitsmaximum sich nahe dem ursprünglichen Streifen $\alpha$ befindet und das Absorptionsspektrum hat die in der Fig. 15, Zeile 4 dargestellte Form.

Ebenso verhalten sich alkoholische und amylalkoholische Lösungen aller übrigen alkylierten Derivate des Phenosafranins.

Alkoholische Lösungen des salzsauren Diaminophenazins und seiner alkylierten Derivate zeigen Absorptionsspektra derselben

Form, wie die alkoholische Lösungen der Phenosafranine, welche aber ziemlich verwaschen erscheinen und bei welchen mitunter auch die Doppelstreifung undeutlich und der Nebenstreifen kaum sichtbar ist.

Dadurch, daß die *wässerigen* Lösungen der Azinfarbstoffe im allgemeinen ein anderes Absorptionsspektrum zeigen, als ihre alkoholischen Lösungen, und daß der Doppelstreifen des Absorptionsspektrums einer alkoholischen und amylalkoholischen Lösung auch bei den einfachen Derivaten durch starke Verdünnung der Lösung zu einem Streifen vollständig zusammenfließt, unterscheiden sich die Azinfarbstoffe spektroskopisch wesentlich von den Thiazin- und Oxazinfarbstoffen.

Es gibt aber auch noch ein charakteristisches Unterscheidungsmerkmal zwischen den *Safraninen* und den eben genannten Chinonimidfarbstoffen.

Setzt man nämlich zur *amylalkoholischen* Lösung eines Phenosafranins (mit Ausnahme von salzsaurem Phenyl- und Diphenylphenosafranin) einige Tropfen alkoholischer *Kalilauge* (1 : 10) hinzu, so wird die Lösung rot, die Fluoreszenz verschwindet und im Spektrum erscheinen *drei Absorptionsstreifen*, von denen der *mittlere* der stärkste ist (Fig. 15, Zeile 1). Es ist das Absorptionsspektrum desselben Typus, welches bei den Verbindungen mit nur einer Aminogruppe vorkommt.

Die Lösungen des *Diaminophenazins* und seiner *alkylierten* Derivate, bei welchen die Wasserstoffe der Aminogruppen *nicht vollständig substituiert* sind, werden nach Zusatz von *Ammoniak* oder *Kalilauge gelb* bezw. *orangegelb*, wogegen wässerige und alkoholische Lösungen der *Phenosafranine*, mit *Ammoniak* oder *Kalilauge* versetzt, überhaupt *unverändert* bleiben.

Wässerige Lösungen der *alkylierten* Diaminoderivate des *Phenazins* und der alkylierten *Safranine* fluoreszieren nur noch schwach, alkoholische und amylalkoholische Lösungen fluoreszieren bald stärker, bald schwächer braunrot, gelbrot oder orangegelb.

Monoamino- und Monooxyderivate, ferner *phenylierte* Diaminoderivate des Phenazins fluoreszieren in Wasser nicht, in Äthylalkohol gelöst, kaum merkbar; dagegen beobachtet man bei einigen Rosindulinen eine schwache Fluoreszenz (vergl. Seite 95).

Die *Phenylgruppe*, in der Aminogruppe des salzsauren Phenosafranins substituiert, bewirkt das Zusammenfließen der Absorptionsstreifen des Phenosafranins. So zeigen violettrote Lösungen des salzsauren *Phenylphenosafranins*

N

$C_6H_5$ . HN NH$_2$

N Cl

und blaue Lösungen des salzsauren Diphenylphenosafranins

N

$C_6H_5 . HN$ $NH . C_6H_5$

N

Cl

einen breiteren, nach rechts verzogenen Absorptionsstreifen (Fig. 15, Zeile 5).

Ähnlich verhalten sich die Handelsprodukte Rosolan O [M], Mauveïn und Induline.

In konzentrierter Schwefelsäure lösen sich die Azinverbindungen mit verschiedener Farbe. So löst sich das Aminophenazin in Schwefelsäure mit braungelber Farbe, die Lösung zeigt aber kein charakteristisches Absorptionsspektrum. Das asymmetrische Diaminophenazin löst sich in Schwefelsäure mit gelbgrüner Farbe, die Lösung zeigt aber auch nur verwaschene Absorptionsstreifen im Grünblau und eine schwache einseitige Absorption im Rot. Das Aposafranin löst sich in Schwefelsäure mit brauner Farbe; die verdünnte Lösung zeigt im Rot und Grün schwache Absorptionsstreifen, nebstdem absorbiert sie einseitig im Violett.

Das salzsaure symmetrische Diaminophenazin, das salzsaure Phenosafranin und ihre Alkylderivate lösen sich in Schwefelsäure mit blaugrüner oder grüner Farbe und die Lösungen zeigen eine starke einseitige Absorption im Rot und eine schwächere Absorption im Violett. Verdünnt man die Lösung mit Schwefelsäure, so beobachtet man im Rot des Spektrums zwei Absorptionsstreifen, einen stärkeren und einen schwächeren, welche mitunter nur sehr wenig deutlich sind[1]).

Da die Alkylderivate des Diaminophenazthioniums sich in konzentrierter Schwefelsäure mit gelbgrüner Farbe lösen und die Lösungen stärker im Blauviolett als im Rot absorbieren und außerdem keine Absorptionsstreifen zeigen, so kann man dadurch die Azinfarbstoffe von den Thiazinfarbstoffen unterscheiden (siehe Seite 149 u. 160).

Das salzsaure Phenyl und Diphenylphenosafranin lösen sich in Schwefelsäure mit olivegrüner Farbe; die Lösungen absorbieren nur einseitig stärker im Rot, schwach im Violett.

Aposafranine: Rosindulin 2 B [K], Rosindulin 2 G [K], Azokarmin B [B] lösen sich in Schwefelsäure mit grüner bezw. olivegrüner Farbe; die Lösungen zeigen im Rot und Gelb zwei Absorptionsstreifen, nebstdem absorbieren sie einseitig im Blauviolett. Das Indulinscharlach [B] löst sich dagegen in Schwefelsäure mit roter, das Neutralblau [C] mit violettroter Farbe, die Lösungen absor-

[1]) Beim salzsauren Diaminophenazin und Phenosafranin in Schwefelsäure befinden sich die Absorptionsstreifen im äußersten Rot des Spektrums; um sie deutlich zu sehen, ist es nötig, den Spalt des Spektroskopes mehr zu öffnen.

bieren im Rot, Grün und Violett, geben aber keine charakteristische Spektra.

In der nachstehenden Tabelle sind die Absorptionsspektra der Derivate des Phenazins in Wasser, Äthyl- und Amylalkohol angeführt und die Absorptionsstreifen in Wellenlängen ausgedrückt.

Die Konstanten, welche bei den vorigen Farbstoffklassen aus den Wellenlängen der Absorptionsspektra berechnet worden sind, lassen sich hier nicht bestimmen, da die Absorptionsstreifen der wässerigen Lösungen der Azinfarbstoffe verschwommen sind und daher von einer genauen Messung der Wellenlänge keine Rede sein kann; die bei den alkoholischen Lösungen obwaltenden Verhältnisse lassen sich aber mit denen bei den wässerigen Lösungen herrschenden nicht vergleichen.

| Verbindung gelöst in: | Wasser | Äthylalkohol | Amylalkohol |
|---|---|---|---|
| N, N, $NH_2.HCl$ | — | 557,0 **516,8** 483,0 | 561,8 **521,7** 487,5 |
| N, N, $NH_2.HCl$, $NH_2$ | | 483,7 **455,5** 433,8 | 486,4 **458,0** 436,2 |
| $H_2N$, N, N, $NH_2.HCl$ | 513,0 491,5 | **521,7** 490,0 | **524,4** 492,0 |
| N, N, $NH_2$, Cl | 563,5 **522,2** 487,8 | 561,0 **518,6** 484,4 | 564,7 **522,2** 487,8 |
| $H_2N$, N, N, $NH_2$, Cl | 525,0 494,0 | **534,4** 497,0 | **539,1** 500,8 |

| Verbindung gelöst in: | Wasser | | Äthylalkohol | | Amylalkohol | |
|---|---|---|---|---|---|---|
| 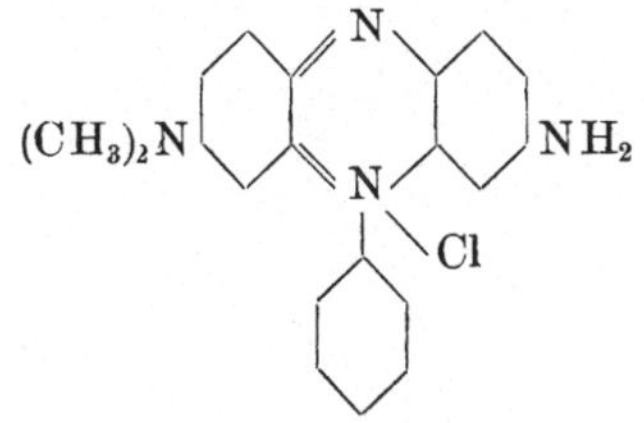 $(CH_3)_2N$ … N … $NH_2$; N … Cl | 555,0 | 526,5 | **551,9** | 511,5 | **555,0** | 514,4 |
| 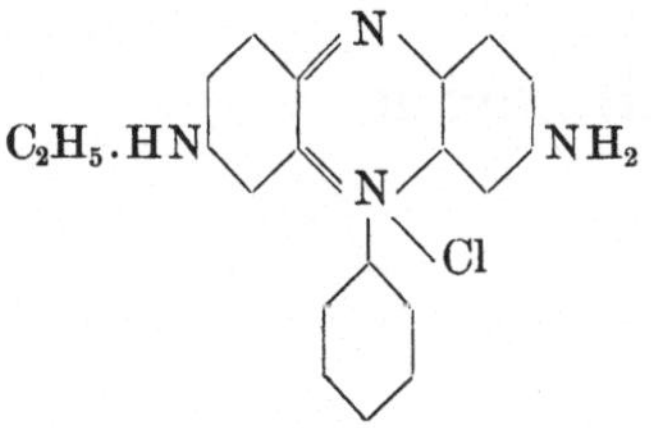 $C_2H_5.HN$ … N … $NH_2$; N … Cl | **537,5** | 502,4 | **539,3** | 500,0 | **543,0** | 503,0 |
| 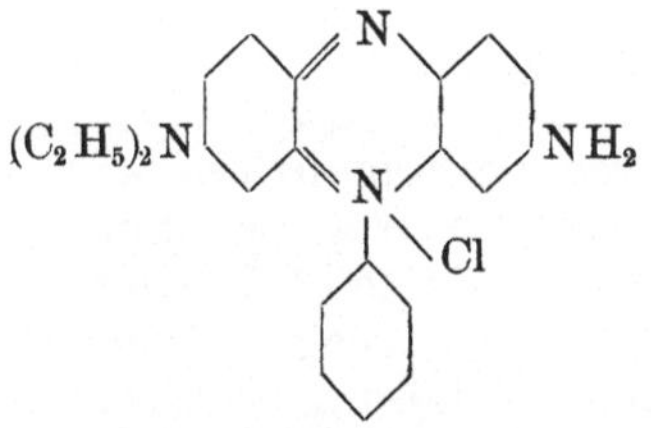 $(C_2H_5)_2N$ … N … $NH_2$; N … Cl | **561,8** | 531,2 | **556,1** | 516,0 | **558,5** | 517,7 |
| 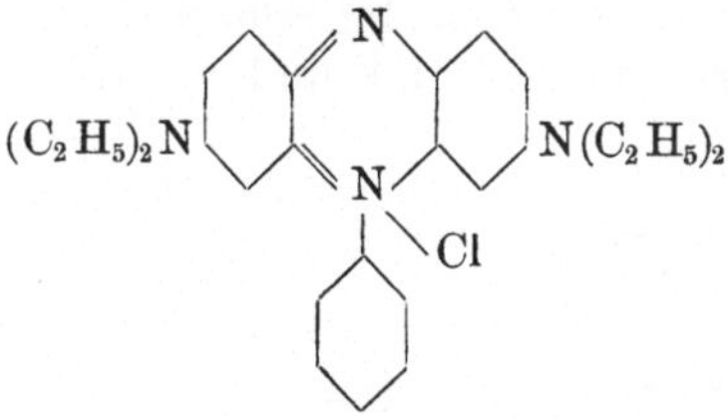 $(C_2H_5)_2N$ … N … $N(C_2H_5)_2$; N … Cl | **589,0** | 545,9 | **578,7** | 534,8 | **580,2** | 535,7 |
| 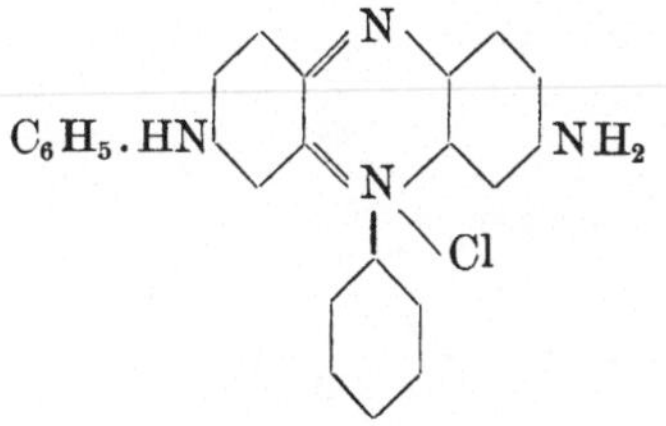 $C_6H_5.HN$ … N … $NH_2$; N … Cl | 547,5 | | 556,0 | | 561,4 | |
| 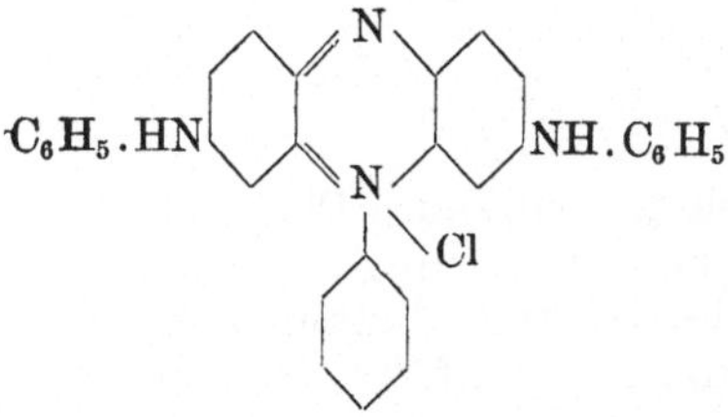 $C_6H_5.HN$ … N … $NH.C_6H_5$; N … Cl | 570,7 | | 580,7 | | 585,7 | |

# Fluorindin und Triphendioxazin.

Das Fluorindin

gibt seiner komplizierteren Konstitution nach auch ein komplizierteres Absorptionsspektrum. Das salzsaure Salz löst sich in Wasser nur bei Siedehitze mit blauer Farbe und fluoresziert rot; die heiße Lösung gibt ein Absorptionsspektrum, welches aus vier Streifen bei $\lambda$ 619,0, 572,0, 531,2 und 495,0 besteht. Durch Abkühlen der Lösung scheidet sich der Farbstoff wieder größtenteils aus und man sieht im Spektrum bloß zwei Absorptionsstreifen, einen stärkeren bei $\lambda$ 611,1 und einen schwächeren bei $\lambda$ 562,5 (vergl. Seite 28).

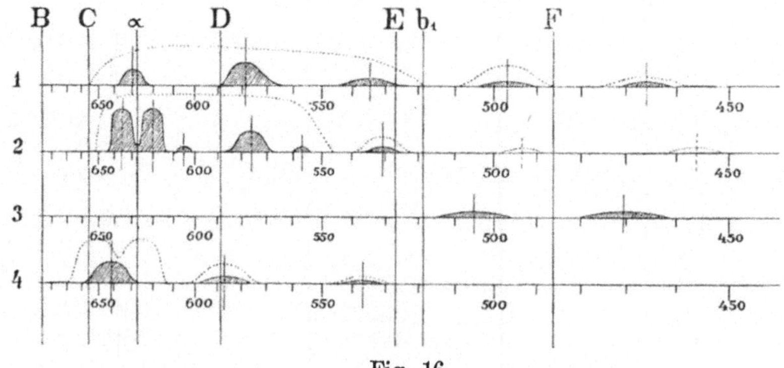


Fig. 16.

In Äthyl- und Amylalkohol löst sich das salzsaure Fluorindin mit rotvioletter Farbe, fluoresziert stark rot und die Lösung absorbiert stark von Rot bis Blau. Verdünnt man die Lösung allmählich, so trennt sich das Absorptionsspektrum im ganzen in fünf Streifen; den fünften Absorptionsstreifen beobachten wir jedoch nur bei einer konzentrierteren Lösung. Der zweite Absorptionsstreifen ist der stärkste; außerdem scheint der erste und der zweite Absorptionsstreifen in einer konzentrierteren Lösung doppelt zu sein (siehe Fig. 16, Zeile 1).

Die Lage der Absorptionsstreifen ist die folgende:

In Äthylalkohol: $\lambda$ 630,1, **578,7**, 534,8, 497,3, 465,9
In Amylalkohol: $\lambda$ 632,3, **581,0**, 537,1, 499,5, 468,1.

Setzt man zur alkoholischen Lösung des salzsauren Fluorindins verdünnte Salzsäure hinzu, so wird sie blau, das Absorptionsspektrum verschiebt sich allmählich und die Lösung gibt dann die Absorptionsstreifen bei $\lambda$ 619,2 (der stärkste), 570,2 und $\lambda$ 530,3. Nach Zusatz von Ammoniak wird die Lösung rot und gibt drei verwaschene Absorptionsstreifen ungefähr bei $\lambda$ 576,0, 532,8 und 495,5, von denen der mittlere Streifen am stärksten erscheint.

Löst man die Verbindung

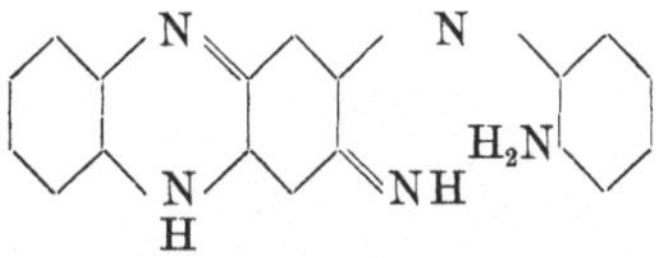

N N
$H_2N$
N NH
H

in Wasser und setzt dann vorsichtig verdünnte Salzsäure hinzu, so wird die gelbe Lösung allmählich blau und zeigt dann das Absorptionsspektrum des Fluorindins. Die alkoholische gelbe Lösung wird an der Luft allmählich violett und zeigt auch das Absorptionsspektrum des salzsauren Fluorindins.

In konzentrierter Schwefelsäure löst sich das Fluorindin mit blauer Farbe; die Lösung fluoresziert stark rot und zeigt ein kompliziertes Absorptionsspektrum. Zunächst beobachtet man bei einer etwas konzentrierteren Lösung einen intensiven breiten Absorptionsstreifen im Rot, Orange, Gelb und Grün, ferner einen stärkeren Streifen bei $\lambda$ 531,4 und schwache Streifen bei $\lambda$ 493,5 und $\lambda$ 456,0 nebst einer einseitigen Absorption in Violett (Fig. 16, Zeile 2, punktiert).

Verdünnt man die Lösung allmählich, so trennt sich der breite Absorptionsstreifen in vier Absorptionsstreifen bei $\lambda$ 628,2, 605,5, 575,7 und 557,0 (Fig. 16, Zeile 2). Der stärkste Absorptionsstreifen bei $\lambda$ 628,2 erscheint bei gewisser Konzentration als Doppelstreifen, welcher durch stärkere Verdünnung der Lösung zu einem einfachen schmalen Streifen zusammenfließt und noch in sehr verdünnter, beinahe farbloser Lösung deutlich sichtbar ist.

Eine dem Fluorindin analoge Konstitution besitzt nach Seidl das Triphendioxazin

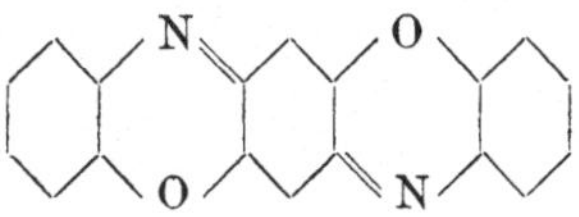

N O
O N

Dasselbe löst sich auch in siedendem Äthylalkohol nur wenig; die orangegelbe und schwach grünlichgelb fluoreszierende Lösung zeigt zwei verwaschene Absorptionsstreifen bei $\lambda$ 504,0 und 470,5 (Fig. 16, Zeile 3).

In konzentrierter Schwefelsäure löst sich das Triphendioxazin mit grünlichblauer Farbe ohne Fluoreszenz und die verdünnte Lösung zeigt im Spektrum drei Absorptionsstreifen bei $\lambda$ 642,1, 586,0 und 537,5 (Fig. 16, Zeile 4); der erste Streifen ist der stärkste und erscheint bei konzentrierteren Lösungen als Doppelstreifen.

---

# Akridinfarbstoffe.

Akridinfarbstoffe geben je nach ihrer Konstitution verschiedene Absorptionsspektra, welche im allgemeinen ihrer Form nach den Absorptionsspektren der Rosanilinfarbstoffe ähnlich sind; die Absorptionsstreifen sind aber weniger scharf, mitunter verschwommen und der Hauptstreifen bildet keinen deutlichen Doppelstreifen, wie wir es bei den Triphenylmethanfarbstoffen sehen; nur bei den alkoholischen Lösungen der Flaveosine tritt die Doppelstreifung des Hauptstreifens deutlich auf.

## 1. Akridine und Phenylakridine.

Die wässerige orangegelbe Lösung des salzsauren Tetramethyldiaminoakridins (Akridinorange NO)

$$(CH_3)_2N \quad N \quad N(CH_3)_2 \, . \, HCl$$
$$\underset{H}{C}$$

zeigt im blauen Teile des Spektrums zwei breitere, ziemlich unscharfe Absorptionsstreifen, von welchen der erste Streifen nur unbedeutend intensiver erscheint als der zweite Streifen (Fig. 17, Zeile 1).

Die äthyl- und amylalkoholische Lösung des Tetramethyldiaminoakridins zeigt im Spektrum einen stärkeren Absorptionsstreifen und einen ganz schwachen Nebenstreifen rechts (Fig. 17, Zeile 2, Tafel II, Zeile 22).

Vergleichen wir die Lage der Absorptionsspek-

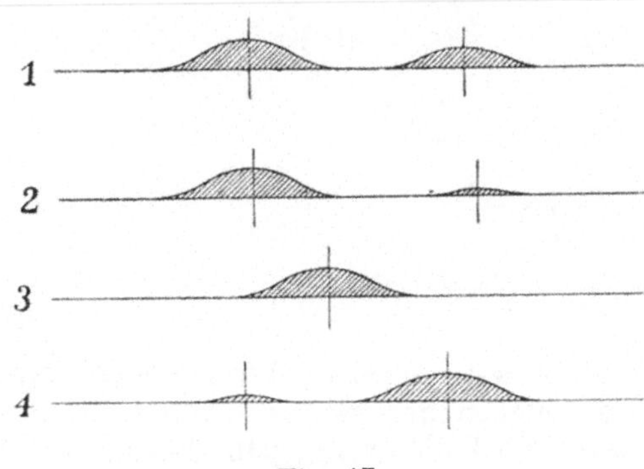


Fig. 17.

tren des salzsauren Tetramethyldiaminoakridins und des salzsauren Tetramethyldiaminobenzhydrols (Seite 138), so finden wir, daß die Verkettung der beiden Benzolkerne durch Stickstoff die Verschiebung des Absorptionsspektrums bedeutend nach den kürzeren Wellen, von Orangegelb bis nach Blau bewirkt (vergl. auch „Pyronine", Seite 138).

Diaminodimethylakridine wie das

Akridingelb und Benzoflavin

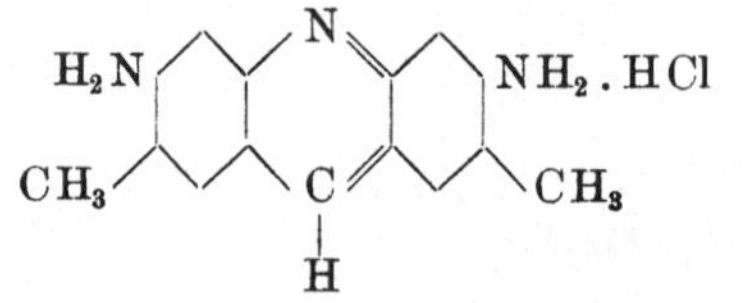

N
$H_2N$ $NH_2.HCl$
$CH_3$ C $CH_3$
H

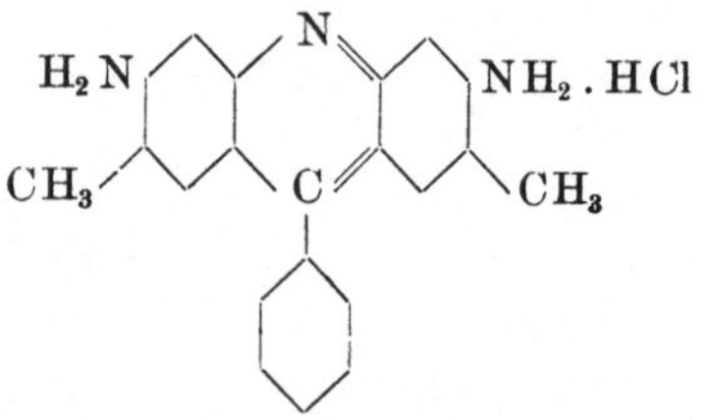

N
$H_2N$ $NH_2.HCl$
$CH_3$ C $CH_3$

geben zum Unterschiede von den Akridinen in wässeriger und alkoholischer Lösung nur einen breiteren Absorptionsstreifen (Fig. 17, Zeile 3). Die zur Aminogruppe orthoständige Gruppe $CH_3$ beeinflußt die Form des Absorptionsspektrums ähnlich, wie wir es bei den Diaminophenotolazthioniumfarbstoffen wahrgenommen haben.

Unsymmetrische Diaminophenylakridine wie das Chrysanilin (Phosphin)

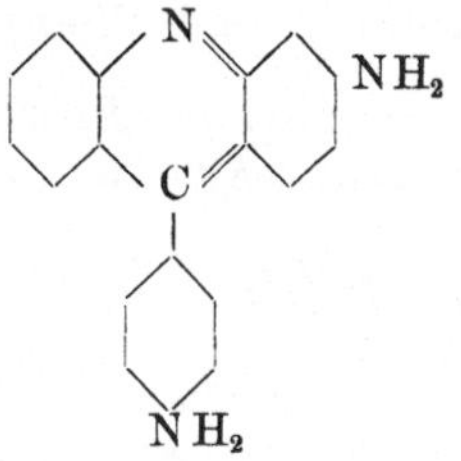

N
$NH_2$
C
$NH_2$

zeigen in wässeriger und alkoholischer Lösung zwei schwache, nahe aneinander liegende verwaschene Absorptionsstreifen.

Das Hexamethylrheonin (Base)

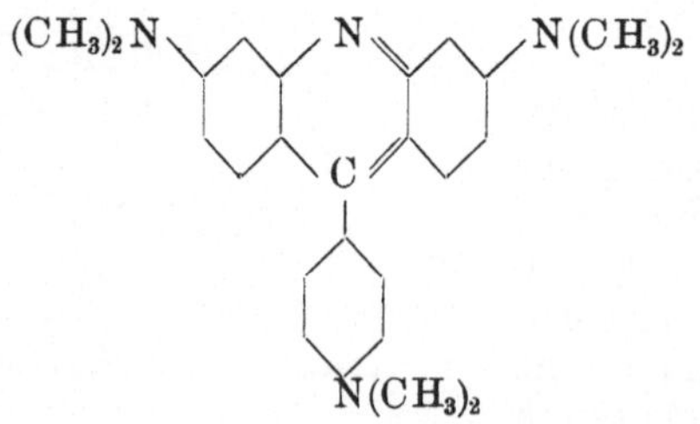

$(CH_3)_2N$ N $N(CH_3)_2$
C
$N(CH_3)_2$

zeigt in wässeriger Lösung zwei verwaschene Absorptionsstreifen, von welchen der zweite Streifen etwas intensiver ist. Durch Säurezusatz wird die orangegelbe Lösung rosarot, das Absorptionsspektrum tritt schärfer auf, ohne seine Lage zu verändern und zeigt dann den in der Fig. 17, Zeile 2 angeführten Typus. Die alkoholische neutrale, als auch angesäuerte Lösung zeigt das Absorptionsspektrum desselben Typus (Fig. 17, Zeile 2); beim Ansäuern wird die Lösung rosarot und das Absorptionsspektrum verschiebt sich nach links.

Die Lösungen des Tetramethylrheonins

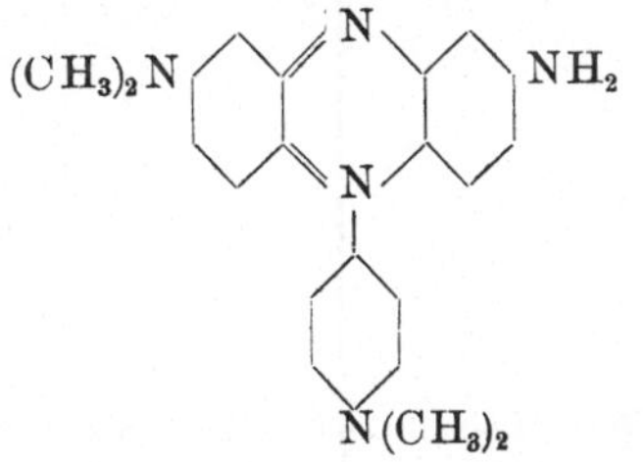

$(CH_3)_2N$ N $NH_2$
N
$N(CH_3)_2$

zeigen nur einen verwaschenen Absorptionsstreifen im Blau,

Die orangegelben und gelben Lösungen der Akridinfarbstoffe als auch ihrer Basen fluoreszieren grün; alkoholische Lösungen fluoreszieren stärker als wässerige Lösungen, nur die Lösungen des Chrysanilins und ähnlicher Verbindungen fluoreszieren überhaupt sehr schwach.

In konzentrierter Schwefelsäure lösen sich die Akridine mit gelber Farbe; die stark grün fluoreszierende Lösung zeigt aber keine getrennten Absorptionsstreifen, sondern sie absorbiert nur einseitig im Blau und Violett. Mischt man die Lösung mit Wasser, so tritt wieder das Absorptionsspektrum desselben Typus wie bei der wässerigen angesäuerten Lösung der betreffenden Verbindung auf.

In der nachfolgenden Tabelle sind die Absorptionsspektra einiger Akridinverbindungen in wässeriger und alkoholischer Lösung angeführt. Die Wellenlängenangaben sind jedoch annähernd, da die Absorptionsstreifen ziemlich verschwommen und ihre Dunkelheitsmaxima nicht genügend scharf sind.

| Verbindung gelöst in: | Wasser | Äthylalkohol | Amylalkohol |
|---|---|---|---|
| 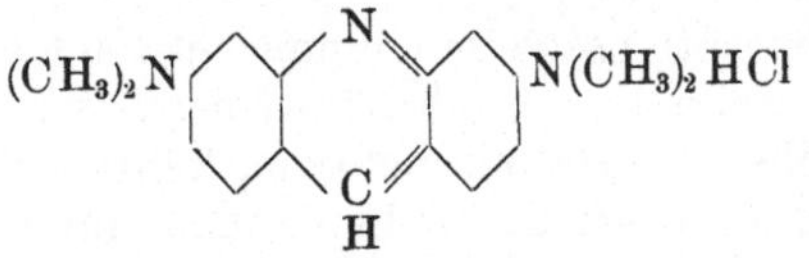 $(CH_3)_2N$ — N — $N(CH_3)_2HCl$; C H | **494,4** 463,9 | **490,9** 459,5 | **490,9** 459,5 |
| 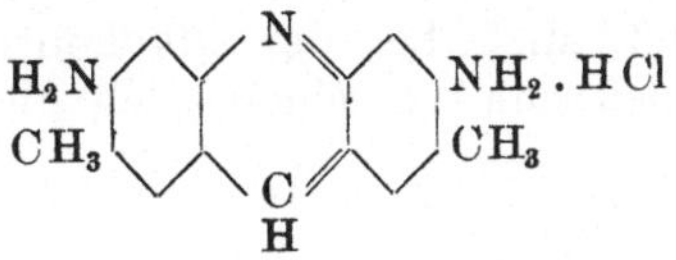 $H_2N$, $CH_3$ — N — $NH_2 . HCl$, $CH_3$; C H | 457,0 (?) | 463,3 | 464,0 |

| Verbindung gelöst in: | Wasser | Äthylalkohol | Amylalkohol |
|---|---|---|---|
| N; $H_2N$, $NH_2 . HCl$; $CH_3$, $CH_3$; C | 458,0 (?) | 468,0 | 468,8 |
| N; $(CH_3)_2N$, $N(CH_3)_2$; C; $N(CH_3)_2$ | 503,2 473,2 | **490,9** 458,5 | |

## 2. Flaveosine[1]).

Die orangegelbe, stark grün fluoreszierende wässerige und alkoholische Lösung des Tetramethylflaveosins (Base)

N; $(CH_3)_2N$, $N(CH_3)_2$; C; CO.OH

zeigt neben einem intensiveren Absorptionsstreifen einen schwachen Absorptionsstreifen links (Fig. 17, Zeile 4). Durch Säurezusatz wird die wässerige Lösung rosarot und das Absorptionsspektrum kehrt sich um, ohne seine Lage zu verändern, es erscheint neben einem intensiven Absorptionsstreifen ein schwacher Streifen rechts (Fig. 17, Zeile 2). Dieselbe Erscheinung findet auch bei der alkoholischen Lösung statt, aber das Absorptionsspektrum verschiebt sich gleichzeitig nach den längeren Wellen hin.

---

1) Die hier beschriebenen Flaveosine sind im Laboratorium des Prof. Eug. Grandmougin hergestellt worden.

Dagegen zeigen neutrale wie auch angesäuerte Lösungen des Tetraäthylflaveosins und des Tetraäthylflaveosinäthylesters

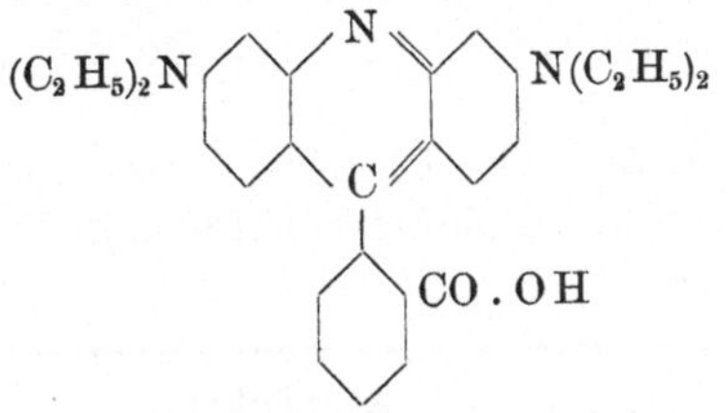

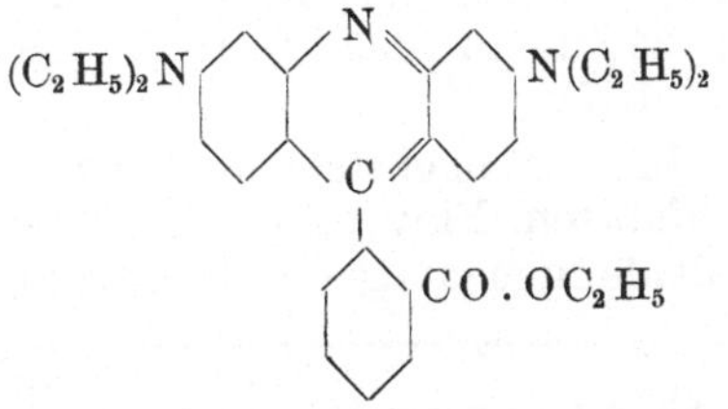

$(C_2H_5)_2N$ N $N(C_2H_5)_2$ C CO.OH

$(C_2H_5)_2N$ N $N(C_2H_5)_2$ C $CO.OC_2H_5$

neben einem stärkeren Absorptionsstreifen (Doppelstreifen) einen ächwachen Absorptionsstreifen rechts (Fig. 17, Zeile 2). Das Tetrasthylflaveosin ist in Wasser nur unter Zusatz von Säure löslich.

Die Absorptionsspektra desselben Typus zeigen auch wässerige und alkoholische Lösungen der bromierten Derivate z. B. des Tetrabromtetraäthylflaveosinäthylester

Br N Br $(C_2H_5)_2N$ $N(C_2H_5)_2$ Br Br C $CO.OC_2H_5$

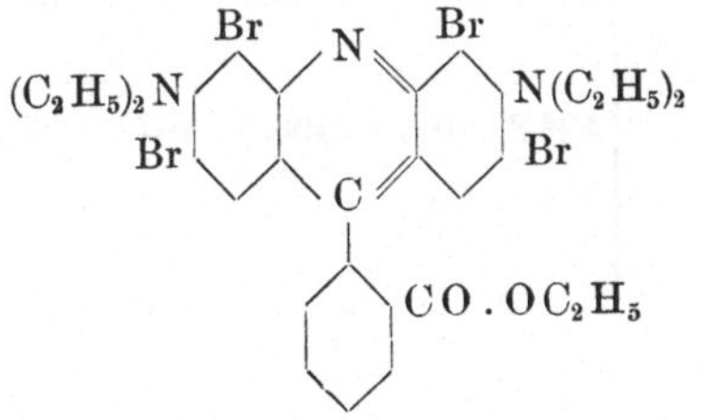

Auch die Lösungen des Tetramethylflaveosinäthylestherdimethylsulfatakridiniums

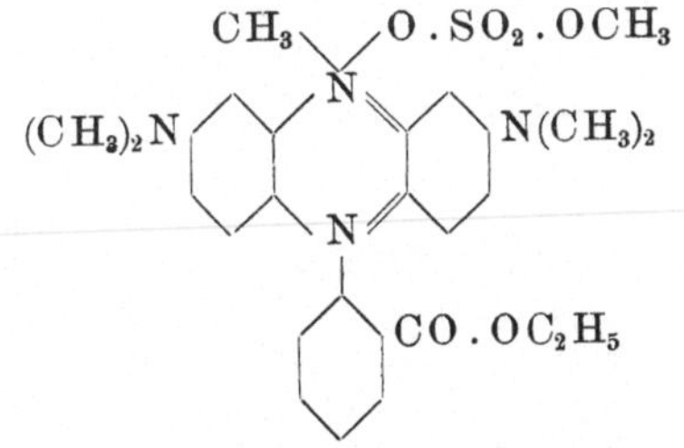

$CH_3$ $O.SO_2.OCH_3$ N $(CH_3)_2N$ $N(CH_3)_2$ N $CO.OC_2H_5$

zeigen die Absorptionsspektra desselben Typus.

Die orangegelben bezw. orangeroten Lösungen der Flaveosine zeichnen sich durch starke grüne Fluoreszenz aus und werden durch Säurezusatz rosarot.

In konzentrierter Schwefelsäure lösen sich die Flaveosine mit gelber Farbe. Die stark grün fluoreszierende Lösung zeigt aber keine getrennten Absorptionsstreifen, sondern nur eine einseitige Absorption im Blau und Violett. Verdünnt man die Lösung mit Wasser, so wird sie rot und die Fluoreszenz verschwindet. Die saure Lösung zeigt aber nicht mehr die Absorptionsstreifen der wässerigen Lösung, sondern drei Absorptionsstreifen, von welchen der mittlere der stärkste ist, wie z. B. das Tetraäthylflaveosinäthylester (Fig. 15, Zeile 1, Seite 187).

In der nachstehenden Tabelle sind die Absorptionsspektra der angeführten Flaveosine in wässeriger und alkoholischer Lösung in Wellenlängen ausgedrückt zusammengestellt.

| Verbindung gelöst in: | Wasser | | | | Äthylalkohol | | | |
|---|---|---|---|---|---|---|---|---|
| | neutral | | angesäuert | | neutral | | angesäuert | |
| Tetramethylflaveosin . . | 500,7 | **471,3** | **500,7** | 471,3 | 493,0 | **465,7** | **494,8** | 462,6 |
| Tetraäthylflaveosin . . . | — | — | **505,6** | 473,6 | **492,6** | 460,2 | **499,7** | 467,5 |
| Tetraäthylflaveosinäthylester . . . . . . . | **507,7** | 474,0 | **507,7** | 474,0 | **501,1** | 467,1 | **501,9** | 468,0 |
| Tetrabromtetraäthylflaveosinäthylester . . | **494,8** | 466,3 | **495,5** | 467,0 | **498,2** | 468,8 | **500,0** | 468,0 |

# Anthrachinonfarbstoffe.

Anthrachinonfarbstoffe verhalten sich spektroskopisch ganz anders als die vorher beschriebenen Farbstoffklassen. Ihre verdünnten *neutralen* Lösungen absorbieren im Spektrum je nach ihrer Konstitution entweder einseitig im Blau und Violett (Alizarin) oder sie zeigen einen verwaschenen Absorptionsstreifen (1 : 5 oder 1 : 8 Diaminoanthrachinon), meistens aber mehrere charakteristisch gruppierte Absorptionsstreifen (1 : 4 Diaminoanthrachinon, Chinizarin, 1 : 4 : 5 : 8 Tetraoxyanthrachinon), welche jedoch, entgegen den Triphenylmethanfarbstoffen, keinen Doppelstreifen bilden. Alkoholische Lösungen von Oxy- und Aminooxyderivaten ändern nach Zusatz von Kali- oder Natronlauge die Farbe (sie wird vertieft) und zeigen im Spektrum regelmäßig *drei getrennte Absorptionsstreifen* von verschiedener Intensität, von denen entweder der erste Absorptionsstreifen links (Purpurin) oder der mittlere (Alizarin) am stärksten ist. Ähnlich verhalten sich auch wässerige alkalische Lösungen der Anthrachinonfarbstoffe. Mit verdünnter Säure versetzt, ändern sich die Lösungen der Anthrachinonfarbstoffe mit Ausnahme von 1:4:5:8 Tetraaminoanthrachinon nicht und somit auch nicht ihre Absorptionsspektra.

In bezug auf ihre Konstitution unterscheiden sich die Anthrachinonfarbstoffe von den anderen Farbstoffklassen dadurch, daß ihre Lösungen im Spektrum Absorptionsstreifen hervorrufen, ohne daß ihre auxochromen Gruppen in Parastellung zur Karbonylgruppe stehen müssen, wie bei den Triphenylmethan- und Chinonimidfarbstoffen.

Die alkoholische Lösung des *Anthrachinons* selbst ist fast farblos und ruft im sichtbaren Spektrum keine Absorption hervor. Tritt in das Anthrachinon nur *eine* auxochrome Gruppe in beliebiger Stellung zu der Karbonylgruppe ein, so geben solche Verbindungen gelbe Lösungen und absorbieren nur einseitig im Blau und Violett des Spektrums, wie z. B. alkoholische Lösungen des *α-Aminoanthrachinons*

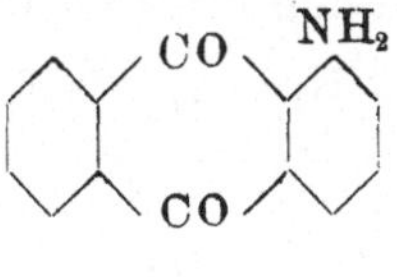

CO $NH_2$

CO

und des $\beta$-Aminoanthrachinons; ebenso absorbieren gelbe alkoholische Lösungen des $\alpha$-Oxyanthrachinons

CO OH

CO

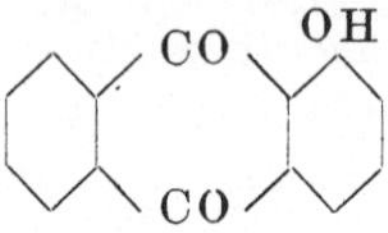

und des $\beta$-Oxyanthrachinons nur einseitig im Blauviolett des Spektrums.

Treten zwei auxochrome Gruppen in das Anthrachinon in der Weise ein, daß sie nicht in Parastellung zueinander und nicht in Parastellung zur Karbonylgruppe stehen, so wird der Farbton solcher Verbindungen zwar verstärkt, aber ihre Lösungen haben im Spektrum immer noch keine ausgeprägten Absorptionsstreifen. Demnach absorbieren gelbe alkoholische Lösungen des Chrysazins

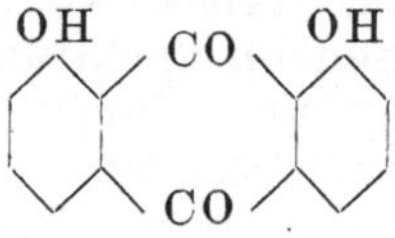

OH CO OH

CO

und alkoholische Lösungen des Anthrarufins

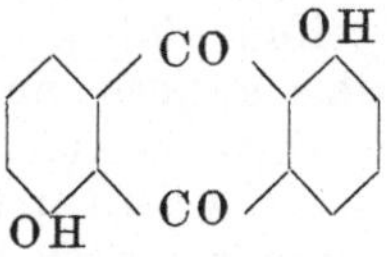

CO OH

OH CO

nur einseitig im blauen und violetten Teile des Spektrums.

Setzt man zu alkoholischen Lösungen des $\alpha$-Oxyanthrachinons, des $\beta$-Oxyanthrachinons oder des Anthrarufins alkoholische Kalilauge zu, so werden die Lösungen rot, bezw. orangegelb, dennoch zeigen sie keine getrennten scharfen Absorptionsstreifen, sondern nur einen breiten verwaschenen Absorptionsstreifen im Blaugrün ($\alpha$-Oxyanthrachinon und Anthrarufin) mit einem vollständig undeutlichen Dunkelheitsmaximum, bezw. eine unbestimmte Absorption im Blau ($\beta$-Oxyanthrachinon).

Ebenso zeigt die alkoholische orangegelbe Lösung des 1 : 5 Diaminoanthrachinons

CO $NH_2$

$NH_2$ CO

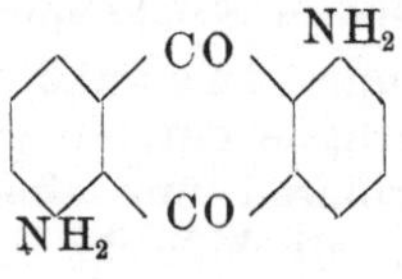

und die alkoholische rote Lösung des 1 : 8 Diaminoanthrachinons

$NH_2$ CO $NH_2$

CO

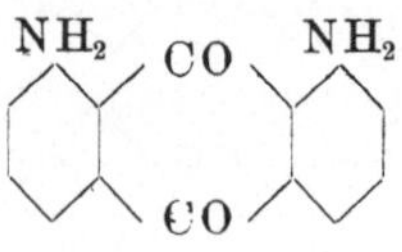

im Blaugrün bezw. im Grün des Spektrums einen breiten verwaschenen Absorptionsstreifen mit einem vollständig undeutlichen Dunkelheitsmaximum.

Rote alkoholische Lösungen der Aminoderivate: Methyl-$\alpha$-Aminoanthrachinon, Dimethyl-$\alpha$-Aminoanthrachinon, symmetrisches 1:5 Dimethyldiaminoanthrachinon, 1:5 Tetramethyldiaminoanthrachinon, zeigen auch nur einen breiten verwaschenen Absorptionsstreifen im grünen Teile des Spektrums; ebenfalls zeigt die violettrote Lösung des symmetrischen 1:8 Dimethyldiaminoanthrachinons nur einen breiten verwaschenen Absorptionsstreifen im Gelbgrün des Spektrums.

Treten aber in das Anthrachinon zwei auxochrome Gruppen derartig ein, daß sie sich entweder zueinander in Parastellung oder zueinander in Orthostellung befinden, im letzteren Falle gleichzeitig aber eine dieser Gruppen der Karbonylgruppe benachbart ist, so zeigen alkoholische Lösungen solcher Derivate ein Absorptionsspektrum, bestehend aus mehreren Streifen, entweder direkt, wie z. B. das 1:4 Diaminoanthrachinon und Chinizarin, oder nach Zusatz von Alkali, wie das Alizarin.

Das spektroskopische Verhalten der Anthrachinonderivate ist verschieden, je nachdem sie Amino- oder Hydroxylgruppen enthalten, und wir wollen daher die Aminoderivate, Oxyderivate und Aminooxyderivate in den nächsten Kapiteln getrennt behandeln.

Wie schon in der Einleitung auf Seite 9 angeführt wurde, eignet sich konzentrierte Schwefelsäure als Lösungsmittel vortrefflich zum spektroskopischen Nachweise der Anthrachinonfarbstoffe, namentlich, wenn es sich darum handelt, gefärbte Fasern zu untersuchen, weil man dann den Farbstoff mit konzentrierter Schwefelsäure in der Kälte mitunter bequemer herunterlösen kann als mit Alkohol, in welchem manche Anthrachinonfarbstoffe schwer löslich sind, und es in den meisten Fällen auch nichts schadet, wenn die Faser, z. B. Baumwollfaser, selbst in Lösung geht. Anthrachinonfarbstoffe lösen sich nämlich leicht in konzentrierter Schwefelsäure und die Lösungen zeigen in manchen Fällen mehr ausgeprägte und schärfere Absorptionsspektra als alkoholische Lösungen. So absorbiert z. B. die alkoholische Lösung des Anthrarufins nur einseitig im Blauviolett, wogegen seine Lösung in Schwefelsäure ein aus fünf scharfen Streifen bestehendes Absorptionsspektrum zeigt.

Dennoch leisten beim Nachweise der Anthrachinonfarbstoffe neutrale alkoholische wie auch alkalische (wässerige und alkoholische) Lösungen in vielen Fällen bessere Dienste als die Lösungen in Schwefelsäure. Denn es gibt Fälle, wo die alkoholische Lösung besser hilft, währenddem die Lösung in konzentrierter Schwefelsäure Einen im Stich läßt; mitunter tritt aber auch der umgekehrte Fall ein.

So geben beispielsweise alkoholische Lösungen von 1 : 4 Diaminoanthrachinon, 1 : 2 : 4 : 5 : 6 : 8 Hexaoxyanthrachinon, p-Diaminoanthrarufin, ferner alkalische (wässerige und alkoholische) Lösungen von Alizarin, Purpurin, Anthrapurpurin, 1 : 2 : 5 Trioxyanthrachinon, 1 : 2 : 5 : 8 Tetraoxyanthrachinon, $\alpha$-Aminoalizarin, Absorptionsspektra, welche bedeutend schärfer und viel charakteristischer sind als die Spektren in schwefelsaurer Lösung. Wohl spielt bei den alkalischen Lösungen die Menge des zugesetzten Alkalis eine wichtige Rolle, wir werden aber später sehen, daß unter Einhaltung gewisser Vorsichtsmaßregeln stets gleiche Spektra von konstanter Lage erhalten werden können.

Von außerordentlicher Wichtigkeit ist ferner die kombinierte Anwendung von Schwefelsäure mit Borsäure als Lösungsmittel. Hierbei ist es nicht notwendig, wasserfreie Borsäure anzuwenden. Rob. E. Schmidt[1]) verwendet vielmehr eine 20proz. Lösung von kristallisierter Borsäure in konzentrierter Schwefelsäure[2]), von welcher Lösung er eine kleine Menge zur Schwefelsäurelösung des Anthrachinonfarbstoffes zufügt. Fast sämtliche Oxyanthrachinone geben nach Zusatz von Borsäure weitaus schärfere Spektren als ohne dieselbe, namentlich beobachtet man es bei Anthrarufin, Chinizarin, 1 : 4 : 5 Trioxyanthrachinon, 1 : 4 : 5 : 8 Tetraoxyanthrachinon, $\alpha$-Aminoalizarin und Purpurinamid.

Besonders wertvoll ist die Borsäure bei der Untersuchung der Amino- und Aminooxyanthrachinone, von denen sich viele in konzentrierter Schwefelsäure mit gelber Farbe lösen und keine charakteristische Spektra geben; nach Zusatz von Borsäure schlägt jedoch die Farbe, namentlich bei gelindem Erwärmen (auf dem Wasserbade) ins Rot, Blau bis Grün um und diese Lösungen zeigen dann zum Teil charakteristische Spektra. In manchen Fällen ist es notwendig, mit der oben erwähnten Lösung von konzentrierter Schwefel- und Borsäure direkt zu erwärmen, um den Farbenumschlag, der auf Bildung eines Borsäureäthers beruht, zu erzielen. Ist der Borsäureäther aber einmal gebildet, so kann man ruhig mit gewöhnlicher Schwefelsäure verdünnen, ohne daß der Äther zerstört wird[3]).

Es lösen sich beispielsweise das 1 : 4 Diaminoanthrachinon und das p-Tetraaminoanthrachinon in konzentrierter Schwefelsäure fast farblos, in Schwefelsäure-Borsäure, namentlich bei gelindem Erwärmen jedoch mit roter Farbe. Ebenfalls lösen sich 1 : 4 Aminooxyanthrachinon und p-Diaminoanthrarufin in konzentrierter Schwefelsäure mit orangegelber Farbe, in Schwefelsäure-Borsäure aber die erste Verbindung mit roter, die zweite Verbindung mit blauer Farbe.

Dagegen lösen sich Arylididoanthrachinone schon in bloßer konzentrierter Schwefelsäure mit grünblauer bezw. violettblauer Farbe wie z. B. Chinizarinanilid, Chinizarindianilid, Chinizarin mono-o-toluidid, Chinizarin di-o-toluidid, wodurch diese Farbstoffgruppe charakterisiert ist.

---

[1]) Die Anwendung der Borsäure zu diesem Zwecke wurde in den Farbenfabriken vorm. Fr. Bayer & Co. in Elberfeld von Direktor Dr. Rob. E. Schmidt aufgefunden, wie aus zahlreichen Anthrachinonfarbstoff-Patenten der genannten Fabrik zu ersehen ist.

[2]) 20 g Borsäure werden mit 100 g konzentrierter Schwefelsäure von etwa spez. Gew. 1,84 in einer Flasche gemischt, von Zeit zu Zeit geschüttelt, bis sich die Borsäure vollständig löst, was etwa nach 12 Stunden erfolgt.

[3]) Privatmitteilung des Herrn Dr. Rob. E. Schmidt.

Ich habe die Erfahrung gemacht, daß man bei sämtlichen Anthrachinonen am besten so verfährt, dass man zum Farbstoffe in einer Eprouvette Schwefelsäure-Borsäure zugibt, ganz gelinde (vorsichtig!) über der freien Flamme unter Umrühren erwärmt, eine Weile stehen läßt und sodann einen Teil der Lösung mit konzentrierter Schwefelsäure zum Spektroskopieren verdünnt.

Die Schwefelsäure muß absolut rein und frei von oxydierenden Substanzen (salpetrige Säure) sein. Da sich das Absorptionsspektrum mit der Konzentration der Schwefelsäure beträchtlich verändern kann (käufliche reine Schwefelsäure variiert oft stark im Prozentgehalt), so muß man stets eine und dieselbe Säure verwenden. Die hier angeführten Angaben beziehen sich auf Schwefelsäure vom spezifischen Gewicht 1,84; eine geringe Variation im spezifischen Gewichte schadet jedoch nicht.

In anderen Fällen gibt die Anwendung von rauchender Schwefelsäure ausgezeichnete Resultate, z. B. bei den Aminoanthrachinonen; 1 : 5 Diaminoanthrachinon löst sich in konzentrierter Schwefelsäure fast farblos, mit Oleum von 45 % $SO_3$-Gehalt hingegen erhält man bei einigem Stehen oder bei schwachem Erwärmen eine intensiv blaue Lösung mit einem ausgezeichneten, sehr scharfen Spektrum [1]).

Die Vertiefung der Farbe der Anthrachinonderivate durch konzentrierte Schwefelsäure, sowie das Auftreten der aus Streifen bestehenden Absorptionsspektren bei den sonst in Äthylalkohol keine Absorptionsstreifen liefernden Verbindungen kann man sich höchstwahrscheinlich durch die Bildung der schwefelsauren Salze dieser Verbindungen erklären. Das Auftreten der komplizierteren Absorptionsspektren in Schwefelsäure- und Schwefelsäure-Borsäurelösung wie beim Anthrarufin, namentlich aber bei Oxyanthrarufin (1 : 2 : 5), Hexaoxyanthrachinon (1 : 2 : 4 : 5 : 7 : 8), 1 : 4 Aminooxyanthrachinon, Purpurinamid, Anthragallol, Rufigallol, $\alpha$-Alizarinchinolin, Dioxyanthrachinonchinolin usw. würde darauf hinweisen, daß nicht ein, sondern zwei bezw. mehrere Produkte entstehen und daher die Schwefelsäure Verbindungen von bestimmter Konstitution nicht nur auflöst, sondern gleichzeitig auch damit reagiert.

So gibt z. B. die braunrote Lösung des Rufigallols in Schwefelsäure ein Absorptionsspektrum im Gelbgrün und ein Absorptionsspektrum im Blauviolett, ein Beweis, daß zwei Körper, ein violetter und ein gelber, sich gebildet haben. Ebenfalls gibt die blaue schwefelsaure Lösung des erwähnten Hexaoxyanthrachinons ein Absorptionsspektrum im Rot und ein Absorptionsspektrum im Gelbgrün. Aus diesem Grunde kann sich die Schwefelsäure als Lösungsmittel zum Studium der Konstitution der Farbstoffe nicht eignen.

Durch die Wirkung der Schwefelsäure und namentlich der Schwefelsäure-Borsäure wird die Fluoreszenz der Anthrachinonfarbstoffe mitunter hervorgerufen und manchmal bedeutend erhöht. Sehr auffallend ist dieser Unterschied bei den Anilido- und Toluidoanthrachinonen.

---

1) Privatmitteilung des Herrn Dr. Rob. E. Schmidt.

Ihre Lösungen in Schwefelsäure-Borsäure fluoreszieren bedeutend stärker (rot) als in bloßer Schwefelsäure.

## 1. Aminoderivate.

Aminoderivate sind dadurch charakterisiert, daß ihre alkoholische Lösungen im Spektrum drei Absorptionsstreifen zeigen, deren Form bezw. auch ihre Lage nach Zusatz von Kalilauge zur Lösung unverändert bleibt.

Die rotviolette alkoholische Lösung des 1 : 4 Diaminoanthrachinons

CO $NH_2$ CO $NH_2$

ungefähr 1 : 10000, in einer 1 cm dicken Schicht mit dem Spektroskop beobachtet, zeigt ein Absorptionsspektrum, welches aus zwei nahe aneinander liegenden intensiven, scheinbar symmetrischen und einem schwachen Streifen besteht (Fig. 18, Zeile 1). Eine Doppelstreifung des einen oder des anderen Streifens beobachtet man nicht.

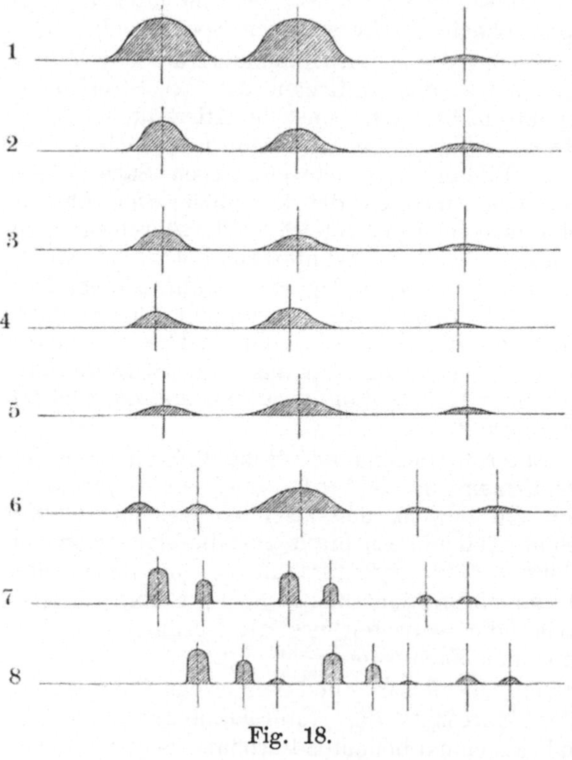

Fig. 18.

Verdünnt man die Lösung allmählich, so nimmt die Intensität der Absorptionsstreifen stufenweise ab und bei der Verdünnung ungefähr 1:25000 hat das Absorptionsspektrum die in der Fig. 18, Zeile 2 dargestellte Form (Tafel II, Zeile 23); die Absorptionsstreifen sind unsymmetrisch und der erste Streifen links erscheint als der stärkste; durch weitere Verdünnung ändert sich das Absorptionsspektrum nicht, nur der dritte schwächste Absorptionsstreifen verschwindet durch starke Verdünnung der Lösung aus dem Spektrum vollständig.

Ähnlich verhalten sich spektroskopisch alkoholische grünlichblaue und grüne Lösungen der Arylidoanthrachinonfarbstoffe wie z. B. Chinizarindianilid

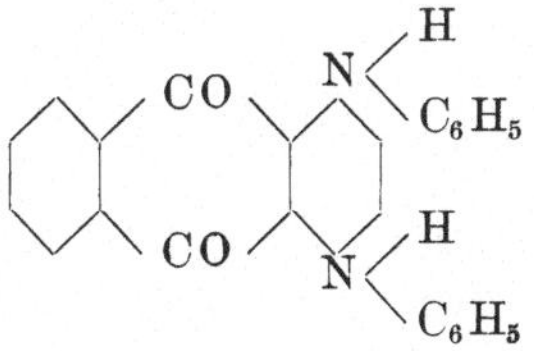

und Chinizarinditoluide

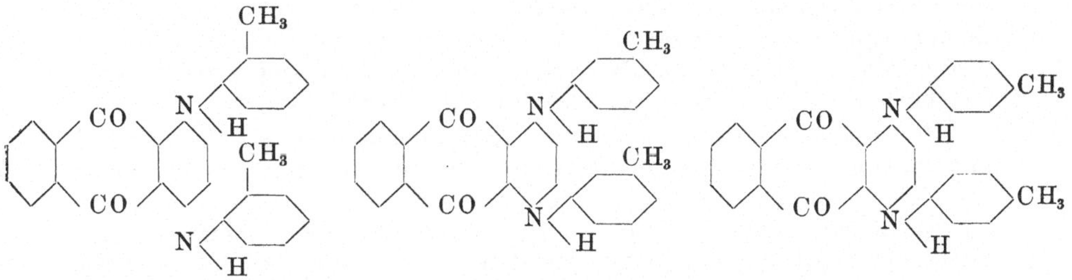

Sie zeigen sowohl in konzentrierteren als auch in verdünnten alkoholischen Lösungen Absorptionsspektra desselben Typus wie das 1 : 4 Diaminoanthrachinon, nur sind die Absorptionsstreifen symmetrisch (Fig. 18, Zeile 3).

Das Tetraäthyldiaminochinizarindianilid

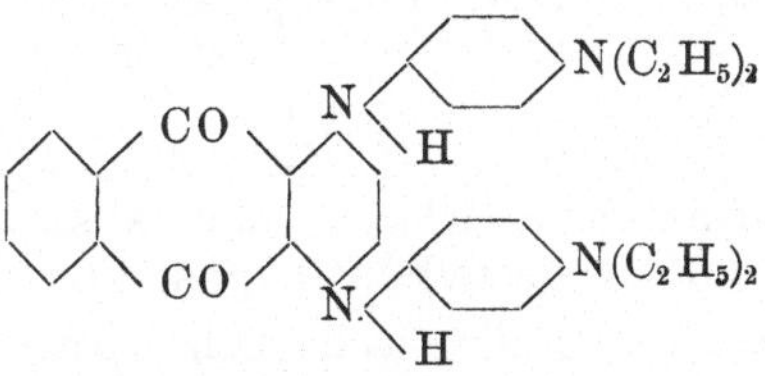

löst sich in heißem Äthylalkohol und die grünblaue Lösung absorbiert nur einseitig im Rot, und hat daher das eigentliche Absorptionsspektrum wahrscheinlich im Infrarot.

Verdünnte Mineralsäuren oder Kalilauge verändern die Farbe der Lösung und somit das Absorptionsspektrum der eben besprochenen Farbstoffe nicht; mitunter findet durch den Zusatz von Kalilauge zur Lösung eine geringe Verschiebung der Absorptionsstreifen (Alizarinzyaningrün) statt.

Aus dem Vergleiche der Absorptionsspektren des 1 : 4 Diaminoanthrachinons und der Anilido- und Toluidoderivate ersehen wir, daß die Phenyl- bezw. Tolylgruppe einen gewissen Einfluß auf die Form der Absorptionsstreifen ausübt, nicht aber auf die Beschaffenheit des ganzen Absorptionsspektrums wie bei den Triphenylmethan- und Chinonimidfarbstoffen (Seite 116 u. 146).

Die blaue alkoholische Lösung des *Tetraaminoanthrachinons*

$$\mathrm{NH_2}\quad \mathrm{CO}\quad \mathrm{NH_2}$$
$$\mathrm{NH_2}\quad \mathrm{CO}\quad \mathrm{NH_2}$$

zeigt ein ähnliches Absorptionsspektrum wie das 1 : 4 Diaminoanthrachinon, nur sind die Absorptionsstreifen *symmetrisch* und nicht so scharf wie beim 1 : 4 Diaminoanthrachinon. Fügt man aber zur Lösung einen Tropfen verdünnter *Salzsäure* zu, so wird die Lösung violettblau und das Absorptionsspektrum verschiebt sich bedeutend nach den kürzeren Wellen (gegen Violett zu); gleichzeitig werden die Absorptionsstreifen scharf und ebenso *unsymmetrisch* wie bei dem 1 : 4 Diaminoanthrachinon (Fig. 18, Zeile 2).

Vergleichen wir die Konstitution der soeben und der auf Seite 203 ff. angeführten Aminoderivate des Anthrachinons und ihre Absorptionsspektra, so nehmen wir wahr, daß wenigstens *zwei* Aminogruppen anwesend sein müssen, damit im sichtbaren Teile des Spektrums eine *selektive* Absorption hervorgerufen wird, und daß diese zwei Aminogruppen zueinander in *Parastellung* sich befinden müssen, wenn sich ein charakteristisches aus scharfen Streifen zusammengesetztes Absorptionsspektrum bilden soll.

In *konzentrierter Schwefelsäure* lösen sich das 1:4 *Diaminoanthrachinon* und das *p-Tetraaminoanthrachinon* fast farblos, in *Schwefelsäure-Borsäure* dagegen mit roter Farbe und roter Fluoreszenz; die Lösung des 1 : 4 *Diaminoanthrachinons* zeigt merkwürdigerweise ein ähnliches Absorptionsspektrum, wie das 1 : 4 : 5 : 8 Tetraoxyanthrachinon in Äthylalkohol (Fig. 19, Zeile 1, Seite 224; vergl. Tafel II, Zeile 32), wogegen die Lösung von *p-Tetraaminoanthrachinon* das Absorptionsspektrum des in der Fig. 18, Zeile 5 dargestellten Typus gibt.

*Anilido-* und *Toluidoanthrachinone* lösen sich direkt in Schwefelsäure wie auch in Schwefelsäure-Borsäure mit grünlichblauer bezw. violettblauer Farbe, wobei Schwefelsäurelösungen im reflektierten Lichte rötlich erscheinen und Schwefelsäure-Borsäurelösungen stark rot fluoreszieren, durch welche Eigenschaften sie sich von den einfachen Aminoderivaten scharf unterscheiden. Verdünnte Lösungen dieser Farbstoffe zeigen im Spektrum drei Absorptionsstreifen vom Typus Fig. 18, Zeile 2, 3 oder 5, nur bei der blauen Schwefelsäure-Borsäurelösung des Chinizarin di-o-toluidids beobachtet man merkwürdigerweise ein ähnliches Absorptionsspektrum, wie bei 1 : 4 Diaminoanthrarufin in Schwefelsäure-Borsäure.

In der nachstehenden Tabelle sind die Absorptionsspektra der eben beschriebenen Aminoderivate des Anthrachinons in alkoholischer Lösung und in Schwefelsäure zusammengestellt und die Lage der Absorptionsstreifen in Wellenlängen ausgedrückt, wobei die fettgedruckten Zahlen den Hauptstreifen bedeuten.

| Verbindung gelöst in: | Äthylalkohol | | Schwefelsäure | | Schwefelsäure — Borsäure | |
|---|---|---|---|---|---|---|
| | Farbe | Absorption | Farbe | Absorption | Farbe | Absorption |
| CO, CO, $NH_2$, $NH_2$ | rotviolett | **595,6** 551,3 512,7 | fast farblos | — | rot | [**584,5** 568,2] [537,3 526,7] [497,0 492,4] |
| CO, CO, N–H, $CH_3$; N–H, $CH_3$ | grünlich-blau | **638,7** 585,7 543,1 | violettblau im reflekt. Lichte rot | 634,4 **578,2** 533,4 | blau | [**618,0** 600,2] [567,0 551,5] [523,0 512,8] |
| CO, CO, $NH.C_6H_5$, $NH.C_6H_5$ | grünlich-blau | **642,4** 589,6 545,5 | grünblau im reflekt. Lichte rot | 633,4 **577,5** 533,0 einseitig im Grün, Blau und Violett | blau | **617,4** 566,2 521,7 [483,0(?)] einseitig im Blauviolett |
| CO, CO, N–H, $N(C_2H_5)_2$; N–H, $N(C_2H_5)_2$ | grünblau | einseitig im Rot | grünlich-blau im reflekt. Lichte rot | **628,8** 575,0 530,7 | blau | **619,5** 568,2 524,0 |

| Verbindung gelöst in: | Äthylalkohol | | Schwefelsäure | | Schwefelsäure — Borsäure | |
|---|---|---|---|---|---|---|
| | Farbe | Absorption | Farbe | Absorption | Farbe | Absorption |
| 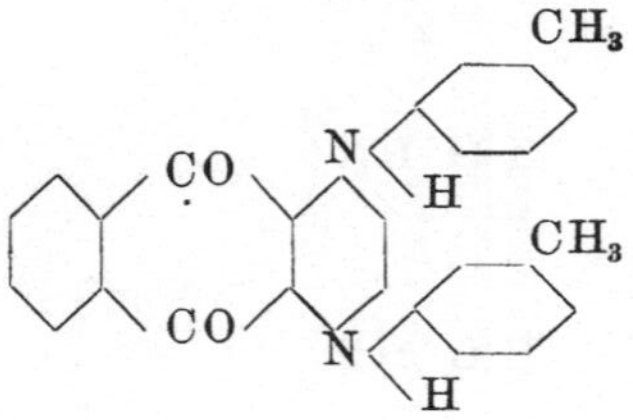 CO, CO, N H, $CH_3$, N H, $CH_3$ | grünblau | **644,1** 590,9 546,5 | blaugrün im reflekt. Lichte rot | **632,7** 578,2 533,0 | blau | **618,3** 567,0 522,4 |
| 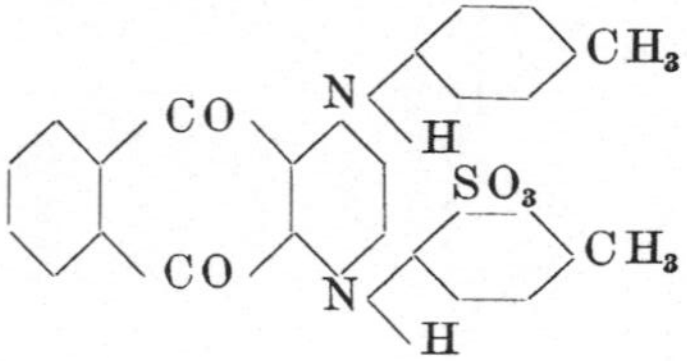 CO, CO, N H, $CH_3$, N H, $SO_3$, $CH_3$ | grün | **650,7** 596,1 552,2 | blau | 649,7 591,0 einseitig im Blau-violett | grün | **643,8** 586,5 540,3 500,0 469,5 |
| 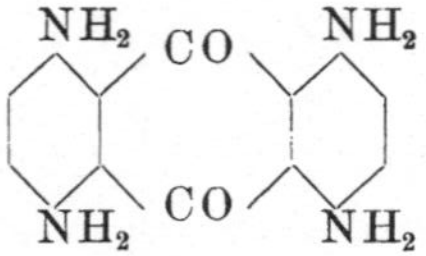 $NH_2$, $NH_2$, CO, CO, $NH_2$, $NH_2$ | blau<br>nach Zusatz von Säure:<br>violett-blau | **638,7** 590,4 549,3<br><br>**625,5** 578,2 536,6 | fast farblos | — | rot | 576,0 **531,5** 507,5 |

Aus dieser Tabelle ergeben sich ähnliche Beziehungen zwischen Konstitution und Absorptionsspektrum wie bei den vorigen Farbstoffklassen (Einfluß der Substitution etc.), welche keiner weiteren Erklärung bedürfen.

## 2. Oxyderivate.

Oxyderivate sind dadurch charakterisiert, daß ihre alkoholischen Lösungen im Spektrum entweder nur einseitig absorbieren oder aber mehrere Absorptionsstreifen zeigen; nach Zusatz von Kalilauge ändert die alkoholische Lösung die Farbe, wodurch nicht nur der Typus, sondern auch die Lage des Absorptionsspektrums geändert wird

Beobachtet man mit dem Spektroskop die alkoholische gelbe und passend verdünnte Lösung des *Chinizarins*

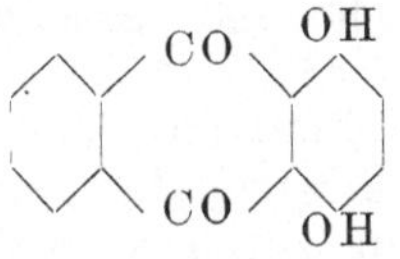

so sieht man im grünblauen Teile des Spektrums zwei schmale Absorptionsstreifen von fast gleicher Intensität, weiter rechts einen stärkeren etwas nach links verzogenen Absorptionsstreifen und ferner noch zwei kaum sichtbare verwaschene Absorptionsstreifen (Fig. 18, Zeile 6, Tafel II, Zeile 24).

Zwei Hydroxylgruppen in *Parastellung zueinander* rufen also ein aus getrennten Streifen bestehendes Absorptionsspektrum hervor, wie zwei parastehende Aminogruppen, nur ist die Gestalt des Absorptionsspektrums eine ganz andere als beim 1 : 4 Diaminoanthrachinon.

Löst man das Chinizarin in *stark* verdünnter wässeriger *Kalilauge*, oder besser, fügt man zur alkoholischen Lösung desselben einige Tropfen alkoholischer Kalilauge zu[1]), so wird die Lösung violett bezw. violettblau und zeigt im Spektrum zwei intensive Absorptionsstreifen und einen schwachen Absorptionsstreifen rechts (Fig. 18, Zeile 1); verdünnt man die Lösung, so nimmt die Intensität der Streifen stufenweise ab, sie erscheinen *unsymmetrisch* und der *erste* Streifen ist der *stärkste* (Fig. 18, Zeile 2); es ist also ein Absorptionsspektrum desselben Typus, wie bei der neutralen

1) Die Menge des zugesetzten Alkalis spielt bei den Oxyanthrachinonen, namentlich bei den Polyoxyanthrachinonen eine wichtige Rolle. Denn je nachdem eine oder mehrere Hydroxylgruppen abgesättigt sind, kann man auch verschiedene Absorptionsspektra in verschiedener Lage erhalten. Man beobachtet das beispielsweise bei der alkoholischen Lösung des 1:2:4:5:6:8 Hexaoxyanthrachinons, wenn man zu einer derartigen Lösung minimale Mengen Alkali nacheinander zugibt und dieselbe gleichzeitig mit dem Spektroskop beobachtet. Ähnlich ändert sich die Lage des Absorptionsspektrums der alkalisch-wässerigen Lösung von Flavopurpurin, wenn wenig Alkali oder ein Überschuß davon vorhanden ist. Um daher stets ein und dasselbe Absorptionsspektrum zu erhalten, muß in der Lösung immer ein genügender Überschuß von Alkali vorhanden sein; dies wird erzielt, wenn man zu einer stark verdünnten Farbstofflösung 2—3 Tropfen Kalilauge (1 : 10) auf etwa 10 ccm Flüssigkeit zusetzt (siehe auch Seite 39). Wenn in der Farbstofflösung genügend Alkali vorhanden ist, so ändert sich das Absorptionsspektrum durch den weiteren Zusatz von Kalilauge nicht.

Lösung des 1 : 4 Diaminoanthrachinons, wohl aber in einer anderen Lage (vergl. Tafel II, Zeile 23 und 25).

Befinden sich aber im Anthrachinon beide Hydroxylgruppen in *Orthostellung zueinander* und ist eine dieser Gruppen der Karbonylgruppe benachbart, wie beim *Alizarin*

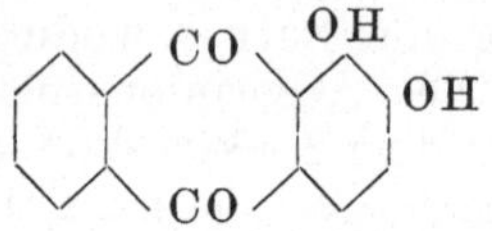

so zeigt die gelbe alkoholische und passend verdünnte Lösung dieser Verbindung im Spektrum *keine* Absorptionsstreifen, sondern sie absorbiert nur einseitig das Blau und Violett des Spektrums.

Löst man aber das Alizarin in ganz verdünnter wässeriger *Kalilauge* oder fügt man zur *alkoholischen* Lösung des Alizarins einige Tropfen *alkoholischer Kalilauge* zu, so erhält man im ersten Falle eine rotviolette, im zweiten Falle eine violettblaue Lösung, welche ein ähnliches Absorptionsspektrum zeigt, wie die alkalische alkoholische Lösung des Chinizarins, nämlich *zwei* intensive Absorptionsstreifen und *einen* schwachen Absorptionsstreifen rechts (Fig. 18, Zeile 1).

Während aber bei den *stark verdünnten* alkalischen Lösungen des Chinizarins der erste Absorptionsstreifen der stärkste ist, erscheint bei den stark *verdünnten alkalischen* Lösungen des *Alizarins*[1]) der *mittlere* Absorptionsstreifen als der *stärkste* (Fig. 18, Zeile 4, Tafel II, Zeile 29), sonst sind die Absorptionsstreifen ebenso *unsymmetrisch* wie beim Chinizarin[2]).

In bezug auf die Konstitution des Alizarins finden wir, daß *zwei* Hydroxylgruppen in *Orthostellung*, wovon jedoch eine der Hydroxylgruppen einer Chinongruppe benachbart ist, erst in *alkalischer* Lösung *getrennte* Absorptionsstreifen hervorrufen können. Da man die Anthrachinonderivate auch chinoïd schreiben kann, so könnte man annehmen, um den auffallenden Farbenwechsel beim Lösen des Alizarins in Alkalien zu erklären, daß dadurch das Alizarin in

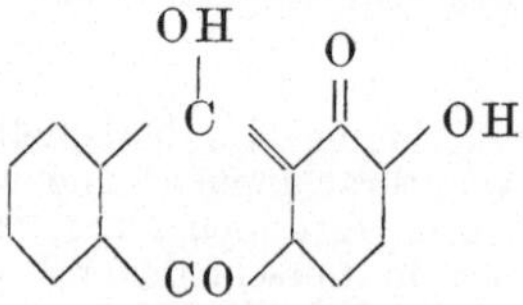

übergeht.

[1]) Verdünnt man die wässerige alkalische Lösung des Alizarins stark mit Wasser und ist nicht genügend Alkali zugegen, so verblaßt sie und das Absorptionsspektrum verschwindet beinahe, weil sich das Alkalisalz durch die hydrolytische Wirkung des Wassers zerlegt und das Alizarin sich abscheidet. Nach weiterem Zusatz von einem Tropfen Kalilauge geht aber der Farbstoff wieder in die Lösung über. Dies gilt auch von den anderen Oxyderivaten (vergl. auch Fußnote Seite 213).

[2]) Daß bei den Oxyderivaten die Absorptionsstreifen erst durch Zusatz von Alkali hervorgerufen werden bezw. scharf auftreten, haben wir schon bei den Oxyderivaten der Rosanilinfarbstoffe und der Chinonimidfarbstoffe gesehen (Seite 126 u. 148).

Das α-Alizarinchinolin (Alizaringrün S [M], Bisulfitverbindung)

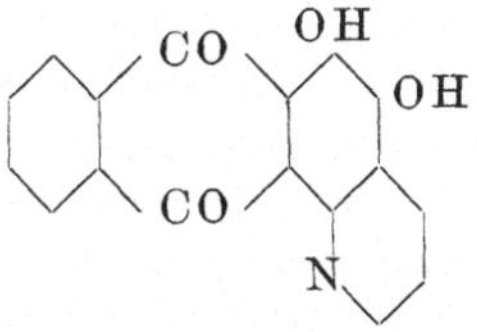

CO OH
OH
CO
N

löst sich in Wasser, Äthylalkohol und in angesäuertem Amylalkohol mit rotvioletter Farbe; die Lösungen zeigen im Spektrum drei symmetrische Absorptionsstreifen, von welchen der mittlere der stärkste ist[1]) (Fig. 18, Zeile 1 u. 5).

Nach Zusatz von Kalilauge wird die wässerige und alkoholische Lösung rot und das Absorptionsspektrum verschiebt sich nach den kürzeren Wellen, gleichzeitig wird aber der erste Absorptionsstreifen zum stärksten; das Absorptionsspektrum hat dann die in der Fig. 18, Zeile 3 dargestellte Form. Aus der alkoholischen alkalischen Lösung scheidet sich der Farbstoff nach einer Weile aus.

Das Dioxyanthrachinonchinolin (Alizarinblau)

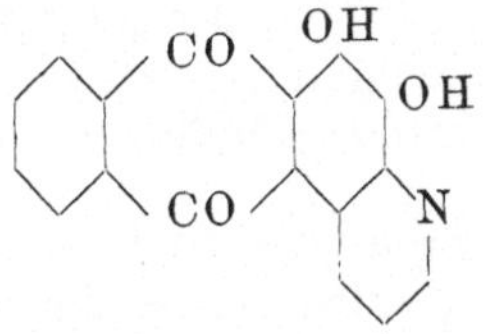

CO OH
OH
CO N

löst sich in Wasser und Äthylalkohol nur nach Zusatz von Kalilauge mit blaugrüner Farbe. Die alkalische Lösung zeigt ein Absorptionsspektrum des Typus Fig. 18, Zeile 1 u. 3, wie die alkalische Lösung des Alizaringrüns S, aber bedeutend ins Rot gerückt.

Die Bisulfitverbindung des Alizarinblaus (Alizarinblau S) löst sich zwar in Wasser und Äthylalkohol mit orangegelber Farbe, die Lösung absorbiert aber nur einseitig im Violett; mit Kalilauge versetzt, wird die Lösung blau, der Farbstoff scheidet sich aber aus, so dass man sein Absorptionsspektrum nicht genau feststellen kann.

Tritt in das Chinizarin eine weitere Hydroxylgruppe in der Weise ein, daß sie einer der Hydroxylgruppen benachbart ist, wie beim 1:2:4 Trioxyanthrachinon (Purpurin)

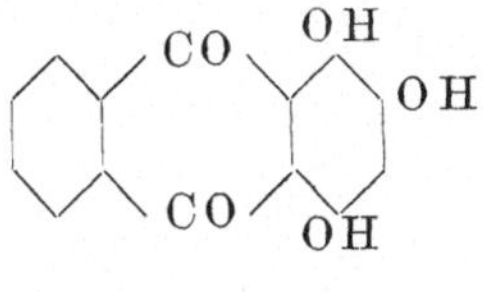

CO OH
OH
CO OH

[1]) Bei konzentrierterer alkoholischer Lösung des Handelsproduktes beobachtet man noch schwache Absorptionsstreifen ungefähr bei $\lambda$ 648,5 und bei $\lambda$ 473,0, welche einem Nebenprodukte angehören.

so zeigt die gelbe alkoholische Lösung dieser Verbindung im Spektrum drei ziemlich unscharfe Absorptionsstreifen, von denen der *mittlere* der intensivste ist (Fig. 18, Zeile 5, Tafel II, Zeile 30).

Aus dem Vergleiche der Absorptionsspektren des Purpurins und des Chinizarins ersehen wir, daß die dritte benachbarte Hydroxylgruppe in der Stellung 2 auf die Form und natürlich auch auf die Lage des Absorptionsspektrums einen wesentlichen Einfluß hat.

*Alkalische* rote Lösungen des Purpurins zeigen jedoch ein ähnliches Absorptionsspektrum desselben Typus wie die alkalischen Lösungen des Chinizarins, nur sind die Absorptionsstreifen *symmetrisch* (Fig. 18, Zeile 1 u. 3, Tafel II, Zeile 31).

Befindet sich die dritte Hydroxylgruppe in einer anderen Stellung, wie beim *1 : 4 : 5 Trioxyanthrachinon*

CO OH
OH CO OH

so zeigt die *alkoholische* Lösung dieser Verbindung ein Absorptionsspektrum desselben Typus wie das Chinizarin (Fig. 18, Zeile 6, Tafel II, Zeile 26), jedoch weiter nach den längeren Wellen gerückt (vergl. die nachfolgende Tabelle); die Hydroxylgruppe in der Stellung 5 hat daher bloß Einfluß auf die Lage des Absorptionsspektrums.

*Alkalische* Lösungen des 1 : 4 : 5 Trioxyanthrachinons geben jedoch das Absorptionsspektrum des in der Fig. 18, Zeile 5 dargestellten Typus mit *symmetrischen* Streifen. Die Hydroxylgruppe in der Stellung 5 verändert daher nicht nur die Lage, sondern auch die Form des Absorptionsspektrums.

Tritt in das *Alizarin* eine weitere Hydroxylgruppe in die Stellung 5, wie beim *Oxyanthrarufin*

CO OH
OH
OH CO

oder in die Stellung 6, wie beim *Flavopurpurin*

CO OH
OH
OH CO

oder in die Stellung 7, wie beim *Isopurpurin*

CO OH
OH OH
CO

oder schließlich in die Stellung 8, wie beim *Oxychrysazin*

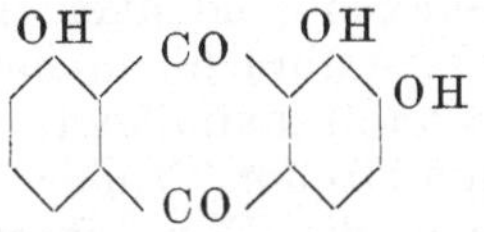

OH CO OH
OH
CO

so absorbieren gelbe alkoholische Lösungen dieser Verbindungen auch nur *einseitig* im *Blau und Violett* und geben somit in *neutralen* Lösungen *keine Absorptionsstreifen.*

Tritt in das Alizarin in die Stellung 4 die *Nitrogruppe* ein, wie es beim *α-Nitroalizarin*

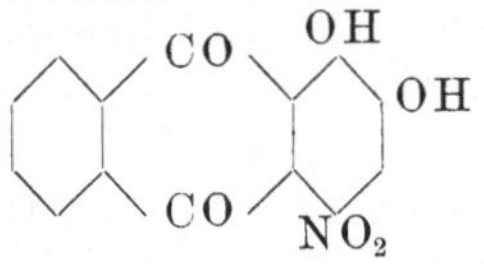

CO OH
OH
CO $NO_2$

der Fall ist, so zeigt die konzentriertere alkoholische Lösung dieser Verbindung nebst einer einseitigen Absorption im Violett zwei schwache unscharfe Absorptionsstreifen. Die Nitrogruppe scheint hier gewissermaßen die auxochrome Gruppe zu vertreten. Steht aber die Nitrogruppe in einer anderen Stellung, wie beim *β-Nitroalizarin*

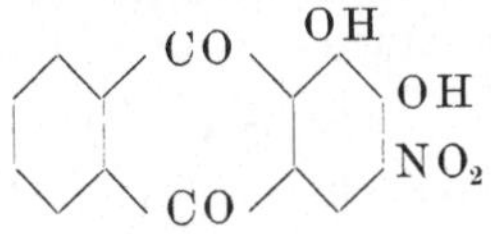

CO OH
OH
$NO_2$
CO

so finden wir bei den Lösungen dieser Verbindung bloß eine einseitige Absorption im Blau und Violett.

Gegen Alkali verhalten sich die eben besprochenen Verbindungen: *Oxyanthrarufin*, *Flavopurpurin*, *Isopurpurin*, *Oxychrysazin*, *α-Nitroalizarin* und *β-Nitroalizarin* ähnlich wie das Alizarin; ihre *wässerigen alkalischen* oder mit alkoholischer *Kalilauge* versetzten *alkoholischen* Lösungen werden rot, violett oder blau und zeigen ein ähnliches Absorptionsspektrum wie die alkalischen Lösungen des Alizarins, die Streifen sind aber, zum Unterschiede von Alizarinspektrum, *symmetrisch* (Fig. 18, Zeile 5).

Die Absorptionsstreifen bei den alkalischen Lösungen des *Flavopurpurins* sind bedeutend weniger scharf und bei der alkoholischen alkalischen Lösung des *β-Nitroalizarins* sind sie sogar verschwommen und nur wenig deutlich.

Die alkoholische alkalische als auch die wässerige alkalische Lösung des 1 : 2 : 8 *Oxyanthrachinons* (*Oxychrysazin*) zeigt im Spektrum nicht drei, sondern vier Absorptionsstreifen. Neben einem intensiveren Absorptionsstreifen im Rot tritt nämlich ein Absorptionsspektrum des in der Fig. 18, Zeile 5 dargestellten Typus auf; nachdem alkalische Lösungen von Anthrachinonen nur höchstens drei Absorptionsstreifen von einer bestimmten Form zeigen, so macht dieses Absorptionsspektrum den Eindruck, dass ein Farbstoffgemisch vorliegt.

Ferner ist die Ähnlichkeit der Absorptionsspektra der alkoholischen alkalischen Lösungen (und auch der wässerigen alkalischen Lösungen) von 1 : 2 : 8 Oxyanthrachinon mit denen des 1 : 2 : 5 Oxyanthrachinons (Oxyanthrarufin) auffallend. Vergleicht man nämlich die Lage der Absorptionsstreifen beider Verbindungen (siehe die nachstehende Tabelle) und die Form ihrer Absorptionsspektra, so findet man, dass sich ihre ersten drei Absorptionsstreifen bei den alkoholischen alkalischen Lösungen beinahe decken. Dagegen sind aber die Absorptionsspektra des 1 : 2 : 8 Oxyanthrachinons und des 1 : 2 : 5 Oxyanthrachinons in konzentrierter Schwefelsäure ganz verschieden [1]).

Befindet sich die dritte Hydroxylgruppe in der Stellung 3, wie es beim Anthragallol

CO OH
OH
OH
CO

der Fall ist, so zeigen die braungelben neutralen, wie auch die grünen alkalischen Lösungen einer solchen Verbindung keine Absorptionsstreifen im Spektrum, sondern sie absorbieren nur einseitig im Blau und Violett (neutral) bezw. im Rot (alkalisch).

Derselbe Fall kommt auch bei dem Rufigallol

CO OH
OH OH
OH OH
OH CO

welches wir als Dianthragallol auffassen können, vor. Die gelben neutralen Lösungen absorbieren auch nur einseitig im Blau und Violett und die grünen alkalischen Lösungen einseitig im Rot.

Wir nehmen also wahr, daß beim Anthragallol wie auch beim Rufigallol die dritte Hydroxylgruppe in der Stellung 3 (bezw. 7) auf die selektiv lichtabsorbierende Wirkung der Hydroxylgruppe in der Stellung 1 und 2 (bezw. 5 u. 6) auch in alkalischer Lösung einen störenden Einfluß ausübt. Demzufolge kann man sich auch höchstwahrscheinlich die Undeutlichkeit der Absorptionsstreifen bei den alkalischen Lösungen des $\beta$-Nitroalizarins, wo die Nitrogruppe in der Stellung 3 sich befindet, erklären (vergl. auch Gallozyanine, Seite 169).

[1]) Das untersuchte 1 : 2 : 8 Oxyanthrachinon verdanke ich der Fabriksleitung der Fabrik vorm. Friedr. Bayer & Co. in Elberfeld. Als ich die Vermutung ausgesprochen habe, daß diese Verbindung ein Gemisch sei, so wurde im chemischen Laboratorium der genannten Fabrik das 1 : 2 : 8 Oxyanthrachinon auf eine andere Weise dargestellt, welche eine Verunreinigung durch 1 : 2 : 5 Oxyanthrachinon ausschliessen sollte. Beide auf verschiedene Weise dargestellten 1 : 2 : 8 Oxyanthrachinone erwiesen sich spektroskopisch vollständig identisch. Ungeachtet dessen bedarf dieses auffallende der allgemeinen Gesetzmäßigkeit der Anthrachinone widersprechende Verhalten des Oxychrysazins einer weiteren eingehenden Untersuchung, um festzustellen, ob dasselbe wirklich eine einheitliche Verbindung ist oder nicht.

Aber auch die neutrale gelbe alkoholische Lösung des 2 : 4 : 6 : 8 *Tetraoxyanthrachinons* (*Anthrachryson*)

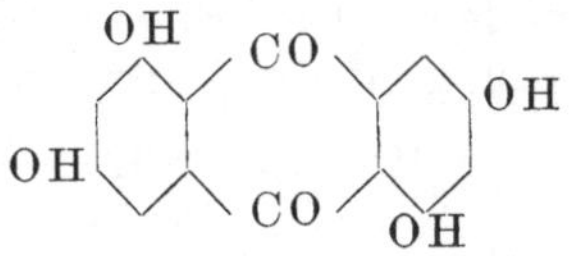

OH CO OH
OH CO OH

zeigt keine Absorptionsstreifen, sondern sie absorbiert nur einseitig das Blau und Violett des Spektrums. Nach Zusatz von alkoholischer Kalilauge wird die Lösung orangegelb und zeigt nebst einer einseitigen Absorption im Violett noch einen Absorptionsstreifen bei $\lambda$ 449,5.

Dagegen zeigt die orangegelbe alkoholische Lösung des 1:2:5:8 *Tetraoxyanthrachinons* (*Alizarinbordeaux*)

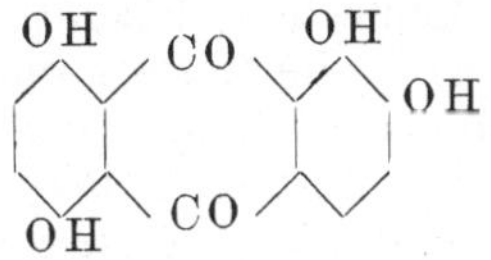

OH CO OH
OH
OH CO

mit dem Spektroskop beobachtet, ein Absorptionsspektrum, welches hauptsächlich aus zwei schmalen schwachen Streifen und einem breiteren intensiveren Streifen besteht; außerdem beobachtet man weiter rechts im blauen Teile des Spektrums einen ganz schwachen Absorptionsstreifen. Es ist ein Absorptionsspektrum von fast demselben Typus, welchen wir beim Chinizarin beobachtet haben (Fig. 18, Zeile 6, Tafel II, Zeile 27). In ganz verdünnten Lösungen scheint aber der intensive Streifen zum Unterschiede von Chinizarinspektrum doppelt zu sein.

Da wir dieses Tetraoxyanthrachinon teils als Chinizarin, teils als Alizarin auffassen können und das Alizarin in neutralen Lösungen keine Absorptionsstreifen zeigt, so war das Auftreten des Absorptionsspektrums des Chinizarintypus zu erwarten. Vergleichen wir die Absorptionsspektra der alkoholischen Lösungen des Chinizarins und des Alizarinbordeaux, so sehen wir, daß durch die Wirkung der *OH*-Gruppen in der Stellung 1 und 2 nicht nur die Lage, sondern auch teilweise die Form des Absorptionsspektrums geändert wird.

Setzt man zur alkoholischen Lösung des angeführten Tetraoxyanthrachinons alkoholische *Kalilauge* zu, so wird die Lösung blau und man erhält ein Absorptionsspektrum, welches im allgemeinen die in der Fig. 18, Zeile 4 dargestellte Form aufweist, nur erscheint dabei der erste Absorptionsstreifen doppelt[1]) (Tafel II, Zeile 28).

Die *wässerige alkalische* rotviolette Lösung des Alizarinbordeaux zeigt ein Absorptionsspektrum von der in Fig. 18, Zeile 3 dargestellten Form[2]).

---

1) Ob der erste Absorptionsstreifen des Doppelstreifens bei $\lambda$ 649,7 vielleicht einem anderen, im 1:2:5:8 Tetraoxyanthrachinon in Spuren vorkommendem Farbstoffe angehört, habe ich vorläufig nicht konstatieren können.

2) Bei einer konzentrierteren Lösung beobachtet man noch einen ganz schwachen Absorptionsstreifen im Rot bei $\lambda$ 639,0.

Ganz anders verhält sich spektroskopisch das Tetraoxyanthrachinon, bei dem die Hydroxylgruppen sich in der Parastellung 1 : 4 : 5 : 8 befinden. Die rote schwach braunrot fluoreszierende alkoholische Lösung dieser Verbindung

OH CO OH

OH CO OH

zeigt ein charakteristisches Absorptionsspektrum, welches im ganzen aus sechs schmalen scharfen und symmetrischen Absorptionsstreifen besteht, deren Intensität von links nach rechts stufenweise abnimmt (Fig. 18, Zeile 7, siehe Tafel II, Zeile 32).

Setzt man zur alkoholischen Lösung dieses Tetraoxyanthrachinons Kalilauge zu, so wird die Lösung blau, der Farbstoff scheidet sich aber schnell aus und die Lösung entfärbt sich. In ganz verdünnter wässeriger Kalilauge löst sich das 1:2:4:8 Tetraoxyanthrachinon mit blauer Farbe und die Lösung zeigt ein Absorptionsspektrum des in der Fig. 18, Zeile 3 dargestellten Typus mit symmetrischen Streifen.

Die alkoholische rote, schwach braunrot fluoreszierende Lösung des 1 : 2 : 4 : 5 : 8 Pentaoxyanthrachinons (Alizarinzyanin)

OH CO OH

OH

OH CO OH

zeigt das Absorptionsspektrum desselben Typus wie das 1 : 4 : 5 : 8 Tetraoxyanthrachinon (Fig. 18, Zeile 7), nur sind die Absorptionsstreifen nach den längeren Wellen verschoben[1]) (vergl. die nachfolgende Tabelle); die benachbarte OH-Gruppe in der Stellung 2 hat in neutralen Lösungen nur den Einfluß auf die Lage des Absorptionsspektrums.

Löst man das Pentaoxyanthrachinon in ganz verdünnter Kalilauge, oder setzt man zur alkoholischen Lösung desselben alkoholische Kalilauge zu, so erhält man im ersten Falle eine violettblaue und im zweiten Falle eine violette Lösung und beide Lösungen zeigen das in der Fig. 18, Zeile 2 dargestellte Absorptionsspektrum mit unsymmetrischen Absorptionsstreifen. Die alkoholische Lösung entfärbt sich allmählich durch Ausscheidung eines schwer löslichen Kalisalzes.

Treten in das 1 : 4 : 5 : 8 Tetraoxyanthrachinon zwei Hydroxylgruppen in die Stellung 2 und 6, wodurch das Hexaoxyanthrachinon 1 : 2 : 4 : 5 : 6 : 8

---

[1]) Bei einer konzentrierteren Lösung beobachtet man noch einen schwachen Streifen ungefähr bei $\lambda$ 597,5.

OH CO OH
OH
OH
OH CO OH

entsteht, so zeigt die alkoholische rote und braungelb fluoreszierende Lösung dieses Farbstoffes ein Absorptionsspektrum, welches aus acht schmalen scharfen und unsymmetrischen Absorptionsstreifen besteht[1]) (Fig. 18, Zeile 8, Tafel II, Zeile 33). Bei einer konzentrierteren Lösung beobachtet man noch einen ganz schwachen, schmalen Streifen bei λ 560,7.

Dieses Absorptionsspektrum stellt die Wiederholung der in der auf Seite 11, Fig. 2, Zeile 9a angeführten Form dar.

Im Vergleiche mit dem Absorptionsspektrum des 1:4:5:8 Tetraoxyanthrachinons (Fig. 18, Zeile 7) nehmen wir wahr, daß zwei neue Absorptiosstreifen aufgetreten sind und daß das Absorptionsspektrum des Hexaoxyanthrachinons bedeutend nach den kürzeren Wellen verschoben ist. Im Vergleiche mit dem Absorptionsspektrum des 1 : 2 : 4 : 5 : 8 Pentaoxyanthrachinons dürfen wir das Auftreten der neuen Absorptionsstreifen beim Hexaoxyanthrachinon jedoch nicht vielleicht bloß der Wirkung der Gruppe OH in der Stellung 6, sondern der gegenseitigen Wirkung des ganzen Komplexes der Hydroxylgruppen zuschreiben.

Die alkoholische Lösung dieses Hexaoxyanthrachinons, mit alkoholischer Kalilauge versetzt, entfärbt sich sofort; es bildet sich das schwer lösliche Kalisalz des Farbstoffes. In ganz verdünnter wässeriger Kalilauge löst sich zwar das Hexaoxyanthrachinon mit blauer Farbe, die Lösung zeigt aber nur eine einseitige Absorption im Rot.

Ein wesentlich anderes Absorptionsspektrum zeigt das isomere Hexaoxyanthrachinon 1 : 2 : 4 : 5 : 7 : 8

OH CO OH
OH OH
OH CO OH

Die rote alkoholische braun fluoreszierende Lösung dieses Farbstoffes zeigt ein Absorptionsspektrum des Typus vom 1 : 4 : 5 : 8 Tetraoxyanthrachinon (Fig. 18, Zeile 7), welches also auch aus sechs Absorptionsstreifen besteht[2]), die jedoch unscharf und ziemlich verwaschen sind (siehe Tafel II, Zeile 34).

Während das Absorptionsspektrum des Hexaoxyanthrachinons 1 : 2 : 4 : 5 : 6 : 8 im Vergleiche mit dem Absorptionsspektrum des 1 : 4 : 5 : 8 Tetraoxyanthrachinons nach den kürzeren Wellen verschoben ist, rückt das Absorptionsspektrum der alkoholischen Lösung

---

1) Das technische Produkt, Anthrazenblau WR [B] zeigt in konzentrierteren Lösungen noch einen ganz schwachen Absorptionsstreifen im Grün bei λ 569,5.

2) Bei einer konzentrierteren Lösung beobachtet man noch einen schwachen Streifen ungefähr bei λ 611,0.

des 1 : 4 : 5 : 7 : 8 Hexaoxyanthrachinons bedeutend nach den längeren Wellen (vergl. die nachfolgende Tabelle).

Die gegenseitige Wirkung der *OH*-Gruppen in der Stellung 2 und 7 ist daher eine ganz andere als in der Stellung 2 und 6. In bezug auf das 1:4:5:8 Tetraoxyanthrachinon wirken die *OH*-Gruppen in der Stellung 2 und 7 (abgesehen von der Lage des Absorptionsspektrums) bloß auf die Form der Absorptionsstreifen, nicht aber auf die Anzahl der Streifen, wogegen durch die Wirkung der Gruppen in der Stellung 2 und 6 neue Absorptionsstreifen auftreten.

Aus dem Vergleiche der Konstitution und der Absorptionsspektra der Oxyanthrachinonderivate ergibt sich, daß nur solche Oxyderivate in neutralen wie auch in alkalischen Lösungen eine deutliche selektive Absorption, d. i. mehrere getrennte Absorptionsstreifen hervorrufen, welche zwei Hydroxylgruppen zueinander in Parastellung enthalten (Chinizarin; vergl. auch Aminoderivate Seite 210).

Befinden sich die zwei Hydroxylgruppen in einer anderen Stellung, dann zeigen neutrale Lösungen solcher Derivate keine getrennte Absorptionsstreifen, sondern sie absorbieren nur einseitig im Blauviolett (Alizarin, Anthrarufin).

In alkalischen Lösungen rufen nur solche Dioxyderivate mehrere getrennte Absorptionsstreifen hervor, deren beide Hydroxylgruppen in Orthostellung zueinander sich befinden, wobei eine der Hydroxylgruppen der Chinongruppe benachbart ist (Alizarin). Sind beide Hydroxylgruppen nicht benachbart und nicht parastehend, so rufen alkalische Lösungen solcher Verbindungen nur einen verwaschenen Absorptionsstreifen mit ganz undeutlichem Dunkelheitsmaximum hervor (Anthrarufin, Chrysazin).

Befinden sich in der Verbindung an einem Benzolkerne drei Hydroxylgruppen, von welchen zwei Hydroxylgruppen parastehend (1:4 oder 5 : 8) sind und die dritte Hydroxylgruppe benachbart ist (Purpurin), dann zeigen neutrale wie auch alkalische Lösungen solcher Verbindungen getrennte Absorptionsstreifen. Befinden sich bei einem Trioxyanthrachinon zwei Hydroxylgruppen an einem Benzolkerne benachbart (1 : 2 oder 3 : 4), die dritte Hydroxylgruppe jedoch am zweiten Benzolkerne in beliebiger Stellung (Oxyanthrarufin, Flavopurpurin usw.), dann geben nur alkalische Lösungen solcher Verbindungen getrennte Absorptionsstreifen, neutrale Lösungen zeigen jedoch eine einseitige Absorption im Blauviolett.

Sind alle drei Hydroxylgruppen an einem Benzolkerne benachbart, also z. B. in der Stellung 1 : 2 : 3 (Anthragallol), so zeigen neutrale als auch alkalische Lösungen solcher Verbindungen keine getrennten Absorptionsstreifen; die dritte benachbarte Hydroxylgruppe hebt die Wirkung der übrigen zwei Hydroxylgruppen auf.

Nun können kompliziertere Fälle vorkommen, wo sich gleichzeitig in beiden Benzolkernen des Anthrachinons mehrere Hydroxylgruppen befinden; dann gelten für solche Verbindungen, welche 4—6

Hydroxylgruppen enthalten, betreffs der allgemeinen und selektiven Absorption dieselben Regeln.

Auf Grund dieser Beobachtungen können die Oxyanthrachinonderivate in vier folgende spektroskopische Typen eingeteilt werden.

1. Anthrachinontypus: in neutraler als auch in alkalischer Lösung einseitige Absorption bezw. ein breiter verwaschener Absorptionsstreifen. In diese Kategorie gehören die Verbindungen mit zwei bezw. vier Hydroxylgruppen, welche nicht benachbart und nicht in Parastellung zueinander stehen (Anthrarufin, Chrysazin, Anthrachryson) und Farbstoffe mit drei bezw. sechs benachbarten Hydroxylgruppen (Anthragallol, Rufigallol).

2. Alizarintypus: in neutraler Lösung einseitige Absorption im Blauviolett, in alkalischer Lösung drei Absorptionsstreifen (Fig. 18, Zeile 2 u. 5). Hierher gehören außer Alizarin Farbstoffe, welche drei Hydroxylgruppen enthalten, von denen zwei Hydroxylgruppen nebeneinander stehen und eine dieser Gruppen der Karbonylgruppe benachbart ist; die dritte Hydroxylgruppe ist diesen zwei Gruppen nicht benachbart und nicht parastehend (Oxyanthrarufin, Flavopurpurin, Isopurpurin, Oxychrysazin[1]).

3. Chinizarintypus: in neutraler als auch in alkalischer Lösung drei bis fünf Absorptionsstreifen (Fig. 18, Zeile 6, 2 u. 5). In diese Kategorie gehören außer Chinizarin Farbstoffe, welche mehrere Hydroxylgruppen enthalten, von denen aber nur zwei Hydroxylgruppen parastehend sind, die anderen Gruppen können eine beliebige Stellung haben (1 : 2 : 5 Oxychinizarin, Purpurin, Alizarinbordeaux).

4. Alizarinzyanintypus: in neutraler Lösung sechs bis acht Absorptionsstreifen (Fig. 18, Zeile 7 u. 8), in alkalischer Lösung drei Absorptionsstreifen (Fig. 18, Zeile 2). In diese Abteilung gehören Farbstoffe, welche wenigstens vier Hydroxylgruppen enthalten, von denen je zwei Hydroxylgruppen sich in Parastellung zueinander befinden; die übrigen Hydroxylgruppen können eine beliebige Stellung haben (1 : 4 : 5 : 8 Tetraoxyanthrachinon, 1 : 2 : 4 : 5 : 8 Pentaoxyanthrachinon, 1 : 2 : 4 : 5 : 6 : 8 Hexaoxyanthrachinon, 1 : 2 : 4 : 5 : 7 : 8 Hexaoxyanthrachinon).

In konzentrierter Schwefelsäure und Schwefelsäure-Borsäure lösen sich Oxyanthrachinonderivate mit orangegelber, roter, blauer und grüner Farbe und die Lösungen zeigen verschieden scharfe, mitunter charakteristische Absorptionsspektra, welche im allgemeinen den in der Fig. 18 dargestellten Typen entsprechen.

Die rote orangegelb fluoreszierende Lösung des Anthrarufins in Schwefelsäure oder in Schwefelsäure-Borsäure zeigt ein komplizierteres Absorptionsspektrum, welches im ganzen aus fünf Absorptionsstreifen besteht (Fig. 19, Zeile 2).

Die Lösungen des Chrysazins, Alizarins, Purpurins, Isopurpurins, Flavopurpurins, Oxychrysazins, Oxy-

---

1) Siehe Oxychrysazin in alkalischer Lösung Seite 217.

*anthrarufins* in Schwefelsäure fluoreszieren nicht und zeigen nur verschwommene Absorptionsspektra des Typus Fig. 18, Zeile 5 bezw. 3 mit ungenügend deutlichem Dunkelheitsmaximum; in Schwefelsäure-Borsäure treten die Absorptionsstreifen etwas schärfer auf. Bei Alizarin, Oxyanthrarufin und Anthrapurpurin treten noch Nebenstreifen auf, welche in der nächstfolgenden Tabelle bezeichnet sind.

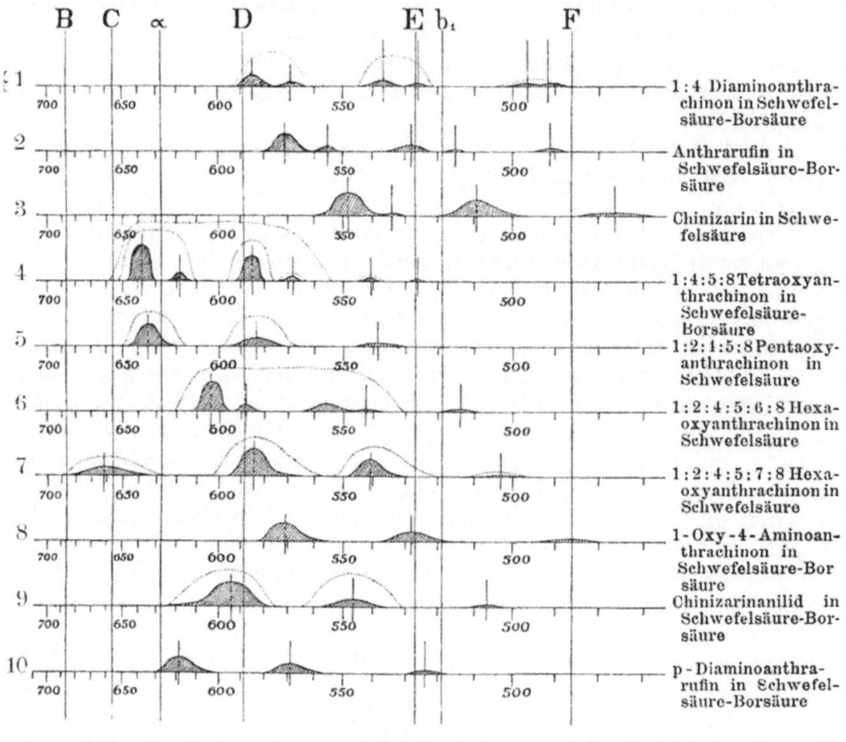


Fig. 19.

Die Lösungen des *Chinizarins* (Fig. 19, Zeile 3), des 1 : 4 : 5 *Trioxyanthrachinons*, des 1 : 2 : 5 : 8 *Tetraoxyanthrachinons*, des 1 : 2 : 4 : 5 : 8 *Pentaoxyanthrachinons* (Fig. 19, Zeile 5) und des 1 : 2 : 4 : 5 : 7 : 8 *Hexaoxyanthrachinons* (Fig. 19, Zeile 7) in Schwefelsäure und Schwefelsäure-Borsäure zeigen im allgemeinen die Absorptionsspektra des Typus Fig. 18, Zeile 2 bezw. 3. Beim Hexaoxyanthrachinon beobachtet man außerdem noch einen stärkeren Streifen, bei 1 : 2 : 5 : 8 Tetraoxyanthrachinon einen schwachen Streifen im Rot. Die Lösungen des Chinizarins fluoreszieren grünlichgelb, die Lösungen des 1 : 2 : 5 : 8 Tetraoxyanthrachinons und des 1 : 2 : 4 : 5 : 7 : 8 Hexaoxyanthrachinons fluoreszieren schwach rot, wogegen die Lösungen des 1 : 4 : 5 Trioxyanthrachinons und des 1 : 2 : 4 : 5 : 8 Pentaoxyanthrachinons stark rot fluoreszieren.

Die grünlichblaue und stark rot fluoreszierende Lösung des 1:4:5:8 Tetraoxyanthrachinons in Schwefelsäure und Schwefelsäure-Borsäure zeigt das Absorptionsspektrum desselben Typus, wie die alkoholische Lösung (Fig. 19, Zeile 4, vergl. Tafel II, Zeile 32), jedoch ist das Absorptionsspektrum bedeutend schärfer.

Die violette, rot fluoreszierende Lösung des 1:2:4:5:6:8 Hexaoxyanthrachinons in Schwefelsäure zeigt ein ähnliches Absorptionsspektrum, wie das 1:4:5:8 Tetraoxyanthrachinon in Äthylalkohol (Fig. 19, Zeile 6), das Absorptionsspektrum in Schwefelsäure ist aber nicht so scharf wie bei der alkoholischen Lösung; in Schwefelsäure-Borsäure zeigt dieses Hexaoxyanthrachinon bloß drei unsymmetrische Absorptionsstreifen (Fig. 18, Zeile 2).

α-Alizarinchinolin (Alizaringrün S) und Dioxyanthrachinonchinolin (Alizarinblau) lösen sich in Schwefelsäure mit roter Farbe ohne Fluoreszenz und geben neben einem schmalen Streifen in Orangegelb das Spektrum des Typus Fig. 18, Zeile 5 (Alizaringrün) und Zeile 3 (Alizarinblau). In Schwefelsäure-Borsäure lösen sich beide Farbstoffe mit grüner Farbe und die Lösungen zeigen neben den Absorptionsstreifen auch eine starke Absorption im Blau und Violett[1]).

Anthrachryson gibt in Schwefelsäure und Schwefelsäure-Borsäure nur zwei ziemlich verwaschene Absorptionsstreifen. Anthragallol gibt neben dem verwaschenen Spektrum des Typus Fig. 18, Zeile 5 noch einen Absorptionsstreifen in Violett. Rufigallol gibt in Schwefelsäure wie auch in Schwefelsäure-Borsäure zwei Absorptionsstreifen im Gelbgrün und zwei Absorptionsstreifen im Blauviolett[2]).

Nitroalizarine geben in Schwefelsäure wie auch in Schwefelsäure-Borsäure ganz verschwommene Absorptionsspektra.

Die Lösungen des Anthrachrysons, des Anthragallols, des Rufigallols und der Nitroalizarine in Schwefelsäure und Schwefelsäure-Borsäure fluoreszieren nicht.

In der nachstehenden Tabelle sind die Absorptionsspektra der eben besprochenen Oxyanthrachinonderivate in verschiedenen Lösungsmitteln angegeben und die Absorptionsstreifen in Wellenlängen ausgedrückt, wobei die fettgedruckten Zahlen den Hauptstreifen bedeuten; die graphische Darstellung der Absorptionsspektra findet man in der Tafel II und Fig. 19.

---

1) Behandelt man einen mit Alizarinblau ausgefärbten Stoff mit konzentrierter Schwefelsäure, so erhält man eine blaugrüne Lösung, welche nicht mehr das Absorptionsspektrum des Alizarinblaus in Schwefelsäure, sondern das Absorptionsspektrum des Chromlacks des Alizarinblaus zeigt. Dasselbe besteht aus einem ganz schwachen und zwei intensiven Absorptionsstreifen (Fig. 18, Zeile 1); durch starke Verdünnung der Lösung trennt sich der erste Absorptionsstreifen in zwei schmale Absorptionsstreifen bei $\lambda$ [644,1, 627,1], die Doppelstreifung des zweiten Streifens ist jedoch undeutlich. Eine ähnliche Erscheinung finden wir auch bei dem Alizaringrün S. Die bei der Ausfärbung gebildeten Chromlacke widerstehen daher der Wirkung der Schwefelsäure. (Auf dieses Verhalten des Alizarinblaus wurde ich vom Herrn Direktor Dr. R. E. Schmidt aufmerksam gemacht und es hat sich durch meine Beobachtungen bestätigt.) Über die Untersuchung der Farblacke bildenden Farbstoffe wird im zweiten Teile des Buches gesprochen.

2) Vergl. Seite 207.

| Verbindung gelöst: | in Wasser + Kalilauge | | in Äthyl- | | |
|---|---|---|---|---|---|
| | | | neutral | | al- |
| | Farbe | Absorption | Farbe | Absorption | Farbe |
| CO OH<br>OH CO | orange-gelb | im Grünblau undeutlich | gelb | einseitig im Blauviolett | rot |
| OH CO OH<br>CO | orange-gelb | im Grünblau undeutlich | gelb | einseitig im Blauviolett | rot |
| CO OH<br>CO OH | violett | **596,1** 553,7 517,7 | gelb | 516,0 502,1 **484,4** 468,8 453,9 | violett-blau |
| CO OH<br>OH CO OH | rot-violett | 598,8 **553,7** 516,3 | orange-gelb | 526,7 512,8 **492,5** 478,9 462,0 | violett |
| OH CO OH<br>OH<br>OH CO | rot-violett | **587,0** 543,5 506,4(?) | orange-gelb | 530,7 517,0 **490,2** 461,4 | blau |
| CO OH<br>OH<br>CO | rot-violett | 610,8 **566,5** 527,6 | gelb | einseitig im Blauviolett | violett-blau |
| CO OH<br>OH<br>CO OH | rot | **546,7** 508,9 477,7 | orange-gelb | 521,1 **485,5** 455,5 | rot |
| CO OH<br>OH<br>OH CO | rot-violett | 619,5 **573,2** 533,5 | gelb | einseitig im Blauviolett | blau |

| alkohol kalisch | in Schwefelsäure | | in Schwefelsäure-Borsäure | |
|---|---|---|---|---|
| Absorption | Farbe | Absorption | Farbe | Absorption |
| verwaschener Streifen im Grün | rot | **570,7** 557,7 **528,5** 517,7 487,1 | rot | **570,7** 555,0 **528,5** 515,2 491,3 (459,5 (?)) |
| verwaschener Streifen im Grün | rot | 533,0 **495,6** 465,9 | rot | 533,9 **496,5** 466,9 |
| **608,1** 565,4 529,4 | rot | **548,3** 509,6 476,4 | rot | **547,5** 508,8 475,5 |
| 611,7 **560,7** 521,3 | violett | **584,2** 539,1 497,7 | blau-violett | **595,6** 550,5 511,3 |
| [649,7 634,1] **590,1** 546,5 | violett-blau | 637,7 **573,2** 530,3 492,0 | blau | 635,4 **590,9** |
| 624,9 **578,2** 537,1 | rot | 540,5 (?) **497,0** 464,0 | rot | 617,5 (?) 569,5 (?) **500,0** 466,3 |
| **550,7** 512,8 481,5 | rot | 559,9 520,4 489,2 | rot | 558,5 **512,0** 478,9 |
| 631,5 **583,0** 541,1 | violett | **636,0** 582,5 538,5 (?) **505,8** | blau | 640,4 **587,0** 512,8 |

| Verbindung gelöst: | in Wasser + Kalilauge | | in Äthyl- | | |
|---|---|---|---|---|---|
| | | | neutral | | al- |
| | Farbe | Absorption | Farbe | Absorption | Farbe |
| CO OH OH OH CO | rot | 594,8 **551,0** 512,8 | gelb | einseitig im Blauviolett | rot |
| CO OH OH OH CO | violett-rot | 605,8 **561,8** 523,0 | gelb | einseitig im Blauviolett | violett-rot |
| OH CO OH OH CO | violett-rot | 618,0 570,7 **534,0** 498,5 | gelb | einseitig im Blauviolett | rot-violett |
| CO OH OH CO $NO_2$ | violett | 601,9 **557,0** 519,5 | gelb | 564,7 525,8 einseitig im Blau und Violett | violett |
| CO OH OH CO $NO_2$ | rot | 577,7 **533,7** 494,0 | gelb | einseitig im Blauviolett | rot |
| CO OH OH CO N (Bisulfitverbindung) | rot<br>neutrale Lösung:<br>violett-rot | **567,5** 526,9 491,9<br><br>578,3 **535,3** 497,3 | violett-rot | 588,8 **545,5** 507,2 | rot |
| CO OH OH CO N | blau-grün | **675,0** 617,7 579,5 (?) | — | unlöslich | blau-grün |

| alkohol kalisch Absorption | in Schwefelsäure Farbe | in Schwefelsäure Absorption | in Schwefelsäure-Borsäure Farbe | in Schwefelsäure-Borsäure Absorption |
|---|---|---|---|---|
| 601,0 **557,0** 518,5 | rot | 531,2 **490,2** 457,8 | rot | 534,8 **492,3** 456,6 (?) |
| 610,8 **567,0** 527,6 | rot | 548,5 **508,8** 478,3 | schmutzig grün | 687,0 **512,6** 479,3 448,9 |
| **631,1** 583,0 **540,5** 505,5 | violettrot | **549,5** 510,0 478,3 | violett | **594,3** 548,9 514,4 |
| 609,6 **564,7** 526,7 | orangegelb | undeutliche Streifen im Grün und Blau | orangegelb | undeutliche Absorption im Grün und Blau |
| undeutliche Absorptionsstreifen im Grün | orangegelb | undeutliche Streifen im Grün und Blau | orangegelb | undeutliche Streifen im Grün und Blau |
| **576**,0 530,5 494,7 | rot | 597,7 551,5 **516,8** 487,8 | grün | 660,0 **603,0** starke einseitige Absorption im Blau und Violett |
| **690,6** 632,1 580,7 | violettrot | 604,4 **560,7** 524,0 492,7 | grün | 578,0 starke einseitige Absorption im Blau und Grün |

| Verbindung gelöst | in Wasser + Kalilauge | | in Äthyl- | | |
|---|---|---|---|---|---|
| | | | neutral | | al- |
| | Farbe | Absorption | Farbe | Absorption | Farbe |
| 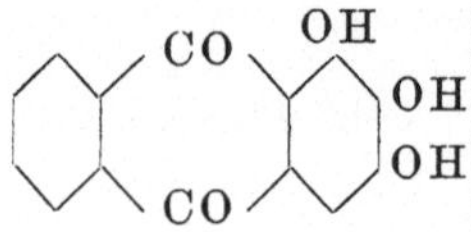 CO OH<br>OH<br>OH<br>CO | braun | einseitig im Violett | braun-<br>gelb | einseitig im Violett | grün |
| 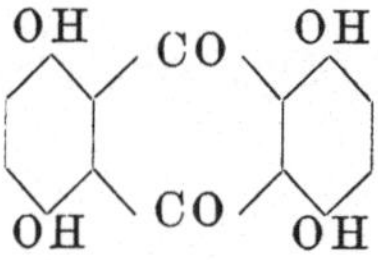 OH CO OH<br>OH CO OH | blau | **620,7** 574,0 533,9 | rot | **558,0** 543,9 **519,7** 507,1<br>485,6 475,1 | blau,<br>der<br>Farb-<br>stoff<br>schlägt<br>sich<br>nieder |
| 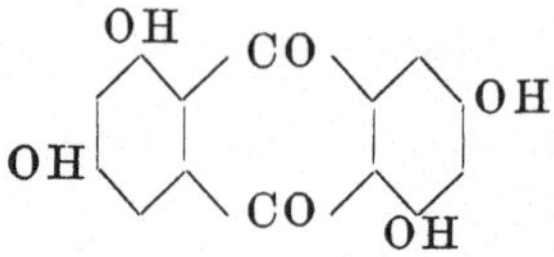 OH CO<br>OH<br>OH<br>CO OH | orange-<br>gelb | 451,0 (?)<br>einseitig im Violett | gelb | einseitig im Blauviolett | orange-<br>gelb |
| 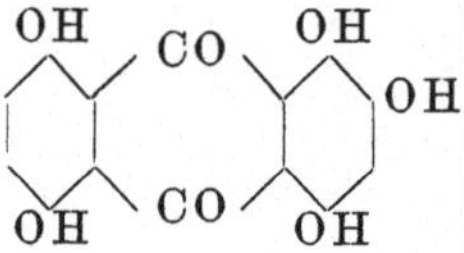 OH CO OH<br>OH<br>OH CO OH | violett-<br>blau | **581**,7 538,7 502,4 | rot | **559,2** 545,3 **520,2** 507,7<br>485,9 475,5 | violett |
| 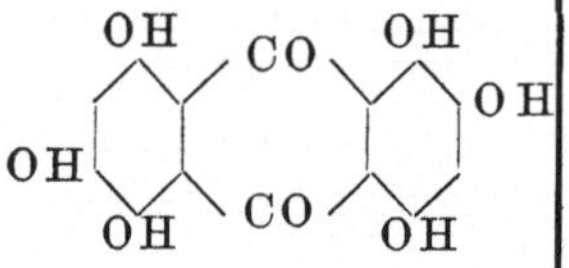 OH CO OH<br>OH<br>OH<br>OH CO OH | blau | einseitig im Rot | rot | **546,3** 533,5 521,3 **508,7**<br>496,9 486,7 475,9 465,5 | blau,<br>der<br>Farb-<br>stoff<br>schlägt<br>sich<br>nieder |
| 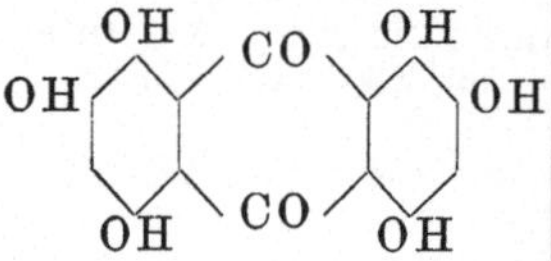 OH CO OH<br>OH OH<br>OH CO OH | grün-<br>blau | einseitig im Rot | rot | (611,0) **568,2** 550,5 **527,8** 512,0<br>492,3 480,0 | blau,<br>der<br>Farb-<br>stoff<br>schlägt<br>sich<br>nieder |
| 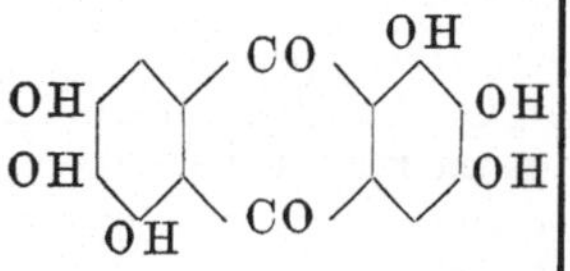 CO OH<br>OH OH<br>OH OH<br>OH CO | braun-<br>gelb | einseitig im Blau-<br>violett<br>483,0 (?) | gelb | einseitig im Blauviolett | grün |

| alkohol kalisch Absorption | in Schwefelsäure Farbe | in Schwefelsäure Absorption | in Schwefelsäure-Borsäure Farbe | in Schwefelsäure-Borsäure Absorption |
|---|---|---|---|---|
| einseitig im Rot | braun-rot | 574,5 **525,6** 486,4 456,6 | braun-rot | 577,7 **528,1** 488,2 **456,1** |
| — | grünlichblau | **636,4** 617,1 **584,2** 567,5 539,9 526,2 | grünlichblau | **637,7** 618,3 **585,5** 568,7 541,1 527,4 |
| 449,5 einseitig im Violett | gelbrot | **504,8** 472,0 | gelbrot | **512,8** 478,3 |
| **587,0** 543,9 507,4 | blau | **633,2** 583,0 538,5 | grünlichblau | **629,8** 577,0 532,5 |
| — | violett | **603,0** 588,3 **555,9** 542,5 513,6 | violett | **599,7** 550,7 506,4 |
| — | blau | [661,5] **584,3** 540,5 502,4 | grünlichblau | **649,5** 593,5 546,5 **506,4** |
| einseitig im Rot | braun-rot | **572,5** 530,3 457,0 432,0 (?) | braun-rot | 576,2 534,0 zwei undeutliche Streifen im Violett |

Vergleichen wir in der vorstehenden Tabelle die Lage der Absorptionsspektra der Farbstoffe vom Alizarintypus (mit drei Hydroxylgruppen), indem wir als Grundlage das Absorptionsspektrum der *alkalischen* Lösung des Alizarins nehmen, so ergibt sich, daß die dritte Hydroxylgruppe in der Stellung 5 (Oxyanthrarufin) das Absorptionsspektrum nach den *längeren* Wellen, in der Stellung 6 (Flavopurpurin) und 7 (Isopurpurin) das Absorptionsspektrum jedoch nach den *kürzeren* Wellen verschiebt, wobei die Hydroxylgruppe in der Stellung 6 das Absorptionsspektrum stärker nach Violett verschiebt als die Hydroxylgruppe in der Stellung 7.

Vergleichen wir in ähnlicher Weise die Absorptionsspektra der alkalischen Lösungen einerseits beim Chinizarin, Purpurin und Oxychinizarin (1 : 4 : 5), andereits beim Tetraoxyanthrachinon (1 : 4 : 5 : 8) und Pentaoxyanthrachinon (1 : 2 : 4 : 5 : 8), so finden wir, daß die Hydroxylgruppe in der Stellung 2 das Absorptionsspektrum nach den *kürzeren* Wellen, in der Stellung 5 auch nach den *kürzeren* Wellen verschiebt.

## 3. Aminooxyderivate.

Aminooxyderivate des Anthrachinons mit *parastehenden* auxochromen Gruppen verhalten sich spektroskopisch zufolge der Anwesenheit der Aminogruppe wie Aminoderivate und zufolge der Anwesenheit der Hydroxylgruppe auch wie Oxyderivate. Ihre *neutrale* Lösungen zeigen im Spektrum drei Absorptionsstreifen (mit Ausnahme von Diaminoanthrarufin), von denen der *mittlere* der stärkste ist. Nach Zusatz von Kalilauge wird die Farbe und somit auch das Absorptionsspektrum der Lösung geändert, wobei regelmäßig der *erste* Absorptionsstreifen zum stärksten wird.

Beobachtet man die alkoholische rote und schwach braun fluoreszierende Lösung des *1-Oxy-4-Aminoanthrachinons*

CO OH
CO $NH_2$

mit dem Spektroskop, so sieht man zwei intensive Absorptionsstreifen und einen schwachen Absorptionsstreifen rechts (Fig. 18, Zeile 1); durch allmähliche Verdünnung der Lösung nimmt schließlich das Absorptionsspektrum die in der Fig. 18, Zeile 5 dargestellte Form an; das Absorptionsspektrum besteht daher aus drei *symmetrischen* Streifen, wobei der *mittlere* Streifen am stärksten erscheint (Tafel II, Zeile 35).

Setzt man zu dieser Lösung alkoholische Kalilauge zu, so wird die Farbe blauviolett, die Absorption wird intensiver und das ganze Absorptionsspektrum verschiebt sich bei gleichzeitiger Veränderung seiner Form bedeutend nach den längeren Wellen (gegen Rot) zu. Das Absorptionsspektrum besteht aus drei unsymmetrischen Streifen, und der erste Streifen erscheint als der stärkste (Fig. 18, Zeile 2). In ganz verdünnter wässeriger Kalilauge löst sich das 1 : 4 Aminooxyanthrachinon mit rotvioletter Farbe und die Lösung zeigt das Absorptionsspektrum desselben Typus wie die alkoholische alkalische Lösung.

Ähnlich verhalten sich spektroskopisch alkoholische violette Lösungen des Chinizarinmonoanilids

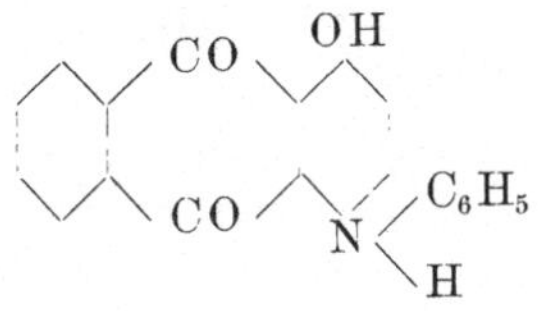

CO OH
CO N $C_6H_5$
H

des 1-Oxy 4-orthotoluidoanthrachinons (Chinizarin-o-toluidid)

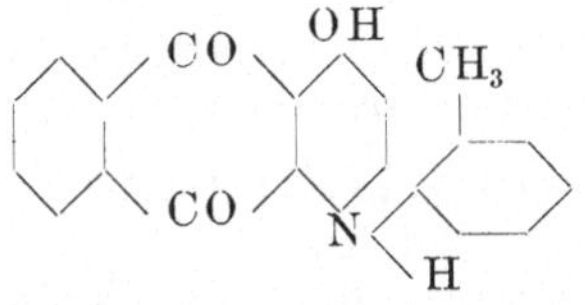

CO OH $CH_3$
CO N
H

und ferner blauviolette Lösungen des 1-Oxy 4-paratoluido-anthrachinons (Alizarinirisol R [By])

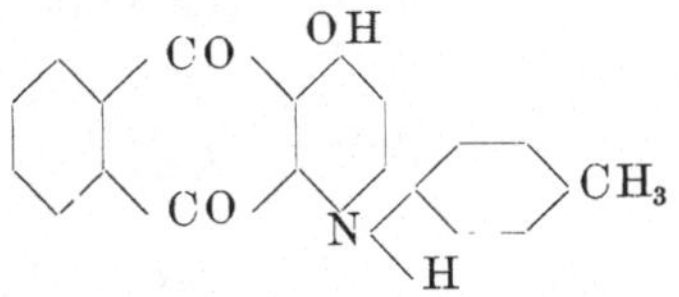

CO OH
CO N $CH_3$
H

nur mit dem Unterschiede, daß ihre alkalischen blauen Lösungen auch symmetrische Absorptionsstreifen zeigen wie die neutralen Lösungen (Fig. 18, Zeile 3). Das 1-Oxy 4-paratoluidoanthrachinon gibt in neutraler Lösung zwar verwaschene, in alkalischer Lösung schärfere Absorptionsstreifen. Wir ersehen aus diesem Umstande, daß die substituierte Phenyl- und Tolylgruppe, ähnlich wie bei den Aminoanthrachinonderivaten, bloß auf die Form der Absorptionsstreifen einen Einfluß ausübt.

In wässeriger Kalilauge lösen sich das Chinizarinmonoanilid und Oxytoluidoanthrachinone nicht.

Alkoholische rote Lösungen des $\alpha$-Aminoalizarins (Alizaringranat)

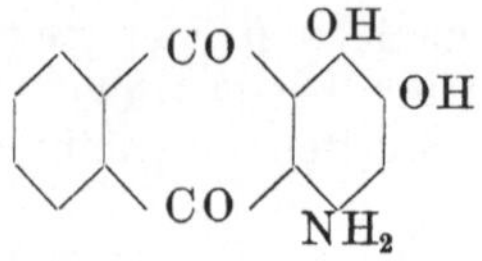

CO OH
OH
CO NH$_2$

und des *Purpurinamids*

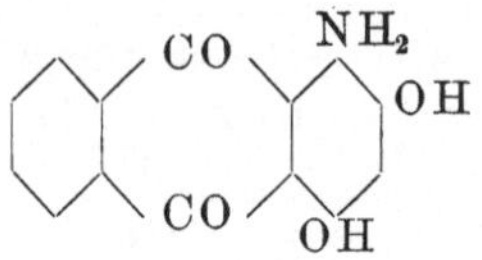

CO NH$_2$
OH
CO OH

geben auch ein aus drei symmetrischen Streifen bestehendes Absorptionsspektrum, bei welchem der *mittlere* Streifen der *stärkste* ist (Fig. 18, Zeile 1 u. 5).

Löst man das *α-Aminoalizarin* in ganz verdünnter *wässeriger* Kalilauge oder fügt man zur *alkoholischen* Lösung desselben einige Tropfen der alkoholischen *Kalilauge* zu, so wird die Lösung violettrot, die Absorption wird verstärkt und das Absorptionsspektrum verschiebt sich nach den längeren Wellen; gleichzeitig wird aber der *erste* Absorptionsstreifen zum stärksten (Fig. 18, Zeile 3).

Setzt man zur *alkoholischen* Lösung des *Purpurinamids* Kalilauge zu, so ändert sich die Farbe nur gering und zum Unterschiede von α-Aminoalizarin bleibt auch in alkalischer Lösung der mittlere Absorptionsstreifen der stärkste; der erste Absorptionsstreifen erscheint in alkoholischer alkalischer Lösung schmäler als in neutraler Lösung.

Ganz anders verhält sich spektroskopisch das *Diaminoanthrarufin*

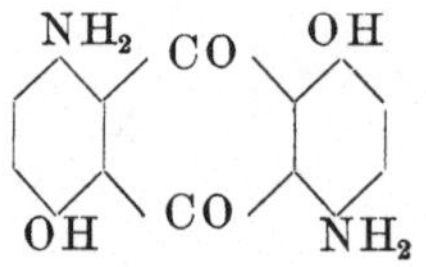

NH$_2$ CO OH
OH CO NH$_2$

Die blaue alkoholische, rotfluoreszierende Lösung dieser Verbindung zeigt im Spektrum zwei intensive und einen schwächeren Absorptionsstreifen rechts (Fig. 18, Zeile 1). Wird die Lösung allmählich verdünnt, so trennt sich jeder Absorptionsstreifen in zwei Streifen, so daß das ganze Absorptionsspektrum aus sechs Absorptionsstreifen besteht. Das Absorptionsspektrum zeigt den Typus des Spektrums von 1:4:5:8 Tetraaminoanthrachinons (Fig. 18, Zeile 7), nur sind die Absorptionsstreifen nicht so scharf, sondern etwas verwaschen und paarweise von fast gleicher Intensität (Tafel II, Zeile 36). Wir finden hier also eine Analogie mit dem 1 : 4 : 5 : 8 Tetraoxyanthrachinon, welche in bezug auf die Stellung und Anzahl der Gruppen des Aminoanthrarufins zu erwarten war.

In konzentrierter Schwefelsäure lösen sich das 1-Oxy-4-Aminoanthrachinon und p-Diaminoanthrarufin mit orangegelber Farbe; die konzentrierte Lösung der ersten Verbindung zeigt nebst einer starken Absorption im Blauviolett noch drei Absorptionsstreifen, die Lösung des Diaminoanthrarufins absorbiert nur einseitig im Blauviolett. In Schwefelsäure-Borsäure löst sich das 1-Oxy-4-Aminoanthrachinon mit roter Farbe und die orangegelb fluoreszierende Lösung zeigt zwei Streifen im Gelbgrün und zwei verwaschene Streifen im Blauviolett (Fig. 19, Zeile 8)[1]; das Diaminoanthrarufin löst sich in Schwefelsäure-Borsäure mit blauer Farbe und die rot fluoreszierende Lösung zeigt ein in der Fig. 19, Zeile 10 dargestelltes Absorptionsspektrum.

Chinizarinanilid und Chinizarintoluide lösen sich in Schwefelsäure mit blauer Farbe und die nicht fluoreszierenden Lösungen zeigen neben einem intensiven nach links verzogenen Absorptionsstreifen einen schwachen Streifen rechts. In Schwefelsäure-Borsäure lösen sich diese Farbstoffe mit violettblauer oder grünlichblauer Farbe und zeigen im allgemeinen die Absorptionsspektra des Typus Fig. 18, Zeile 1 und 3 mit symmetrischen (Chinizarintoluide) als auch unsymmetrischen Streifen (Chinizarinanilid, Fig. 19, Zeile 9).

Das α-Aminoalizarin löst sich in Schwefelsäure mit orangeroter Farbe und die Lösung zeigt drei verwaschene Absorptionsstreifen, welche jedoch bei der roten und orangegelb fluoreszierenden Schwefelsäure-Borsäurelösung schärfer auftreten; das Spektrum zeigt die in der Fig. 18, Zeile 5 dargestellte Form.

Die orangegelbe Lösung des Purpurinamids in Schwefelsäure zeigt einen intensiven und einen schwachen Streifen im Grün und zwei verwaschene Streifen im Blauviolett. In Schwefelsäure-Borsäure löst sich das Purpurinamid mit roter Farbe, die Lösung fluoresziert gelb und zeigt ein Absorptionsspektrum des Typus Fig. 18, Zeile 2 und nebstdem einen Streifen im Violett.

In der nachstehenden Tabelle sind die Absorptionsspektra der hier beschriebenen Verbindungen in Wellenlängen ausgedrückt angegeben, wobei die fettgedruckten Zahlen den stärksten Streifen bedeuten.

---

[1] Der vierte Streifen ist nicht in der Figur eingezeichnet, seine Wellenlänge findet man in der nächstfolgenden Tabelle.

| Verbindung gelöst in: | Wasser + Kalilauge | | Äthyl- neutral | |
|---|---|---|---|---|
| | Farbe | Absorption | Farbe | Absorption |
| 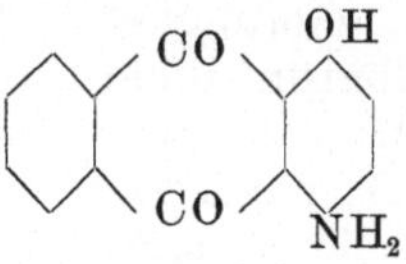 CO, OH, CO, $NH_2$ | rot-violett | **590,7** 548,5 511,2 | rot | 570,2 **529,4** 493,0 |
| 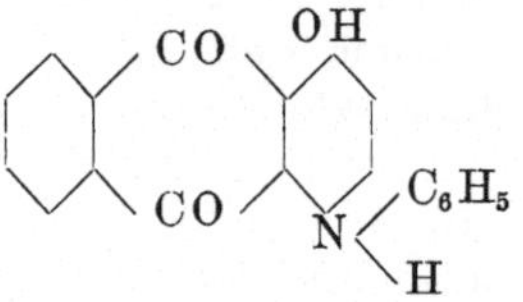 CO, OH, CO, N, $C_6H_5$, H | | — | violett | 588,6 **546,5** 508,3 |
| 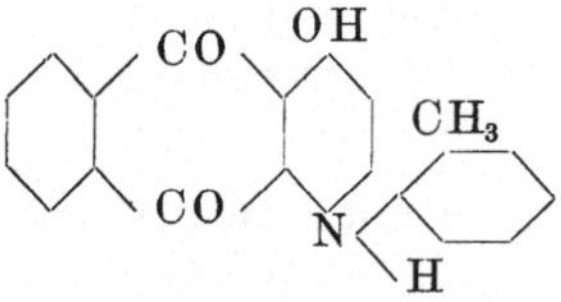 CO, OH, CO, N, $CH_3$, H | | — | violett | 583,5 **542,0** 504,0 |
| 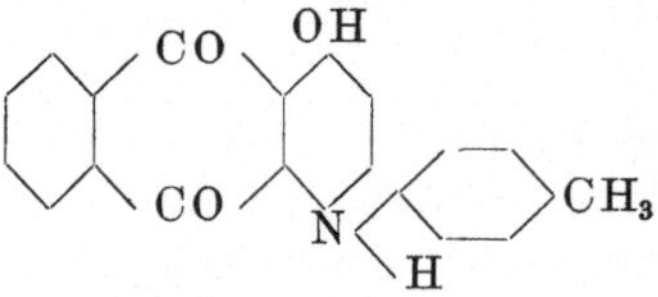 CO, OH, CO, N, $CH_3$, H | | — | blau-violett | 587,5 **546,5** 509,0 (?) |
| 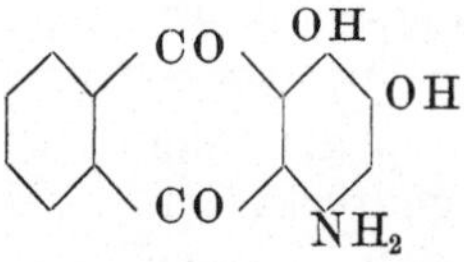 CO, OH, OH, CO, $NH_2$ | rot | **559,2** 519,9 486,4 | rot | 564,0 **523,5** 488,5 |
| 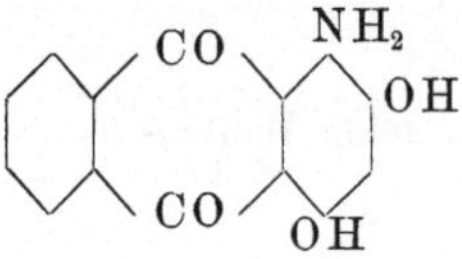 CO, $NH_2$, OH, CO, OH | rot | 545,9 **510,4** 480,7 | rot | 552,8 **515,2** 482,5 |
| 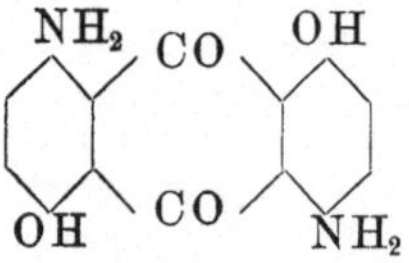 $NH_2$, CO, OH, OH, CO, $NH_2$ | | — | blau | [626,1 609,9] [577,7 562,9] [536,0 524,0] |

| alkohol | | Schwefelsäure | | Schwefelsäure-Borsäure | |
|---|---|---|---|---|---|
| alkalisch | | | | | |
| Farbe | Absorption | Farbe | Absorption | Farbe | Absorption |
| blau-violett | **602,7** 559,4 521,7 | orange-gelb | 601,9 **562,5** 522,2 einseitige Absorption im Blau und Violett | rosarot | **571,2** 528,3 486,0 455,0 |
| blau | **631,5** 583,2 541,1 | blau | **585,0** 540,5 | violett-blau | **592,7** 546,5 506,4 |
| blau | **628,2** 579,5 538,0 | blau | **586,5** 541,5 | violett | **591,5** 545,3 505,0 |
| blau | **632,4** 583,3 541,5 | blau | **587,0** 542,5 | blau | **592,2** 545,9 505,6 |
| violettrot | **567,7** 527,6 491,7 | orangerot | 560,3 515,2 485,0 | rot | 569,5 **526,7** 489,0 |
| rot | 555,5 **520,6** 487,8 | orange-gelb | **550,9** 510,5 480,5 450,0 | rot | **552,6** 511,7 477,0 448,0 |
| grünlich-blau | **641,4** 591,0 547,5 | orange-gelb | einseitig im Blau-violett | blau | **617,7** 568,0 523,0 |

Vergleichen wir die Absorptionsspektra der alkoholischen Lösungen von Aminooxyderivaten mit den ihnen entsprechenden Oxyderivaten gleicher Konstitution, so finden wir, daß die Aminogruppe das Absorptionsspektrum mehr nach den längeren Wellen verschiebt als die Hydroxylgruppe und zwar in der Stellung 4 ($\alpha$-Aminoalizarin) stärker als in der Stellung 1 (Purpurinamid). In alkalischen Lösungen kann aber die Verschiebung des Absorptionsspektrums eines Hydroxylderivates größer sein als bei einem Aminooxyderivate, wie wir es beim Vergleich der Spektren von Chinizarin und 1-Oxy-4-Aminoanthrachinon sehen.

Vergleichen wir die Absorptionsspektra des 1-Oxy 4-orthotoluidoanthrachinons und des 1-Oxy 4-paratoluidoanthrachinons, so sehen wir, dass die Gruppe $CH_3$ in Parastellung das Absorptionsspekrum mehr nach den langen Wellen (nach Rot) verschiebt, als in Orthostellung und beim Vergleich der Spektra der genannten Verbindungen mit dem Absorptionsspektrum des Chinizarinanilids in alkoholischer alkalischer Lösung nehmen wir wahr, dass die Gruppe $CH_3$ im Phenylreste in Orthostellung das Absorptionsspektrum nach den kürzeren Wellen, in Parastellung nach den längeren Wellen verschiebt (vergleiche auch Arylidoanthrachinone in Äthylalkohol Seite 211 u. 212).

## Nachtrag (zur Seite 208).

Das symmetrische Dimethyldiaminoanthrachinon

CO $NH.CH_3$

CO $NH.CH_3$

löst sich in Äthylalkohol mit blauer Farbe. Die konzentriertere Lösung zeigt zwei intensive und einen schwachen Absorptionsstreifen rechts (Fig. 18, Zeile 1). Bei einer stark verdünnten Lösung beobachten wir drei unsymmetrische Absorptionsstreifen (Fig. 18, Zeile 2) und zwar bei $\lambda$ **644,5**, $\lambda$ 595,1 und $\lambda$ 550,5; es ist das Absorptionsspektrum desselben Typus wie beim Diaminoanthrachinon. Verdünnte Säure oder Kalilauge verändern die Farbe und das Absorptionsspektrum der Lösung nicht.

In konzentrierter Schwefelsäure löst sich das Dimethyldiaminoanthrachinon fast farblos; in Schwefelsäure-Borsäure dagegen mit violettblauer Farbe; die rot fluoreszierende Lösung zeigt ein ähnliches Absorptionsspektrum wie das 1 : 4 Diaminoanthrachinon in Schwefelsänre-Borsäure (Seite 210), welches also dem in der Fig. 19, Zeile 1 dargestellten Absorptionsspektrum ähnlich ist, nur sind die Absorptionsstreifen paarweise von fast gleicher Intensität und befinden sich dieselben bei $\lambda$ [624,9, 602,5], [572,0, 552,8], [526,7, 509,6].

# Nachtrag.

Zum Kapitel „Triphenylmethanfarbstoffe".

A. Rosanilinfarbstoffe.

1. Alkylierte und benzylierte Diamino- und Triaminoderivate lösen sich in konzentrierter Schwefelsäure mit gelber oder orangegelber Farbe; die Lösungen fluoreszieren nicht und zeigen eine einseitige Absorption im Blau und Violett.

Phenyl- und Phenylalkylderivate lösen sich in Schwefelsäure mit braunroter Farbe; die Lösungen fluoreszieren nicht und zeigen nebst einer einseitigen Absorption im Violett einen breiten verwaschenen Absorptionsstreifen im Grünblau des Spcktrums.

2. Hydroxylderivate (Benzaurin, Rosolsäure, Korallin) lösen sich in Schwefelsäure mit gelber bezw. orangegelber Farbe; die nicht fluoreszierenden Lösungen zeigen einen Absorptionsstreifen im Blau bezw. Grünblau und nebstdem eine einseitige Absorption im Violett.

Rosamine. Das Rosaminchlorid löst sich in Schwefelsäure mit gelber Farbe; die Lösung fluoresziert nicht und zeigt zwei Absorptionsstreifen im Grünblau und eine einseitige Absorption im Violett.

B. Phtaleïne.

1. Aminoderivate. Das Aporhodaminchlorid und Alkylderivate des Rhodaminchlorids lösen sich in konzentrierter Schwefelsäure mit gelber Farbe. Die Lösungen fluoreszieren grün mit Ausnahme von Aporhodaminchlorid und zeigen nur eine einseitige Absorption im Blau und Violett. Die Fluoreszenz ist um so schwächer, je mehr Alkylgruppen in den Aminogruppen vorhanden sind; es fluoresziert daher das Tetraäthylrhodaminchlorid nur sehr schwach.

Phenyl- und Phenylalkylderivate des Rhodaminchlorids lösen sich in Schwefelsäure mit roter bezw. rotgelber Farbe;

die Lösungen fluoreszieren nicht und zeigen nebst einer einseitigen Absorption im Violett verwaschene Absorptionsstreifen im Grün des Spektrums.

2. Oxyderivate. Das Phenolphtaleïn löst sich in Schwefelsäure mit rosaroter Farbe, die nicht fluoreszierende Lösung zeigt einen Absorptionsstreifen im Grün des Spektrums. Das Fluoreszeïn löst sich in Schwefelsäure mit gelber Farbe und grüner Fluoreszenz; die Lösung zeigt eine einseitige Absorption im Blau und Violett.

Eosine (Eosin, Erythrosin, Phloxin, Rose bengale usw.) lösen sich in konzentrierter Schwefelsäure mit gelber, orangegelber oder orangeroter Farbe; die Lösungen fluoreszieren nicht und zeigen nebst einer einseitigen Absorption im Violett einen Absorptionsstreifen im Blau bezw. im Grün des Spektrums und zwar:

des Tetrabromfluoreszeïn ungefähr bei $\lambda$ 454,5,
des Tetrabromdichlorfluoreszeïn ungefähr bei $\lambda$ 466,0,
des Tetrabromtetrachlorfluoreszeïn ungefähr bei $\lambda$ 474,5,
des Tetrajodfluoreszeïn ungefähr bei $\lambda$ 467,5,
des Tetrajoddichlorfluoreszeïn ungefähr bei $\lambda$ 483,0,
des Tetrajodtetrachlorfluoreszeïn ungefähr bei $\lambda$ 490,5.

Die Absorptionsstreifen verschieben sich daher um so mehr gegen Rot des Spektrums, je mehr Halogene im Fluoreszeïn substituiert sind.

Das Galleïn löst sich in Schwefelsäure mit gelbbrauner Farbe; die nicht fluoreszierende Lösung zeigt einen Absorptionsstreifen im Blau des Spektrums und eine einseitige Absorption im Violett.

### Zum Kapitel „Diphenylmethanfarbstoffe".

Pyronine lösen sich in konzentrierter Schwefelsäure mit braungelber Farbe, die Lösungen fluoreszieren grün und zeigen eine einseitige Absorption im Violett des Spektrums.

Das Thiopyronin löst sich in Schwefelsäure mit gelber Farbe und grüner Fluoreszenz; die Lösung zeigt im Spektrum drei Absorptionsstreifen im Grün und Blau, außerdem absorbiert sie einseitig im Violett.

Auramine lösen sich in konzentrierter Schwefelsäure farblos.

### Zum Kapitel „Diphenylnaphtylmethanfarbstoffe".

Alkylderivate der Diphenylnaphtylmethanfarbstoffe lösen sich in konzentrierter Schwefelsäure mit gelber Farbe; die Lösungen fluoreszieren nicht und absorbieren nur einseitg im Blau und Violett.

Phenylalkylderivate lösen sich in Schwefelsäure mit rotorangegelber Farbe; die Lösungen fluoreszieren nicht und zeigen einen verwaschenen Absorptionsstreifen im Blau und eine einseitige Absorption im Violett.

---

# Übersicht der allgemeinen Unterscheidungsmerkmale einzelner Farbstoffklassen.

## Triphenylmethanfarbstoffe[1]).

| Farbstoffgruppen | in Wasser | | | in Äthylalkohol | | | Anmerkung |
|---|---|---|---|---|---|---|---|
| | Absorptionsspektrum | Säure | Kalilauge | Absorptionsspektrum | Säure | Kalilauge | |
| Diparaaminoderivate (Seite 102) | Doppelstreifen mit schwachem Schatten rechts, verdünnt symmetrischer Streifen | grün, gelbgrün oder gelb, dann allmähliche Entfärbung, einige unverändert, wie z. B. Nachtgrün 2 B, Blaugrün S, Neptungrün S usw. | einige entfärben sich, andere bleiben unverändert wie z. B. die Derivate mit orthoständiger Sulfogruppe, der Streifen verschiebt sich mitunter nach rechts; manche werden gelb oder gelbgrün | Doppelstreifen mit schwachem Schatten rechts, verdünnt: symmetrischer Streifen | unverändert | einige entfärben sich gleich oder nach längerem Stehen, andere bleiben unverändert (Derivate mit orthoständiger Sulfogruppe), der Streifen verschiebt sich mitunter nach rechts, manche werden gelb | fluoreszieren nicht Spektra in Schwefelsäure Seite 239 |
| Triparaaminoderivate Alkylderivate (Seite 106) | symmetrische Streifen: ein starker (Doppelstreifen), ein schwacher rechts | grün, symmetrischer Streifen (Doppelstreifen), dann allmähliche Entfärbung, Rotviolett 5 R S Rotviolett 4 R S Säureviolett 4 R S Säurefuchsin unverändert | entfärben sich allmählich | symmetrische Streifen: ein starker (Doppelstreifen) ein schwacher rechts | unverändert | entfärben sich bezw. zuerst gelb oder orangegelb, dann Entfärbung | Wellenlängenunterschied zwischen dem Haupt- und Nebenstreifen Seite 121 fluoreszieren nicht Spektra in Schwefelsäure Seite 239 |

[1]) Die Unterscheidungsmerkmale sind auf Grund der bisher untersuchten Farbstoffe zusammengestellt worden.

| Farbstoffgruppen | in Wasser | | | in Äthylalkohol | | | Anmerkung |
|---|---|---|---|---|---|---|---|
| | Absorptionsspektrum | Säure | Kalilauge | Absorptionsspektrum | Säure | Kalilauge | |
| Alkylbenzylderivate Alkylphenylderivate (Seite 109) | symmetrische Streifen: ein starker und ein verstärkter rechts, bezw. neben einem starken Streifen ein schwacher Streifen links (Guineaviolett 4B [A]) | grün, symmetrischer Streifen (Doppelstreifen) | einige entfärben sich, andere bleiben unverändert (Derivate mit orthoständiger Sulfogruppe) | symmetrische Streifen: ein starker und ein schwacher rechts | unverändert | einige entfärben sich sofort, andere erst nach langem Stehen | fluoreszieren nicht; Alkylbenzyl- bezw. Alkylphenylderivate mit orthoständiger $SO_3H$-Gruppe geben nur einen Streifen (Doppelstreifen) wie Diparaaminoderivate (S. 112) Spektra in Schwefelsäure Seite 239 |
| Triphenylderivate (Seite 116) | ein breiter symmetrischer oder unsymmetrischer Streifen (kein Doppelstreifen) | unverändert | rot, entfärbt sich allmählich | wie bei den wässerigen Lösungen | unverändert | rot, entfärbt sich | fluoreszieren nicht Spektra in Schwefelsäure Seite 239 |
| Dioxyderivate (Seite 126) | — | — | rot, ein Streifen (Doppelstreifen) | undeutliche Absorption im Blau | unverändert | rotviolett, ein Streifen (Doppelstreifen) | Spektra in Schwefelsäure Seite 239 |

| | | | | | | | |
|---|---|---|---|---|---|---|---|
| Trioxyderivate (bezw. Aminodioxyderivate) (Seite 126) Oxymalachitgrün s. S. 124 | — | — | rot, ein starker Streifen (Doppelstreifen), ein schwacher Streifen rechts | zwei verwaschene Streifen | unverändert | rot, ein starker Streifen (Doppelstreifen), ein schwacher Streifen rechts | fluoreszieren nicht Spektra in Schwefelsäure Seite 239 |
| Phtaleïne (Seite 127) Rhodamine (Alkylderivate) | symmetrische Streifen: ein starker (Doppelstreifen), ein schwacher rechts | Farbe unverändert, Verschiebung des Absorptionsspektrums nach links (gegen Rot zu); Rhodin 3G (BCF) unverändert | unverändert, Rhodamin S entfärbt sich teilweise | symmetrische Streifen: ein starker (Doppelstreifen), ein schwacher rechts | Farbe unverändert, das Spektrum verschiebt sich nach links; Rhodin 3G unverändert | einige unverändert (z. B. Rhodamin B), bei anderen verschiebt sich das Absorptionsspektrum nach rechts (gegen Violett hin) wie z. B. beim Rhodamin 3B; Rhodamin S, Rhodamin 4G entfärben sich | fluoreszieren grün, gelb oder orangegelb, Aporhodamin drei Streifen, der mittlere der stärkste, fluoresziert nicht (Seite 130), Wellenlängenunterschied zwischen Haupt- und Nebenstreifen Seite 133; Phenylderivate: ein breiter symmetrischer Streifen, fluoreszieren nicht (S. 132) Spektra in Schwefelsäure Seite 239 |

| Farbstoffgruppen | in Wasser | | | in Äthylalkohol | | | Anmerkung |
|---|---|---|---|---|---|---|---|
| | Absorptionsspektrum | Säure | Kalilauge | Absorptionsspektrum | Säure | Kalilauge | |
| Eosine | symmetrische Streifen: ein starker (Doppelstreifen), ein schwacher rechts | entfärben sich, konzentriertere Lösungen: orangegelber Niederschlag | unverändert | unsymmetrische Streifen: ein starker (Doppelstreifen), ein schwacher rechts | gelb, drei Streifen, der mittlere der stärkste | Farbe unverändert, das Spektrum verschiebt sich nach rechts; Rose bengale 3 B unverändert | fluoreszieren grün, gelb und grüngelb Spektra in Schwefelsäure Seite 240 |
| Rosamine | symmetrische Streifen: ein starker, ein schwacher rechts | unverändert | entfärben sich | unsymmetrische Streifen: ein starker, ein schwacher rechts | unverändert | entfärben sich | fluoreszieren orangegelb Spektra in Schwefelsäure Seite 239 |
| **Diphenylmethanfarbstoffe.** | | | | | | | |
| Diparaaminoderivate (Seite 136) | wie Diparaaminoderivate der Triphenylmethanfarbstoffe | | | wie Diparaaminoderivate der Triphenylmethanfarbstoffe | | | fluoreszieren nicht Spektra in Schwefelsäure Seite 240 |

| | | | | | | | |
|---|---|---|---|---|---|---|---|
| Auramine | einseitig im Blau und Violett | unverändert | entfärben sich | wie in Wasser | unverändert | entfärben sich | fluoreszieren nicht Spektra in Schwefelsäure Seite 240 |
| Pyronine, Thiopyronine | unsymmetrische Streifen: ein starker (Doppelstreifen), ein schwacher rechts | unverändert | entfärben sich | wie in Wasser | unverändert | entfärben sich | fluoreszieren orangegelb, Spektra in Schwefelsäure S. 240 |

**Diphenylnaphtylmethanfarbstoffe.**

| | | | | | | | |
|---|---|---|---|---|---|---|---|
| Diparaaminoderivate (Seite 139) | wie Diparaaminoderivate der Triphenylmethanfarbstoffe | grün oder grüngelb, auch teilweise Entfärbung | blau (der Streifen verschiebt sich nach rechts), bezw. teilweise Entfärbung, mitunter unverändert (z. B. Naphtalingrün V [M]) | wie in Wasser | unverändert | blau, bezw. teilweise oder vollständige Entfärbung, mitunter unverändert | fluoreszieren nicht Spektra in Schwefelsäure Seite 240 |
| Triparaaminoderivate (Seite 140) | symmetrische Streifen: ein starker, ein schwacher Streifen rechts bei den Alkylphenylderivaten erscheint der Nebenstreifen verstärkt | teilweise Entfärbung | manche rot, andere orangegelb, bezw. entfärben sich | zwei fast gleiche etwas verwaschene Streifen | Absorptionsstreifen schärfer | manche rot, andere orangegelb, bezw. entfärben sich | fluoreszieren nicht Spektra in Schwefelsäure Seite 240 |

## Thiazinfarbstoffe.

| Farbstoffgruppen | in Wasser | | | in Äthylalkohol | | | Anmerkung |
|---|---|---|---|---|---|---|---|
| | Absorptionsspektrum | Säure | Kalilauge | Absorptionsspektrum | Säure | Kalilauge | |
| Amino- und Oxyphenazthioniumverbindungen (Alkylderivate, Seite 142) | starker Streifen (Doppelstreifen), schwacher Streifen rechts, verdünnte Lösungen: starker unsymmetrischer (schmaler Streifen), schwacher Streifen rechts | unverändert | unverändert, wenn die Wasserstoffe durch Alkylgruppen vollständig substituiert sind, wenn nicht, dann violett | wie in Wasser; bei Lauthschem Violett, Monoalkylderivaten und Thionolin fließt der Doppelstreifen nicht zusammen, dann also drei unsymmetrische Streifen | unverändert | entfärben sich allmählich, wenn die Wasserstoffe durch Alkylgruppen vollständig substituiert sind, wenn nicht, dann rot | fluoreszieren rot, Monoaminophenazthioniumchlorid drei Absorptionsstreifen, fluoresziert nicht (Seite 142), Phenylderivate: ein breiterer nach rechts verzogener Streifen, fluoreszieren nicht Spektra in Schwefelsäure Seite 149 ff. |

| | | | | | | | |
|---|---|---|---|---|---|---|---|
| Diamino-phenotolaz-thioniumverbindungen Alkylderivate (Seite 157) | konzentriertere Lösungen: ein starker unsymmetrischer Streifen, ein schwacher links, verdünnte Lösungen: ein starker unsymmetrischer Streifen, ein schwacher rechts | unverändert | unverändert, wenn die Wasserstoffe durch Alkylgruppen vollständig substituiert sind, wenn nicht, dann blauviolett | starker Streifen (Doppelstreifen), schwacher Streifen rechts, verdünnt: zwei schmale unsymmetrische Streifen; bei den nicht alkylierten Derivaten und bei den Derivaten mit metaständiger $CH_3$-Gruppe zur $NH_2$-Gruppe fließt der Doppelstreifen nicht zusammen, dann drei Streifen | unverändert | entfärben sich, wenn die Wasserstoffe durch Alkylgruppen vollständig substituiert sind; wenn nicht, dann rot | fluoreszieren rot, phenylierte Derivate: ein breiter nach rechts verzogener Streifen, fluoreszieren nicht Spektra in Schwefelsäure Seite 160 |

## Oxazinfarbstoffe.

| | | | | | | | |
|---|---|---|---|---|---|---|---|
| Amino- und Oxyphenazoxoniumverbindungen (Alkylderivate, Seite 164) | ein starker Streifen (Doppelstreifen), ein schwacher Streifen rechts, verdünnt: zwei schmale unsymmetrische Streifen, ein starker, ein schwacher (Ausnahme: Resorufinkalium, Seite 166) | unverändert | unverändert, wenn die Wasserstoffe durch Alkylgruppen vollständig substituiert sind, wenn nicht, dann violett, Diaminophenazoxoniumchlorid orangegelb | ein starker Streifen (Doppelstreifen), ein schwacher Streifen rechts, durch Verdünnung fließt der Doppelstreifen nicht zusammen (ausgenommen Resazurin und Amino-Oxyderivate, S. 167), dann also drei Streifen | unverändert | entfärben sich, wenn die Wasserstoffe durch Alkylgruppen vollständig substituiert sind, wenn nicht, dann rot | fluoreszieren rot; phenylierte Derivate: ein nach rechts verzogener Streifen, fluoreszieren nicht Spektra in Schwefelsäure Seite 176 |

| Farbstoffgruppen | in Wasser | | | in Äthylalkohol | | | Anmerkung |
|---|---|---|---|---|---|---|---|
| | Absorptionsspektrum | Säure | Kalilauge | Absorptionsspektrum | Säure | Kalilauge | |
| Gallozyanine (Seite 168) | drei Streifen, der erste ist der stärkste bezw. nur ein breiterer Streifen (Basen) | rot, drei Streifen, der mittlere der stärkste | violett | ein breiterer symmetrischer Streifen | rot, drei Streifen der mittlere der stärkste | rotviolett, teilweise Entfärbung | fluoreszieren nicht; Azetylderivate und Sulfonsäureester fluoreszieren stark rot und geben ein normalesSpektrum: ein starker, ein schwacher Streifen rechts; nach Zusatz von Säure verschwindet die Fluoreszenz, Lösung rot, drei Streifen, der mittlere der stärkste Spektra in Schwefelsäure Seite 176 |
| Diaminophenotolazoxoniumverbindungen (Alkylderivate, Seite 176) | wie bei den Diaminophenazoxoniumverbindungen | unverändert | unverändert, wenn die Wasserstoffe vollständig durch Alkylgruppen substituiert sind, wenn nicht, dann orangegelb, bezw. orangerot | wie bei den Diaminophenazoxoniumderivaten | unverändert | entfärben sich, wenn die Wasserstoffe vollständig durch Alkylgruppen substituiert sind, wenn nicht, dann orangegelb, bezw. orangerot | fluoreszieren rot; phenylierte Derivate: ein nach rechts verzogener Streifen, fluoreszieren nicht Spektra in Schwefelsäure Seite 179 |

| | | | | | | | |
|---|---|---|---|---|---|---|---|
| Monoaminophenonaphtazoxoniumverbindungen (Seite 179) | drei symmetrische Streifen, der mittlere der stärkste | unverändert | gelb, orangegelb oder auch violett, bezw. Entfärbung | wie in Wasser | unverändert | gelb, orangegelb oder auch blau, bezw. Entfärbung | fluoreszieren nicht Spektra in Schwefelsäure Seite 185 |
| Diaminophenonaphtazoxoniumverbindungen (Alkylderivate, Seite 182) | ein starker unsymmetrischer Streifen (kein Doppelstreifen), ein schwacher links durch Verdünnung manche unverändert, andere verändert (neben einem stärkeren unsymmetrischen Streifen ein schwacher Streifen rechts) | unverändert | anfangs unverändert, später Entfärbung wenn die Wasserstoffe durch Alkylgruppen vollständig substituiert sind, wenn nicht, dann gelb oder rot | ein Doppelstreifen mit einem Schatten rechts, verdünnt: ein einfacher Streifen ohne Nebenstreifen (Diaminophenonaphtazoxoniumchlorid drei Streifen) | unverändert | entfärben sich, wenn die Wasserstoffe vollständig durch Alkylgruppen substituiert sind, wenn nicht, dann rot bezw. gelb | manche fluoreszieren stark rot, andere nur schwach; phenylierte Derivate: ein nach rechts verzogener Streifen, fluoreszieren nicht Spektra in Schwefelsäure Seite 185 |

## Azinfarbstoffe.

| | | | | | | | |
|---|---|---|---|---|---|---|---|
| Diaminophenazine (Seite 189) | zwei verwaschene Streifen bezw. nur ein verwaschener breiterer Streifen, Alkylderivate: mitunter ein starker Streifen und ein schwacher Streifen rechts | unverändert | solange die Wasserstoffe der $NH_2$ Gruppen durch Alkyle nicht vollständig substituiert sind, gelb bezw. orangegelb | ein stärkerer Streifen, ein schwacher Streifen rechts | unverändert | wie bei Wasser | fluoreszieren braunrot, gelbrot oder orangegelb; Monoaminophenazin drei Absorptionsstreifen, der mittlere der stärkste Spektra in Schwefelsäure Seite 191 |

| Farbstoffgruppen | in Wasser | | | in Äthylalkohol | | | Anmerkung |
|---|---|---|---|---|---|---|---|
| | Absorptionsspektrum | Säure | Kalilauge | Absorptionsspektrum | Säure | Kalilauge | |
| Phenosafranine (Alkylderivate, Seite 189) | zwei verwaschene Streifen äthylierte Verbindungen: ein starker Streifen (Doppelstreifen), ein schwacher Streifen rechts | unverändert | unverändert | ein starker Streifen (Doppelstreifen), ein schwacher Streifen rechts (unsymmetrische Streifen) | unverändert | in Amylalkohol mit Kalilauge versetzt: rot, Fluoreszenz abgeschwächt, drei Streifen, der mittlere der stärkste | fluoreszieren braunrot, gelbrot oder orangegelb; Aposafranine und Monooxyderivate (Rosinduline): drei Absorptionsstreifen, der mittlere der stärkste, fluoreszieren nicht; phenylierte Phenosafranine geben nur einen breiten Absorptionsstreifen und fluoreszieren nicht Spektra in Schwefelsäure Seite 191 |
| **Akridinfarbstoffe.** | | | | | | | |
| Diaminoakridine (Seite 197) | ein breiterer starker Streifen (kein Doppelstreifen), ein schwacher Streifen rechts oder nur ein breiter verwaschener Streifen | unverändert bezw. rötlich | teilweise Entfärbung oder grünlichgelb | wie in Wasser | unverändert | teilweise Entfärbung bezw. grünlichgelb | fluoreszieren grün Spektra in Schwefelsäure Seite 199 |

| | | | | | | | |
|---|---|---|---|---|---|---|---|
| Flaveosine (Seite 200) | ein starker Streifen, ein schwacher Streifen rechts (Tetramethylflaveosin umgekehrt) | rosarot | — | ein starker Streifen (Doppelstreifen), ein schwacher Streifen rechts (Tetramethylflaveosin umgekehrt) | rosarot, das Spektrum verschiebt sich nach links | — | Flaveosine in konzentrierter Schwefelsäure gelöst: einseitige Absorption im Blau und Violett; mit Wasser vermischt rot, drei Absorptionsstreifen, der mittlere der stärkste (Seite 201). |

**Anthrachinonfarbstoffe.**

| | | | | | | | |
|---|---|---|---|---|---|---|---|
| Aminoderivate (Seite 203 ff. und 208) | — | — | — | Derivate mit parastehenden $NH_2$ Gruppen: drei unsymmetrische Streifen der erste der stärkste, Anilido- und Toluidoderivate symmetrische Streifen; andere Derivate einseitige Absorption im Blauviolett bezw. ein breiterer Streifen im Grün | unverändert (bei Tetraaminoanthrachinon verschiebt sich das Spektrum nach Violett) | unverändert | Absorptionsspektra in konzentrierter Schwefelsäure siehe Seite 210 |

| Farbstoffgruppen | in Wasser | | | in Äthylalkohol | | | Anmerkung |
|---|---|---|---|---|---|---|---|
| | Absorptionsspektrum | Säure | Kalilauge | Absorptionsspektrum | Säure | Kalilauge | |
| Oxyderivate (Seite 204 und 213) Dioxyanthrachinonchinoline Seite 215 | — | — | Alizarinderivate und Derivate mit parastehenden OH-Gruppen: rot, violett oder blau, drei Streifen, entweder der erste oder der mittlere stärkste, Streifen symmetrisch als auch unsymmetrisch; andere Derivate einseitige Absorption im Blau und Violett bezw. im Rot oder auch ein verwaschener breiter Streifen | Derivate mit parastehenden OH-Gruppen, Spektra aus Streifen bestehend; andere Derivate einseitige Absorption im Blau und Violett | unverändert | Alizarinderivate und Derivate mit parastehenden OH-Gruppen: rot, violett oder blau, drei Streifen, der erste oder der mittlere der stärkste, symmetrisch oder unsymmetrisch; andere Derivate einseitige Absorption in Blau und Violett bezw. im Rot oder auch ein breiter verwaschener Streifen | Absorptionsspektra in konzentrierter Schwefelsäure (Seite 223) |
| Aminooxyderivate (Seite 232) | | | drei unsymmetrische oder symmetrische Absorptionsstreifen, der erste oder der mittlere der stärkste | drei symmetrische Absorptionsstreifen, der mittlere der stärkste (Ausnahme Diaminoanthrarufin) | unverändert | blau, violett oder rot, das Spektrum verschiebt sich nach Rot, drei unsymmetrische Streifen, der erste regelmäßig der stärkste; Chinizarinanilid und Chinizarintoluide symmetrische Streifen | Absorptionsspektra in konzentrierter Schwefelsäure (Seite 235) |

# Sach-Register.

## Berichtigungen:

Seite 5, Fig. 1, Zeile 5 lies: Bernthsen statt Benthsen.
„ 14, Zeile 17 u. 18 von unten lies: 1:2:4:5:6:8 Hexaoxyanthrachinon statt Pentaoxyanthrachinon.
„ 14, Zeile 17 von unten lies: acht statt neun.
„ 21, „ 7 von unten lies: 33,5 statt 33,0.
„ 21, „ 6 von unten lies: 38,4 statt 36,6 und 38,9 statt 38,4.
„ 50, „ 18 von oben lies: 667,5 statt 667,4.
„ 53, „ 5 von unten lies: 648,9 statt 648,6 und 591,4 statt 592,3.
„ 54, „ 5 von oben lies: 490,9 statt 491,4.
„ 66, „ 22 von oben lies: 602,5 statt 602,1.
„ 68, „ 4 von oben lies: 627,6 und 578,2 statt 630,5 und 582,0.
„ 69, „ 13 von oben lies: 561,6 statt 561,4.
„ 69, „ 20 von unten lies: 586,3 statt 584,5.
„ 69, „ 9 von unten lies: Benzaurin statt Benzamin.
„ 70, „ 8 von oben lies: 554,8 statt 555,9.
„ 71, „ 12 von unten lies: Monoäthylphenazthioniumchlorids statt Monomethylphenazthioniumchlorids.
„ 189, „ 9 von unten lies: 165 statt 145.

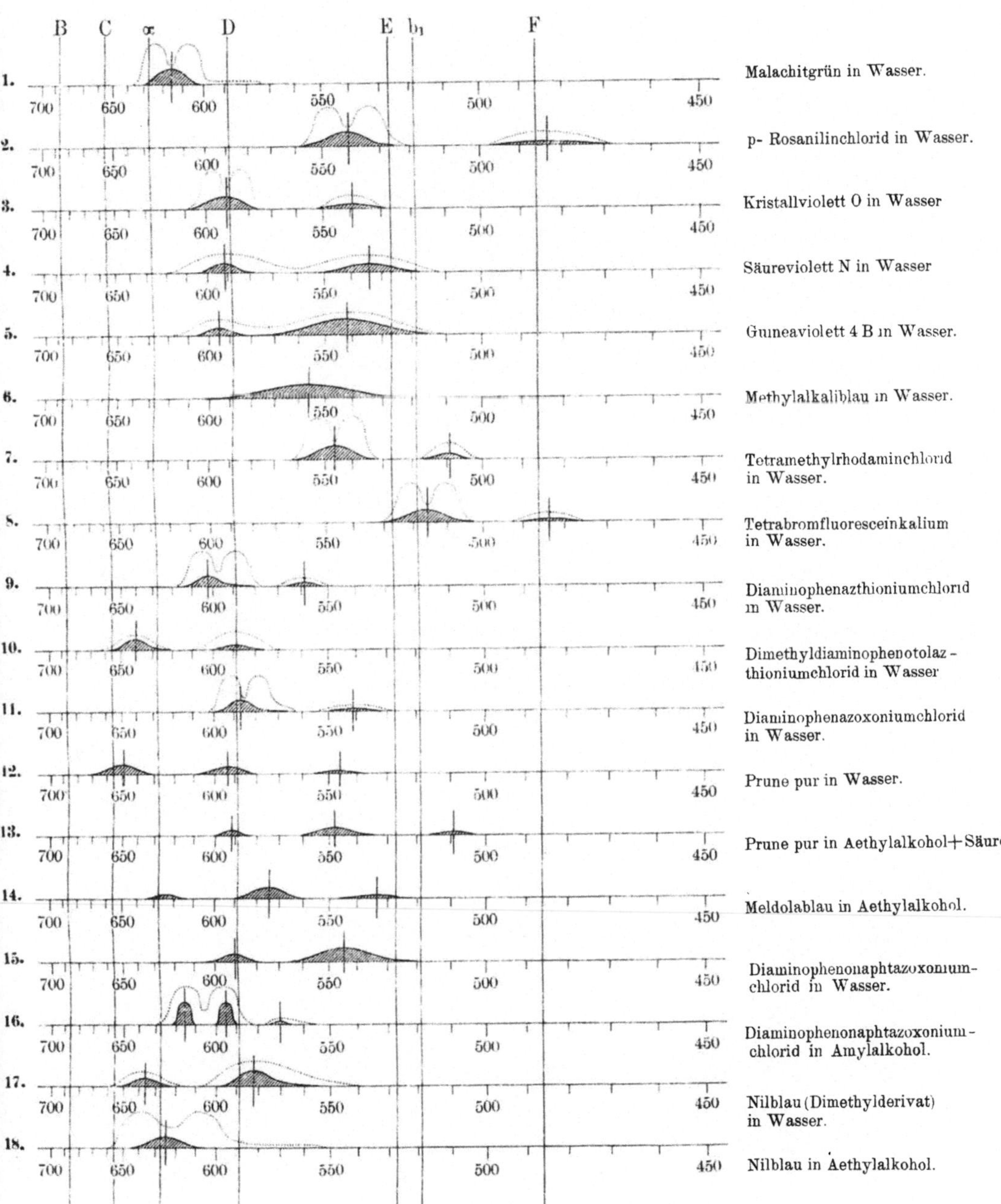


Verlag von Julius Springer in Berlin.

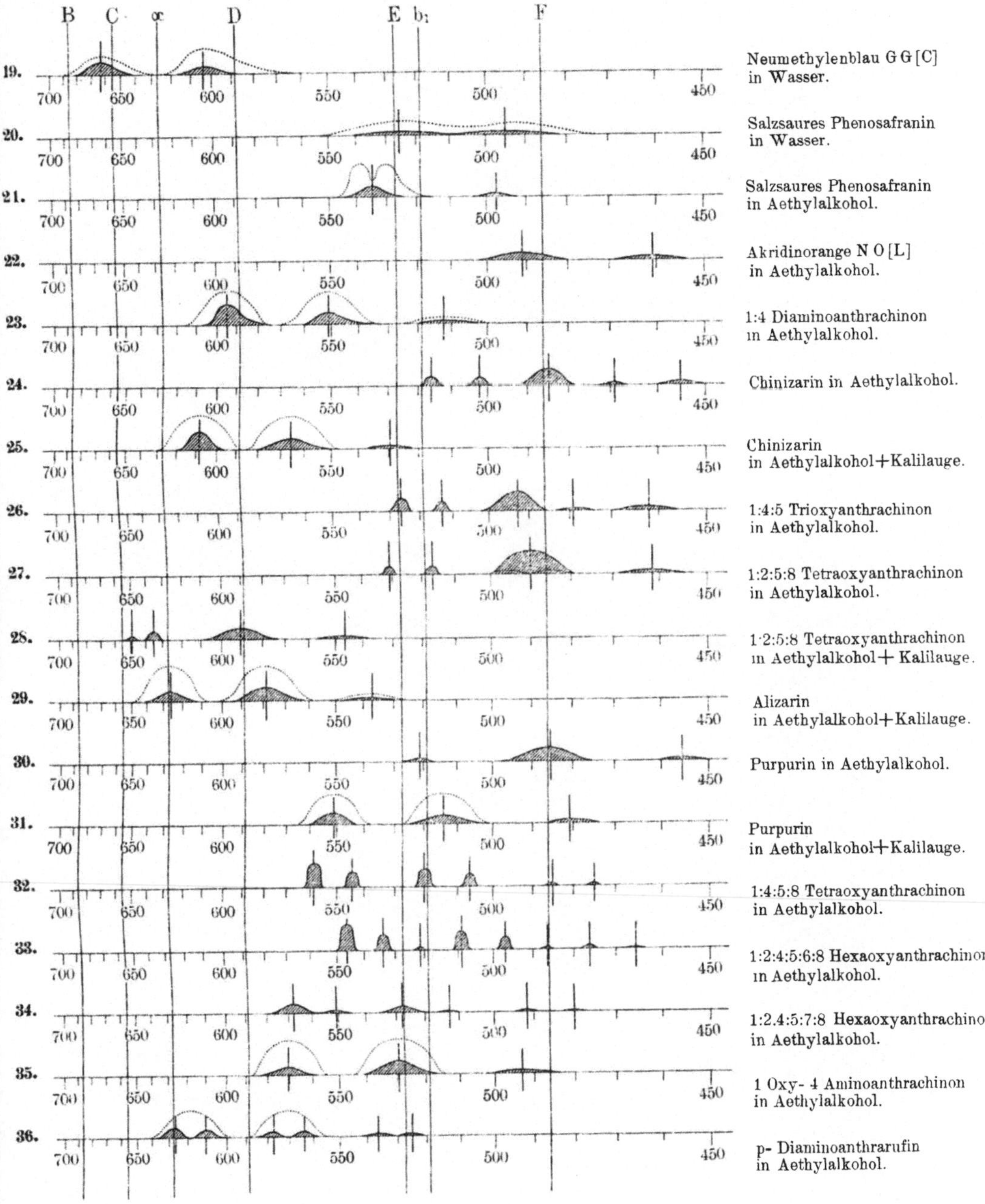


Verlag von Julius Springer in Berlin.